机器人学导论

主编 王伟 贠超

Introduction to Robotics

中国教育出版传媒集团
高等教育出版社·北京

内容简介

机器人学涉及力学、机械科学、控制科学、计算机科学、信息科学等多学科领域，综合性强，发展日新月异。本书注重读者掌握机器人学的基础知识，从理论到实践建立机器人技术应用的认知和概念。

本书共分为8章。第1章介绍了机器人的概念和定义、名词术语、机器人的分类、应用和发展现状、学习本书的基础知识要求以及对一些关键问题的补充说明。第2章讲述了位姿描述、坐标变换、正逆运动学模型、速度雅可比等机器人运动学的基础知识。第3章讲述了机器人静力学、动力学建模方法、正逆动力学问题以及动力学性能指标等基础知识。第4章讲述了机器人关节空间或直角坐标空间的运动随时间的变化规律，即机器人轨迹生成方法。第5章根据机器人的机械系统、控制系统（硬件）和操作任务等要求，讲述了线性控制、非线性控制、力控制方法等常用控制方法的原理。第6章根据机器人的操作任务和技术要求，讲述了机器人结构、驱动器、传动系统、传感器、控制系统（硬件）的设计原则和基本设计方法。第7章主要介绍机器人编程系统、编程语言和离线编程系统的概念和基本编程方法。第8章从应用角度出发，基于前面介绍的机器人基本原理和机器人设计的基本知识，介绍了机器人技术在工程领域中的典型应用，以初步建立机器人技术应用的认知和概念。

本书可作为高等院校本科机器人工程专业和高职院校工业机器人技术等相关专业的教学参考书，也可供从事机器人研发、设计和工程应用的技术人员参考。

图书在版编目（CIP）数据

机器人学导论 / 王伟，贠超主编. -- 北京 ：高等教育出版社，2023.7
ISBN 978-7-04-060287-6

Ⅰ. ①机… Ⅱ. ①王… ②贠… Ⅲ. ①机器人学-高等学校-教材 Ⅳ. ①TP24

中国国家版本馆CIP数据核字(2023)第055157号

Jiqirenxue Daolun

策划编辑 王 康　责任编辑 王 康　封面设计 李树龙　版式设计 杨 树
责任绘图 黄云燕　责任校对 刁丽丽　责任印制 高 峰

出版发行	高等教育出版社	网　　址	http://www.hep.edu.cn
社　　址	北京市西城区德外大街4号		http://www.hep.com.cn
邮政编码	100120	网上订购	http://www.hepmall.com.cn
印　　刷	固安县铭成印刷有限公司		http://www.hepmall.com
开　　本	787 mm×1092 mm　1/16		http://www.hepmall.cn
印　　张	14.5		
字　　数	340千字	版　　次	2023年7月第1版
购书热线	010-58581118	印　　次	2023年7月第1次印刷
咨询电话	400-810-0598	定　　价	31.20元

物 料 号　60287-00

前　　言

机器人具备一些与人或生物相似的智能能力，如感知能力、规划能力、动作能力和协同能力，是一种具有高度自主灵活性的自动化机器。机器人能够协助或取代人类完成重复、危险的工作，它既可以接受人类指挥，又可以运行预先编排的程序，还可以根据以人工智能技术制定的原则纲领行动，在工业、医学、农业、服务业、建筑业以及国防军事等领域中均有重要应用。

机器人技术发展至今已代表了一种新的经济形态，它将机器人技术的创新成果不断深度融合于经济社会的各领域之中，将机器人的概念不断普及到人类工作和生活的各个场景之中。随着人们对机器人技术智能化本质认识的加深，机器人技术开始源源不断地向人类活动的各个领域渗透。结合这些领域的应用特点，人们发展了各式各样的具有感知、决策、行动和交互能力的智能机器人。当前，随着新一轮科技革命和产业变革的深入推进，世界正加速迈进智能时代，机器人被誉为“制造业皇冠顶端的明珠”，深刻改变着人类生产和生活方式，越来越成为时代科技创新的显著标志，在世界范围内推动机器人技术创新和产业发展已形成高度共识。从浩瀚太空到万里深海，从工厂车间到田间地头，从国之重器到百姓生活，人类正步入与智能机器人和谐共荣、缤纷多彩的新世界。

机器人作为高端制造装备的重要内容，技术附加值高，应用范围广，是全球先进制造业的重要支撑技术。世界各国均将突破机器人关键技术、发展机器人产业摆在本国科技发展的重要战略地位，发展机器人技术对世界各国的工业和社会发展以及增强军事国防实力都具有十分重要的意义。我国高度重视机器人产业的高质量发展。经过近年来的不懈努力，中国已成为支撑世界机器人产业发展的中坚力量，总体规模快速增长，技术水平稳步提升，核心部件加速突破，等级性能持续增强，行业应用深入拓展。

“十四五”是我国开启全面建设社会主义现代化国家新征程的第一个五年。推动高质量发展，建设现代化经济体系，构筑美好生活新图景，迫切需要新兴产业和技术的强力支撑。国家将以满足人民美好生活需要为目的，以高端化、智能化、绿色化为导向，坚持创新驱动、应用牵引、基础提升、融合发展，推动机器人产业高质量发展。实施“机器人+”应用行动，着力优化产业生态，支持机器人产业链上中下游协同创新，大中小企业融通发展，深化国际交流合作，促进全球产业链、供应链的稳定发展。随着我国国民经济的高速发展，目前机器人领域人才缺口不断加大，开发、应用和管理型人才依然欠缺。目前，我国已有300多所大学开设了机器人工程本科专业，培养机器人工程专门人才。

机器人学涉及力学、机械科学、控制科学、计算机科学、信息科学等多学科领域，如：机构学、控制论、计算机技术、信息技术、传感技术、仿生学和人工智能等，因此其定义和应用领域也将随着相关科学技术的发展而不断发展和变化。虽然机器人学研究的核心内容和应用基础是力学和控制，但是从根本上讲，机器人学不是基础理论研究，而是综合应用技术研究，因为机器人技术中涉及的所有的数学、力学、物理学、机械学、控制技术等基本概念和基础知识都已包括在之前的基础和专业基础的本科课程中。

本书共分为 8 章。第 1 章介绍了机器人的概念和定义、名词术语、机器人的分类、应用和发展现状、学习本书的基础知识要求以及对一些关键问题的补充说明。第 2 章讲述了位姿描述、坐标变换、正逆运动学模型、速度雅可比等机器人运动学的基础知识。第 3 章讲述了机器人静力学、动力学建模方法、正逆动力学问题以及动力学性能指标等基础知识。第 4 章讲述了机器人关节空间或直角坐标空间的运动随时间的变化规律，即机器人轨迹生成方法。第 5 章根据机器人的机械系统、控制系统（硬件）和操作任务等要求，讲述了线性控制、非线性控制、力控制方法等常用控制方法的原理。第 6 章根据机器人的操作任务和技术要求，讲述了机器人结构、驱动器、传动系统、传感器、控制系统（硬件）的设计原则和基本设计方法。第 7 章主要介绍机器人编程系统、编程语言和离线编程系统的概念和基本编程方法。第 8 章从应用角度出发，基于前面介绍的机器人基本原理和机器人设计的基本知识，介绍了机器人技术在工程领域中的典型应用，以初步建立机器人技术应用的认知和概念。为了拓展知识面，本书在相关位置附二维码拓展阅读链接，主要以图片、视频等多媒体素材展示。

机器人工程专业主要是学习机器人的基本原理、设计方法和应用技术的初步知识，本书注重读者掌握机器人学的基础知识，建立机器人技术应用的认知和概念。本书力图在学生的基础知识和科研技术人员的专门知识之间架起一座桥梁，努力做到深入浅出，使具有一般数学、力学和控制技术知识的读者都能够看懂。本书可作为高等院校本科机器人工程专业和高职院校工业机器人技术等相关专业的教学参考书，也可供从事机器人研发、设计和工程应用的技术人员参考。

本书第 1、3、6、8 章由贠超编写，第 2、4、5、7 章由王伟编写，全书由王伟负责统稿。本书由东南大学马旭东教授和山东科技大学樊炳辉教授主审。在编写本书过程中编者向有关专家进行了咨询，查阅了与本专业相关的院校和科研单位以及专家学者的教材和文献，在此向各位文献作者致以诚挚的谢意！由于编者水平有限，书中会存在不足和错误之处，恳请广大读者批评指正。（编者电子邮箱：jwwx@163.com）

编者

2022 年 12 月

目　录

第 1 章　绪论 …… 1

1.1　机器人的概念和定义 …… 1
1.2　机器人名词术语 …… 2
1.3　机器人的分类 …… 3
1.3.1　按机构型式分类 …… 3
1.3.2　按坐标形式分类 …… 4
1.3.3　按应用分类 …… 6
1.4　机器人的应用和发展现状 …… 7
1.5　本书的主要内容 …… 8
1.6　学习本书的基础知识要求 …… 9
1.7　补充说明 …… 9
习题 …… 11
编程练习 …… 12

第 2 章　机器人运动学 …… 13

2.1　位姿描述与变换 …… 13
2.1.1　位姿描述 …… 13
2.1.2　坐标变换和齐次变换 …… 14
2.1.3　其他姿态描述 …… 20
2.2　机器人(操作臂)正运动学 …… 23
2.2.1　机械手位置和姿态的表示 …… 23
2.2.2　连杆参数和连杆坐标系 …… 24
2.2.3　操作臂的运动学方程 …… 28
2.2.4　典型工业机机器人的运动学模型 …… 30
2.2.5　坐标系的命名 …… 33
2.3　机器人(操作臂)的逆运动学 …… 34
2.3.1　解的存在性问题 …… 34
2.3.2　运动学方程的解法 …… 35
2.3.3　操作臂逆运动学计算实例 …… 36
2.4　速度雅可比 …… 40
2.4.1　刚体的线速度和角速度 …… 40
2.4.2　操作臂连杆的运动速度 …… 41
2.4.3　速度雅可比 …… 45
2.4.4　雅可比矩阵的求解 …… 46
2.4.5　奇异性 …… 50
2.4.6　灵巧度的概念 …… 52
习题 …… 52
编程练习 …… 58

第 3 章　机器人力学 …… 61

3.1　力雅可比 …… 61
3.2　操作臂静力学 …… 62
3.3　惯量参数 …… 64
3.4　刚体的线加速度与角加速度 …… 67
3.4.1　线加速度 …… 67
3.4.2　角加速度 …… 68
3.5　牛顿-欧拉递推动力学方程(力法) …… 68
3.5.1　牛顿-欧拉方程 …… 68
3.5.2　向外递推求加速度 …… 69
3.5.3　向内递推求力 …… 71
3.5.4　牛顿-欧拉递推动力学算法 …… 72
3.5.5　两自由度操作臂动力学方程 …… 73
3.6　拉格朗日动力学(能量法) …… 75
3.6.1　简约形式的拉格朗日方程 …… 75
3.6.2　机器人操作臂的拉格朗日方程 …… 78
3.7　关节空间与操作空间动力学 …… 82
3.7.1　关节空间动力学方程 …… 82
3.7.2　形位空间动力学方程 …… 83
3.7.3　操作空间(直角坐标空间)动力学方程 …… 84

3.7.4 直角坐标形位空间中的关节力矩方程 …… 86
3.8 动力学性能指标 …… 86
3.8.1 动力学特征 …… 86
3.8.2 广义惯性椭球 GIE …… 87
3.8.3 动态可操作性椭球 DME …… 88
3.9 动力学建模中的其他问题 …… 89
3.9.1 摩擦力 …… 89
3.9.2 计算效率问题 …… 89
习题 …… 89
编程练习 …… 91

第 4 章 机器人轨迹生成 …… 93

4.1 机器人轨迹与路径 …… 93
4.2 关节空间轨迹生成方法 …… 94
4.2.1 三次多项式插值 …… 94
4.2.2 五次多项式插值 …… 98
4.2.3 带抛物线过渡的线性插值 …… 98
4.3 直角坐标空间轨迹生成方法 …… 102
4.3.1 直角坐标空间轨迹生成 …… 103
4.3.2 几何问题 …… 103
4.3.3 直角坐标位姿矢量 …… 105
4.4 轨迹的实时生成 …… 105
4.4.1 关节空间的轨迹生成 …… 106
4.4.2 直角坐标空间的轨迹生成 …… 106
4.5 考虑约束条件的轨迹生成 …… 107
4.6 机器人轨迹控制 …… 107
习题 …… 108
编程练习 …… 109

第 5 章 操作臂的控制方法 …… 110

5.1 线性控制方法 …… 110
5.1.1 反馈与闭环控制 …… 110
5.1.2 二阶线性系统的控制 …… 111
5.1.3 控制规律的分解 …… 114
5.1.4 轨迹跟踪控制 …… 116
5.1.5 抑制干扰 …… 116
5.1.6 单关节的建模与控制 …… 117
5.2 非线性控制方法 …… 120
5.2.1 非线性系统和时变系统 …… 120
5.2.2 多输入多输出控制系统 …… 122
5.2.3 操作臂的控制问题 …… 122
5.2.4 实际问题 …… 123
5.3 工业机器人控制系统 …… 125
5.3.1 工业机器人控制器的结构 …… 125
5.3.2 单关节 PID 控制 …… 126
5.3.3 附加重力补偿 …… 126
5.3.4 解耦控制的近似方法 …… 127
5.4 基于直角坐标的控制 …… 127
5.5 力控制方法 …… 129
5.5.1 对接触操作任务的描述 …… 129
5.5.2 质量弹簧系统的力控制 …… 130
5.5.3 力/位混合控制方法 …… 132
习题 …… 136
编程练习 …… 139

第 6 章 机器人设计 …… 142

6.1 基于任务需求的设计 …… 142
6.2 运动学构型 …… 144
6.2.1 定位结构 …… 144
6.2.2 定向结构——手腕 …… 146
6.3 工作空间定量分析方法 …… 148
6.4 冗余度机构与并联机构 …… 149
6.4.1 冗余度机构 …… 149
6.4.2 并联机构 …… 149
6.5 驱动系统和传动系统 …… 150
6.5.1 驱动方式 …… 150
6.5.2 机器人常用驱动方式 …… 150
6.6 传动系统 …… 155
6.6.1 减速装置 …… 155
6.6.2 传动装置 …… 156
6.6.3 驱动系统与传动系统的布局 …… 158
6.6.4 传动系统的误差 …… 158
6.6.5 提高传动系统精度的措施 …… 158
6.7 传感器 …… 159
6.7.1 位置传感器 …… 159
6.7.2 力传感器 …… 161
6.7.3 视觉系统 …… 162
6.7.4 触觉传感器 …… 164
6.7.5 其他传感器 …… 165

6.7.6　机器人传感器技术要求 ……… 165
6.8　控制系统 …………………… 166
6.8.1　控制系统分类 ……………… 166
6.8.2　基本功能 ……………………… 168
6.8.3　主要构成 ……………………… 169
6.8.4　示教器 ………………………… 169
习题 ………………………………… 171
编程练习 …………………………… 173

第 7 章　机器人编程 ……………… 175

7.1　可编程机器人的发展历程 …… 175
7.1.1　示教编程 ……………………… 175
7.1.2　操作级机器人编程语言 ……… 176
7.1.3　任务级编程语言 ……………… 176
7.2　机器人编程中的关键问题 …… 176
7.2.1　世界模型 ……………………… 176
7.2.2　运动描述 ……………………… 177
7.2.3　操作流程 ……………………… 178
7.2.4　传感器交互和传感器融合 …… 178
7.3　机器人编程语言的有关说明 ……………………………… 179
7.3.1　实际环境与建模之间的误差 … 179
7.3.2　程序前后的衔接问题 ………… 179
7.3.3　纠正错误 ……………………… 179
7.4　离线编程 …………………… 179
7.4.1　离线编程系统的功能模块 …… 180
7.4.2　离线编程系统实例 …………… 183
7.4.3　功能模块设计 ………………… 185
习题 ………………………………… 190

第 8 章　机器人应用 ……………… 192

8.1　搬运机器人 ………………… 192
8.1.1　分类 …………………………… 192
8.1.2　系统组成 ……………………… 193
8.1.3　码垛机器人 …………………… 195
8.1.4　搬运机器人应用中的关键问题 ………………………… 197
8.1.5　码垛机器人的技术特点 ……… 197
8.2　焊接机器人 ………………… 197
8.2.1　焊接机器人系统的组成 ……… 197
8.2.2　点焊机器人 …………………… 198
8.2.3　弧焊机器人 …………………… 199
8.2.4　激光焊接机器人 ……………… 201
8.2.5　变位机和焊接机器人工作站 … 203
8.2.6　焊接机器人生产线 …………… 203
8.2.7　焊接机器人应用技术的发展 ………………………… 204
8.3　喷涂机器人 ………………… 205
8.4　装配机器人 ………………… 208
8.5　磨削抛光机器人 …………… 209
8.6　协作机器人 ………………… 213
8.7　移动机器人 ………………… 214
习题 ………………………………… 219

参考文献 …………………………… 220

第1章　绪　　论

1.1　机器人的概念和定义

“机器人(robot)”一词源于1920年捷克作家卡雷尔·卡佩克(Capek)的科幻剧《罗萨姆的万能机器人公司》中奴隶的名字Robota。机器人发展至今已代表了一种新的经济形态,它将机器人技术的创新成果不断深度融合于经济社会的各领域之中,将机器人的概念不断普及到人类工作和生活的各个场景之中。

目前机器人领域对机器人的定义尚不统一,能够公认的是国际标准化组织(ISO)的定义:“机器人是一种能自动控制、可重复编程、多自由度、多功能的操作机。”我国国家标准对机器人的定义:“自动控制的、可重复编程、多用途、3个以上自由度的操作机。”而操作机又定义为:“通常由一系列互相铰接或相对滑动的构件组成的机构,用以抓取或移动物体。”

对国际上各种机器人的定义可归纳为:可以模拟人的动作,具有智力或感知与识别能力,是人造的机器或机械电子装置,靠自身动力和控制能力实现各种功能和动作。

机器人的显著特点是:拟人化、通用性、自主性和智能性。

智能机器人:具有感知、思考、决策和动作能力的系统的统称。这种概括和泛化的概念赋予了机器人更宽泛的内容,相继形成了腿式机器人、水下机器人、飞行机器人、医疗机器人、服务机器人等概念。将机器人技术扩展到许多工程领域则形成了各种“机器人化的机器”。正是由于机器人定义的概括性和开放性,才赋予了人们充分的想象和创造空间,使机器人科学成为一门具有活力和蓬勃发展的科学。

没有机器人,人将变为机器;机器人的发展必将推动人类不断从必然王国朝向自由王国发展。

机器人技术涉及力学、机械科学、控制科学、计算机科学、信息科学等多学科领域,如:机构学、控制论、计算机技术、信息技术、传感技术、仿生学和人工智能等,因此其定义和应用领域也将随着相关科学技术的发展而不断发展和变化。

传统概念下的数控机床和机器人的区别主要在于运动的解耦和耦合(指两个及两个以上的运动互相独立还是互相影响),其次在于通过编程完成一种还是多种加工任务。前者的运动一般是解耦的,通过编程完成的任务比较单一;后者的运动一般是耦合的,通过编程能完成多种任务。如图1.1所示是一种典型的工业机器人。但是随着自动化技术的发展,两者的区别越发不明显,比如多轴数控加工中心,已经成为一种运动耦合的、能通过编程完成多种任务的数控机床。

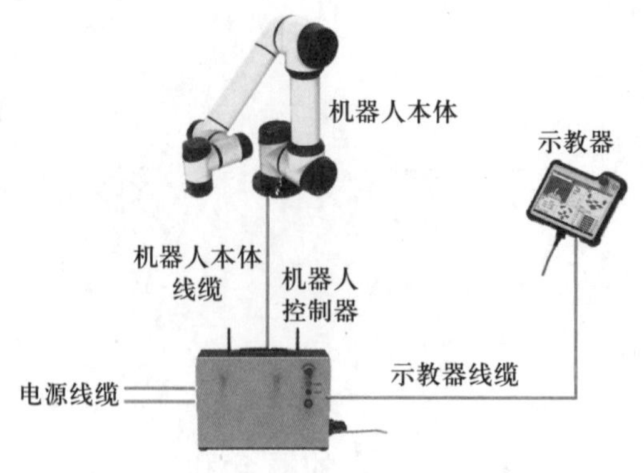

图1.1 典型的工业机器人系统

1.2 机器人名词术语

本教材中的机器人(robot)一般是泛指机器人的统称;工业机器人(industrial robot)一般是指串联式的5轴或6轴机器人。

自由度(degree of freedom, DoF):1) 力学系统中独立坐标的个数,即广义坐标的数目。2) 机械原理中,机构具有确定运动时独立运动参数的数目。

操作臂(manipulator):具有和人手臂相似的功能、可在空间抓放物体或进行其他操作的机械装置。操作臂一般是指串联型机器人,有些场合将操作臂简称为手臂。

末端执行器(end-effector):位于机器人腕部的末端,是直接执行工作要求的装置或工具。常见的末端执行器是夹手(夹爪),有时叫工具端,也可叫末端或手部。

TCP(tool centre point):机器人的工具中心点。

手腕(wrist):位于末端执行器与手臂之间,具有支撑和调整末端执行器姿态功能的机构。

手臂(arm):位于基座和手腕之间,由操作臂的驱动关节和连杆等组成的组件。能支撑手腕和末端执行器,并具有调整末端执行器位置的功能。可与操作臂(manipulator)混用。

惯性坐标系/世界坐标系(world coordinate system):参照大地的直角坐标系,是机器人在惯性空间的定位基础坐标系。

基座坐标系/基坐标系(base coordinate system):参照机器人基座的坐标系。

坐标变换(coordinate transformation):将一个点的坐标从一个坐标系变换到另一个坐标系的过程。

位姿(pose):机器人末端执行器在指定坐标系中的位置(position)和姿态(orientation)。

工作空间(working space):机器人在执行任务时,手腕参考点或工具安装点能够到达的所有空间区域,注意,一般不包括手爪或工具本身所能到达的区域。

负载(load):作用于末端执行器上的质量和外力(矩)。

额定负载(rated load):机器人在规定的性能范围内,机械接口处能够承受的最大负载(包括末端执行器在内)。在该载荷的作用下,机器人还要满足其他指标,如重复性、速度以及长期可靠性运行等。

分辨率(resolution):机器人的每个轴能够实现的最小移动距离或最小转动角度。

位姿精度(pose accuracy):指令设定位姿与实际到达位姿的一致程度。

路径精度(path accuracy):机器人机械接口中心与指令路径的一致程度。

重复定位精度(repeatability accuracy):机器人手部重复定位于同一目标位置的能力。

点位控制(point to point control,PTP):控制机器人从一个位姿运动到另一个位姿,无路径约束,多以关节坐标表示。

连续路径控制(continuous path control,CP):控制机器人的 TCP 在指定的路径上按照编程规定的位姿和速度连续运动。

伺服系统(servo system):控制机器人的位姿、速度和力(矩)等,使其跟随目标值变化的控制系统。

在线编程(on-line programming):通过人工示教来完成机器人操作信息记忆的编程方式。

离线编程(off-line programming):机器人操作信息的记忆与作业对象不发生直接关系的编程方式。

1.3 机器人的分类

目前国内外尚无统一的分类标准,按照机器人的机构型式、坐标形式和应用的区分可归纳如下。

1.3.1 按机构型式分类

按照组成运动链的首末构件是否封闭(开链或闭链)可分为串联型机器人、并联型机器人和混联型机器人。

1. 串联型机器人

由开链机构组成的机器人。这是工业机器人的主流形式,也称为机械臂或操作臂,见图 1.2,机器人的运动由腰座的回转、大臂和小臂的俯仰,以及腕部的 1 ~ 3 个转动构成。串联型机器人的特点是工作空间大,灵活性高,但整体刚度较小。

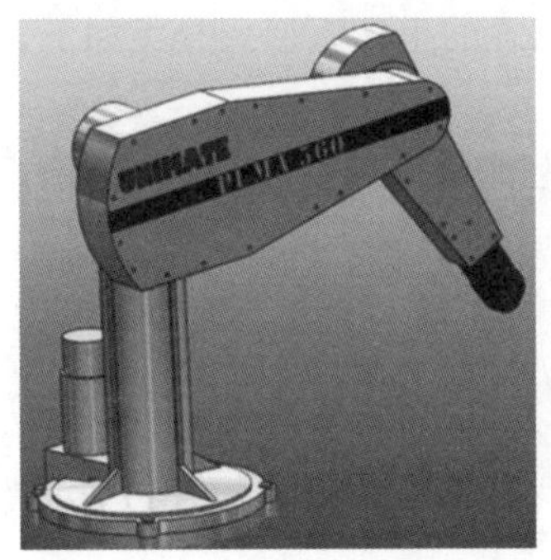

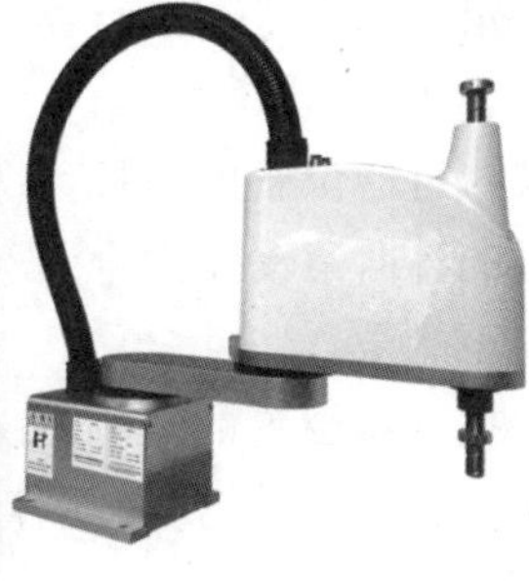

图 1.2 串联型机器人

2. 并联型机器人

由闭链机构组成的机器人，见图 1.3，其特点是结构紧凑，刚度高，无累积误差，精度较高，重量轻，速度高，动态响应好，但工作空间较小，常用于自动生产线的高速分拣和精密调姿作业中。

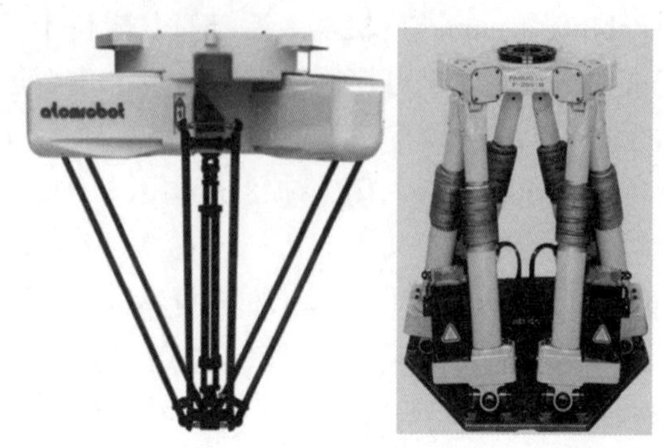

图 1.3 并联型机器人

3. 混联型机器人

开链中含有闭链的机器人，也称为串并联型机器人，见图 1.4。它结合了串联型机器人与并联型机器人两者的特点。

图 1.4 混联型机器人

1.3.2 按坐标形式分类

坐标系是确定物体空间位置和姿态的参考系，在不同的坐标系中，物体空间位置和姿态的表示也不同。按决定机器人末端执行器位置的坐标系形式分类如下，详见 6.2.1 节。

1. 直角坐标型机器人

决定机器人末端执行器位置的坐标系为直角坐标系（笛卡尔坐标系），见图 1.5。决定该类机器人末端位置的各向运动无耦合，设计和编程简单。

2. 圆柱坐标型机器人

决定机器人末端执行器位置的坐标系为圆柱坐标系，见图 1.6。决定该类机器人末端位置的各向运动的关系简单，设计和编程容易。

3. 球坐标型机器人

决定机器人末端执行器位置的坐标系为球面坐标系，也叫极坐标系，见图 1.7。

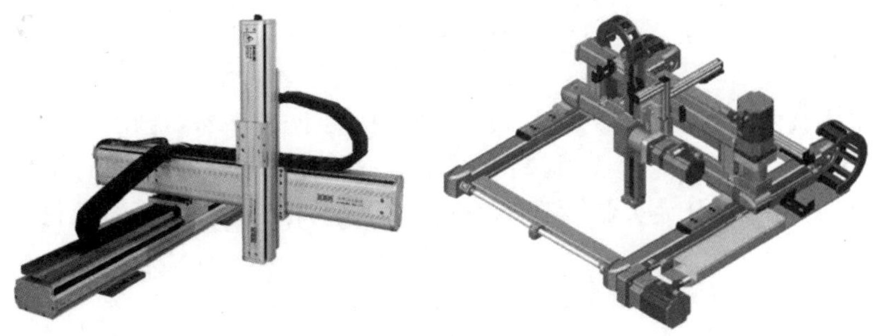

图 1.5 直角坐标型机器人

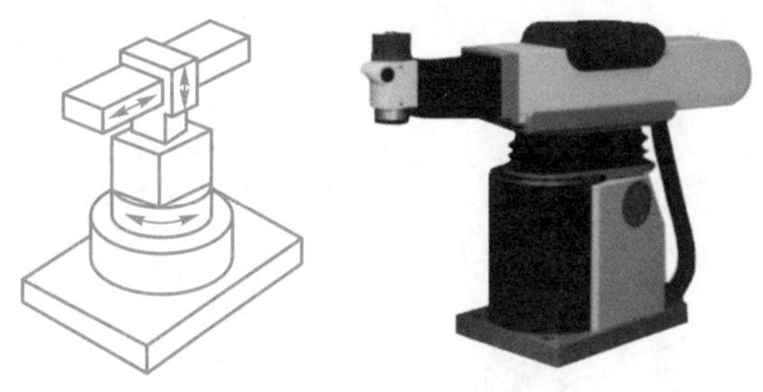

图 1.6 圆柱坐标型机器人

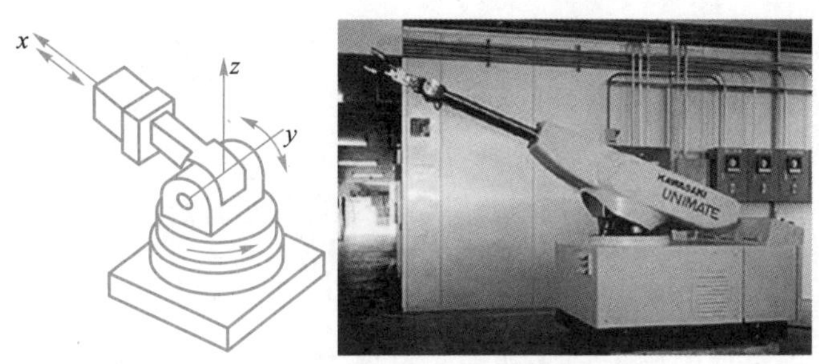

图 1.7 球坐标型机器人

4. 关节坐标型机器人

运动关节全部是转动的，往往具有相邻的三个转动关节轴线相交于一点这一典型特征。关节坐标型机器人是机器人中最常见的结构形式，见图 1.8。

图 1.8 关节坐标型机器人

1.3.3 按应用分类

随着机器人技术的发展,机器人已在各个领域得到迅速广泛的应用,尤其是在替代人工繁重劳动、从事危险恶劣环境作业、提高生产率等方面发挥了巨大作用。根据应用场景不同,在我国通常把机器人分为工业机器人、服务机器人和特种机器人。以下仅列出几种典型应用类型。

1. 搬运机器人

用于制造和物流领域的移载作业,这类机器人多为串联机器人,应用十分广泛。搬运机器人的运动一般不考虑机器人与作业对象接触,因此认为是非接触的 PTP 运动方式。见第 8 章机器人应用 8.1 节。

2. 焊接机器人

(1) 点焊机器人

用于制造领域的点焊作业,主要应用于汽车、家电、五金行业。机器人运动为与作业对象接触的 PTP 运动方式。见第 8 章机器人应用 8.2.2 节。

(2) 弧焊机器人

用于制造领域的弧焊作业,主要应用于汽车、家电、五金行业。机器人运动为与作业对象非接触的 CP 运动方式。见第 8 章机器人应用 8.2.3 节。

3. 喷涂机器人

用于制造领域中工件的表面喷涂作业。机器人运动为与作业对象非接触的 CP 运动方式。见第 8 章机器人应用 8.3 节。

4. 装配机器人

工业自动化生产中用于装配生产线上对零件或部件进行装配。机器人运动为与作业对象接触的 PTP 运动方式。见第 8 章机器人应用 8.4 节。

5. 磨削抛光机器人

用于制造领域中工件的磨削抛光作业。机器人运动为与作业对象接触的 CP 运动方式。见第 8 章机器人应用 8.5 节。

6. 移动机器人(AGV)

主要型式有自主移动的轮式机器人、履带式机器人、腿式机器人。早年间这种机器人属于特种作业机器人范畴。根据作业要求可以衍生出各种形式的 AGV,见第 8 章机器人应用 8.7 节。有关技术原理和设计的专门知识可参考:1) 龚振邦,《机器人机械设计》,电子工业出版社,1995 年;2) 熊蓉、王越、张宇、周春琳,《自主移动机器人》,机械工业出版社,2021 年;3) (美)Siegwart R. , Nourbakhsh I. R. ,《自主移动机器人导论》,西安交通大学出版社,2006 年;等。

7. 特种机器人

早年间,除了工业应用以外的机器人都归结为特种机器人的范畴。

(1)服务机器人:是在典型的串联式机器人和 AGV 基础上针对专门应用发展起来的一类机器人,目前尚没有一个严格的定义。大致分为专业服务机器人和个人/家庭服务机器人,如救援机器人、医疗辅助手术机器人、康复机器人、护理机器人、导游(导购)机器人、扫地机器人等。本教材只作为这类机器人技术原理和设计的基础,有关技术原理和设计的专门知识可参考专门书籍,如:1) 肖南峰,《服务机器人》,清华大学出版社,2013 年;2) 谷明信、赵华君、董天平,《服务机器人技术及应用》,西南交通大学出版社,2019 年;等。

(2)用于特种领域的机器人,如飞行机器人、水下机器人、军用机器人、高空作业机器人、各种农业机器人等。目前上述机器人很多已归并到移动机器人(AGV)范畴。

特种机器人综合了机器人学和机器人技术的最新研究成果,如人工智能、网络技术等,已超出了 ISO 和我国国家标准关于机器人的定义,是机器人的新兴发展方向。这些知识已超出了本教材对机器人基本知识的要求,读者可以参考有关专门论著,如:1) 任沁源、高飞、朱文欣,《空中机器人》,机械工业出版社,2021 年;2) 徐会希,《自主水下机器人》,科学出版社,2019 年;3) 刘贵杰,《水下机器人现代设计技术》,科学出版社,2020 年;4) 赵渊,《未来战士——军用机器人》,化学工业出版社,2012 年;5)(日)近藤直,《农业机器人》,中国农业大学出版社,2009 年;等。

1.4 机器人的应用和发展现状

机器人技术是一门依赖于实践的技术科学。机器人技术的发展和世界经济紧密相关。

工业机器人的概念产生于 20 世纪 60 年代,它的诞生完全依赖于计算机的出现。它和计算机辅助设计(CAD)系统、计算机辅助制造(CAM)系统相结合应用于工业生产,是现代工业生产的发展趋势。

第一台工业机器人诞生于 1959 年美国 Unimation 公司,此后,工业机器人在日本、欧洲迅速发展和普及。

工业机器人使用量增加的主要原因是机器人成本的不断下降和机器人性能的不断提升,工业机器人年安装量见图 1.9。据估算,到 2025 年,制造业会通过机器人替代手工的方式将劳工数量减少 16% 。由于机器人作业效率越来越高,而人工成本越来越高,因此,越来越多的人工作业岗位会被机器人取代,这是驱动工业机器人市场增长的最重要的因素。其次是非经济因素,机器人可以完成更加危险或是人类不可能完成的工作。

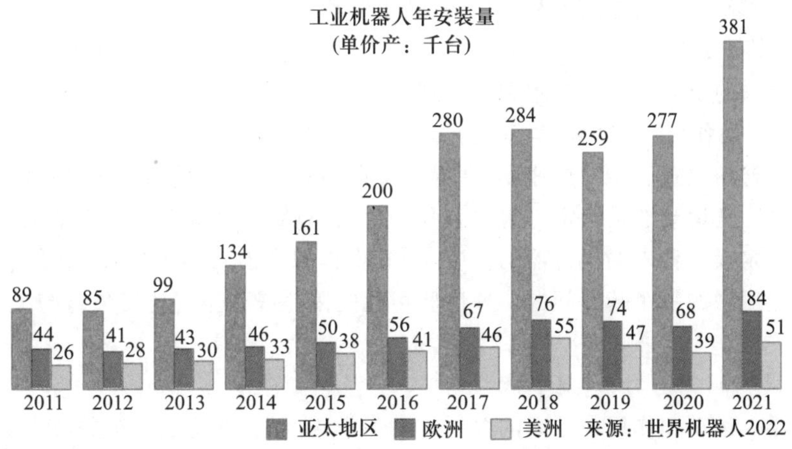

图 1.9 工业机器人年安装量(2015—2020 年和 2021—2024 年)(图片来源:国际机器人联盟)

机器人作为高端制造装备的重要内容，技术附加值高，应用范围广，是全球先进制造业的重要支撑技术。世界各国均将突破机器人关键技术、发展机器人产业摆在本国科技发展的重要战略地位，制定其国家发展战略规划。发展机器人技术对世界各国的工业和社会发展以及增强军事国防实力都具有十分重要的意义。

20世纪末至今，机器人已广泛应用于汽车、电子、家电、化工、食品、物流、服务、医疗、科学考察和军事等行业。

国际上主要生产工业机器人的厂家包括：瑞典的ABB、日本的FANUC、YASKAWA、德国的KUKA等，占据工业机器人市场份额的60%～80%，几乎垄断了机器人高端领域。美国和日本在军用、医疗、服务机器人产业占有明显优势。

我国在机器人产业规模、新增机器人安装量方面优势明显。国产工业机器人的应用主要集中在搬运、焊接、装配和加工，以搬运与弧焊机器人的销售量最多。国际管理信息存储库MIR数据显示，2021年中国工业机器人出货量达256360台，同比增长49.5%，创历史新高。同时，2021年，我国工业机器人市场规模达到445.7亿元，预计2024年，国内工业机器人市场规模将超过110亿美元。但是仅有25%为本土品牌，高端工业机器人国产品牌的占有率约为5%。我国在核心技术方面，如精密RV减速机、大惯量高速伺服电机、机器人控制器等，尚与国际主流品牌存在一定差距。

当前，我国面临人口老龄化、劳动力短缺、人工成本急剧上升、过时的作业模式亟待升级的局面，因此，机器人成为我国国民经济发展规划中高端制造装备战略性新兴产业的重要内容。

1.5 本书的主要内容

机器人工程主要研究机器人结构和控制的设计以及应用方面的基本知识和技术，以进行机器人系统的设计、装调与改造等。

机器人学导论(本教材)是机器人工程专业的基础教材，主要介绍机器人的基本原理和机器人设计的基本知识，建立机器人技术应用的认知和概念。

机器人技术研究的核心内容和应用基础：力学和控制。

1. 绪论(第1章)

介绍机器人的定义、术语、应用和发展现状。

2. 机器人(操作臂)运动学(第2章)

研究操作臂的位置、速度、加速度，即操作臂运动的全部几何和时间特性，但不考虑引起这种运动的力。正运动学是给定一组关节角的值，计算腕部坐标系相对于基坐标系的位姿。逆运动学是给定操作臂末端执行器的位姿，计算操作臂所有可达给定位姿的关节角。这是操作臂实际应用中的一个基本问题。速度雅可比矩阵是操作空间速度矢量与关节空间速度矢量的映射关系。

3. 机器人(操作臂)力学(第3章)

研究机器人运动和作用力之间的关系。动力学正问题：在施加一组关节力矩时，计算机器人的运动；动力学逆问题：已知轨迹点，求出机器人期望的关节力矩。研究目的：机器人结构及驱动器设计，动态仿真和优化设计，实时控制。

4. 机器人轨迹生成(第4章)

研究机器人关节空间或直角坐标空间的运动随时间的变化规律，将离散的路径点生成连续光滑的轨迹。

5. 机器人(操作臂)控制(第5章)

根据机器人的机械系统、控制系统(硬件)和操作任务等要求，研究线性控制、非线性控制、力控制方法。

6. 机器人系统设计(第6章)

根据机器人的负载、运动速度、工作空间、重复定位精度、操作任务等要求，进行:1）结构设计;2）驱动器、传动系统、传感器选型和设计;3）控制系统(硬件)设计。本章介绍的仅是典型机器人的设计原则和基本设计方法。

7. 机器人编程(第7章)

机器人编程语言是用户和机器人交互的接口，机器人的运动是由机器人编程语言的指令给出的。根据机器人性能和操作任务等要求，介绍计算机语言示教编程和离线编程的方法。

8. 机器人应用(第8章)

机器人学和机器人技术研究的目的是应用，应用水平就代表了研究水平。本章基于前面的机器人基础知识，介绍了机器人技术在工程领域中的典型应用。

1.6 学习本书的基础知识要求

基础课程:“高等数学”“空间解析几何”“线性代数”“大学物理”“理论力学”“材料力学”;

专业基础课程:“机械原理”“机械设计”“自动控制原理”“电工学”“模拟和数字电子技术”“微机原理”“测试技术”“C语言编程”等;

专业课程:“机械制图”“机械制造工艺”“公差与技术测量”“金属材料及热处理”等。

1.7 补充说明

1. 雅可比矩阵的求解

本书2.4.4节介绍了雅可比矩阵的求解方法，实际上机器人的雅可比矩阵是难以通过第2章2.4.3节中介绍的直接求导的方法获得的。本书仅介绍了构造雅可比矩阵的矢量积方法，而通用的微分变换法构造雅可比矩阵涉及刚体力学、微分几何的理论知识，因此，本书只简单介绍了微分变换法构造雅可比矩阵的思路和结论，有兴趣的读者可参考相关文献，如:樊炳辉主编的《机器人工程导论》第4章微分运动和速度。

2. 机器人奇异性和灵巧度

本书第2章2.4.5节和2.4.6节介绍了机器人的奇异性和灵巧度的概念，它们是决定机器人的操作性能乃至是否能够正常工作的重要指标，然而对此进行严格的理论分析需要具有矩阵理论、数值分析等工程数学的基础知识,但这已超出了本书的范围,因此,本书仅引用机械原理和线性代数的一些基础知识对此概念做了简单介绍,仅给出了一些简单的分析方法。

3. 李雅普诺夫定理

机器人系统是一个耦合的非线性系统,判别非线性系统是否稳定的实用方法是第二类李雅普诺夫定理,然而该定理属于现代控制理论中的内容,而且在机器人工程应用中很少用到此种分析方法,因此在第 5 章机器人(操作臂)控制中没有介绍这部分内容。有兴趣的读者可参考相关文献,如:(美)约翰 · 克拉格编著的《机器人学导论》(第 4 版)第 10 章 10. 7 节。

4. 自适应控制

当机器人自身参数或工作环境发生变化或不能精确已知、且系统具有适当的传感装置时,自适应控制则是一种有效的控制方法,但是这种方法的问题同上,也超出了本教材的范围,因此在第 5 章机器人(操作臂)控制中对此未做介绍。

5. 离线编程

机器人离线编程系统是基于计算机操作系统和计算机图形学在近年来发展起来的一种实用方便的编程方法,但是这种方法随着机器人和计算机的快速发展更新很快,目前还未形成一种成熟统一的编程方法,本书第 7 章只是根据作者熟悉的方法进行了简单介绍。

6. 机器人误差标定和补偿

机器人各种性能参数的实际值无可避免地会与设计值(理论值)存在一定误差。误差标定就是通过适当的测量方法确定这些参数的误差值。误差补偿则是修正乃至消除这些参数误差的方法。

机器人误差标定和补偿主要是指对机器人运动参数进行误差测量和误差分析,建立误差模型,确定误差的补偿方法,这是机器人工程应用中一项不可或缺的实用技术。然而对机器人进行严格的误差分析和建模遇到的是与构建雅可比矩阵同样的问题,需要应用微分变换的理论和方法,这已超出了本书对基础知识的要求。另外,这项工作涉及许多机器人现场调试经验,因此有关这部分内容和方法可参考相关文献,如:熊有伦主编的《机器人技术基础》第四章 4. 8 节误差标定和补偿。

7. 机器人性能指标和测试

一台新的或维修后的机器人在安装调试完成后,一项重要的工作就是对其性能指标进行测试,这也是机器人工程应用中一项重要的实用技术。鉴于本书主要以介绍机器人基础理论知识和应用基础知识为主,因此有关这方面的内容和方法可参考相关文献,如:李瑞峰主编的《工业机器人技术》第三章 3. 7 节中的机器人性能测试。

8. 机器人技术、机器人系统、机器人工程三者之间的关系

原则上讲,机器人学不是基础理论研究,而是应用技术研究,因为机器人技术中涉及的所有的数学、力学、物理学、机械学、控制技术等基本概念和基础知识都已包括在之前的基础和专业基础课程中。

本书主要是介绍机器人技术原理,机器人系统是机器人技术的具体应用,而机器人工程一般是机器人系统的集成应用,是机器人技术在更高或更大范围内的综合应用。

9. 机器人设计

机器人应用领域包罗万象,应用需求五花八门,结构形式和设计方法千差万别。本书作为本科生和大专生机器人相关专业的入门教材,主要介绍机器人设计所依据的基本原理和机器人设计的一般方法。其设计方法除了基于 1.6 节介绍的专业基础和专业课教材以外,可参见有关介绍机器人设计的专著,如:龚振邦,《机器人机械设计》,电子工业出版社,1995 年;等。

10. 其他类型机器人的知识

并联机器人和冗余自由度机器人是在应用中常见的机器人。本教材是并联机器人和冗余度机器人技术原理和设计的基础,有关技术原理和设计的专门知识可参考专门书籍。

(1)并联机器人

见 1.3 节和图 1.3。参考书:1) Hamid D. Taghirad,《并联机器人:机构学与控制》,机械工业出版社,2018 年;2) 黄真,《并联机器人机构学理论及控制》,机械工业出版社,1997 年。

(2)冗余自由度机器人

6 自由度机器人的运动学逆解往往具有特定的一组或多组解,缺点是机器人末端位姿轨迹确定后,不能避免运动空间的奇异点,不能避障,不能克服关节运动极限,在某些情况下动力学性能差。而冗余自由度机器人的运动学逆解有无穷多组解,通过优选逆解可以提高机器人运动的灵活性,躲避障碍物,回避关节的奇异位形,优化机器人的运动学和动力学性能指标。但是这些内容已超出了本书对机器人基础知识的要求,读者可以参考有关专门论著,如:陆震,《冗余自由度机器人原理及应用》,机械工业出版社,2007 年。

11. 人工智能与机器人技术的关系

简言之,人工智能就是用计算机模拟人脑(人类智能)的一门科学。人工智能研究的基本对象是知识。

“人类智能”包括生命科学、仿生学、形式逻辑、辩证逻辑等;“模拟方法”包括数学、数理逻辑、自动控制理论、算法理论等;“计算机”包括互联网技术、数据科学、软件工程等。

智能机器人是一种类人的机器人,它不一定具有人的外形,但它一定具有人的基本功能,如感知功能、人脑的分析功能、人的执行能力。

智能工业机器人以及特种机器人中的医疗机器人、军用机器人、服务机器人、娱乐机器人等都是人工智能在机器人技术中的具体应用。

习　题

1-1　查询有关参考文献和参考资料,做一个年表,记录在过去 40 年里工业机器人发展的主要事件。

1-2　查询有关参考文献和参考资料,基于最新的数据绘制一个表格,表示工业机器人在焊接、装配、搬运等行业的应用数量情况。

1-3　查询有关参考文献和参考资料,给出汽车工业、电子装配工业等行业劳动力成本的数据,画出一个图,对使用人力的成本和使用机器人的成本进行比较,观察不同时间机器人成本曲线与人力成本曲线交点的变化,据此可以得出使用机器人的技术经济性平衡点发生的时间。

1-4　简述操作臂正运动学、逆运动学、工作空间、轨迹生成的定义。

1-5　简述机器人编程语言、离线编程的含义。

1-6 简述机器人是如何按机构型式分类的。

1-7 简述机器人是如何按坐标形式分类的。

1-8 简述机器人是如何按应用分类的。

1-9 简述机器人误差标定和误差补偿的含义。

1-10 根据你对机器人及工厂自动化的了解,给出几个应用案例。

1-11 为什么通用机器人一般需要有六个关节。提示:参见 1.2 节中自由度的定义。

编程练习

本书大部分章节的结尾都将给出 MATLAB 练习题,这些习题要求学生在 MATLAB 中应用相关的机器人学知识进行编程,并在 MATLAB 的 Robotics 工具箱中检查结果。本书要求学生或读者已经掌握 MATLAB 和线性代数(矩阵理论)的基本知识以及 MATLAB 的 Robotics 工具箱的应用知识。要求:

(1) 熟悉 MATLAB 的编程环境。

1) 根据 MATLAB 软件的提示,尝试输入演示(demo)和帮助(help)。学会使用 MATLAB 编辑器,学习如何创建、编辑、保存、运行和调试 m 文件(一系列 MATLAB 语句组成的 ASCⅡ文件)。

2) 学习如何创建阵列(矩阵和向量)。学习 MATLAB 内部的线性代数函数,这些函数可用于矩阵和向量求积运算、点乘、叉乘、转置、行列式和求逆,也可以求解线性方程组。

3) MATLAB 是基于 C 语言的,但使用起来比 C 语言更容易。学习如何应用 MATLAB 编写逻辑结构和循环结构的程序。学习如何使用子程序和函数。学习如何使用注释符(%)对编写的程序进行注释以及如何使用助记符来提高程序的可读性。

4) 可以登录 MathWorks 官网获得更多关于 MATLAB 的信息和教程。MATLAB 的高级用户应该熟悉 MATLAB 的图形接口 Simulink,也应该熟悉 Symbolic 工具箱。

(2) 熟悉 MATLAB 的 Robotics 工具箱,这是由澳大利亚 Pinjarra Hills 的联邦科学与工业研究组织 Peter I. Corke 编写的第三方工具箱。机器人学工具箱的中文学习资料可参考:(澳)彼得 · 科克,《机器人学、机器视觉与控制》,电子工业出版社,2016。

第 1 章 拓展阅读参考书对照表

第 2 章　机器人运动学

【本章概述】

机器人末端的任意运动是由各关节运动合成的，机器人运动学就是研究机器人关节运动与末端运动之间的运动规律。描述运动规律的基本数学工具是空间解析几何和线性代数。机器人运动学主要包括：位姿描述与变换、正运动学、逆运动学、雅可比等。机器人运动学是机器人设计和应用的首要问题。

2.1　位姿描述与变换

机器人各连杆、工具和操作对象等都可以看作刚体。对于一个刚体，当给定其上某点的位置和刚体的姿态（方位）时，该刚体在空间可以得到完全定位。

2.1.1　位姿描述

位置和姿态描述刚体空间位置的信息，简称位姿。

1. 位置描述

如图 2.1 所示，坐标系 $O_Ax_Ay_Az_A$（简称 $\{A\}$ 系）为固定坐标系，又称为基坐标系，S 为空间一个刚体，P 为刚体上任意一点。这时，刚体 S 在 $\{A\}$ 系的位置可以用点 P 在 $\{A\}$ 系中的坐标即位置矢量 ${}^A\boldsymbol{P}$ 表示，${}^A\boldsymbol{P}$ 中的各个元素表示该矢量在坐标系中的分量（在相应坐标轴上的投影）用下标 x，y 和 z 标明：

$$ {}^A\boldsymbol{P}=\begin{bmatrix} P_x \\ P_y \\ P_z \end{bmatrix}=[P_x \quad P_y \quad P_z]^{\mathrm{T}} \tag{2.1.1}$$

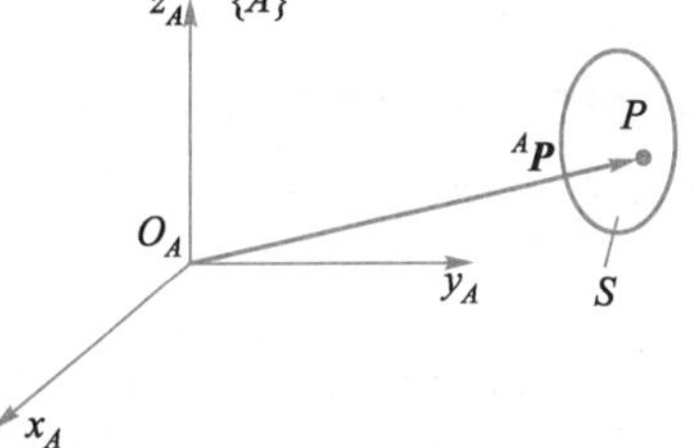

图 2.1　刚体位置的描述

式中，矢量 ${}^A\boldsymbol{P}$ 左上角的 A 表示该矢量是在坐标系 $\{A\}$ 中描述的。

2. 姿态描述

在刚体 S 上的 O_B 点建立另一个坐标系 $O_Bx_By_Bz_B$（简称 $\{B\}$ 系），见图 2.2，该坐标系与刚体固接。当刚体运动时，坐标系 $\{B\}$ 随刚体一起运动，故此坐标系又称为动坐标系，因此刚体的姿态可用固定在刚体上的坐标系来描述。刚体 S 在空间的姿态可以用动坐标系 $\{B\}$ 各坐标轴相对基坐标系 $\{A\}$ 各坐标轴之间夹角的余弦函数矩阵来表示：

$$
{}_B^A\boldsymbol{R}=\begin{bmatrix}\cos(x_A,x_B) & \cos(x_A,y_B) & \cos(x_A,z_B)\\ \cos(y_A,x_B) & \cos(y_A,y_B) & \cos(y_A,z_B)\\ \cos(z_A,x_B) & \cos(z_A,y_B) & \cos(z_A,z_B)\end{bmatrix} \tag{2.1.2}
$$

式中，${}_B^A\boldsymbol{R}$ 为 3×3 矩阵，称为方向余弦矩阵或旋转矩阵，上标 A 代表参考坐标系 $\{A\}$，下标 B 代表动坐标系 $\{B\}$；(x_A, x_B) 表示坐标系 $\{A\}$ 的 x 轴与坐标系 $\{B\}$ 的 x 轴的夹角，$\cos(x_A, x_B)$ 实际上就是坐标系 $\{A\}$ 的 x 轴与坐标系 $\{B\}$ 的 x 轴的单位矢量的点积，以此类推。

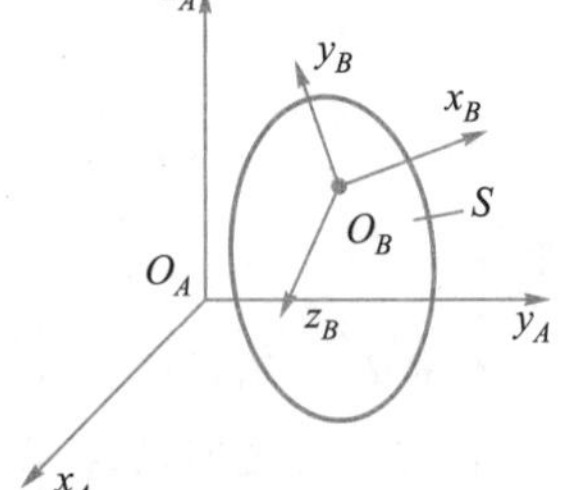

图 2.2 刚体姿态的描述

因此，刚体的位置可以用刚体上一点的位置来描述，刚体的姿态可用固定在刚体上的坐标系的姿态来描述，即，点的位置可用一个 3×1 的矢量来表示，刚体的姿态可用一个 3×3 的矩阵来表示。${}_B^A\boldsymbol{R}$ 中虽有 9 个元素，但只有 3 个是独立的。可以证明：${}_B^A\boldsymbol{R}$ 的逆矩阵与它的转置矩阵相同；其行列式等于 1。即

$$
{}_B^A\boldsymbol{R}^{-1}={}_B^A\boldsymbol{R}^{\mathrm{T}},\quad |{}_B^A\boldsymbol{R}|=1 \tag{2.1.3}
$$

故旋转矩阵${}_B^A\boldsymbol{R}$ 为单位正交矩阵。

当刚体分别绕某坐标系中的 x,y,z 轴旋转时，其旋转矩阵是一般旋转矩阵的特例，因此由式(2.1.2)可得分别绕 x,y,z 轴旋转 θ 角时的旋转矩阵：

$$
\boldsymbol{R}(x,\theta)=\begin{bmatrix}1 & 0 & 0\\ 0 & \cos\theta & -\sin\theta\\ 0 & \sin\theta & \cos\theta\end{bmatrix} \tag{2.1.4}
$$

$$
\boldsymbol{R}(y,\theta)=\begin{bmatrix}\cos\theta & 0 & \sin\theta\\ 0 & 1 & 0\\ -\sin\theta & 0 & \cos\theta\end{bmatrix} \tag{2.1.5}
$$

$$
\boldsymbol{R}(z,\theta)=\begin{bmatrix}\cos\theta & -\sin\theta & 0\\ \sin\theta & \cos\theta & 0\\ 0 & 0 & 1\end{bmatrix} \tag{2.1.6}
$$

3. 位姿描述

刚体 S 在基坐标系 $\{A\}$ 中的位姿可以用动坐标系 $\{B\}$ 相对于基坐标系 $\{A\}$ 的位置和姿态来表示，即

$$
\{B\}=\{{}_B^A\boldsymbol{R},\quad {}^A\boldsymbol{P}_{BO}\} \tag{2.1.7}
$$

式中，${}^A\boldsymbol{P}_{BO}$是动坐标系 $\{B\}$ 的原点的位置矢量，见图 2.3。

位置可用一个特殊的位姿来表示，它的旋转矩阵是单位阵，位置矢量的分量就是被描述点的位置。同样，如果位姿的位置矢量是零矢量，那么它表示的就是姿态。

2.1.2 坐标变换和齐次变换

1. 坐标变换

(1) 平移坐标变换

如图 2.3 所示，坐标系 $\{A\}$ 与坐标系 $\{B\}$ 具有相同的方位，但两者的原点不重合。坐标

系{B}相对于坐标系{A}的位置矢量用坐标系{B}的原点在坐标系{A}中的位置矢量${}^{A}\boldsymbol{P}_{BO}$表示。假设点 P 在坐标系{A}中的位置矢量为${}^{A}\boldsymbol{P}$,在坐标系{B}中的位置矢量为${}^{B}\boldsymbol{P}$,则两者之间具有如下关系:

$$ {}^{A}\boldsymbol{P}={}^{B}\boldsymbol{P}+{}^{A}\boldsymbol{P}_{BO} \tag{2.1.8}$$

式(2.1.8)称为坐标平移方程。

(2) 旋转坐标变换

如图 2.4 所示,坐标系{A}与坐标系{B}具有相同的坐标原点,但两者的姿态不同。同一点 P 在这两个坐标系的位置矢量${}^{A}\boldsymbol{P}$、${}^{B}\boldsymbol{P}$ 具有如下变换关系:

$$ {}^{A}\boldsymbol{P}={}_{B}^{A}\boldsymbol{R}\,{}^{B}\boldsymbol{P} \tag{2.1.9}$$

式(2.1.9)称为坐标旋转方程。

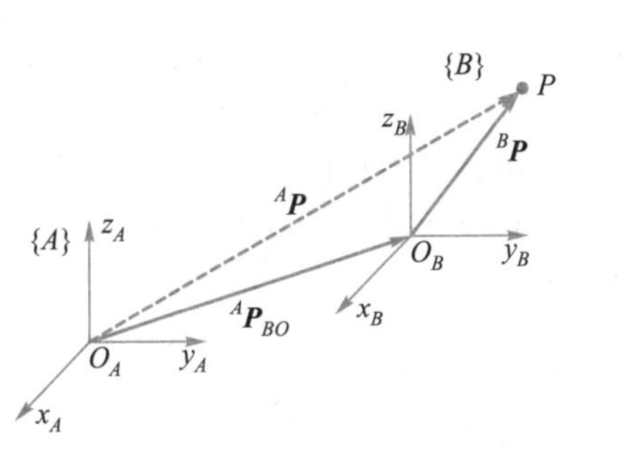

图 2.3 平移变换

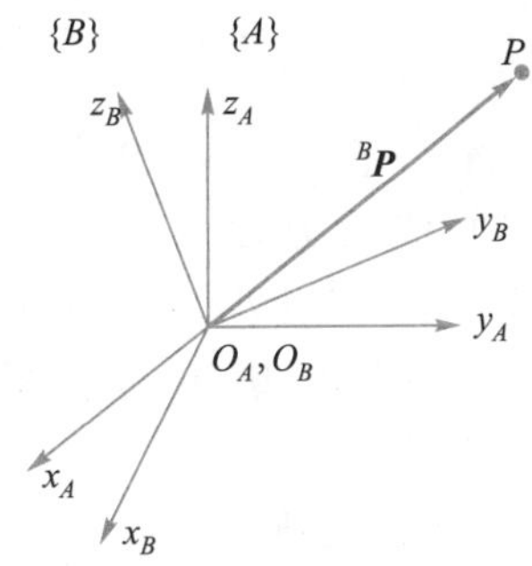

图 2.4 旋转变换

同理${}^{A}\boldsymbol{P}$、${}^{B}\boldsymbol{P}$ 具有如下变换关系:

$$ {}^{B}\boldsymbol{P}={}_{A}^{B}\boldsymbol{R}\,{}^{A}\boldsymbol{P} \tag{2.1.10}$$

由式(2.1.9)和式(2.1.10)可知旋转矩阵${}_{B}^{A}\boldsymbol{R}$ 和${}_{A}^{B}\boldsymbol{R}$ 两者互逆,即

$$ {}_{B}^{A}\boldsymbol{R}^{-1}={}_{A}^{B}\boldsymbol{R} \tag{2.1.11}$$

由此证明了式(2.1.3)。

(3) 平移加旋转变换

一般情况下,坐标系{A}与坐标系{B}的原点不重合,姿态也不相同,如图 2.5 所示。坐标系{B}相对于坐标系{A}的位置矢量用${}^{A}\boldsymbol{P}_{BO}$表示,坐标系{$B$}相对于坐标系{$A$}的姿态用${}_{B}^{A}\boldsymbol{R}$ 表示,这时点 P 在这两个坐标系的位置矢量${}^{A}\boldsymbol{P}$、${}^{B}\boldsymbol{P}$ 具有如下变换关系:

$$ {}^{A}\boldsymbol{P}={}_{B}^{A}\boldsymbol{R}\,{}^{B}\boldsymbol{P}+{}^{A}\boldsymbol{P}_{BO} \tag{2.1.12}$$

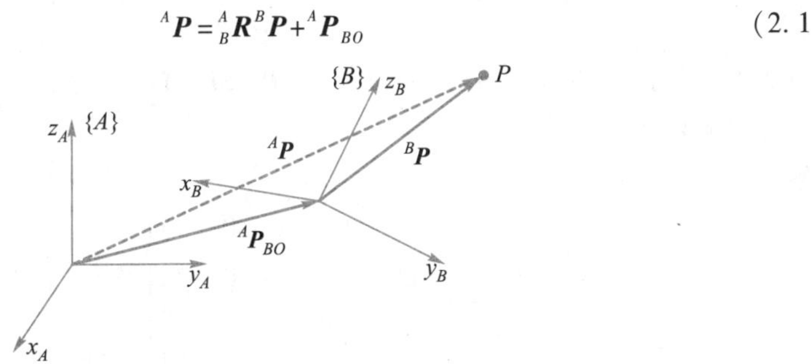

图 2.5 平移加旋转变换

2. 齐次变换

一般情况下，刚体的运动是旋转和平移的复合运动，为了用同一矩阵既表示旋转又表示平移，因此引入齐次变换矩阵。

(1) 齐次坐标

假设一点在直角坐标系中的坐标为

$$\boldsymbol{P}'=[x \quad y \quad z]^{\mathrm{T}} \tag{2.1.13}$$

它的齐次坐标可表示为

$$\boldsymbol{P}=[\boldsymbol{P}' \quad 1]^{\mathrm{T}}[x \quad y \quad z \quad 1]^{\mathrm{T}} \tag{2.1.14}$$

需要注意的是，三维空间中同一点的齐次坐标表示方法不是唯一的。将其各元素同乘以非零因子 w 后，仍然代表同一点，即

$$\boldsymbol{P}=[x \quad y \quad z \quad 1]^{\mathrm{T}}=[a \quad b \quad c \quad w]^{\mathrm{T}} \tag{2.1.15}$$

式中，$a=wx$，$b=wy$，$c=wz$。

规定：向量 $\boldsymbol{P}=[x \quad y \quad z \quad 0]^{\mathrm{T}}=[a \quad b \quad c \quad w]^{\mathrm{T}}$（其中 $a^2+b^2+c^2\neq0$）中的第 4 个元素 $w=0$ 时，表示空间的无穷远点，第 4 个元素 $w\neq0$ 的点为非无穷远点。因此齐次坐标 $[0 \quad 0 \quad 0 \quad 1]^{\mathrm{T}}$ 表示坐标原点；$[1 \quad 0 \quad 0 \quad 0]^{\mathrm{T}}$、$[0 \quad 1 \quad 0 \quad 0]^{\mathrm{T}}$ 和 $[0 \quad 0 \quad 1 \quad 0]^{\mathrm{T}}$ 分别表示 x 轴、y 轴和 z 轴；而 $[0 \quad 0 \quad 0 \quad 0]^{\mathrm{T}}$ 没有意义。

(2) 齐次变换

1) 平移的齐次变换

如图 2.6 所示，矢量 $\boldsymbol{U}=x\boldsymbol{i}+y\boldsymbol{j}+z\boldsymbol{k}$ 沿矢量 $\boldsymbol{P}=a\boldsymbol{i}+b\boldsymbol{j}+c\boldsymbol{k}$ 平移得到矢量 $\boldsymbol{V}$，故矢量 $\boldsymbol{V}$ 可看成是矢量 $\boldsymbol{U}$ 和矢量 $\boldsymbol{P}$ 之和，故有

$$\begin{bmatrix}\boldsymbol{V}\\1\end{bmatrix}=\begin{bmatrix}\boldsymbol{U}\\1\end{bmatrix}+\begin{bmatrix}\boldsymbol{P}\\1\end{bmatrix}=\begin{bmatrix}x+a\\y+b\\z+c\\1\end{bmatrix}=\begin{bmatrix}1&0&0&a\\0&1&0&b\\0&0&1&c\\0&0&0&1\end{bmatrix}\begin{bmatrix}x\\y\\z\\1\end{bmatrix}=\boldsymbol{T}\begin{bmatrix}\boldsymbol{U}\\1\end{bmatrix} \tag{2.1.16}$$

式中，$\boldsymbol{T}=\begin{bmatrix}1&0&0&a\\0&1&0&b\\0&0&1&c\\0&0&0&1\end{bmatrix}$ 称为**平移的齐次变换矩阵**，又可表示为 $\boldsymbol{T}=\mathrm{Trans}(a,b,c)$。矩阵中的第 4 列为平移参考矢量的齐次坐标。

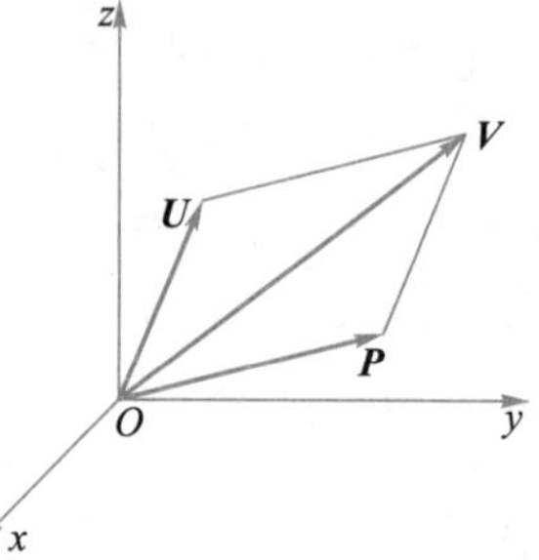

图 2.6　平移的齐次变换

例 2.1　已知：矢量 $\boldsymbol{U}=\boldsymbol{i}+3\boldsymbol{j}-5\boldsymbol{k}$ 沿矢量 $\boldsymbol{P}=3\boldsymbol{i}+7\boldsymbol{j}+\boldsymbol{k}$ 平移，求平移后得到的矢量 $\boldsymbol{V}$。

解：

$$\begin{bmatrix}\boldsymbol{V}\\1\end{bmatrix}=\boldsymbol{T}\begin{bmatrix}\boldsymbol{U}\\1\end{bmatrix}=\begin{bmatrix}1&0&0&3\\0&1&0&7\\0&0&1&1\\0&0&0&1\end{bmatrix}\begin{bmatrix}1\\3\\-5\\1\end{bmatrix}=\begin{bmatrix}4\\10\\-4\\1\end{bmatrix}$$

因此，$\boldsymbol{V}=4\boldsymbol{i}+10\boldsymbol{j}-4\boldsymbol{k}$。

也可用矢量相加的方法求解：

$$\boldsymbol{V}=\boldsymbol{U}+\boldsymbol{P}=(1+3)\boldsymbol{i}+(3+7)\boldsymbol{j}+(-5+1)\boldsymbol{k}=4\boldsymbol{i}+10\boldsymbol{j}-4\boldsymbol{k}。$$

由此可见，用两种方法计算得到的结果相同。

2）旋转的齐次变换

根据直角坐标系的旋转变换，可以得到分别绕 x 轴、y 轴和 z 轴旋转一个角度 θ 的齐次旋转变换矩阵为

$$\mathrm{Rot}(x,\theta)=\begin{bmatrix}1 & 0 & 0 & 0\\0 & \cos\theta & -\sin\theta & 0\\0 & \sin\theta & \cos\theta & 0\\0 & 0 & 0 & 1\end{bmatrix}\tag{2.1.17}$$

$$\mathrm{Rot}(y,\theta)=\begin{bmatrix}\cos\theta & 0 & \sin\theta & 0\\0 & 1 & 0 & 0\\-\sin\theta & 0 & \cos\theta & 0\\0 & 0 & 0 & 1\end{bmatrix}\tag{2.1.18}$$

$$\mathrm{Rot}(z,\theta)=\begin{bmatrix}\cos\theta & -\sin\theta & 0 & 0\\\sin\theta & \cos\theta & 0 & 0\\0 & 0 & 1 & 0\\0 & 0 & 0 & 1\end{bmatrix}\tag{2.1.19}$$

式(2.1.17)～式(2.1.19)即为**旋转的齐次变换矩阵**，其中左上角的 3×3 子矩阵即为相应的旋转变换矩阵式(2.1.4)、式(2.1.5)和式(2.1.6)。

例 2.2 已知：矢量 $\boldsymbol{U}=\boldsymbol{i}+3\boldsymbol{j}-5\boldsymbol{k}$ 绕 z 轴旋转 90°得到矢量 $\boldsymbol{V}$，求矢量 $\boldsymbol{V}$。

解： $$\begin{bmatrix}\boldsymbol{V}\\1\end{bmatrix}=\mathrm{Rot}(z,\theta)\begin{bmatrix}\boldsymbol{U}\\1\end{bmatrix}=\mathrm{Rot}(z,90^\circ)\begin{bmatrix}\boldsymbol{U}\\1\end{bmatrix}$$

$$=\begin{bmatrix}\cos 90^\circ & -\sin 90^\circ & 0 & 0\\\sin 90^\circ & \cos 90^\circ & 0 & 0\\0 & 0 & 1 & 0\\0 & 0 & 0 & 1\end{bmatrix}\begin{bmatrix}1\\3\\-5\\1\end{bmatrix}=\begin{bmatrix}0 & -1 & 0 & 0\\1 & 0 & 0 & 0\\0 & 0 & 1 & 0\\0 & 0 & 0 & 1\end{bmatrix}\begin{bmatrix}1\\3\\-5\\1\end{bmatrix}=\begin{bmatrix}-3\\1\\-5\\1\end{bmatrix}$$

因此，$\boldsymbol{V}=-3\boldsymbol{i}+\boldsymbol{j}-5\boldsymbol{k}$。

3）平移加旋转的复合齐次变换

参见图 2.5。

例 2.3 已知：矢量 $\boldsymbol{U}=\boldsymbol{i}+3\boldsymbol{j}-5\boldsymbol{k}$ 首先绕 z 轴旋转 90°，然后再绕 x 轴旋转 90°，最后再沿矢量 $\boldsymbol{P}=3\boldsymbol{i}+7\boldsymbol{j}+\boldsymbol{k}$ 平移，求矢量 $\boldsymbol{V}$。

解： $$\begin{bmatrix}\boldsymbol{V}\\1\end{bmatrix}=\mathrm{Trans}(3,7,1)\,\mathrm{Rot}(x,90^\circ)\,\mathrm{Rot}(z,90^\circ)\begin{bmatrix}\boldsymbol{U}\\1\end{bmatrix}$$

$$=\begin{bmatrix}1 & 0 & 0 & 3\\0 & 1 & 0 & 7\\0 & 0 & 1 & 1\\0 & 0 & 0 & 1\end{bmatrix}\begin{bmatrix}1 & 0 & 0 & 0\\0 & 0 & -1 & 0\\0 & 1 & 0 & 0\\0 & 0 & 0 & 1\end{bmatrix}\begin{bmatrix}0 & -1 & 0 & 0\\1 & 0 & 0 & 0\\0 & 0 & 1 & 0\\0 & 0 & 0 & 1\end{bmatrix}\begin{bmatrix}1\\3\\-5\\1\end{bmatrix}$$

$$=\begin{bmatrix}0 & -1 & 0 & 3\\0 & 0 & -1 & 7\\1 & 0 & 0 & 1\\0 & 0 & 0 & 1\end{bmatrix}\begin{bmatrix}1\\3\\-5\\1\end{bmatrix}=\begin{bmatrix}0\\12\\2\\1\end{bmatrix}$$

因此,$\boldsymbol{V}=\boldsymbol{i}+3\boldsymbol{j}-5\boldsymbol{k}$。

式中,矩阵$\begin{bmatrix}0 & -1 & 0 & 3\\0 & 0 & -1 & 7\\1 & 0 & 0 & 1\\0 & 0 & 0 & 1\end{bmatrix}$为**平移加旋转的复合齐次变换矩阵**。该矩阵左上角 3×3 子矩阵表示旋转变换,第 4 列表示平移变换。

注意:在例 2.3 中,相对于固定坐标系的三次连续齐次变换,三个齐次变换矩阵均采用左乘。如果齐次变换是相对于动坐标系连续进行的[例如后文 2.2.3 节的式(2.2.2)],则应采用齐次变换矩阵右乘。由矩阵乘法法则可知,两种情况下得到的结果不同。

4)齐次变换矩阵

定义一个 4×4 的矩阵算子,可将式(2.1.12)写为

$$\begin{bmatrix}{}^{A}\boldsymbol{P}\\1\end{bmatrix}=\left[\begin{array}{ccc:c}\multicolumn{3}{c:}{{}_{B}^{A}\boldsymbol{R}} & {}^{A}\boldsymbol{P}_{BO}\\ \hdashline 0 & 0 & 0 & 1\end{array}\right]\begin{bmatrix}{}^{B}\boldsymbol{P}\\1\end{bmatrix}={}_{B}^{A}\boldsymbol{T}\begin{bmatrix}{}^{B}\boldsymbol{P}\\1\end{bmatrix}\tag{2.1.20}$$

式中,变量的定义见式(2.1.8),4×4 矩阵${}_{B}^{A}\boldsymbol{T}$表示坐标系{B}相对于坐标系{A}的**齐次变换矩阵**。

3. 逆变换

已知坐标系{B}相对于坐标系{A}的齐次变换矩阵${}_{B}^{A}\boldsymbol{T}$,为了得到{A}相对于{B}的齐次变换矩阵${}_{A}^{B}\boldsymbol{T}$,一种方法是直接求${}_{B}^{A}\boldsymbol{T}$的逆${}_{B}^{A}\boldsymbol{T}^{-1}$,另一种方法是利用齐次变换的性质求逆。

由式(2.1.3)和式(2.1.11)得

$${}_{A}^{B}\boldsymbol{R}={}_{B}^{A}\boldsymbol{R}^{\mathrm{T}}\tag{2.1.21}$$

由式(2.1.12),将${}^{A}\boldsymbol{P}_{BO}$转变成在{$B$}中的描述:

$${}^{B}({}^{A}\boldsymbol{P}_{BO})={}_{A}^{B}\boldsymbol{R}\,{}^{A}\boldsymbol{P}_{BO}+{}^{B}\boldsymbol{P}_{AO}\tag{2.1.22}$$

式(2.1.22)的左边应为零,由此可得

$${}^{B}\boldsymbol{P}_{AO}=-{}_{A}^{B}\boldsymbol{R}\,{}^{A}\boldsymbol{P}_{BO}=-{}_{B}^{A}\boldsymbol{R}^{\mathrm{T}}\,{}^{A}\boldsymbol{P}_{BO}\tag{2.1.23}$$

由式(2.1.20)、式(2.1.21)和式(2.1.23)可得

$${}_{B}^{A}\boldsymbol{T}^{-1}={}_{A}^{B}\boldsymbol{T}=\left[\begin{array}{ccc:c}\multicolumn{3}{c:}{{}_{A}^{B}\boldsymbol{R}} & {}^{B}\boldsymbol{P}_{AO}\\ \hdashline 0 & 0 & 0 & 1\end{array}\right]=\left[\begin{array}{ccc:c}\multicolumn{3}{c:}{{}_{B}^{A}\boldsymbol{R}^{\mathrm{T}}} & -{}_{B}^{A}\boldsymbol{R}^{\mathrm{T}}\,{}^{A}\boldsymbol{P}_{BO}\\ \hdashline 0 & 0 & 0 & 1\end{array}\right]\tag{2.1.24}$$

式(2.1.24)是求齐次变换逆变换的常用方法。后续章节中利用式(2.1.24)求齐次矩阵的逆矩阵。

4. 变换方程

图 2.7 表示坐标系{D}相对于坐标系{U}的齐次变换,可以用两种不同的复合变换路径表达。第一种:

$${}_{D}^{U}\boldsymbol{T}={}_{A}^{U}\boldsymbol{T}\,{}_{D}^{A}\boldsymbol{T}\tag{2.1.25}$$

第二种：

$$ {}^{U}_{D}\boldsymbol{T} = {}^{U}_{B}\boldsymbol{T}\,{}^{B}_{C}\boldsymbol{T}\,{}^{C}_{D}\boldsymbol{T} \tag{2.1.26} $$

将两种表达式构造成一个**变换方程**：

$$ {}^{U}_{A}\boldsymbol{T}\,{}^{A}_{D}\boldsymbol{T} = {}^{U}_{B}\boldsymbol{T}\,{}^{B}_{C}\boldsymbol{T}\,{}^{C}_{D}\boldsymbol{T} \tag{2.1.27} $$

未知的齐次变换矩阵可由变换方程解出。设式(2.1.27)中除了${}^{B}_{C}\boldsymbol{T}$外的齐次变换矩阵均已知，因此有一个变换方程和一个未知变换，很容易解出：

$$ {}^{B}_{C}\boldsymbol{T} = {}^{U}_{B}\boldsymbol{T}^{-1}\,{}^{U}_{A}\boldsymbol{T}\,{}^{A}_{D}\boldsymbol{T}\,{}^{C}_{D}\boldsymbol{T}^{-1} \tag{2.1.28} $$

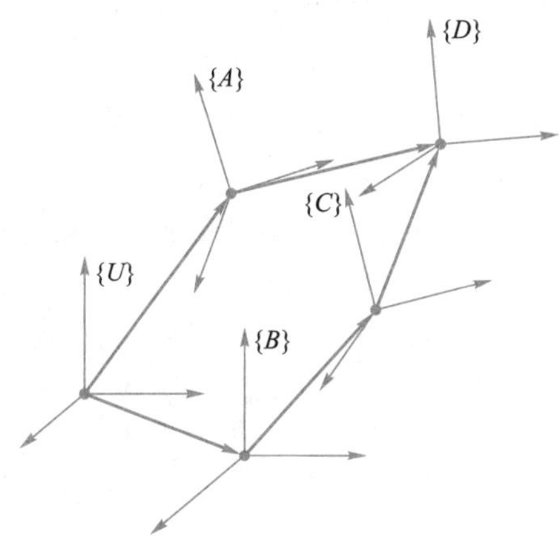

图 2.7 形成闭环的变换

例 2.4 图 2.8 所示为操作臂抓取螺栓的示意图，已知：操作臂手部坐标系{T}相对于操作臂末端坐标系{6}的位姿${}^{6}_{T}\boldsymbol{T}$，末端坐标系{6}相对于基坐标系{0}的位姿${}^{0}_{6}\boldsymbol{T}$，工作台坐标系{S}相对于操作臂基坐标系{0}的位姿${}^{0}_{S}\boldsymbol{T}$，工作台上螺栓{G}的坐标系相对于工作台坐标系{S}的位姿${}^{S}_{G}\boldsymbol{T}$。求螺栓相对手部的位姿${}^{T}_{G}\boldsymbol{T}$。

解：由变换方程得到螺栓相对于手部坐标系的位姿为

$$ \begin{aligned} {}^{T}_{G}\boldsymbol{T} &= {}^{0}_{T}\boldsymbol{T}^{-1}\,{}^{0}_{S}\boldsymbol{T}\,{}^{S}_{G}\boldsymbol{T} \\ &= \left[{}^{0}_{6}\boldsymbol{T}\,{}^{6}_{T}\boldsymbol{T}\right]^{-1}\,{}^{0}_{S}\boldsymbol{T}\,{}^{S}_{G}\boldsymbol{T} \end{aligned} $$

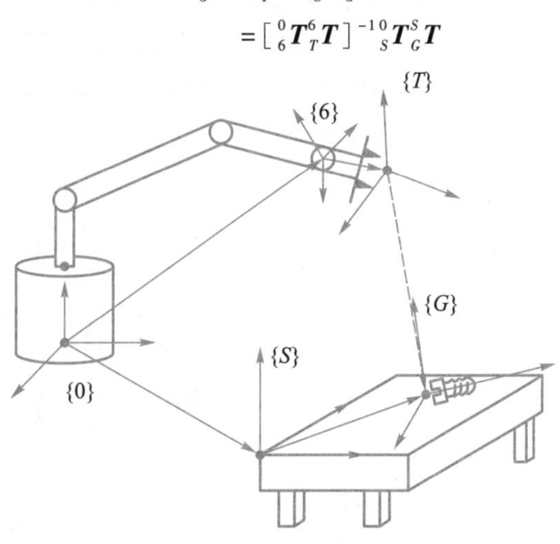

图 2.8 操作臂抓取螺栓

2.1.3 其他姿态描述

1. 欧拉角(Euler 角)

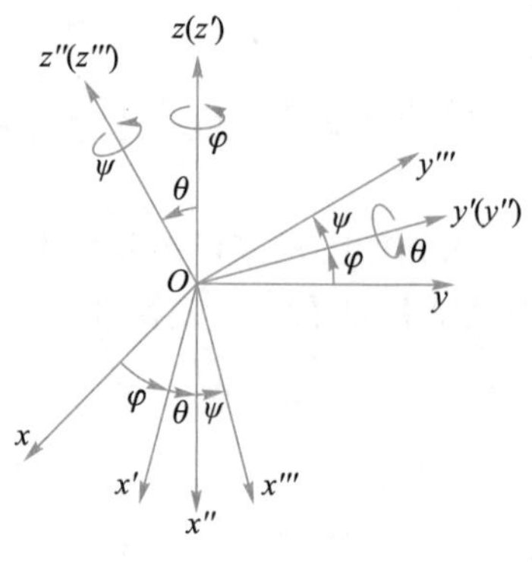

图 2.9 Z-Y-Z 欧拉角的表示法

机器人在运动的过程中,机械手的运动姿态往往由一个绕 x 轴、y 轴和 z 轴的旋转序列来规定。其中一种常用的转角序列称为 Z-Y-Z 欧拉角,如图 2.9 所示。Z-Y-Z 欧拉角序列规定如下:首先绕 z 轴旋转 φ 角,然后绕新的 y 轴(y')旋转 θ 角,最后绕新的 z 轴(z'')旋转 ψ 角。Z-Y-Z 欧拉角可以用来描述任何可能的姿态。欧拉角也可以在固定坐标系中以相反的旋转次序来描述:先绕 z 轴旋转 ψ 角,再绕 y 轴旋转 θ 角,最后绕 z 轴旋转 φ 角。

Z-Y-Z 欧拉变换 $\mathrm{Euler}(\varphi,\theta,\psi)$ 可由三个旋转的齐次变换矩阵从左向右连乘求得

$$
\begin{aligned}
\mathrm{Euler}(\varphi,\theta,\psi) &= \mathrm{Rot}(z,\varphi)\mathrm{Rot}(y,\theta)\mathrm{Rot}(z,\psi) \\
&= \begin{bmatrix} \mathrm{c}\varphi & -\mathrm{s}\varphi & 0 & 0 \\ \mathrm{s}\varphi & \mathrm{c}\varphi & 0 & 0 \\ 0 & 0 & 1 & 0 \\ 0 & 0 & 0 & 1 \end{bmatrix}
\begin{bmatrix} \mathrm{c}\theta & 0 & \mathrm{s}\theta & 0 \\ 0 & 1 & 0 & 0 \\ -\mathrm{s}\theta & 0 & \mathrm{c}\theta & 0 \\ 0 & 0 & 0 & 1 \end{bmatrix}
\begin{bmatrix} \mathrm{c}\psi & -\mathrm{s}\psi & 0 & 0 \\ \mathrm{s}\psi & \mathrm{c}\psi & 0 & 0 \\ 0 & 0 & 1 & 0 \\ 0 & 0 & 0 & 1 \end{bmatrix}
\end{aligned} \tag{2.1.29}
$$

整理后,得

$$
\mathrm{Euler}(\varphi,\theta,\psi) = \begin{bmatrix} \mathrm{c}\varphi\mathrm{c}\theta\mathrm{c}\psi-\mathrm{s}\varphi\mathrm{s}\psi & -\mathrm{c}\varphi\mathrm{c}\theta\mathrm{s}\psi-\mathrm{s}\varphi\mathrm{c}\psi & \mathrm{c}\varphi\mathrm{s}\theta & 0 \\ \mathrm{s}\varphi\mathrm{c}\theta\mathrm{c}\psi+\mathrm{c}\varphi\mathrm{s}\psi & -\mathrm{s}\varphi\mathrm{c}\theta\mathrm{s}\psi+\mathrm{c}\varphi\mathrm{c}\psi & \mathrm{s}\varphi\mathrm{s}\theta & 0 \\ -\mathrm{s}\theta\mathrm{c}\psi & \mathrm{s}\theta\mathrm{s}\psi & \mathrm{c}\theta & 0 \\ 0 & 0 & 0 & 1 \end{bmatrix} \tag{2.1.30}
$$

式中,$\mathrm{s}\varphi=\sin\varphi$,$\mathrm{c}\varphi=\cos\varphi$。

2. RPY 角

另一种常用的旋转序列是 RPY 角。RPY 角是一种描述船舶在海中航行或飞行器在空中飞行时姿态的方法。如图 2.10(a)所示,将船的行驶方向定义为 z 轴,绕 z 轴的旋转称为横滚(roll);绕 y 轴的旋转称为俯仰(pitch);把铅垂方向取为 x 轴,绕 x 轴的旋转称为偏转(yaw)。这种分别绕 x 轴、y 轴、z 轴规定的转角序列也称为 X-Y-Z 固定角表示法。可以用这种方法定义夹手的姿态,如图 2.10(b)所示。

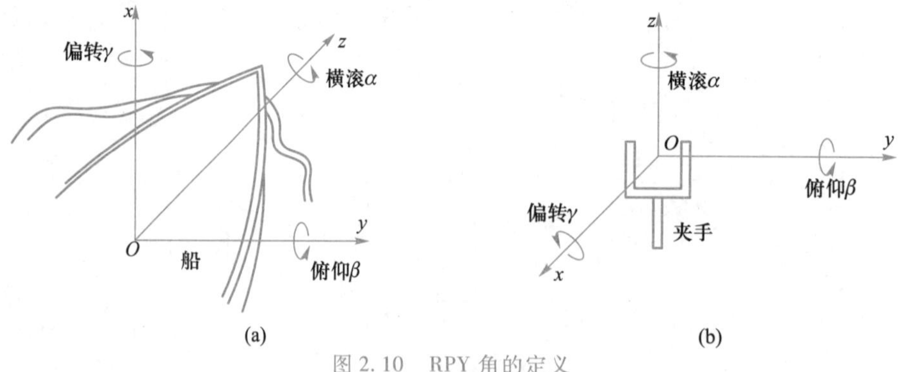

图 2.10 RPY 角的定义

RPY 角序列规定如下：绕固定坐标系变换，{B}的初始方位与参考系{A}重合，首先将{B}绕 x_A 轴旋转 γ 角，再绕 y_A 轴旋转 β 角，最后绕 z_A 轴旋转 α 角，如图 2.11 所示。

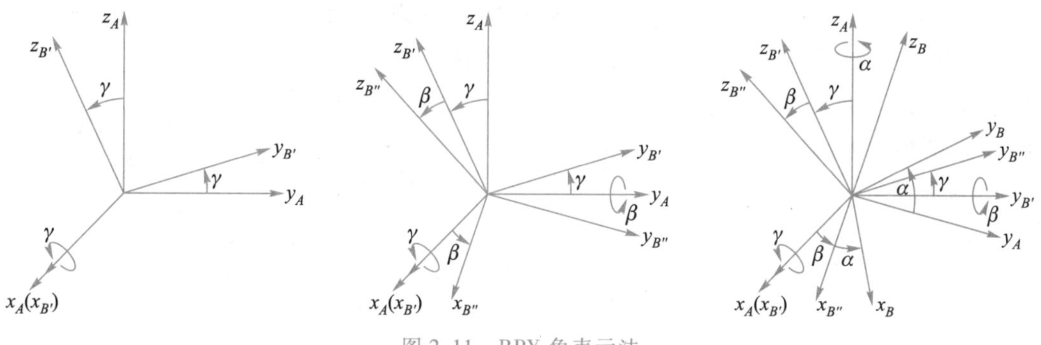

图 2.11 RPY 角表示法

按照从右向左连乘的原则，得到旋转矩阵：

$$
{}_B^A\boldsymbol{R}(\gamma,\beta,\alpha)=\mathrm{Rot}(z_A,\alpha)\,\mathrm{Rot}(y_A,\beta)\,\mathrm{Rot}(x_A,\gamma)
=\begin{bmatrix}\mathrm{c}\alpha & -\mathrm{s}\alpha & 0\\ \mathrm{s}\alpha & \mathrm{c}\alpha & 0\\ 0 & 0 & 1\end{bmatrix}\begin{bmatrix}\mathrm{c}\beta & 0 & \mathrm{s}\beta\\ 0 & 1 & 0\\ -\mathrm{s}\beta & 0 & \mathrm{c}\beta\end{bmatrix}\begin{bmatrix}1 & 0 & 0\\ 0 & \mathrm{c}\gamma & -\mathrm{s}\gamma\\ 0 & \mathrm{s}\gamma & \mathrm{c}\gamma\end{bmatrix}
$$

式中，$\mathrm{c}\alpha=\cos\alpha$，$\mathrm{s}\alpha=\sin\alpha$，$\mathrm{c}\beta$，$\mathrm{s}\beta$，$\mathrm{c}\gamma$，$\mathrm{s}\gamma$ 以此类推，即

$$
{}_B^A\boldsymbol{R}(\gamma,\beta,\alpha)=\begin{bmatrix}\mathrm{c}\alpha\mathrm{c}\beta & \mathrm{c}\alpha\mathrm{s}\beta\mathrm{s}\gamma-\mathrm{s}\alpha\mathrm{c}\gamma & \mathrm{c}\alpha\mathrm{s}\beta\mathrm{c}\gamma+\mathrm{s}\alpha\mathrm{s}\gamma\\ \mathrm{s}\alpha\mathrm{c}\beta & \mathrm{s}\alpha\mathrm{s}\beta\mathrm{s}\gamma+\mathrm{c}\alpha\mathrm{c}\gamma & \mathrm{s}\alpha\mathrm{s}\beta\mathrm{c}\gamma-\mathrm{c}\alpha\mathrm{s}\gamma\\ -\mathrm{s}\beta & \mathrm{c}\beta\mathrm{s}\gamma & \mathrm{c}\beta\mathrm{c}\gamma\end{bmatrix} \tag{2.1.31}
$$

RPY 角的逆问题：给定旋转矩阵${}_B^A\boldsymbol{R}(\gamma,\beta,\alpha)$，求：绕 x 轴、y 轴、z 轴的转角 γ,β,α，令

$$
{}_B^A\boldsymbol{R}(\gamma,\beta,\alpha)=\begin{bmatrix}r_{11} & r_{12} & r_{13}\\ r_{21} & r_{22} & r_{23}\\ r_{31} & r_{32} & r_{33}\end{bmatrix} \tag{2.1.32}
$$

由式(2.1.31)知，上式是一组由 9 个方程组成的超越方程，只有 3 个未知数 γ,β,α，有 6 个方程不独立，因此可利用其中的 3 个方程解出 γ,β,α。

由式(2.1.31)和式(2.1.32)得

$$
\cos\beta=\sqrt{r_{11}^2+r_{21}^2} \tag{2.1.33}
$$

如果 $\cos\beta\neq0$，则得到 γ,β,α 的反正切表达式：

$$
\begin{aligned}
\beta&=\mathrm{Atan2}\left(-r_{31},\sqrt{r_{11}^2+r_{21}^2}\right)\\
\alpha&=\mathrm{Atan2}\left(\frac{r_{21}}{\mathrm{c}\beta},\frac{r_{11}}{\mathrm{c}\beta}\right)\\
\gamma&=\mathrm{Atan2}\left(\frac{r_{32}}{\mathrm{c}\beta},\frac{r_{33}}{\mathrm{c}\beta}\right)
\end{aligned} \tag{2.1.34}
$$

式中，用 $\mathrm{Atan2}(y,x)$ 计算反正切的优点在于可以利用 x 和 y 的符号确定所得角度的象限，如 $\mathrm{Atan2}(-2.0,-2.0)=-135^\circ$，有时也称为“四象限反正切函数”。

式(2.1.34)中的根式有两个解，总是取 $-90^\circ\leqslant\beta\leqslant90^\circ$ 中的一个解。若 $\cos\beta=0$，通常选

择 $\alpha=0°$。

3. 等效轴–角表示法

由图 2.12，定义坐标系 $\{A'\}$、$\{B'\}$ 分别与 $\{A\}$、$\{B\}$ 固联，且 $\{A'\}$ 的 $\boldsymbol{z}_{A'}$ 轴和 $\{B'\}$ 的 $\boldsymbol{z}_{B'}$ 轴均与 $\boldsymbol{k}$ 重合，矢量 $\boldsymbol{k}=[k_1 \quad k_2 \quad k_3]^{\mathrm{T}}$ 被称为有限旋转的等效轴。旋转之前，$\{A\}$ 与 $\{B\}$ 重合、$\{A'\}$ 与 $\{B'\}$ 重合。若坐标系 $\{B\}$ 绕 $\boldsymbol{k}$ 轴相对于 $\{A\}$ 旋转 θ 角，则意味着 $\{B'\}$ 绕 $\boldsymbol{z}_{A'}$ 轴相对于 $\{A'\}$ 旋转 θ 角。设旋转后，$\{A'\}$ 对 $\{A\}$，$\{B'\}$ 对 $\{B\}$ 的旋转矩阵为

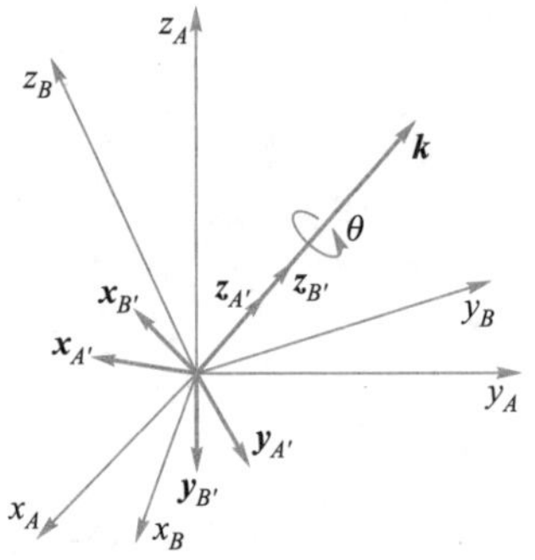

$$ {}^{A}_{A'}\boldsymbol{R}={}^{B}_{B'}\boldsymbol{R}=\begin{bmatrix} n_1 & o_1 & k_1 \\ n_2 & o_2 & k_2 \\ n_3 & o_3 & k_3 \end{bmatrix}=[\boldsymbol{n} \quad \boldsymbol{o} \quad \boldsymbol{k}] \tag{a} $$

图 2.12 等效轴–角表示法

于是，根据旋转变换方程可得

$$ {}^{A}_{B}\boldsymbol{R}=\boldsymbol{R}_k(\theta)={}^{A}_{A'}\boldsymbol{R}\,{}^{A'}_{B'}\boldsymbol{R}\,{}^{B'}_{B}\boldsymbol{R} \tag{b} $$

因为 ${}^{A'}_{B'}\boldsymbol{R}$ 是绕 $\boldsymbol{z}_{A'}$ 轴的旋转，所以

$$ {}^{A'}_{B'}\boldsymbol{R}=\boldsymbol{R}_z(\theta) \tag{c} $$

由旋转矩阵的正交性，可得

$$ {}^{B'}_{B}\boldsymbol{R}={}^{B}_{B'}\boldsymbol{R}^{\mathrm{T}} \tag{d} $$

将式(c)(d)代入式(b)得

$$ {}^{A}_{B}\boldsymbol{R}={}^{A}_{A'}\boldsymbol{R}\boldsymbol{R}_z(\theta)\,{}^{B}_{B'}\boldsymbol{R}^{\mathrm{T}} \tag{e} $$

将式(a)代入式(e)得

$$ {}^{A}_{B}\boldsymbol{R}={}^{A}_{A'}\boldsymbol{R}\boldsymbol{R}_z(\theta)\,{}^{B}_{B'}\boldsymbol{R}^{\mathrm{T}}=\begin{bmatrix} n_1 & o_1 & k_1 \\ n_2 & o_2 & k_2 \\ n_3 & o_3 & k_3 \end{bmatrix}\begin{bmatrix} \mathrm{c}\theta & -\mathrm{s}\theta & 0 \\ \mathrm{s}\theta & \mathrm{c}\theta & 0 \\ 0 & 0 & 1 \end{bmatrix}\begin{bmatrix} n_1 & n_2 & n_3 \\ o_1 & o_2 & o_3 \\ k_1 & k_2 & k_3 \end{bmatrix} \tag{f} $$

将式(f)右端相乘，并利用

$$ \begin{aligned} &\boldsymbol{n}\cdot\boldsymbol{n}=\boldsymbol{o}\cdot\boldsymbol{o}=\boldsymbol{k}\cdot\boldsymbol{k}=1 \\ &\boldsymbol{n}\cdot\boldsymbol{o}=\boldsymbol{o}\cdot\boldsymbol{k}=\boldsymbol{k}\cdot\boldsymbol{n}=0 \\ &\boldsymbol{k}=\boldsymbol{n}\times\boldsymbol{o} \end{aligned} \tag{g} $$

可得

$$ {}^{A}_{B}\boldsymbol{R}=\begin{bmatrix} k_1^2(1-\mathrm{c}\theta)+\mathrm{c}\theta & k_1k_2(1-\mathrm{c}\theta)-k_3\mathrm{s}\theta & k_1k_3(1-\mathrm{c}\theta)+k_2\mathrm{s}\theta \\ k_1k_2(1-\mathrm{c}\theta)+k_3\mathrm{s}\theta & k_2^2(1-\mathrm{c}\theta)+\mathrm{c}\theta & k_2k_3(1-\mathrm{c}\theta)-k_1\mathrm{s}\theta \\ k_1k_3(1-\mathrm{c}\theta)-k_2\mathrm{s}\theta & k_2k_3(1-\mathrm{c}\theta)+k_1\mathrm{s}\theta & k_3^2(1-\mathrm{c}\theta)+\mathrm{c}\theta \end{bmatrix} \tag{2.1.35} $$

式中，θ 的符号由右手定则确定，即大拇指指向 $\boldsymbol{k}$ 的正方向，其余四指的弯曲方向为 θ 的正方向。

当等效旋转轴为坐标系 $\{A\}$ 的主轴时，则等效旋转矩阵成为式(2.1.4)～式(2.1.6)。

若已知旋转矩阵 $\boldsymbol{R}$：

$$ \boldsymbol{R}=\begin{bmatrix} r_{11} & r_{12} & r_{13} \\ r_{21} & r_{22} & r_{23} \\ r_{31} & r_{32} & r_{33} \end{bmatrix} \tag{h} $$

可根据式(2.1.35)求得等效轴-角($\boldsymbol{k},\theta$):

$$\mathrm{tr}(\boldsymbol{R})=r_{11}+r_{22}+r_{33}=1+2\cos\theta \tag{i}$$

即

$$\theta=\cos^{-1}\left(\frac{r_{11}+r_{22}+r_{33}-1}{2}\right) \tag{2.1.36}$$

和

$$\begin{cases} r_{32}-r_{23}=2k_1\sin\theta \\ r_{13}-r_{31}=2k_2\sin\theta \\ r_{21}-r_{12}=2k_3\sin\theta \end{cases} \tag{j}$$

即

$$\boldsymbol{k}=\frac{1}{2\sin\theta}\begin{bmatrix} r_{32}-r_{23} \\ r_{13}-r_{31} \\ r_{21}-r_{12} \end{bmatrix} \tag{2.1.37}$$

注意:1) 式(2.1.36)计算出的 θ 值位于$(0,\pi)$区间。对于给定的轴线—转角($\boldsymbol{k},\theta$),存在另一组轴线—转角($-\boldsymbol{k},-\theta$),两者描述的姿态相同。因此,在将旋转矩阵转化为等效轴-角表示法时,需要对解进行选择;2) 如果 θ 为 0 或 π,式(2.1.37)将无解,旋转轴无法确定。

小结:

等效轴-角表示法是以一个三维向量表示姿态;

等效轴-角的姿态表示为 $\boldsymbol{R}_k(\theta)$,θ 是绕过原点的空间任意轴 $\boldsymbol{k}$ 的转角;

等效轴-角表示是以三维空间中的点作为基准描述刚体的姿态,方便在两个姿态之间进行插值计算,可用于生成连续运动路径,见第 4 章 4.3.3 节;

等效轴-角只能描述姿态,不能直接用来进行姿态变换运算,只有把它们转换成对应的旋转矩阵 $\boldsymbol{R}$ 后,才能进行姿态变换运算。

还可以用其他组合形式的三角度表示法以及四元数表示法等描述姿态,感兴趣的读者可以参考(美)克拉格编著的《机器人学导论》(第 4 版)第 2 章 2.8 节的内容。

2.2　机器人(操作臂)正运动学

机器人的典型应用是操作臂,本节以操作臂为模型,研究机器人的运动学。操作臂运动学是研究操作臂的运动参数(位置、速度、加速度)与操作臂几何参数和时间参数的关系。操作臂正运动学问题是:已知操作臂关节角,求操作臂末端位姿。

2.2.1　机械手位置和姿态的表示

图 2.13 所示为机器人的机械手(或末端)位置和姿态的表示。描述机械手位姿的坐标系置于手爪中心,其原点由矢量 $\boldsymbol{P}$ 表示。机械手的位置可以用矢量 $\boldsymbol{P}$ 在固定坐标系的坐标表示为

$$\boldsymbol{P}=[p_x \quad p_y \quad p_z]^{\mathrm{T}}$$

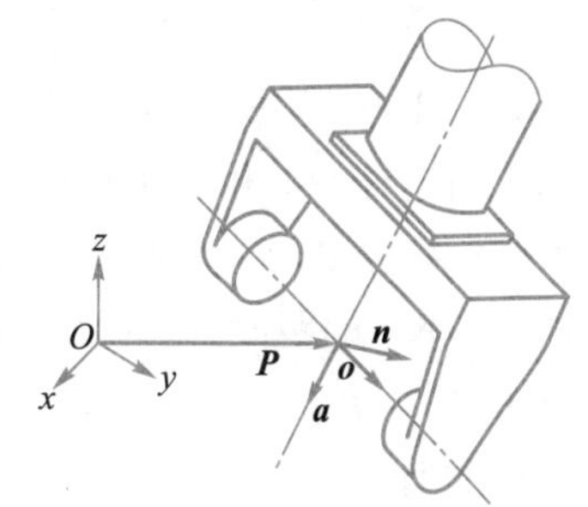

图 2.13　机械手位置和姿态的表示

描述机械手位姿的坐标系中三个单位矢量方向规定如下:矢量 $\boldsymbol{a}$ 代表机械手接近物体的方向,称为接近矢量;矢

量 $\boldsymbol{o}$ 代表机械手的夹持方向,从一个指尖指向另一个指尖,称为方向矢量;矢量 $\boldsymbol{n}$ 称为法向矢量,其方向由右手定则确定,$\boldsymbol{n}=\boldsymbol{o}\times\boldsymbol{a}$。故机械手的姿态可用一个 3×3 的旋转矩阵表示:

$$\boldsymbol{R}=[\boldsymbol{n}\quad\boldsymbol{o}\quad\boldsymbol{a}]=\begin{bmatrix} n_x & o_x & a_x \\ n_y & o_y & a_y \\ n_z & o_z & a_z \end{bmatrix}$$

机械手的位姿也可以用一个 4×4 齐次矩阵表示:

$$\boldsymbol{T}=\begin{bmatrix} n_x & o_x & a_x & p_x \\ n_y & o_y & a_y & p_y \\ n_z & o_z & a_z & p_z \\ 0 & 0 & 0 & 1 \end{bmatrix} \tag{2.2.1}$$

2.2.2　连杆参数和连杆坐标系

为了用齐次变换矩阵来表示操作臂相邻连杆间的运动关系,首先需要用 4 个参数对连杆和它们的相邻关系进行描述。

1. 连杆参数

可用 2 个参数描述连杆,它们定义了连杆的两个关节轴线之间的相对空间位置。

如图 2.14 所示,对于任意一个两端带有关节 $i-1$ 和 i 的连杆,都可以用两个参数来描述:一个是两个关节轴线沿公垂线的距离 a_{i-1},另一个是垂直于 a_{i-1} 所在平面内两轴线的夹角 α_{i-1}。通常称 a_{i-1} 为连杆 $i-1$ 的长度,a_{i-1} 的方向是由轴线 $i-1$ 指向轴线 i;α_{i-1} 为连杆 $i-1$ 的扭角,正方向为按照右手定则绕 a_{i-1} 的方向从轴线 $i-1$ 绕 a_{i-1} 转向轴线 i。当两个关节轴线相交时,两轴线之间的夹角可以在两者所在的平面中测量。

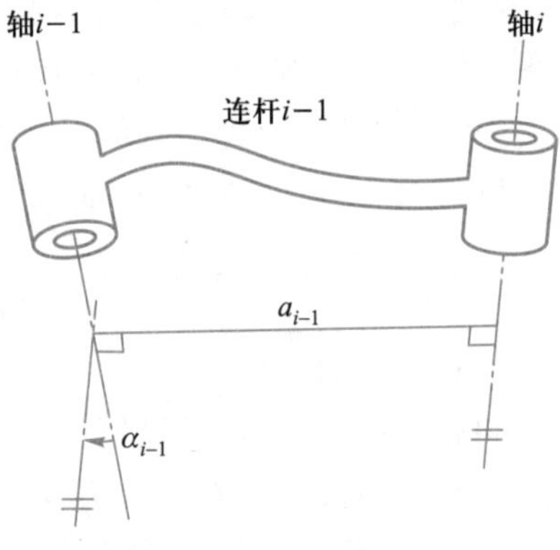

图 2.14　连杆参数的表示

例 2.5　已知:机器人连杆 $i-1$,如图 2.15 所示。求连杆长度 a_{i-1} 和连杆扭角 α_{i-1}。

解:画两关节轴线,做两轴线的公垂线,可得连杆长度 $a_{i-1}=175$ mm;画两轴线夹角,根据夹角方向定义,得该连杆扭角:$\alpha_{i-1}=45°$。

2. 相邻连杆间连接的描述

如图 2.16 所示,除运动链第一个杆件(连杆 0)和最后一个杆件(连杆 n 或末端)外,任意相邻的连杆 $i-1$ 和 i 均通过关节 i 联接,关节 i 的轴线有两条公法线 a_{i-1} 和 a_i 与之垂直,这两条公法线分别对应轴线 i 的前、后相邻连杆 $i-1$ 和 i。在轴线 i 上,两条公垂线的距离称为杆件 $i-1$ 和 i 的距离,记为 d_i,沿轴线 i 的正方向为正值;两条公法线之间的夹角称为两连杆的夹角,记为 θ_i。

3. 连杆坐标系

机器人连杆坐标系的描述是机器人运动学和动力学建模的基础,如果建立连杆坐标系出现错误,后面的推导将会一错百错,前功尽弃。建立连杆坐标系有两种方法:1) 前置坐标系:活动连杆 i 的坐标系的 z_i 轴与关节 i 的轴线重合,是本书主要介绍的内容;2) 后置坐标系:z_i 轴与关节 $i+1$ 的轴线重合,本书未作介绍。

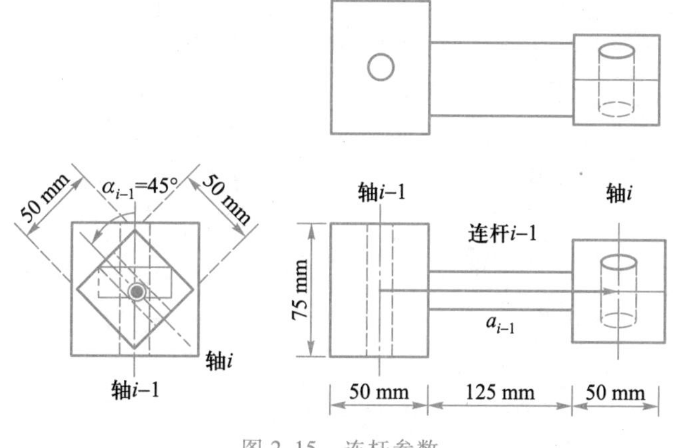

图 2.15 连杆参数

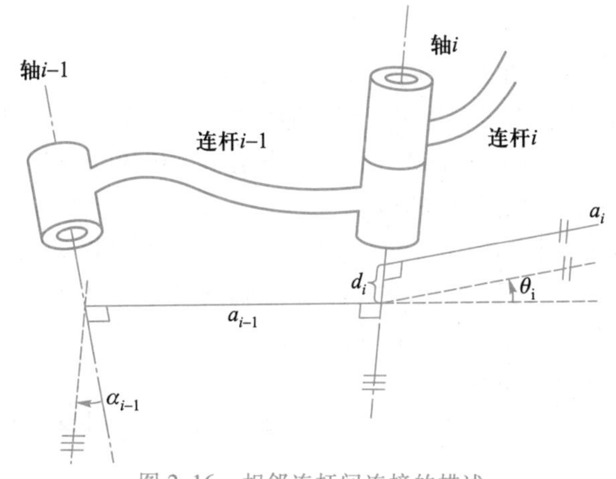

图 2.16 相邻连杆间连接的描述

拓展阅读资料:前置坐标系与后置坐标系

每个连杆都可以用四个参数来描述,其中参数 a_{i-1} 和 α_{i-1} 用来描述杆件本身,参数 d_i 和 θ_i 用来描述相邻杆件之间的连接关系。这种描述方法由德纳维特(Denavit)和哈滕伯格(Hartenberg)两人发明,通常简称 D-H 法。

(1) 连杆坐标系

为了描述操作臂各连杆之间的运动关系,需要在每个连杆上固接一个连杆坐标系。与基座(连杆 0)固接的坐标系称为基坐标系,与连杆 1 固接的坐标系称为坐标系{1},与连杆 i 固接的坐标系称为坐标系{i}。

连杆之间的连接通常有两种类型——转动关节和移动关节。对于转动关节,θ_i 为关节变量,其他三个连杆参数是固定不变的;对于移动关节,d_i 为关节变量,其他三个连杆参数是固定不变的。

(2) 运动链中间位置连杆坐标系({i_2},…,{i_{n-1}})的定义

确定连杆上的固连坐标系:坐标系{i}的 z 轴称为 z_i,并与关节 i 轴线重合,坐标系{i}的

原点位于公垂线 a_i 与关节轴 i 的交点处，x_i 沿 a_i 方向由关节 i 指向关节 $i+1$，如图 2.17 所示。

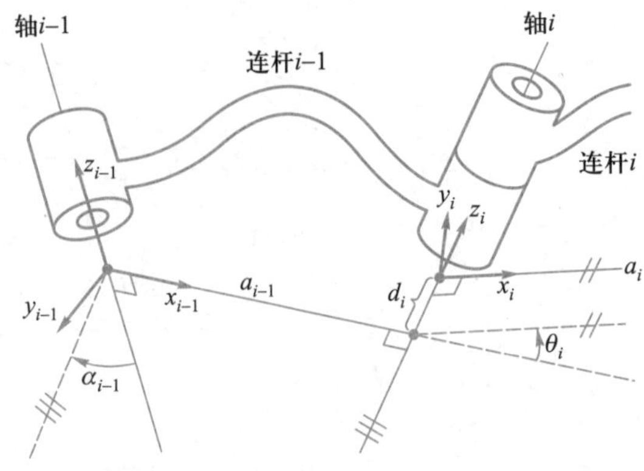

图 2.17　连杆坐标系（前置坐标系）

当 $a_i=0$ 时，x_i 垂直于 z_i 和 z_{i+1} 所在的平面。按右手定则绕 x_i 轴的转角定义为 α_i，y_i 轴由右手定则确定。

（3）运动链中首端连杆和末端连杆坐标系的定义

基坐标系{0}可以任意设定。为了让尽可能多的 D-H 参数为 0，通常设定 z_0 轴沿 z_1 的方向，设定参考坐标系{0}与坐标系{1}重合，因此有 $a_0=0$ 和 $\alpha_0=0$。当关节 1 为转动关节时，$d_1=0$。当关节 1 为移动关节时，$\theta_1=0$。

当 n 为转动关节时，设定 $\theta_n=0$，此时 x_n 轴与 x_{n-1} 轴的方向相同，选取坐标系{n}的原点位置使之满足 $d_n=0$。当 n 为移动关节时，设定 x_n 轴的方向使之满足 $\theta_n=0$，当 $d_n=0$ 时，选取坐标系{n}的原点位于 x_{n-1} 轴与 x_n 轴的交点位置。

（4）建立连杆坐标系的步骤

作出各关节轴线的延长线。在下面的步骤中仅考虑两个相邻关节的轴线（关节轴 $i-1$ 和 i）。

1）规定 z_{i-1} 轴沿关节轴线 $i-1$ 的指向。

2）找出关节轴线 $i-1$ 和 i 之间的公垂线或关节轴线 $i-1$ 和 i 的交点，以公垂线与关节轴 i 的交点或关节轴 $i-1$ 和 i 的交点作为连杆坐标系{$i-1$}的原点。

3）规定 x_{i-1} 轴沿公垂线的指向，如果关节轴线 $i-1$ 和 i 相交，则规定 x_{i-1} 轴垂直于关节轴 $i-1$ 和 i 所在的平面。

4）按照右手定则确定 y_{i-1} 轴。

5）为了方便，规定基坐标系{0}和连杆坐标系{1}重合。对于坐标系{n}，其原点和 x_n 的方向可以任意选取。但是在选取时，通常应使尽量多的 D-H 参数为 0。

例 2.6　已知：图 2.18(a)所示为一个平面三连杆操作臂。因为三个关节均为转动关节，因此称该操作臂为 RRR（或 3R）机构。图 2.18(b)为该机械臂的简图。试在操作臂上建立连杆坐标系，并写出 D-H 参数表。

解：首先定义参考坐标系{0}，它固定在基座上。当 $\theta_1=0$ 时坐标系{0}与坐标系{1}重合，如图 2.19 所示，且 z_0 轴与关节 1 轴线重合。由于该机械臂位于一个平面上，且所有的 z

轴相互平行,因此所有的 $d_i=0$,α_i 都为 0。因为所有关节都是旋转关节,因此,当转角 θ 都为 0 时,所有的 x 轴都在一条直线上。由此确定各坐标系如图 2.19 所示。表 2.1 给出了 3R 平面操作臂的 D-H 参数。

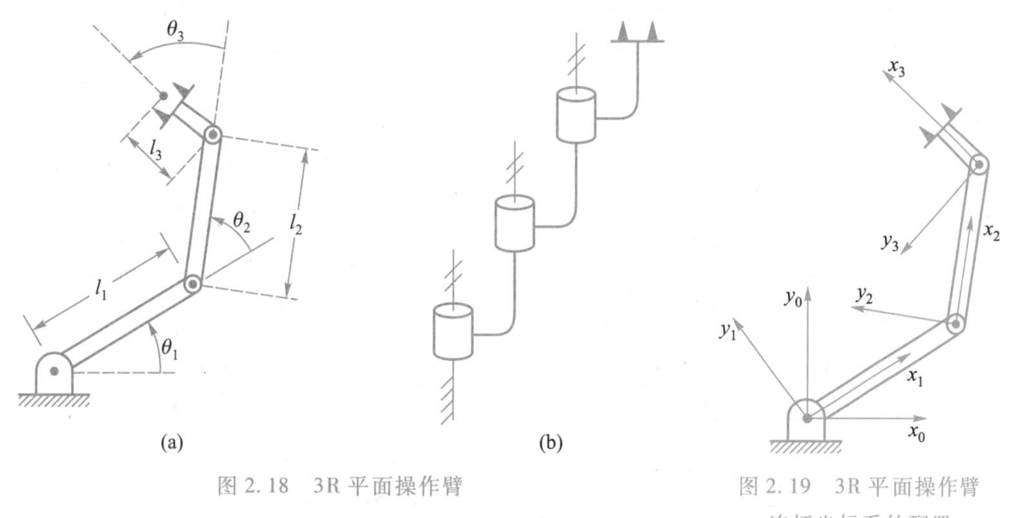

图 2.18 3R 平面操作臂

图 2.19 3R 平面操作臂连杆坐标系的配置

表 2.1 3R 平面操作臂的 D-H 参数表

i	α_{i-1}	a_{i-1}	d_i	θ_i
1	0°	0	0	θ_1
2	0°	l_1	0	θ_2
3	0°	l_2	0	θ_3

例 2.7 图 2.20(a)所示为一个 3 自由度机器人,其中包括一个移动关节。该操作臂称为"RPR 型机构",最后一个关节可提供机械手的转动。图 2.20(b)为该操作臂的机构运动简图。注意移动关节的符号,"点"表示两个相邻关节轴的交点。实际上关节 1 的轴线与关节 2 的轴线是相互垂直的。求 D-H 参数。

解:图 2.21(a)所示是操作臂的移动关节处于最小伸展状态(各关节转角均为 0)。图 2.21(b)绘制连杆坐标系{0} ~{3}。表 2.2 给出了 RPR 操作臂的连杆参数。注意:

(1) 在图 2.21 中操作臂所处的位置 $\theta_1=0$,坐标系{0}和坐标系{1}完全重合,表 2.2 第一行中有三个参数为 0。坐标系{0}虽然没有建在机器人基座的最底部,但仍然固连于连杆 0 上,即机器人基座。

(2) 因为 z_1 与 z_2 相交,所以 x_1 方向有两种取法,按图 2.21(b)所示的取向,则 z_1 需绕 x_1 轴旋转 90°才能到达 z_2 方向,因此,α_1 为 90°;因为 z_1 与 z_2 相交,所以 a_1 为 0。

(3) 第二个关节为移动关节,则 θ_2 是常量,d_2 是变量。如果连杆处于最小伸展状态时 d_i 为 0,则连杆坐标系{2}如图 2.21(b)所示,这时连杆偏距 d_2 表示连杆的实际偏移量,此时 z_2 与 z_3 重合,x_2 可任意取,但为了方便,我们取 x_2 与 x_1 平行,则 $\theta_2=0$。

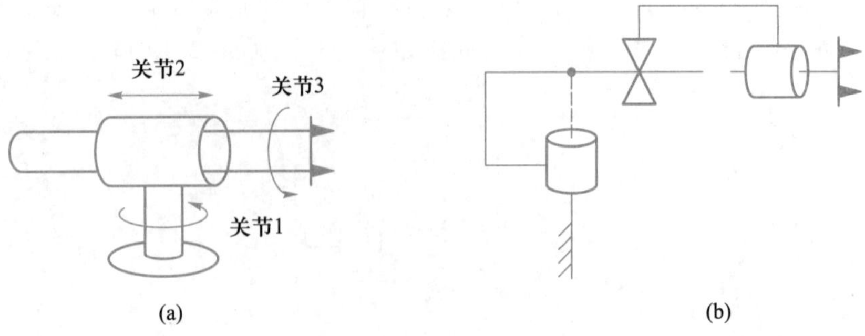

图 2.20 RPR 操作臂

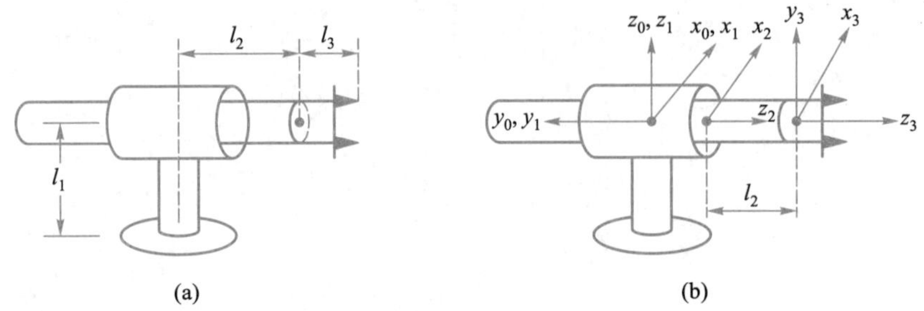

图 2.21 RPR 操作臂的连杆坐标系

表 2.2 RPR 平面操作臂的 D-H 参数表

i	α_{i-1}	a_{i-1}	d_i	θ_i
1	0°	0	0	θ_1
2	90°	0	d_2	0
3	0°	0	l_2	θ_3

(4) 因为 z_2 与 z_3 重合,所以,$\alpha_2=0°$,$a_2=0$。

(5) 理论上可以把坐标系{3}建立在操作臂的末端连杆的任意位置,但是,为了处理方便,选择将{3}建立在特殊的位置:当 $\theta_3=0$ 时,x_3 与 x_2 平行,但坐标系{3}的原点与坐标系{2}的原点不重合,$d_3=L_2$。如果取两坐标系原点重合,那么 d_3 为 0。

2.2.3 操作臂的运动学方程

1. 连杆变换的推导

对任意给定的操作臂,{i}相对于{$i-1$}变换是只有一个变量的函数,另外三个参数由机械系统确定。首先为每个连杆定义三个中间坐标系{P},{Q}和{R},P 为连杆 i 上的点,见图 2.22。

绕动坐标系连续齐次变换,采用从左向右连乘,这个变换关系可以写成

$$^{i-1}\boldsymbol{P}={}^{i-1}_{R}\boldsymbol{T}^{R}_{Q}\boldsymbol{T}^{Q}_{P}\boldsymbol{T}^{P}{}_{i}\boldsymbol{T}^{i}\boldsymbol{P} \tag{2.2.2}$$

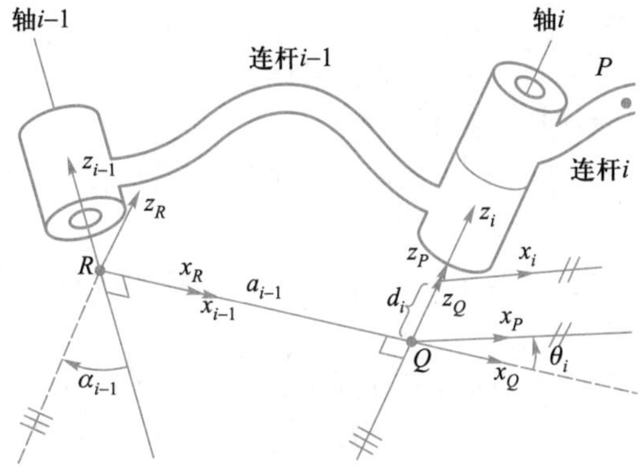

图 2.22　中间坐标系$\{R\}$,$\{P\}$和$\{Q\}$的定义

即

$$^{i-1}\boldsymbol{P}={}^{i-1}_{i}\boldsymbol{T}{}^{i}\boldsymbol{P} \tag{2.2.3}$$

式中,$^{i-1}_{i}\boldsymbol{T}$表示连杆坐标系$\{i\}$相对于连杆坐标系$\{i-1\}$的齐次变换矩阵,

$$^{i-1}_{i}\boldsymbol{T}={}^{i-1}_{R}\boldsymbol{T}{}^{R}_{Q}\boldsymbol{T}{}^{Q}_{P}\boldsymbol{T}{}^{P}_{i}\boldsymbol{T} \tag{2.2.4}$$

式(2.2.4)可以写成

$$^{i-1}_{i}\boldsymbol{T}=\mathrm{Rot}(x,\alpha_{i-1})\,\mathrm{Trans}(x,a_{i-1})\,\mathrm{Rot}(z,\theta_i)\,\mathrm{Trans}(z,d_i) \tag{2.2.5}$$

由此得到$^{i-1}_{i}\boldsymbol{T}$的一般表达式:

$$^{i-1}_{i}\boldsymbol{T}=\begin{bmatrix} c\theta_i & -s\theta_i & 0 & a_{i-1} \\ s\theta_i c\alpha_{i-1} & c\theta_i c\alpha_{i-1} & -s\alpha_{i-1} & -s\alpha_{i-1}d_i \\ s\theta_i s\alpha_{i-1} & c\theta_i s\alpha_{i-1} & c\alpha_{i-1} & c\alpha_{i-1}d_i \\ 0 & 0 & 0 & 1 \end{bmatrix} \tag{2.2.6}$$

2. 操作臂的运动学方程

由于操作臂可以看成由一系列杆件通过关节连接而成的,因此可以将各连杆变换矩阵$^{i-1}_{i}\boldsymbol{T}$,$i=1,2,\cdots,n-1$顺序相乘,便可得到末端连杆坐标系$\{n\}$相对于基坐标系$\{0\}$的齐次变换矩阵

$$^{0}_{n}\boldsymbol{T}={}^{0}_{1}\boldsymbol{T}{}^{1}_{2}\boldsymbol{T}\cdots{}^{n-1}_{n}\boldsymbol{T} \tag{2.2.7}$$

由于$^{i-1}_{i}\boldsymbol{T}$,$i=1,2,\cdots,n$是关节变量d_i(或θ_i)的函数,故$^{0}_{n}\boldsymbol{T}$也是关节变量d_i(或θ_i)的函数。因此,如果能够测出这n个关节变量的值,便可算出机器人末端相对于基坐标系的位姿。

由于机械手(或末端)的位姿可以由式(2.2.1)描述,因此把式(2.2.1)代入式(2.2.7)得

$$\begin{bmatrix} n_x & o_x & a_x & p_x \\ n_y & o_y & a_y & p_y \\ n_z & o_z & a_z & p_z \\ 0 & 0 & 0 & 1 \end{bmatrix}={}^{0}_{1}\boldsymbol{T}{}^{1}_{2}\boldsymbol{T}\cdots{}^{n-1}_{n}\boldsymbol{T} \tag{2.2.8}$$

式(2.2.8)称为**机器人的运动学方程**,表示机械手位姿与各关节变量之间的关系。

3. 关节空间、笛卡尔空间和驱动空间

操作臂的连杆位置可由一组 n 个关节变量确定,这样一组变量称为 $n\times1$ 维的关节向量。所有关节向量组成的空间称为**关节空间**。

当机械手的位姿是在直角坐标空间描述时,这个空间称为笛卡尔空间,有时称为任务空间或操作空间。

把关节向量表示成一组驱动器函数时(如关节电机轴的转角),这个向量称为驱动器向量,这个空间称为**驱动空间**。

操作臂运动学正问题:驱动空间→关节空间→笛卡尔空间的描述。

操作臂运动学逆问题:笛卡尔空间→关节空间→驱动空间的描述。

对于串联机器人,运动学正问题求解比逆问题容易;而对于并联机器人,则相反。本书着重介绍串联机器人的运动学正解和逆解问题。有关并联机器人的运动学正解和逆解问题,请参考(法)梅莱编著的《并联机器人》等教材。

2.2.4 典型工业机机器人的运动学模型

Unimation 公司 PUMA560(见图 2.23)是一个 6 自由度机器人,所有关节均为转动关节(即它是一个 6R 机构)。图 2.24 所示是所有关节变量在零位时连杆坐标系的分布情况。D-H 参数如表 2.3 所示。

图 2.23 Unimation 公司 PUMA560 机器人

根据式(2.2.6),可以求出每一个连杆变换矩阵:

$$
{}^0_1\boldsymbol{T}=\begin{bmatrix} c_1 & -s_1 & 0 & 0 \\ s_1 & c_1 & 0 & 0 \\ 0 & 0 & 1 & 0 \\ 0 & 0 & 0 & 0 \end{bmatrix} \qquad {}^1_2\boldsymbol{T}=\begin{bmatrix} c_2 & -s_2 & 0 & 0 \\ 0 & 0 & 1 & 0 \\ -s_2 & -c_2 & 0 & 0 \\ 0 & 0 & 0 & 1 \end{bmatrix}
$$

$$
{}^2_3\boldsymbol{T}=\begin{bmatrix} c_3 & -s_3 & 0 & a_2 \\ s_3 & c_3 & 0 & 0 \\ 0 & 0 & 1 & d_3 \\ 0 & 0 & 0 & 1 \end{bmatrix} \qquad {}^3_4\boldsymbol{T}=\begin{bmatrix} c_4 & -s_4 & 0 & a_3 \\ 0 & 0 & 1 & d_4 \\ -s_4 & -c_4 & 0 & 0 \\ 0 & 0 & 0 & 1 \end{bmatrix}
$$

$$
{}^4_5\boldsymbol{T}=\begin{bmatrix} c_5 & -s_5 & 0 & 0 \\ 0 & 0 & -1 & 0 \\ s_5 & c_5 & 0 & 0 \\ 0 & 0 & 0 & 1 \end{bmatrix} \qquad {}^5_6\boldsymbol{T}=\begin{bmatrix} c_6 & -s_6 & 0 & 0 \\ 0 & 0 & 1 & 0 \\ -s_6 & -c_6 & 0 & 0 \\ 0 & 0 & 0 & 1 \end{bmatrix}
$$

式中,$c_1=\cos\theta_1$,$s_1=\sin\theta_1$,以此类推。

由此可得

$$
{}^4_6\boldsymbol{T}={}^4_5\boldsymbol{T}\,{}^5_6\boldsymbol{T}=\begin{bmatrix} c_5c_6 & -c_5s_6 & -s_5 & 0 \\ s_6 & c_6 & 0 & 0 \\ s_5c_6 & -s_5s_6 & c_5 & 0 \\ 0 & 0 & 0 & 1 \end{bmatrix} \tag{2.2.9}
$$

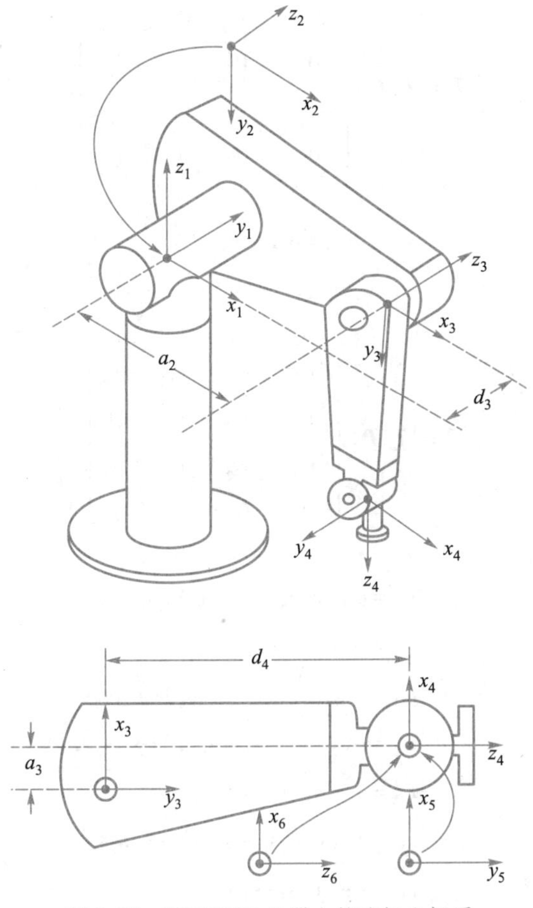

图 2.24 PUMA560 机器人的连杆坐标系

表 2.3 PUMA560 机器人的 D-H 参数

i	α_{i-1}	a_{i-1}	d_i	θ_i
1	0	0	0	θ_1
2	-90°	0	0	θ_2
3	0	a_2	d_3	θ_3
4	-90°	a_3	d_4	θ_4
5	90°	0	0	θ_5
6	-90°	0	0	θ_6

$$
{}^3_6\boldsymbol{T}={}^3_4\boldsymbol{T}{}^4_6\boldsymbol{T}=\begin{bmatrix} \mathrm{c}_4\mathrm{c}_5\mathrm{c}_6-\mathrm{s}_4\mathrm{s}_6 & -\mathrm{c}_4\mathrm{c}_5\mathrm{s}_6-\mathrm{s}_4\mathrm{c}_6 & -\mathrm{c}_4\mathrm{s}_5 & a_3 \\ \mathrm{s}_5\mathrm{c}_6 & -\mathrm{s}_5\mathrm{s}_6 & \mathrm{c}_5 & d_4 \\ -\mathrm{s}_4\mathrm{c}_5\mathrm{c}_6-\mathrm{c}_4\mathrm{s}_6 & \mathrm{s}_4\mathrm{c}_5\mathrm{s}_6-\mathrm{c}_4\mathrm{c}_6 & \mathrm{s}_4\mathrm{s}_5 & 0 \\ 0 & 0 & 0 & 1 \end{bmatrix} \tag{2.2.10}
$$

$$
{}^1_3\boldsymbol{T}={}^1_2\boldsymbol{T}{}^2_3\boldsymbol{T}=\begin{bmatrix} \mathrm{c}_{23} & -\mathrm{s}_{23} & 0 & a_2c_2 \\ 0 & 0 & 1 & d_3 \\ -\mathrm{s}_{23} & -\mathrm{c}_{23} & 0 & -a_2s_2 \\ 0 & 0 & 0 & 1 \end{bmatrix} \tag{2.2.11}
$$

式中，

$$
\mathrm{c}_{23}=\mathrm{c}_2\mathrm{c}_3-\mathrm{s}_2\mathrm{s}_3
$$

$$
\mathrm{s}_{23}=\mathrm{c}_2\mathrm{s}_3+\mathrm{s}_2\mathrm{c}_3
$$

则

$$
{}^1_6\boldsymbol{T}={}^1_3\boldsymbol{T}{}^3_6\boldsymbol{T}=\begin{bmatrix} {}^1r_{11} & {}^1r_{12} & {}^1r_{13} & {}^1p_x \\ {}^1r_{21} & {}^1r_{22} & {}^1r_{23} & {}^1p_y \\ {}^1r_{31} & {}^1r_{32} & {}^1r_{33} & {}^1p_z \\ 0 & 0 & 0 & 1 \end{bmatrix} \tag{2.2.12}
$$

式中，

$$
\begin{aligned}
{}^1r_{11}&=\mathrm{c}_{23}(\mathrm{c}_4\mathrm{c}_5\mathrm{c}_6-\mathrm{s}_4\mathrm{s}_6)-\mathrm{s}_{23}\mathrm{s}_5\mathrm{c}_6\\
{}^1r_{21}&=-\mathrm{s}_4\mathrm{c}_5\mathrm{c}_6-\mathrm{c}_4\mathrm{s}_6\\
{}^1r_{31}&=-\mathrm{s}_{23}(\mathrm{c}_4\mathrm{c}_5\mathrm{c}_6-\mathrm{s}_4\mathrm{s}_6)-\mathrm{c}_{23}\mathrm{s}_5\mathrm{c}_6\\
{}^1r_{12}&=-\mathrm{c}_{23}(\mathrm{c}_4\mathrm{c}_5\mathrm{s}_6+\mathrm{s}_4\mathrm{c}_6)+\mathrm{s}_{23}\mathrm{s}_5\mathrm{s}_6\\
{}^1r_{22}&=\mathrm{s}_4\mathrm{c}_5\mathrm{s}_6-\mathrm{c}_4\mathrm{c}_6\\
{}^1r_{32}&=\mathrm{s}_{23}(\mathrm{c}_4\mathrm{c}_5\mathrm{s}_6+\mathrm{s}_4\mathrm{c}_6)+\mathrm{c}_{23}\mathrm{s}_5\mathrm{s}_6\\
{}^1r_{13}&=-\mathrm{c}_{23}\mathrm{c}_4\mathrm{s}_5-\mathrm{s}_{23}\mathrm{c}_5\\
{}^1r_{23}&=\mathrm{s}_4\mathrm{s}_5\\
{}^1r_{33}&=\mathrm{s}_{23}\mathrm{c}_4\mathrm{s}_5-\mathrm{c}_{23}\mathrm{c}_5\\
{}^1p_x&=a_2\mathrm{c}_2+a_3\mathrm{c}_{23}-d_4\mathrm{s}_{23}\\
{}^1p_y&=d_3\\
{}^1p_z&=-a_3\mathrm{s}_{23}-a_2\mathrm{s}_2-d_4\mathrm{c}_{23}
\end{aligned}
$$

最后得到

$$
{}^0_6\boldsymbol{T}={}^0_1\boldsymbol{T}{}^1_6\boldsymbol{T}=\begin{bmatrix} r_{11} & r_{12} & r_{13} & p_x \\ r_{21} & r_{22} & r_{23} & p_y \\ r_{31} & r_{32} & r_{33} & p_z \\ 0 & 0 & 0 & 1 \end{bmatrix} \tag{2.2.13}
$$

式中，

$$
\begin{aligned}
r_{11}&=\mathrm{c}_1[\mathrm{c}_{23}(\mathrm{c}_4\mathrm{c}_5\mathrm{c}_6-\mathrm{s}_4\mathrm{s}_6)-\mathrm{s}_{23}\mathrm{s}_5\mathrm{c}_6]+\mathrm{s}_1(\mathrm{s}_4\mathrm{c}_5\mathrm{c}_6+\mathrm{c}_4\mathrm{s}_6)\\
r_{21}&=\mathrm{s}_1[\mathrm{c}_{23}(\mathrm{c}_4\mathrm{c}_5\mathrm{c}_6-\mathrm{s}_4\mathrm{s}_6)-\mathrm{s}_{23}\mathrm{s}_5\mathrm{c}_6]-\mathrm{c}_1(\mathrm{s}_4\mathrm{c}_5\mathrm{c}_6+\mathrm{c}_4\mathrm{s}_6)\\
r_{31}&=-\mathrm{s}_{23}(\mathrm{c}_4\mathrm{c}_5\mathrm{c}_6-\mathrm{s}_4\mathrm{s}_6)-\mathrm{c}_{23}\mathrm{s}_5\mathrm{c}_6
\end{aligned}
$$

$$
\begin{aligned}
r_{12} &= c_1[c_{23}(-c_4c_5s_6-s_4c_6)+s_{23}s_5s_6]+s_1(c_4c_6-s_4c_5s_6)\\
r_{22} &= s_1[c_{23}(-c_4c_5s_6-s_4c_6)+s_{23}s_5c_6]-c_1(c_4c_6-s_4c_5s_6)\\
r_{32} &= -s_{23}(-c_4c_5s_6-s_4c_6)+c_{23}s_5s_6\\
\\
r_{13} &= -c_1(c_{23}c_4s_5+s_{23}c_5)-s_1s_4s_5\\
r_{23} &= -s_1(c_{23}c_4s_5+s_{23}c_5)+c_1s_4s_5\\
r_{33} &= s_{23}c_4s_5-c_{23}c_5\\
\\
p_x &= c_1(a_2c_2+a_3c_{23}-d_4s_{23})-d_3s_1\\
p_y &= s_1(a_2c_2+a_3c_{23}-d_4s_{23})+d_3c_1\\
p_z &= -a_3s_{23}-a_2s_2-d_4c_{23}
\end{aligned}
\tag{2.2.14}
$$

式(2.2.13)是 PUMA560 机器人的运动学方程。

2.2.5 坐标系的命名

坐标系是机器人运动学分析的参考依据。机器人在工业和服务业中的典型应用是机器人抓持物体,将物体移动到指定位置。以这种典型运动为例,需要命名几个专门的坐标系,见图 2.25。

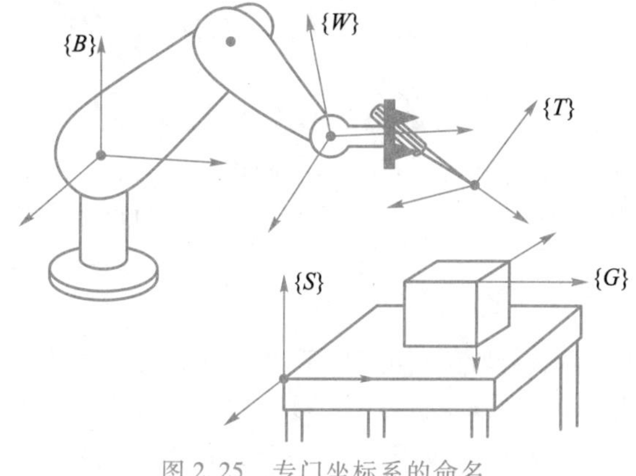

图 2.25 专门坐标系的命名

1. 基坐标系{B}

基坐标系{B}位于操作臂的基座上,即坐标系{0},有时称为连杆 0。

2. 工作台坐标系{S}

工作台坐标系{S}的位置与任务相关,有时称为任务坐标系或工件坐标系。工作台坐标系通常相对于基坐标系确定,即${}_S^B\boldsymbol{T}$。

3. 腕部坐标系{W}

腕部坐标系{W}附于操作臂的末端连杆,也可称为坐标系{n}。一般{W}的原点位于操作臂手腕上,随着操作臂的末端连杆运动,可由基坐标系{B}确定,即${}_W^B\boldsymbol{T}={}_n^0\boldsymbol{T}$。

4. 工具坐标系{T}

工具坐标系{T}位于机械手的末端。若机械手未夹持工具,{T}的原点位于机械手的指尖之间。工具坐标系通常相对于腕部坐标系{W}来确定。

5. 目标坐标系{G}

目标坐标系{G}是对机器人移动工具到达位置的描述。特指在机器人运动结束时，工具坐标系{T}应当与目标坐标系{G}重合。

6. 工具的位置

操作臂的主要问题之一是确定它所夹持的工具(或夹持器)相对于某个坐标系的位姿，也就是说需要计算工具坐标系{T}相对于工作台坐标系{S}的变换矩阵。

$$ {}_T^S\boldsymbol{T} = {}_S^B\boldsymbol{T}^{-1}\,{}_W^B\boldsymbol{T}\,{}_T^W\boldsymbol{T} \tag{2.2.15}$$

式(2.2.15)有时称为**定位**函数，用该变换方程可计算出工具相对于工件的位置。

2.3 机器人(操作臂)的逆运动学

操作臂的逆运动学是已知末端执行器在直角坐标空间的位姿，求解操作臂的关节变量。

2.3.1 解的存在性问题

以6自由度操作臂PUMA560为例，式(2.2.13)是一个非线性方程组，因此必须考虑其解的存在性、多解以及求解方法等问题。

1. 解的存在性

工作空间：指操作臂手腕中心所能到达的范围。若要求解存在，则被指定的目标点必须在工作空间内。

灵巧工作空间：指机器人的末端执行器能够从各个方向到达的空间区域。也就是说，机器人末端执行器可以从任意方向到达灵巧工作空间内的每一点。

可达工作空间：机器人至少从一个方向上可以达到的空间。显然，灵巧工作空间是可达工作空间的子集。

2. 多解问题

图2.26所示为给定末端执行器位姿的3R平面操作臂。实线表示第一个解，虚线表示第二个解。在虚线表示的位形下，末端执行器的位姿与实线表示的位形相同。这就是多解问题。

对于多解问题，比较合理的选择应当是取最近解，最近解就是使得每一个运动关节的运动量最小。在存在障碍的情况下，"较近"解可能发生干涉，这时只能选择"较远"解，如图2.27所示。

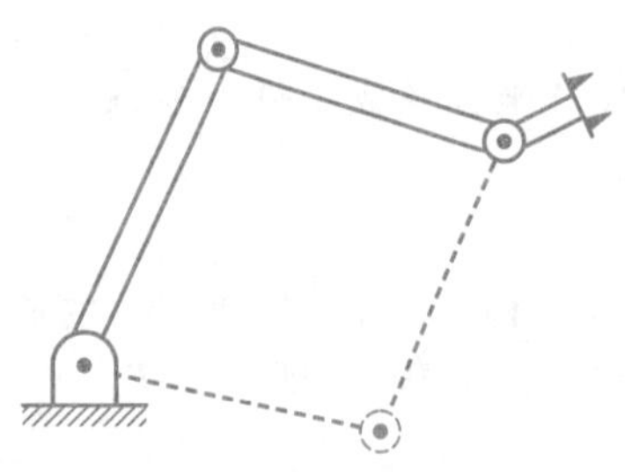

图2.26 3R平面操作臂

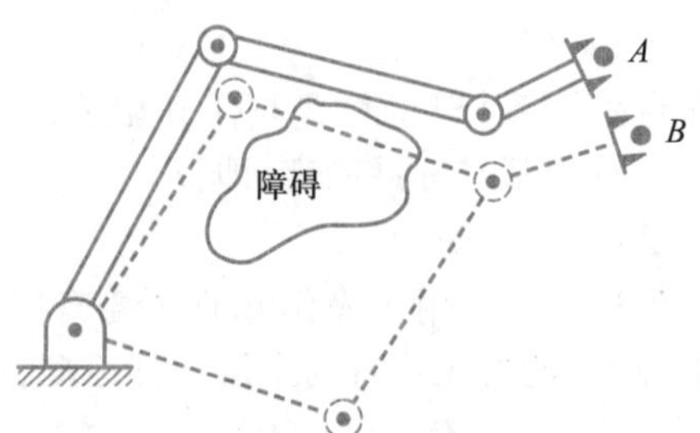

图2.27 到达B点有两个解，其中一个解会引起干涉

解的个数不仅取决于操作臂的关节数量，它还是连杆参数(对于转动关节的操作臂来说为 α_i、a_i 和 d_i)和关节运动范围的函数。通常，连杆的非零参数越多，达到某一特定位姿的方式也越多。以 6 自由度转动关节操作臂为例，表 2.4 表明解的数目与等于零的连杆长度参数(a_i)的数目有关。非零参数越多，解的数目就越多。

表 2.4 解的个数与非零的 a_i 个数的关系

a_i	解的个数
$a_1=a_3=a_5=0$	≤4
$a_3=a_5=0$	≤8
$a_3=0$	≤16
所有 $a_i \neq 0$	≤16

2.3.2 运动学方程的解法

如果能够通过一种算法求出与已知位姿相关的全部关节变量，那么操作臂便是可解的。

一般情况下，非线性方程组没有通用的求解算法。操作臂的求解方法分为：**封闭解(解析解)和数值解**。由于数值解的迭代性质，因此，它一般要比相应封闭解的求解速度慢。

可将封闭解的求解方法分为两类：**代数法**和**几何法**。一般不高于四次的多项式不用迭代便可完全求解。对于 6 自由度操作臂来说，只有在特殊情况下才有解析解。这种存在解析解的操作臂具有如下构型特点：存在几个相交或正交关节轴，或者有多个 α_i 为 0 或±90°。具有 6 个转动关节的操作臂存在封闭解的充分条件是相邻的三个关节轴线相交于一点。当前的 6 自由度操作臂大多都满足此条件，例如，PUMA560 机器人的 4、5、6 轴正交于腕心点。

研究证明，所有包含转动关节和移动关节的串联型 6 自由度机构均是可解的，但是这种解一般是数值解。一般计算数值解比计算解析解耗时，因此，在设计操作臂时重要问题是选择特定的构型，尽量使封闭解存在。

1. 代数解法和几何解法

(1) 代数解法

对于一些简单问题，如 3R 平面操作臂(见图 2.19)，可以直接给出机械手的位姿[见式(2.2.1)]，然后按式(2.2.7)计算 ${}^{B}_{W}\boldsymbol{T}={}^{0}_{n}\boldsymbol{T}$，再根据式(2.2.8)可得出矩阵中对应元素的代数方程。根据三角函数的关系和目标点在工作空间的约束，求解这些代数方程即可求出关节角 θ_i。可以参考(美)克拉格编著的《机器人学导论》(第 4 版)第 4 章 4.4 节的代数解法。

用代数方法求解运动学方程就是将问题转换成代数方程的形式进行求解。

(2) 几何解法

这种方法需要将操作臂的空间几何参数转换成平面几何问题。用这种方法求解 α_i 为 0 或±90°的运动学方程时非常简便。具体问题和解法可以参考(美)克拉格编著的《机器人学导论》(第 4 版)第 4 章 4.4 节的几何解法。

(3) 多项式的代数解法

超越方程一般难以求解,因为它一般以 $\sin\theta$ 和 $\cos\theta$ 的形式出现:

$$a\cos\theta+b\sin\theta=c \tag{2.3.1}$$

为此可进行如下变换:

$$u=\tan\frac{\theta}{2}$$

$$\cos\theta=\frac{1-u^2}{1+u^2}$$

$$\sin\theta=\frac{2u}{1+u^2}$$

由此可将运动学方程式(2.2.8)中的元素[可参见式(2.2.14)]用单一变量 u 的多项式方程来表示。这是在求解运动学方程中经常用到的一种很重要的变换方法,这个变换是把超越方程变换成关于 u 的多项式方程。

4 次多项式具有封闭解,因此能够化简为 4 阶(或低于 4 阶)的代数方程,求解操作臂运动学方程即可得到封闭解,这类操作臂称为有封闭解的操作臂。

2. 三轴相交的 Pieper 解法

一般的 6 自由度机器人没有封闭解,但在某些特殊情况下还是可解的。Pieper 方法是针对 6 个关节均为转动关节、且手腕 3 个关节轴线相交的操作臂。Pieper 方法主要应用于商业化的工业机器人中。该解法可参见(美)克拉格编著的《机器人学导论》(第 4 版)第 4 章 4.6 节。

2.3.3 操作臂逆运动学计算实例

以 PUMA560 机器人为例,对 2.2.4 节中提出的 PUMA560 的运动学方程进行逆运动学求解,说明适用于 6 自由度操作臂的代数解法。

已知${}_6^0\boldsymbol{T}$ 中的数值,可通过下列方程:

$${}_6^0\boldsymbol{T}=\begin{bmatrix} r_{11} & r_{12} & r_{13} & p_x \\ r_{21} & r_{22} & r_{23} & p_y \\ r_{31} & r_{32} & r_{33} & p_z \\ 0 & 0 & 0 & 1 \end{bmatrix}={}_1^0\boldsymbol{T}(\theta_1){}_2^1\boldsymbol{T}(\theta_2){}_3^2\boldsymbol{T}(\theta_3){}_4^3\boldsymbol{T}(\theta_4){}_5^4\boldsymbol{T}(\theta_5){}_6^5\boldsymbol{T}(\theta_6) \tag{2.3.2}$$

解出 θ_i。

注意:式(2.3.2)是指机器人腕部坐标系{W}相对于基坐标系{B}的变换,即 $\boldsymbol{T}=\begin{bmatrix} n_x & o_x & a_x & p_x \\ n_y & o_y & a_y & p_y \\ n_z & o_z & a_z & p_z \\ 0 & o & 0 & 1 \end{bmatrix}$[见式(2.2.1)],而不是工具坐标系{$T$}相对于基坐标系{$B$}的变换,见 2.2.5 节。因此式(2.3.2)中的元素与式(2.2.1)中的元素相对应。

将上式中含有 θ_1 的部分移到方程的左边:

$$[{}_1^0\boldsymbol{T}(\theta_1)]^{-1}{}_6^0\boldsymbol{T}={}_2^1\boldsymbol{T}(\theta_2){}_3^2\boldsymbol{T}(\theta_3){}_4^3\boldsymbol{T}(\theta_4){}_5^4\boldsymbol{T}(\theta_5){}_6^5\boldsymbol{T}(\theta_6) \tag{2.3.3}$$

根据式(2.1.24)(求齐次矩阵的逆矩阵的方法),可写出${}_1^0\boldsymbol{T}$ 的逆矩阵,则式(2.3.3)写成

$$\begin{bmatrix} c_1 & s_1 & 0 & 0 \\ -s_1 & c_1 & 0 & 0 \\ 0 & 0 & 1 & 0 \\ 0 & 0 & 0 & 1 \end{bmatrix}\begin{bmatrix} r_{11} & r_{12} & r_{13} & p_x \\ r_{21} & r_{22} & r_{23} & p_y \\ r_{31} & r_{32} & r_{33} & p_z \\ 0 & 0 & 0 & 1 \end{bmatrix}={}_6^1\boldsymbol{T} \tag{2.3.4}$$

式中,${}_6^1\boldsymbol{T}$ 由式(2.2.12)得出,其中元素(2,4)= d_3。这种在方程两边乘以相同变换的逆矩阵的技巧有助于分离变量求解。

令方程式(2.3.4)两边的元素(2, 4)相等,得到

$$-s_1p_x+c_1p_y=d_3 \tag{2.3.5}$$

对上式进行三角恒等变换:

$$p_x=\rho\cos\varphi \qquad p_y=\rho\sin\varphi \tag{2.3.6}$$

式中,

$$\rho=\sqrt{p_x^2+p_y^2} \qquad \varphi=\mathrm{Atan}\,2(p_y,p_x) \tag{2.3.7}$$

将式(2.3.6)代入式(2.3.5),得

$$c_1s\varphi-s_1c\varphi=\frac{d_3}{\rho} \tag{2.3.8}$$

由两角差公式得

$$\sin(\varphi-\theta_1)=\frac{d_3}{\rho} \tag{2.3.9}$$

因此

$$\cos(\varphi-\theta_1)=\pm\sqrt{1-\frac{d_3^2}{\rho^2}} \tag{2.3.10}$$

则

$$\varphi-\theta_1=\mathrm{Atan}\,2\left(\frac{d_3}{\rho},\pm\sqrt{1-\frac{d_3^2}{\rho^2}}\right) \tag{2.3.11}$$

最后,θ_1 的解可以写为

$$\theta_1=\mathrm{Atan}\,2(p_x,p_y)-\mathrm{Atan}\,2(d_3,\pm\sqrt{p_x^2+p_y^2-d_3^2}) \tag{2.3.12}$$

式(2.3.12)中的 θ_1 有两个解。至此,θ_1 已知,则式(2.3.4)的左边已知。如果令式(2.3.4)两边的元素(1,4)和元素(3,4)分别相等,由式(2.2.12)得

$$\begin{aligned} c_1p_x+s_1p_y&=a_3c_{23}-d_4s_{23}+a_2c_2 \\ -p_z&=a_3s_{23}+d_4c_{23}+a_2s_2 \end{aligned} \tag{2.3.13}$$

将式(2.3.13)和式(2.3.5)平方后相加,得

$$a_3c_3-d_4s_3=K \tag{2.3.14}$$

式中,

$$K=\frac{p_x^2+p_y^2+p_z^2-a_2^2-a_3^2-d_3^2-d_4^2}{2a_2} \tag{2.3.15}$$

至此,从式(2.3.14)中已经消去与 θ_1 和 θ_2 有关的项,于是式(2.3.14)和式(2.3.5)的形式相同,因此采用同样的三角恒等变换可以得出 θ_3 的解:

$$\theta_3=\mathrm{Atan}\,2(a_3,d_4)-\mathrm{Atan}\,2(K,\pm\sqrt{a_3^2+d_4^2-K^2}) \tag{2.3.16}$$

式(2.3.16)中的 θ_3 有两个解。

重新整理式(2.3.2),得

$$[{}_1^0\boldsymbol{T}(\theta_1){}_2^1\boldsymbol{T}(\theta_2){}_3^2\boldsymbol{T}(\theta_3)]^{-1}{}_6^0\boldsymbol{T}={}_4^3\boldsymbol{T}(\theta_4){}_5^4\boldsymbol{T}(\theta_5){}_6^5\boldsymbol{T}(\theta_6)$$

因为 θ_1 和 θ_3 已求出,所以上式可写成

$$[{}_3^0\boldsymbol{T}(\theta_2)]^{-1}{}_6^0\boldsymbol{T}={}_4^3\boldsymbol{T}(\theta_4){}_5^4\boldsymbol{T}(\theta_5){}_6^5\boldsymbol{T}(\theta_6)={}_6^3\boldsymbol{T} \tag{2.3.17}$$

式(2.3.17)中的$[{}_3^0\boldsymbol{T}(\theta_2)]^{-1}$可由式(2.1.24)求出,${}_6^3\boldsymbol{T}$ 可由式(2.2.10)确定,即

$$\begin{bmatrix} c_1c_{23} & s_1c_{23} & -s_{23} & -a_2c_3 \\ -c_1s_{23} & -s_1s_{23} & -c_{23} & a_2s_3 \\ -s_1 & c_1 & 0 & -d_3 \\ 0 & 0 & 0 & 1 \end{bmatrix}\begin{bmatrix} r_{11} & r_{12} & r_{13} & p_x \\ r_{21} & r_{22} & r_{23} & p_y \\ r_{31} & r_{32} & r_{33} & p_z \\ 0 & 0 & 0 & 1 \end{bmatrix}={}_6^3\boldsymbol{T} \tag{2.3.18}$$

令式(2.3.18)两边的元素(1,4)和元素(2,4)相等,由式(2.2.10)得

$$\begin{aligned} &c_1c_{23}p_x+s_1c_{23}p_y-s_{23}p_z-a_2c_3=a_3 \\ &-c_1s_{23}p_x-s_1s_{23}p_y-c_{23}p_z+a_2s_3=d_4 \end{aligned} \tag{2.3.19}$$

从这组方程可以同时解出 s_{23} 和 c_{23},得

$$\begin{aligned} s_{23}&=\frac{(-a_3-a_2c_3)p_z+(c_1p_x+s_1p_y)(a_2s_3-d_4)}{p_z^2+(c_1p_x+s_1p_y)^2} \\ c_{23}&=\frac{(a_2s_3-d_4)p_z-(a_3+a_2c_3)(c_1p_x+s_1p_y)}{p_z^2+(c_1p_x+s_1p_y)^2} \end{aligned} \tag{2.3.20}$$

式(2.3.20)中分母相等,且为正数,所以可求得 $\theta_2+\theta_3$ 为

$$\theta_{23}=\mathrm{Atan}\,2[(-a_3-a_2c_3)p_z-(c_1p_x+s_1p_y)(d_4-a_2s_3),(a_2s_3-d_4)p_z-(a_3+a_2c_3)(c_1p_x+s_1p_y)] \tag{2.3.21}$$

根据 θ_1 和 θ_3 解的4种组合,由方程(2.3.21)可得出4个 θ_{23} 的值。然后,计算 θ_2 的4个可能的解为

$$\theta_2=\theta_{23}-\theta_3 \tag{2.3.22}$$

式(2.3.22)中做减法时应针对不同的情况适当选取 θ_3。

至此,式(2.3.18)中左边完全已知,令式(2.3.18)两边的元素(1,3)和元素(3,3)分别相等,由式(2.2.10)得

$$\begin{aligned} &r_{13}c_1c_{23}+r_{23}s_1c_{23}-r_{33}s_{23}=-c_4s_5 \\ &-r_{13}s_1+r_{23}c_1=s_4s_5 \end{aligned} \tag{2.3.23}$$

只要 $s_5\neq0$,就可解出 θ_4:

$$\theta_4=\mathrm{Atan}\,2(-r_{13}s_1+r_{23}c_1,-r_{13}c_1c_{23}-r_{23}s_1c_{23}+r_{33}s_{23}) \tag{2.3.24}$$

式中,r_{13},r_{23},r_{33} 由式(2.2.14)给出。

当 $\theta_5=0$ 时,关节轴 4 和关节轴 6 共线,操作臂处于奇异位形(见 2.4.5 节)。此时,所有可能的解都是 θ_4 与 θ_6 的和或差。如果 $\theta_5=0$,则 θ_4 可以任意选取。

重新整理式(2.3.2),得

$$[{}^0_1\boldsymbol{T}(\theta_1){}^1_2\boldsymbol{T}(\theta_2){}^2_3\boldsymbol{T}(\theta_3){}^3_4\boldsymbol{T}(\theta_4)]^{-1}{}^0_6\boldsymbol{T}={}^4_5\boldsymbol{T}(\theta_5){}^5_6\boldsymbol{T}(\theta_6)$$

因为 $\theta_1,\theta_2,\theta_3$ 和 θ_4 已求出,上式可写成:

$$[{}^0_4\boldsymbol{T}(\theta_4)]^{-1}{}^0_6\boldsymbol{T}={}^4_5\boldsymbol{T}(\theta_5){}^5_6\boldsymbol{T}(\theta_6)={}^4_6\boldsymbol{T} \tag{2.3.25}$$

式中,$[{}^0_4\boldsymbol{T}(\theta_4)]^{-1}$ 可由式(2.1.24)求出,即

$$[{}^0_4\boldsymbol{T}(\theta_4)]^{-1}=\begin{bmatrix} c_1c_{23}c_4+s_1s_4 & s_1c_{23}c_4-c_1s_4 & -s_{23}c_4 & -a_2c_3c_4+d_3s_4-a_3c_4 \\ -c_1c_{23}s_4+s_1c_4 & -s_1c_{23}s_4-c_1c_4 & s_{23}s_4 & a_2c_3s_4+d_3c_4+a_3s_4 \\ -c_1s_{23} & -s_1s_{23} & -c_{23} & a_2s_3-d_4 \\ 0 & 0 & 0 & 1 \end{bmatrix}$$

将上式的 $[{}^0_4\boldsymbol{T}(\theta_4)]^{-1}$ 和 ${}^0_6\boldsymbol{T}$[式(2.2.13)]、${}^4_6\boldsymbol{T}$[式(2.2.9)]代入式(2.3.25)得

$$\begin{bmatrix} c_1c_{23}c_4+s_1s_4 & s_1c_{23}c_4-c_1s_4 & -s_{23}c_4 & -a_2c_3c_4+d_3s_4-a_3c_4 \\ -c_1c_{23}s_4+s_1c_4 & -s_1c_{23}s_4-c_1c_4 & s_{23}s_4 & a_2c_3s_4+d_3c_4+a_3s_4 \\ -c_1s_{23} & -s_1s_{23} & -c_{23} & a_2s_3-d_4 \\ 0 & 0 & 0 & 1 \end{bmatrix}\begin{bmatrix} r_{11} & r_{12} & r_{13} & p_x \\ r_{21} & r_{22} & r_{23} & p_y \\ r_{31} & r_{32} & r_{33} & p_z \\ 0 & 0 & 0 & 1 \end{bmatrix}=$$

$$\begin{bmatrix} c_5c_6 & -c_5s_6 & -s_5 & 0 \\ s_6 & c_6 & 0 & 0 \\ s_5c_6 & -s_5s_6 & c_5 & 0 \\ 0 & 0 & 0 & 1 \end{bmatrix} \tag{2.3.26}$$

令式(2.3.26)两边的元素(1,3)和元素(3,3)分别相等,得

$$\begin{aligned} &r_{13}(c_1c_{23}c_4+s_1s_4)+r_{23}(s_1c_{23}c_4-c_1s_4)-r_{33}(s_{23}c_4)=-s_5 \\ &r_{13}(-c_1s_{23})+r_{23}(-s_1s_{23})+r_{33}(-c_{23})=c_5 \end{aligned} \tag{2.3.27}$$

由此可得

$$\theta_5=\mathrm{Atan}\,2(s_5,c_5) \tag{2.3.28}$$

还剩 θ_6 未求出,其求法有多种方法,本节仅给出其中的一种解法。直接利用式(2.3.26),令其两边的元素(2,1)相等得出 s_6;又分别令其两边的元素(1,1)乘以 c_5 且相等以及令其两边的元素(3,1)乘以 s_5,再将它们相加得出 c_6,即

$$\theta_6=\mathrm{Atan}\,2(s_6,c_6) \tag{2.3.29}$$

式中,

$$s_6=-r_{11}(c_1c_{23}s_4-s_1c_4)-r_{21}(s_1c_{23}s_4+c_1c_4)+r_{31}(s_{23}s_4)$$

$$c_6=r_{11}[(c_1c_{23}c_4+s_1s_4)c_5-c_1s_{23}s_5]+r_{21}[(s_1c_{23}c_4-c_1s_4)c_5-s_1s_{23}s_5]-r_{31}(s_{23}c_4c_5+c_{23}s_5)$$

由于在式(2.3.12)和式(2.3.16)中有±号,因此这些方程会有 4 组解,如图 2.28 所示。

对于以上计算出的 4 组解,由腕关节翻转还可得到另外 4 组解:

$$\begin{aligned} \theta'_4&=\theta_4+180^\circ \\ \theta'_5&=-\theta_5 \\ \theta'_6&=\theta_6+180^\circ \end{aligned} \tag{2.3.30}$$

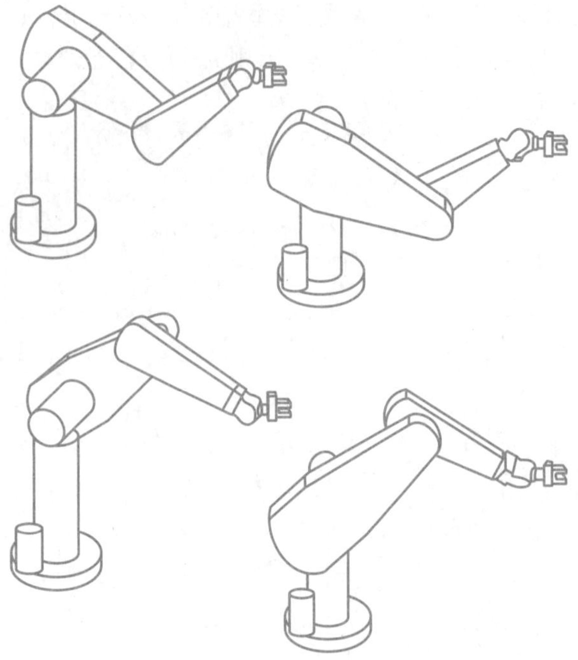

图 2.28　同一末端执行器位姿对应的 4 组解

2.4　速度雅可比

速度雅可比是指操作空间速度与关节空间速度的线性映射关系。

2.4.1　刚体的线速度和角速度

本小节是刚体运动学的基础。

把坐标系固连在所要描述的刚体上。刚体运动等同于一个坐标系相对于另一个坐标系的运动。

1. 线速度

把坐标系{B}固连在刚体上，要求描述{B}中的点 Q 相对于固定坐标系{A}的运动，如图 2.29 所示。坐标系{B}相对于坐标系{A}的运动，用位置矢量 ${}^{A}\boldsymbol{P}_{BO}$ 和旋转矩阵 ${}^{A}_{B}\boldsymbol{R}$ 来描述。此时，假定 ${}^{A}_{B}\boldsymbol{R}$ 不随时间变化，则点 Q 相对于坐标系{A}的运动是由于 ${}^{A}\boldsymbol{P}_{BO}$ 和 ${}^{B}\boldsymbol{Q}$ 随时间的变化引起的，即

$$ {}^{A}\boldsymbol{V}_{Q}={}^{A}\boldsymbol{V}_{BO}+{}^{A}_{B}\boldsymbol{R}\,{}^{B}\boldsymbol{V}_{Q} \tag{2.4.1}$$

2. 角速度

现在讨论两坐标系的原点重合、相对线速度为零的情况。

坐标系{B}相对于坐标系{A}的姿态是随时间变化的，见图 2.30。{B}相对于{A}的旋转速度用矢量 ${}^{A}\boldsymbol{\Omega}_{B}$ 来表示。已知矢量 ${}^{B}\boldsymbol{Q}$ 确定了坐标系{B}中一个点的位置。固定在坐标系{B}中的矢量 ${}^{B}\boldsymbol{Q}$ 以角速度 ${}^{A}\boldsymbol{\Omega}_{B}$ 相对于坐标系{A}旋转。

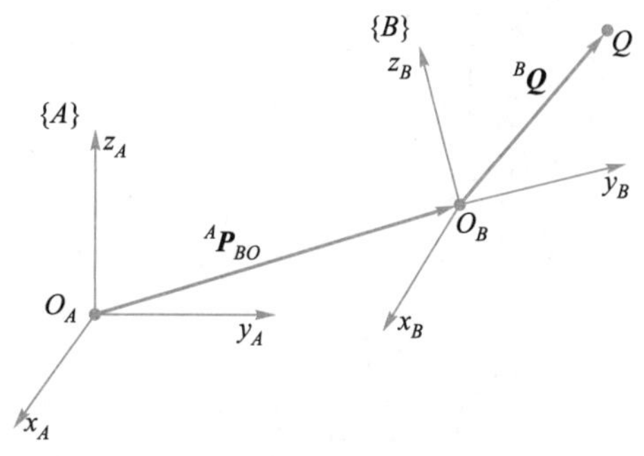

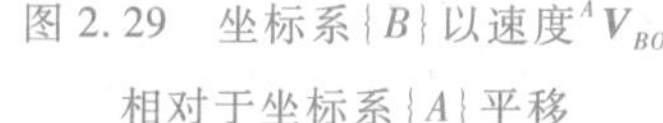
图 2.29　坐标系{B}以速度$^AV_{BO}$相对于坐标系{A}平移

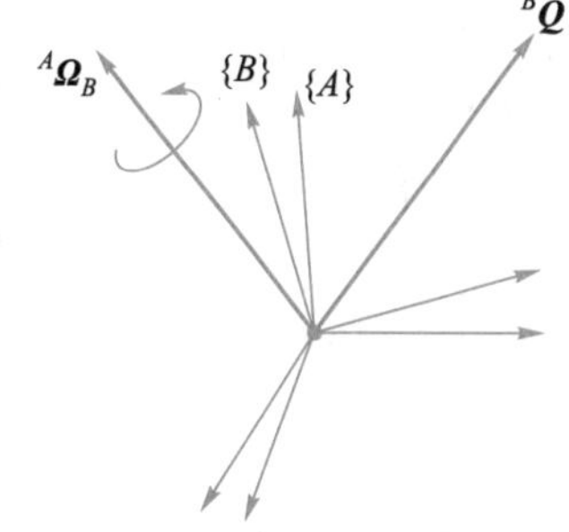

图 2.30　固定在坐标系{B}中的矢量^BQ相对于坐标系{A}的旋转

由理论力学公式可得，角速度$^A\boldsymbol{\Omega}_B$引起的牵连速度为

$$^A\boldsymbol{\Omega}_B\times{}^A\boldsymbol{Q} \tag{2.4.2}$$

式中，$^A\boldsymbol{Q}$是Q点在固定坐标系{A}中的矢径。

同时，矢量$^B\boldsymbol{Q}$在坐标系{B}中以$^A({}^B\boldsymbol{V}_Q)$相对于坐标系{A}运动，因此式(2.4.2)中还要加上相对速度$^A({}^B\boldsymbol{V}_Q)$：

$$^A\boldsymbol{V}_Q={}^A({}^B\boldsymbol{V}_Q)+{}^A\boldsymbol{\Omega}_B\times{}^A\boldsymbol{Q} \tag{2.4.3}$$

由于矢量$^A({}^B\boldsymbol{V}_Q)={}^A_B\boldsymbol{R}\,{}^B\boldsymbol{V}_Q$，$^A\boldsymbol{Q}={}^A_B\boldsymbol{R}\,{}^B\boldsymbol{Q}$，最后得到

$$^A\boldsymbol{V}_Q={}^A_B\boldsymbol{R}\,{}^B\boldsymbol{V}_Q+{}^A\boldsymbol{\Omega}_B\times({}^A_B\boldsymbol{R}\,{}^B\boldsymbol{Q}) \tag{2.4.4}$$

3. 联立线速度和角速度

进一步将式(2.4.4)扩展到原点不重合的情况。通过把原点的线速度$^A\boldsymbol{V}_{BO}$加到式(2.4.4)中去，可以得到坐标系{B}中的$^B\boldsymbol{Q}$相对于坐标系{A}运动速度的一般式

$$^A\boldsymbol{V}_Q={}^A\boldsymbol{V}_{BO}+{}^A_B\boldsymbol{R}\,{}^B\boldsymbol{V}_Q+{}^A\boldsymbol{\Omega}_B\times({}^A_B\boldsymbol{R}\,{}^B\boldsymbol{Q}) \tag{2.4.5}$$

2.4.2　操作臂连杆的运动速度

研究操作臂连杆的运动时，一般以基坐标系{0}作为参考坐标系。

线速度与空间一点有关，而角速度与一个刚体有关。因此，连杆的速度指的是连杆坐标系原点的线速度和连杆的角速度。我们用$\boldsymbol{v}_i$表示连杆坐标系{i}原点的速度，$\boldsymbol{\omega}_i$表示连杆坐标系{i}的角速度。

由于操作臂是一个串联结构，因此可以由基坐标系开始依次计算各连杆的速度。将机构的每一个连杆看作一个刚体，可以用线速度矢量和角速度矢量描述其运动。图 2.31 所示为连杆i({i}对应于图 2.29 和图 2.30 中的坐标系{A})和i+1({i+1}对应于图 2.29 和图 2.30 中的坐标系{B})，以及定义在连杆坐标系中的速度矢量。

1. 角速度

连杆i+1 的角速度$^i\boldsymbol{\omega}_{i+1}$等于连杆$i$的角速度$^i\boldsymbol{\omega}_i$加上关节$i$+1 的转动角速度$\dot{\theta}_{i+1}{}^{i+1}\boldsymbol{z}_{i+1}$，即

$$^i\boldsymbol{\omega}_{i+1}={}^i\boldsymbol{\omega}_i+{}^i_{i+1}\boldsymbol{R}\dot{\theta}_{i+1}{}^{i+1}\boldsymbol{z}_{i+1} \tag{2.4.6}$$

式中，

$$\dot{\theta}_{i+1}\,{}^{i+1}z_{i+1}={}^{i+1}\begin{bmatrix}0\\0\\\dot{\theta}_{i+1}\end{bmatrix}. \tag{2.4.7}$$

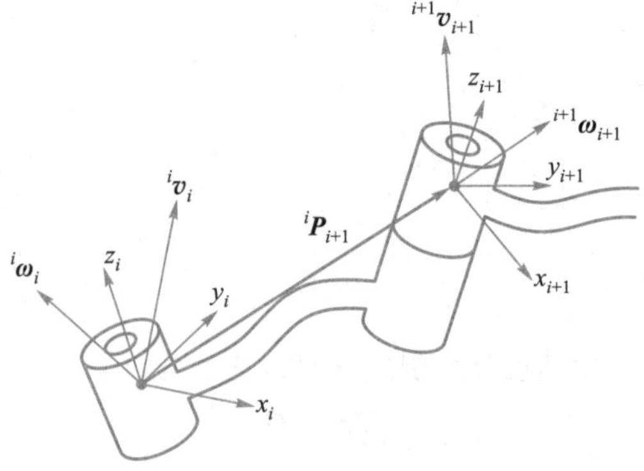

图 2.31 相邻连杆的速度矢量

在式(2.4.6)两边同时左乘${}^{i+1}_{i}\boldsymbol{R}$(即${}^{i}_{i+1}\boldsymbol{R}$的逆矩阵),可以得到连杆 $i+1$ 的角速度相对于坐标系$\{i+1\}$的表达式:

$$ {}^{i+1}\boldsymbol{\omega}_{i+1}={}^{i+1}_{i}\boldsymbol{R}\,{}^{i}\boldsymbol{\omega}_{i}+\dot{\theta}_{i+1}\,{}^{i+1}z_{i+1} \tag{2.4.8}$$

2. 线速度

由图 2.31,有

$$ {}^{i}\boldsymbol{v}_{i+1}={}^{i}\boldsymbol{v}_{i}+{}^{i}\boldsymbol{\omega}_{i}\times{}^{i}\boldsymbol{P}_{i+1} \tag{2.4.9}$$

对应于式(2.4.5),${}^{i}\boldsymbol{v}_{i}$ 对应于${}^{A}_{B}\boldsymbol{R}\,{}^{B}\boldsymbol{V}_{Q}$;${}^{i}\boldsymbol{\omega}_{i}\times{}^{i}\boldsymbol{P}_{i+1}$对应于${}^{A}\boldsymbol{\Omega}_{B}\times{}^{A}_{B}\boldsymbol{R}\,{}^{B}\boldsymbol{Q}$;且${}^{i}\boldsymbol{P}_{i+1}$在坐标系$\{i+1\}$中是常数,所以${}^{A}\boldsymbol{V}_{BO}=0$。

式(2.4.9)两边同时左乘${}^{i+1}_{i}\boldsymbol{R}$,得

$$ {}^{i+1}\boldsymbol{v}_{i+1}={}^{i+1}_{i}\boldsymbol{R}({}^{i}\boldsymbol{v}_{i}+{}^{i}\boldsymbol{\omega}_{i}\times{}^{i}\boldsymbol{P}_{i+1}) \tag{2.4.10}$$

式(2.4.8)和式(2.4.10)是本节中最重要的公式。对于关节 $i+1$ 为移动关节的情况,相应的关系为

$$\begin{gathered} {}^{i+1}\boldsymbol{\omega}_{i+1}={}^{i+1}_{i}\boldsymbol{R}\,{}^{i}\boldsymbol{\omega}_{i},\\ {}^{i+1}\boldsymbol{v}_{i+1}={}^{i+1}_{i}\boldsymbol{R}({}^{i}\boldsymbol{v}_{i}+{}^{i}\boldsymbol{\omega}_{i}\times{}^{i}\boldsymbol{P}_{i+1})+\dot{d}_{i+1}\,{}^{i+1}z_{i+1}\end{gathered} \tag{2.4.11}$$

从 $i=0$ 到 $i=n-1$ 依次应用上述公式,可以计算出连杆 n 的角速度${}^{n}\boldsymbol{\omega}_{n}$ 和线速度${}^{n}\boldsymbol{v}_{n}$。如果在基坐标系$\{0\}$中描述各连杆的角速度和线速度,就用${}^{0}_{n}\boldsymbol{R}$ 去左乘上述角速度和线速度公式。

3. 运算问题

需要说明的是,在机器人运动学(本章)和机器人力学(第 3 章)建模中,会遇到很多既有矢量运算又有矩阵运算(坐标变换)的混合运算,然而矩阵(列阵)与矢量的运算有很多不同,1) 矩阵(列阵)是 n 维,而矢量只有 3 维;2) 乘法交换律不适用于矩阵运算,但适用于矢量叉乘运算(矢量 $\boldsymbol{a},\boldsymbol{b}$,有 $\boldsymbol{a}\times\boldsymbol{b}=-\boldsymbol{b}\times\boldsymbol{a}$);3) 矩阵相乘不能有乘号,矢量运算必须有乘号。

注意:矢量运算必须在同一个坐标系中才能进行,因此必须注意运算中不同坐标系的变

换，而这个变换只能用旋转变换矩阵 $\boldsymbol{R}$ 进行，不能用齐次变换矩阵 $\boldsymbol{T}$。

之所以采用混合运算，是因为在机器人运动学和力学中借用了经典力学（即矢量力学）的描述方式，而随着矩阵理论和机器计算的发展，矩阵描述完全可以避免上述 3 种情况出现的计算问题甚至是错误，但是考虑到使用本书读者的矩阵理论基础的不足，因此还是沿用了传统的混合运算方式。

矢量运算与矩阵（列阵）运算的关系：

1）$\boldsymbol{a}\cdot\boldsymbol{b}=\boldsymbol{a}^{\mathrm{T}}\boldsymbol{b}$；

2）$\boldsymbol{a}\times\boldsymbol{b}=\widetilde{\boldsymbol{a}}\boldsymbol{b}$，式中 $\widetilde{\boldsymbol{a}}=\begin{bmatrix}0 & -a_3 & a_2\\ a_3 & 0 & -a_1\\ -a_2 & a_1 & 0\end{bmatrix}$。

一个很重要的变换：矢量 $\boldsymbol{r}$ 对时间 t 的求导，$\dfrac{\mathrm{d}\boldsymbol{r}}{\mathrm{d}t}=\boldsymbol{\omega}\times\boldsymbol{r}=\widetilde{\boldsymbol{\omega}}\boldsymbol{r}$，

式中，$\widetilde{\boldsymbol{\omega}}=\begin{bmatrix}0 & -\omega_3 & \omega_2\\ \omega_3 & 0 & -\omega_1\\ -\omega_2 & \omega_1 & 0\end{bmatrix}$称为反对称矩阵或叉乘矩阵，这里 $\widetilde{\boldsymbol{\omega}}$ 可以看作一个算子，可用于任意矢量对 t 的求导。

统一为矩阵运算就可以满足：1）矢量在不同坐标系变换时与旋转矩阵相乘；2）矩阵乘法的运算规律。

例 2.8 已知图 2.32 所示 2R 操作臂。计算出操作臂末端的速度，将它表达成关节速度的函数。试给出两种形式的解答，一种是在坐标系{3}中描述，另一种是在坐标系{0}中描述。

解：首先建立连杆坐标系，如图 2.33 所示。

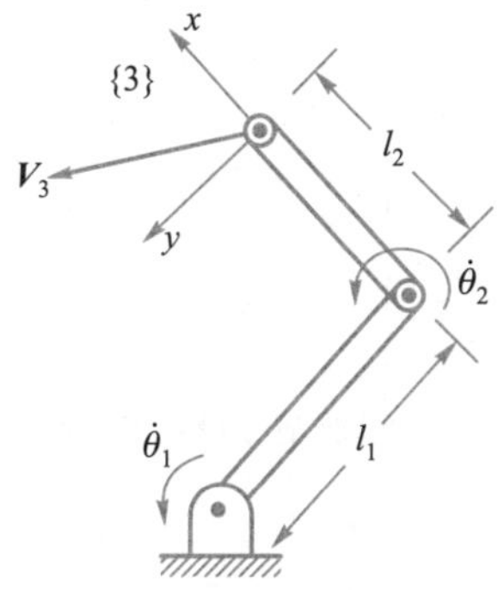

图 2.32 2R 操作臂

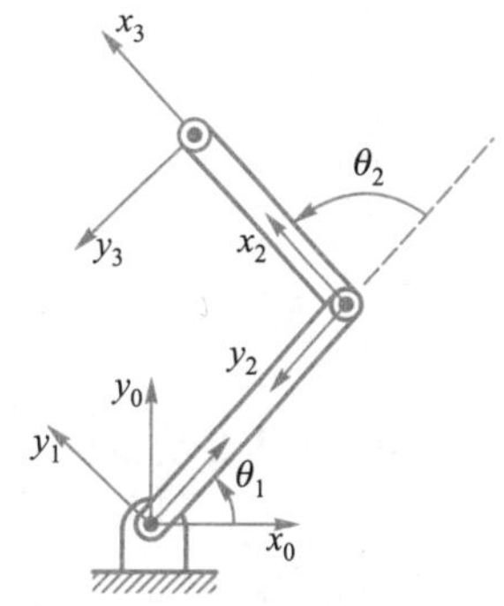

图 2.33 2R 操作臂的坐标系

从基坐标系{0}开始，运用式（2.4.10）依次计算出每个连杆坐标系原点的速度，其中基坐标系{0}的速度为 0。根据式（2.2.6），先写出相邻连杆的变换矩阵

$$
{}_1^0\boldsymbol{T}=\begin{bmatrix}\mathrm{c}_1 & -\mathrm{s}_1 & 0 & 0\\ \mathrm{s}_1 & \mathrm{c}_1 & 0 & 0\\ 0 & 0 & 1 & 0\\ 0 & 0 & 0 & 1\end{bmatrix}
$$

$$
{}_2^1\boldsymbol{T}=\begin{bmatrix} c_2 & -s_2 & 0 & l_1 \\ s_2 & c_2 & 0 & 0 \\ 0 & 0 & 1 & 0 \\ 0 & 0 & 0 & 1 \end{bmatrix} \tag{2.4.12}
$$

$$
{}_3^2\boldsymbol{T}=\begin{bmatrix} 1 & 0 & 0 & l_2 \\ 0 & 1 & 0 & 0 \\ 0 & 0 & 1 & 0 \\ 0 & 0 & 0 & 1 \end{bmatrix}
$$

对各连杆依次使用式(2.4.8)、式(2.4.10),得

$$
{}^1\boldsymbol{\omega}_1=\begin{bmatrix} 0 \\ 0 \\ \dot{\theta}_1 \end{bmatrix} \tag{2.4.13}
$$

$$
{}^1\boldsymbol{v}_1=\begin{bmatrix} 0 \\ 0 \\ 0 \end{bmatrix} \tag{2.4.14}
$$

$$
{}^2\boldsymbol{\omega}_2=\begin{bmatrix} 0 \\ 0 \\ \dot{\theta}_1+\dot{\theta}_2 \end{bmatrix} \tag{2.4.15}
$$

$$
{}^2\boldsymbol{v}_2=\begin{bmatrix} c_2 & s_2 & 0 \\ -s_2 & c_2 & 0 \\ 0 & 0 & 1 \end{bmatrix}\begin{bmatrix} 0 \\ l_1\dot{\theta}_1 \\ 0 \end{bmatrix}=\begin{bmatrix} l_1 s_2\dot{\theta}_1 \\ l_1 c_2\dot{\theta}_1 \\ 0 \end{bmatrix} \tag{2.4.16}
$$

$$
{}^3\boldsymbol{\omega}_3={}^2\boldsymbol{\omega}_2 \tag{2.4.17}
$$

$$
{}^3\boldsymbol{v}_3=\begin{bmatrix} l_1 s_2\dot{\theta}_1 \\ l_1 c_2\dot{\theta}_1+l_2(\dot{\theta}_1+\dot{\theta}_2) \\ 0 \end{bmatrix} \tag{2.4.18}
$$

为了得到速度${}^3\boldsymbol{v}_3$相对于基坐标系{0}的表达,需要用旋转矩阵${}_3^0\boldsymbol{R}$对式(2.4.18)做旋转变换,即

$$
{}_3^0\boldsymbol{R}={}_1^0\boldsymbol{R}{}_2^1\boldsymbol{R}{}_3^2\boldsymbol{R}=\begin{bmatrix} c_{12} & -s_{12} & 0 \\ s_{12} & c_{12} & 0 \\ 0 & 0 & 1 \end{bmatrix} \tag{2.4.19}
$$

由式(2.4.18)和式(2.4.19)可以得到

$$
{}^0\boldsymbol{v}_3=\begin{bmatrix} -l_1 s_1\dot{\theta}_1-l_2 s_{12}(\dot{\theta}_1+\dot{\theta}_2) \\ l_1 c_1\dot{\theta}_1+l_2 c_{12}(\dot{\theta}_1+\dot{\theta}_2) \\ 0 \end{bmatrix} \tag{2.4.20}
$$

2.4.3 速度雅可比

数学意义下，雅可比矩阵是多维形式的导数。例如，假设有 6 个函数，每个函数都有 6 个独立的变量：

$$
\begin{aligned}
x_1 &= f_1(q_1,\ q_2,\ q_3,\ q_4,\ q_5,\ q_6),\\
x_2 &= f_2(q_1,\ q_2,\ q_3,\ q_4,\ q_5,\ q_6),\\
&\vdots\\
x_6 &= f_6(q_1,\ q_2,\ q_3,\ q_4,\ q_5,\ q_6)
\end{aligned}
\tag{2.4.21}
$$

列阵形式为

$$\boldsymbol{X}=\boldsymbol{F}(\boldsymbol{q}) \tag{2.4.22}$$

由于 $f_1(\boldsymbol{q})$ 到 $f_6(\boldsymbol{q})$ 都是 q_i 的函数，将式(2.4.22)对时间求导得

$$\dot{\boldsymbol{X}}=\frac{\partial \boldsymbol{F}}{\partial \boldsymbol{q}}\dot{\boldsymbol{q}}=\boldsymbol{J}(\boldsymbol{q})\dot{\boldsymbol{q}} \tag{2.4.23}$$

式(2.4.23)中的 6×6 偏微分矩阵 $\boldsymbol{J}(\boldsymbol{q})$ 即是雅可比矩阵，雅可比矩阵可看成 $\boldsymbol{q}$ 中的速度向 $\boldsymbol{X}$ 中速度的映射，其元素依赖于 $\boldsymbol{q}$。由于 $\boldsymbol{q}$ 是时变的，因此，$\boldsymbol{J}(\boldsymbol{q})$ 是时变的线性变换。

在机器人学中，通常使用速度雅可比矩阵进行关节速度与操作臂末端直角坐标速度的变换：

$$\boldsymbol{V}=\boldsymbol{J}(\boldsymbol{q})\dot{\boldsymbol{q}} \tag{2.4.24}$$

式中，$\boldsymbol{q}$ 是操作臂关节角列阵，$\boldsymbol{V}=\dot{\boldsymbol{X}}$ 是操作臂末端直角坐标速度列阵。对于任意已知的操作臂位形，关节速度和操作臂末端速度的关系是线性的，然而这种线性关系仅是瞬时的。

例 2.9 已知：图 2.34 所示为 R-P 机械臂，包括两个关节，第一个为旋转关节，关节变量为 θ，第二个为移动关节，关节变量为 r。求雅可比矩阵 $\boldsymbol{J}(\boldsymbol{q})$。

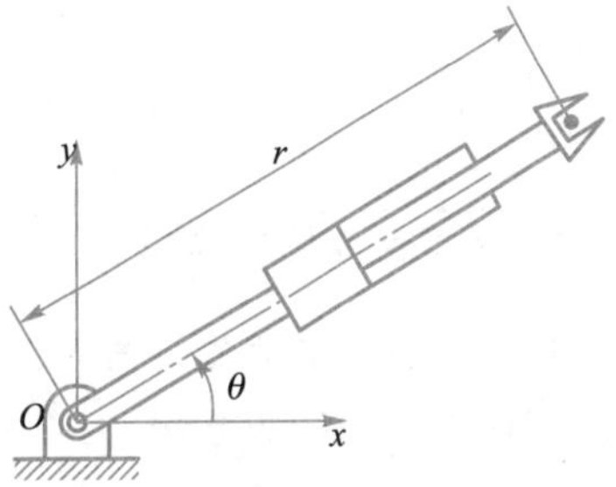

解：机械臂的运动方程为

$$
\begin{aligned}
x&=r\cos\theta\\
y&=r\sin\theta
\end{aligned}
\tag{2.4.25}
$$

式(2.4.25)两端对时间 t 求导得

$$
\begin{aligned}
\dot{x}&=-\dot{\theta}r\sin\theta+\dot{r}\cos\theta\\
\dot{y}&=\dot{\theta}r\cos\theta+\dot{r}\sin\theta
\end{aligned}
\tag{2.4.26}
$$

图 2.34 R-P 机械臂

将式(2.4.26)写成列阵形式为

$$\boldsymbol{V}_{2\times1}=\boldsymbol{J}(\boldsymbol{q})_{2\times2}\dot{\boldsymbol{q}}_{2\times1} \tag{2.4.27}$$

式中，$\boldsymbol{V}=[\dot{x}\quad \dot{y}]^{\mathrm{T}}$ 为操作臂末端速度列阵；$\boldsymbol{q}$ 为操作臂关节速度列阵；则 $\boldsymbol{J}(\boldsymbol{q})=\begin{bmatrix}-r\sin\theta & \cos\theta\\ r\cos\theta & \sin\theta\end{bmatrix}$ 为雅可比矩阵。由式(2.4.27)可以看出，操作臂的雅可比矩阵 $\boldsymbol{J}$ 是指从关节空间向操作空间运动速度传递的广义传动比。

由例 2.9 可知，雅可比矩阵依赖于机器人的位形（关节变量）。速度雅可比矩阵 $\boldsymbol{J}$ 不一

定是方阵，其行数等于操作臂操作空间的维数，其列数等于操作臂关节空间的维数(即关节数)。平面操作臂的操作空间维数为3，包括2个移动和1个转动，故其雅可比矩阵有3行；空间操作臂的操作空间维数为6，包括3个移动和3个转动，故其雅可比矩阵有6行。6×1直角坐标速度列阵 $\boldsymbol{V}$ 是由一个3×1的线速度矢量 $\boldsymbol{v}$ 和一个3×1的角速度矢量 $\boldsymbol{\omega}$ 排列起来的：

$$\boldsymbol{V}=\begin{bmatrix}\boldsymbol{v}\\ \boldsymbol{\omega}\end{bmatrix} \tag{2.4.28}$$

上述雅可比矩阵是在基坐标系{0}中描述的，如果在其他坐标系中描述，则需要考虑雅可比矩阵在不同坐标系中的变换。

已知坐标系{B}中的雅可比矩阵，即

$${}^{B}\boldsymbol{V}=\begin{bmatrix}{}^{B}\boldsymbol{v}\\ {}^{B}\boldsymbol{\omega}\end{bmatrix}={}^{B}\boldsymbol{J}(\boldsymbol{q})\dot{\boldsymbol{q}} \tag{2.4.29}$$

我们关心的是给出雅可比矩阵在另一个坐标系{A}中的表达式。

首先，注意到已知坐标系{B}中的6×1速度列阵可以通过如下变换得到相对于坐标系{A}的表达式

$$\begin{bmatrix}{}^{A}\boldsymbol{v}\\ {}^{A}\boldsymbol{\omega}\end{bmatrix}=\begin{bmatrix}{}^{A}_{B}\boldsymbol{R} & 0\\ 0 & {}^{A}_{B}\boldsymbol{R}\end{bmatrix}\begin{bmatrix}{}^{B}\boldsymbol{v}\\ {}^{B}\boldsymbol{\omega}\end{bmatrix} \tag{2.4.30}$$

因此，可以得到

$$\begin{bmatrix}{}^{A}\boldsymbol{v}\\ {}^{A}\boldsymbol{\omega}\end{bmatrix}=\begin{bmatrix}{}^{A}_{B}\boldsymbol{R} & 0\\ 0 & {}^{A}_{B}\boldsymbol{R}\end{bmatrix}{}^{B}\boldsymbol{J}(\boldsymbol{q})\dot{\boldsymbol{q}} \tag{2.4.31}$$

显然，利用下列关系式可以完成雅可比矩阵参考坐标系的变换

$${}^{A}\boldsymbol{J}(\boldsymbol{q})=\begin{bmatrix}{}^{A}_{B}\boldsymbol{R} & 0\\ 0 & {}^{A}_{B}\boldsymbol{R}\end{bmatrix}{}^{B}\boldsymbol{J}(\boldsymbol{q}) \tag{2.4.32}$$

2.4.4 雅可比矩阵的求解

对于一般的多关节机器人，雅可比矩阵 $\boldsymbol{J}$ 通常不能通过求导的方法得到。本节介绍两种雅可比矩阵的构造方法：矢量积方法和微分变换方法。

雅可比矩阵既可看成关节空间向操作空间速度传递的线性关系(传动比)，又可看成微分运动的线性变换。对于具有 n 个关节的操作臂，其雅可比为6×n 阶矩阵，其中前3行是关节速度 $\dot{\boldsymbol{q}}$ 与操作臂末端线速度 $\boldsymbol{v}$ 之间的传动比，后3行是关节速度 $\dot{\boldsymbol{q}}$ 与操作臂末端角速度 $\boldsymbol{\omega}$ 之间的传动比。这样，机器人的雅可比矩阵 $\boldsymbol{J}(\boldsymbol{q})$ 可以写成分块形式

$$\begin{bmatrix}\boldsymbol{v}\\ \boldsymbol{\omega}\end{bmatrix}=\begin{bmatrix}\boldsymbol{J}_{\mathrm{L1}} & \boldsymbol{J}_{\mathrm{L2}} & \cdots & \boldsymbol{J}_{\mathrm{L}n}\\ \boldsymbol{J}_{\mathrm{A1}} & \boldsymbol{J}_{\mathrm{A2}} & \cdots & \boldsymbol{J}_{\mathrm{A}n}\end{bmatrix}\begin{bmatrix}\dot{q}_1\\ \dot{q}_2\\ \vdots\\ \dot{q}_n\end{bmatrix} \tag{2.4.33}$$

式中，$\boldsymbol{J}_{\mathrm{L}i}$ 和 $\boldsymbol{J}_{\mathrm{A}i}$ 分别表示第 i 个关节单位微分运动引起的操作臂末端微分移动和微分转动。

由式(2.4.33)可知,操作臂末端的线速度 $\boldsymbol{v}$ 和角速度 $\boldsymbol{\omega}$ 可表示为各关节速度 $\dot{q}_i$ 的线性函数

$$\begin{cases} \boldsymbol{v}=\boldsymbol{J}_{L1}\dot{q}_1+\boldsymbol{J}_{L2}\dot{q}_2+\cdots+\boldsymbol{J}_{Ln}\dot{q}_n \\ \boldsymbol{\omega}=\boldsymbol{J}_{A1}\dot{q}_1+\boldsymbol{J}_{A2}\dot{q}_2+\cdots+\boldsymbol{J}_{An}\dot{q}_n \end{cases} \tag{2.4.34}$$

据此可采用构造方法,不需求导而直接构造出 $\boldsymbol{J}_{Li}$ 和 $\boldsymbol{J}_{Ai}$。下面简要介绍两种雅可比矩阵构造法。

1. 矢量积方法

1972 年,惠特尼(Whitney)基于运动坐标系的概念提出了求解雅可比矩阵的矢量积方法,如图 2.35 所示。操作臂末端的线速度 $\boldsymbol{v}$ 和角速度 $\boldsymbol{\omega}$ 与机器人关节速度 $\dot{q}_i$ 的关系如下。

当关节 i 为移动关节时,它的运动在操作臂末端产生与 z_i 轴方向相同的线速度,即

$$\begin{bmatrix}\boldsymbol{v}\\ \boldsymbol{\omega}\end{bmatrix}=\begin{bmatrix}\boldsymbol{z}_i\\ \boldsymbol{0}\end{bmatrix}\dot{q}_i \tag{2.4.35}$$

这时雅可比矩阵的第 i 列为 $\boldsymbol{J}_i=\begin{bmatrix}\boldsymbol{z}_i\\ \boldsymbol{0}\end{bmatrix}$。

当关节 i 为转动关节时,它的运动在操作臂末端既产生移动,又产生转动,产生的线速度为

$$\boldsymbol{v}=(\boldsymbol{z}_i\times{}_i^0\boldsymbol{P}_n)\dot{q}_i \tag{2.4.36}$$

产生的角速度为

$$\boldsymbol{\omega}=\boldsymbol{z}_i\dot{q}_i \tag{2.4.37}$$

这时雅可比矩阵的第 i 列为

$$\boldsymbol{J}_i=\begin{bmatrix}\boldsymbol{z}_i\times{}_i^0\boldsymbol{P}_n\\ \boldsymbol{z}_i\end{bmatrix}=\begin{bmatrix}\boldsymbol{z}_i\times({}_i^0\boldsymbol{R}\,{}^i\boldsymbol{P}_n)\\ \boldsymbol{z}_i\end{bmatrix} \tag{2.4.38}$$

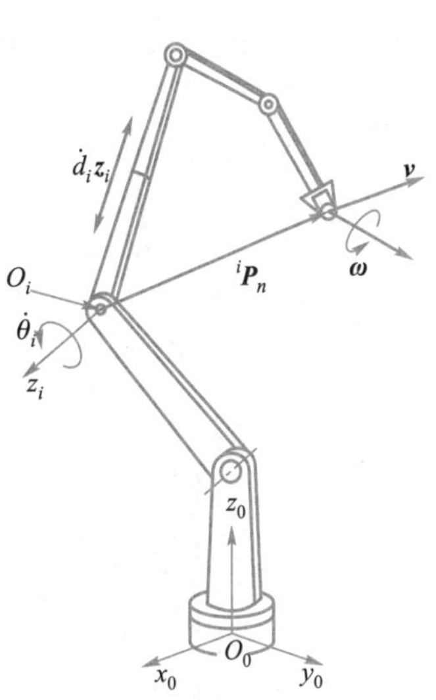

图 2.35 求解雅可比矩阵的矢量积方法

式中,${}_i^0\boldsymbol{P}_n$ 表示操作臂末端坐标系$\{n\}$的原点相对于坐标系$\{i\}$的位置矢量在基坐标系$\{0\}$中的表示,即${}_i^0\boldsymbol{P}_n={}_i^0\boldsymbol{R}\,{}^i\boldsymbol{P}_n$;$\boldsymbol{z}_i$ 是坐标系$\{i\}$的 z 轴单位矢量在基坐标系$\{0\}$中的表示。由上可知,矢量积方法构造的雅可比矩阵是相对于机器人基坐标系描述的。

2. 微分运动

刚体的微分运动可分为微分移动矢量 $\boldsymbol{d}$ 和微分转动矢量 $\boldsymbol{\delta}$,即

$$\boldsymbol{d}=d_x\boldsymbol{i}+d_y\boldsymbol{j}+d_z\boldsymbol{k}\quad 或\ \boldsymbol{d}=[d_x\quad d_y\quad d_z]^{\mathrm{T}} \tag{2.4.39}$$

$$\boldsymbol{\delta}=\delta_x\boldsymbol{i}+\delta_y\boldsymbol{j}+\delta_z\boldsymbol{k}\quad 或\ \boldsymbol{\delta}=[\delta_x\quad \delta_y\quad \delta_z]^{\mathrm{T}} \tag{2.4.40}$$

则,刚体在基坐标系下的微分运动阵列 $\boldsymbol{D}$ 为

$$\boldsymbol{D}=\begin{bmatrix}\boldsymbol{d}\\ \boldsymbol{\delta}\end{bmatrix} \tag{2.4.41}$$

刚体在基坐标系下的微分速度阵列 $\boldsymbol{V}$ 为

$$V=\begin{bmatrix}\boldsymbol{v}\\\boldsymbol{\omega}\end{bmatrix}=\lim_{\Delta t\to 0}\frac{1}{\Delta t}\begin{bmatrix}\boldsymbol{d}\\\boldsymbol{\delta}\end{bmatrix} \tag{2.4.42}$$

设操作臂末端所在的坐标系 $\boldsymbol{T}$ 的位姿为

$$\boldsymbol{T}=\begin{bmatrix}n_x & o_x & a_x & p_x\\ n_y & o_y & a_y & p_y\\ n_z & o_z & a_z & p_z\\ 0&0&0&1\end{bmatrix}=\begin{bmatrix}\boldsymbol{n}&\boldsymbol{o}&\boldsymbol{a}&\boldsymbol{p}\\0&0&0&1\end{bmatrix}=\begin{bmatrix} & \boldsymbol{R} & & \boldsymbol{p}\\0&0&0&1\end{bmatrix} \tag{2.4.43}$$

在坐标系 $\boldsymbol{T}$ 中的微分运动表示为 ${}^T\boldsymbol{D}=\begin{bmatrix}{}^T\boldsymbol{d}\\{}^T\boldsymbol{\delta}\end{bmatrix}$，微分速度表示为 ${}^T\boldsymbol{V}=\begin{bmatrix}{}^T\boldsymbol{v}\\{}^T\boldsymbol{\omega}\end{bmatrix}$，由式(2.4.39)、式(2.4.40)、式(2.4.43)，用空间解析几何方法推导可得

$$\begin{aligned}
{}^Td_x&=\boldsymbol{d}\cdot\boldsymbol{n}+(\boldsymbol{\delta}\times\boldsymbol{p})\cdot\boldsymbol{n}=\boldsymbol{n}\cdot[(\boldsymbol{\delta}\times\boldsymbol{p})+\boldsymbol{d}]\\
{}^Td_y&=\boldsymbol{d}\cdot\boldsymbol{o}+(\boldsymbol{\delta}\times\boldsymbol{p})\cdot\boldsymbol{o}=\boldsymbol{o}\cdot[(\boldsymbol{\delta}\times\boldsymbol{p})+\boldsymbol{d}]\\
{}^Td_z&=\boldsymbol{d}\cdot\boldsymbol{a}+(\boldsymbol{\delta}\times\boldsymbol{p})\cdot\boldsymbol{a}=\boldsymbol{a}\cdot[(\boldsymbol{\delta}\times\boldsymbol{p})+\boldsymbol{d}]\\
{}^T\delta_x&=\boldsymbol{n}\cdot\boldsymbol{\delta}\\
{}^T\delta_y&=\boldsymbol{o}\cdot\boldsymbol{\delta}\\
{}^T\delta_z&=\boldsymbol{a}\cdot\boldsymbol{\delta}
\end{aligned} \tag{2.4.44}$$

即

$$\begin{bmatrix}{}^Td_x\\{}^Td_y\\{}^Td_z\\{}^T\delta_x\\{}^T\delta_y\\{}^T\delta_z\end{bmatrix}=\begin{bmatrix}n_x&n_y&n_z&(\boldsymbol{p}\times\boldsymbol{n})_x&(\boldsymbol{p}\times\boldsymbol{n})_y&(\boldsymbol{p}\times\boldsymbol{n})_z\\ o_x&o_y&o_z&(\boldsymbol{p}\times\boldsymbol{o})_x&(\boldsymbol{p}\times\boldsymbol{o})_y&(\boldsymbol{p}\times\boldsymbol{o})_z\\ a_x&a_y&a_z&(\boldsymbol{p}\times\boldsymbol{a})_x&(\boldsymbol{p}\times\boldsymbol{a})_y&(\boldsymbol{p}\times\boldsymbol{a})_z\\ 0&0&0&n_x&n_y&n_z\\ 0&0&0&o_x&o_y&o_z\\ 0&0&0&a_x&a_y&a_z\end{bmatrix}\begin{bmatrix}d_x\\d_y\\d_z\\\delta_x\\\delta_y\\\delta_z\end{bmatrix} \tag{2.4.45}$$

注意：考虑到本书的知识重点和篇幅所限，上述推导省略了很多中间过程，有关内容可参见樊炳辉主编的《机器人工程导论》第 4 章微分的运动和速度一节。

3. 微分变换法

对于转动关节 i，连杆 i 相对于连杆 $i-1$ 绕坐标系$\{i\}$的 z_i 轴作微分转动 $\mathrm{d}\theta_i$，即

$$\begin{bmatrix}d_x\\d_y\\d_z\\\delta_x\\\delta_y\\\delta_z\end{bmatrix}=\begin{bmatrix}0\\0\\0\\0\\0\\\mathrm{d}\theta_i\end{bmatrix} \tag{2.4.46}$$

由式(2.4.45)和式(2.4.46)得操作臂末端的微分运动为

$$\begin{bmatrix} {}^{T}d_x \\ {}^{T}d_y \\ {}^{T}d_z \\ {}^{T}\delta_x \\ {}^{T}\delta_y \\ {}^{T}\delta_z \end{bmatrix} = \begin{bmatrix} (\boldsymbol{p}\times\boldsymbol{n})_z \\ (\boldsymbol{p}\times\boldsymbol{o})_z \\ (\boldsymbol{p}\times\boldsymbol{a})_z \\ n_z \\ o_z \\ a_z \end{bmatrix} \mathrm{d}\theta_i \tag{2.4.47}$$

对于移动关节 i，连杆 i 沿 z_i 轴相对于连杆 $i-1$ 作微分移动 $\mathrm{d}d_i$，即

$$\begin{bmatrix} d_x \\ d_y \\ d_z \\ \delta_x \\ \delta_y \\ \delta_z \end{bmatrix} = \begin{bmatrix} 0 \\ 0 \\ \mathrm{d}d_i \\ 0 \\ 0 \\ 0 \end{bmatrix} \tag{2.4.48}$$

由式(2.4.45)和式(2.4.48)得操作臂末端的微分运动为

$$\begin{bmatrix} {}^{T}d_x \\ {}^{T}d_y \\ {}^{T}d_z \\ {}^{T}\delta_x \\ {}^{T}\delta_y \\ {}^{T}\delta_z \end{bmatrix} = \begin{bmatrix} n_z \\ o_z \\ a_z \\ 0 \\ 0 \\ 0 \end{bmatrix} \mathrm{d}d_i \tag{2.4.49}$$

对照式(2.4.33)，可得出雅可比矩阵 $\boldsymbol{J}(\boldsymbol{q})$ 的第 i 列为

(1) 对于转动关节 i

$${}^{T}\boldsymbol{J}_{\mathrm{L}i} = \begin{bmatrix} (\boldsymbol{p}\times\boldsymbol{n})_z \\ (\boldsymbol{p}\times\boldsymbol{o})_z \\ (\boldsymbol{p}\times\boldsymbol{a})_z \end{bmatrix}, {}^{T}\boldsymbol{J}_{\mathrm{A}i} = \begin{bmatrix} n_z \\ o_z \\ a_z \end{bmatrix} \tag{2.4.50}$$

(2) 对于移动关节 i

$${}^{T}\boldsymbol{J}_{\mathrm{L}i} = \begin{bmatrix} n_z \\ o_z \\ a_z \end{bmatrix}, {}^{T}\boldsymbol{J}_{\mathrm{A}i} = \begin{bmatrix} 0 \\ 0 \\ 0 \end{bmatrix} \tag{2.4.51}$$

式中，$\boldsymbol{n},\boldsymbol{o},\boldsymbol{a},\boldsymbol{p}$ 是齐次矩阵 ${}^{i}_{n}\boldsymbol{T}$ 的 4 个列向量，参见式(2.4.43)。

由上面的方法可知，只要知道各连杆的 ${}^{i-1}_{i}\boldsymbol{T}$，就可以构造出雅可比矩阵 ${}^{T}\boldsymbol{J}(\boldsymbol{q})$。构造雅可比矩阵 ${}^{T}\boldsymbol{J}(\boldsymbol{q})$ 的步骤：

1) 计算 ${}^{0}_{1}\boldsymbol{T}, {}^{1}_{2}\boldsymbol{T}, \cdots, {}^{n-1}_{n}\boldsymbol{T}$；

2) 计算各连杆至末端连杆的变换：

$$\begin{aligned}
&{}^{n-1}_{n}\boldsymbol{T}={}^{n-1}_{n}\boldsymbol{T}\\
&{}^{n-2}_{n}\boldsymbol{T}={}^{n-2}_{n-1}\boldsymbol{T}{}^{n-1}_{n}\boldsymbol{T}\\
&\vdots\\
&{}^{i-1}_{n}\boldsymbol{T}={}^{i-1}_{i}\boldsymbol{T}{}^{i}_{n}\boldsymbol{T}\\
&\vdots\\
&{}^{0}_{n}\boldsymbol{T}={}^{0}_{1}\boldsymbol{T}{}^{1}_{n}\boldsymbol{T}
\end{aligned}\tag{2.4.52}$$

3）计算${}^{T}\boldsymbol{J}(\boldsymbol{q})$的各列元素，${}^{T}\boldsymbol{J}(\boldsymbol{q})$的第 i 列${}^{T}\boldsymbol{J}_i(\boldsymbol{q})=\begin{bmatrix}{}^{T}\boldsymbol{J}_{\mathrm{L}i}\\{}^{T}\boldsymbol{J}_{\mathrm{A}i}\end{bmatrix}$［见式(2.4.33)］由${}^{i-1}_{n}\boldsymbol{T}$确定，其关系见图 2.36。

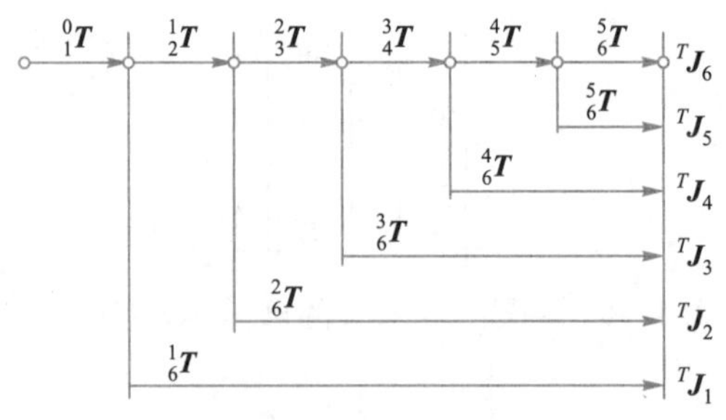

图 2.36 ${}^{T}\boldsymbol{J}_i$ 与${}^{i-1}_{n}\boldsymbol{T}$ 的关系

对于 6 自由度机器人，根据式(2.4.45)、式(2.4.47)、式(2.4.49)、式(2.4.50)和式(2.4.51)，可得出雅可比矩阵的变换关系

$$\begin{bmatrix}{}^{T}d_x\\{}^{T}d_y\\{}^{T}d_z\\{}^{T}\delta_x\\{}^{T}\delta_y\\{}^{T}\delta_z\end{bmatrix}=\begin{bmatrix}d_{1x}&d_{2x}&d_{3x}&d_{4x}&d_{5x}&d_{6x}\\d_{1y}&d_{2y}&d_{3y}&d_{4y}&d_{5y}&d_{6y}\\d_{1z}&d_{2z}&d_{3z}&d_{4z}&d_{5z}&d_{6z}\\\delta_{1x}&\delta_{2x}&\delta_{3x}&\delta_{4x}&\delta_{5x}&\delta_{6x}\\\delta_{1y}&\delta_{2y}&\delta_{3y}&\delta_{4y}&\delta_{5y}&\delta_{6y}\\\delta_{1z}&\delta_{2z}&\delta_{3z}&\delta_{4z}&\delta_{5z}&\delta_{6z}\end{bmatrix}\begin{bmatrix}\mathrm{d}q_1\\\mathrm{d}q_2\\\mathrm{d}q_3\\\mathrm{d}q_4\\\mathrm{d}q_5\\\mathrm{d}q_6\end{bmatrix}={}^{T}\boldsymbol{J}(\boldsymbol{q})\mathrm{d}\boldsymbol{q}\tag{2.4.53}$$

由式(2.4.53)可知，${}^{T}\boldsymbol{J}(\boldsymbol{q})$中的元素 $d_{ix},d_{iy},d_{iz},\delta_{ix},\delta_{iy},\delta_{iz},i=1,\cdots,6$ 均是由 $\boldsymbol{n},\boldsymbol{o},\boldsymbol{a},\boldsymbol{p}$ 的分量组成的，可以看到，这些元素的组合关系非常复杂。微分变换**方法构造的雅可比矩阵是相对于工具坐标系$\{T\}$描述的**，雅可比矩阵${}^{T}\boldsymbol{J}(\boldsymbol{q})$可看作由各关节的微分平移矢量和微分旋转矢量的元素构成的。由 2.4.3 节中不同坐标系之间的雅可比矩阵变换关系，可得${}^{T}\boldsymbol{J}(\boldsymbol{q})$与 $\boldsymbol{J}(\boldsymbol{q})$的变换关系。

2.4.5 奇异性

利用速度雅可比矩阵，可以分析机器人的奇异性、灵巧度、刚度和误差补偿等问题，因为它们都可以转化为关节速度与末端速度之间的关系问题，或转化为关节微小位移与末端微小位移之间的关系。本节仅讨论机器人的奇异性问题，其他问题可参考熊有伦主编的《机器人技术基础》的第 4 章 4.6 ~4.8 节。

由式(2.4.24)可知,当操作臂末端操作速度给定时,可以求出相应的关节速度

$$\dot{\boldsymbol{q}}=\boldsymbol{J}^{-1}\boldsymbol{V} \tag{2.4.54}$$

当 $\boldsymbol{J}$ 的行列式值 $|\det(\boldsymbol{J}(\boldsymbol{q}))|=0$ 时,逆雅可比矩阵 $\boldsymbol{J}^{-1}$ 不存在,这时,即使 $\boldsymbol{V}$ 比较小,而与其对应的关节速度 $\dot{\boldsymbol{q}}$ 可能变为无穷大,操作臂的控制系统难以实现所需的关节速度,此时操作臂所处的位形称为奇异位形,这些位形就称为**机构的奇异位形**或简称**奇异性**。因此,可以根据雅可比矩阵的行列式是否为零,来判断机器人是否处于奇异状态。

所有操作臂在工作空间的边界都存在奇异位形,并且大多数操作臂在它们的工作空间内也有奇异位形。

(1) 工作空间边界的奇异位形:出现在操作臂完全展开或者完全收回时,使得末端执行器处于或非常接近工作空间边界的情况。

(2) 工作空间内部的奇异位形:远离工作空间的边界,通常是由于两个或两个以上的关节轴线共线引起的。

例 2.10 已知:对于图 2.37 所示的 2R 平面操作臂,求奇异位形的位置。

解:2R 平面操作臂运动学方程为

$$x=l_1\cos\theta_1+l_2\cos(\theta_1+\theta_2)$$
$$y=l_1\sin\theta_1+l_2\sin(\theta_1+\theta_2)$$

将上式两端对时间 t 求导,可得操作速度与关节速度的关系

$$\begin{bmatrix}\dot{x}\\ \dot{y}\end{bmatrix}=\begin{bmatrix}-l_1\sin\theta_1-l_2\sin(\theta_1+\theta_2) & -l_2\sin(\theta_1+\theta_2)\\ l_1\cos\theta_1+l_2\cos(\theta_1+\theta_2) & l_2\cos(\theta_1+\theta_2)\end{bmatrix}\begin{bmatrix}\dot{\theta}_1\\ \dot{\theta}_2\end{bmatrix}$$

即

$$\boldsymbol{V}=\boldsymbol{J}\dot{\boldsymbol{q}}$$

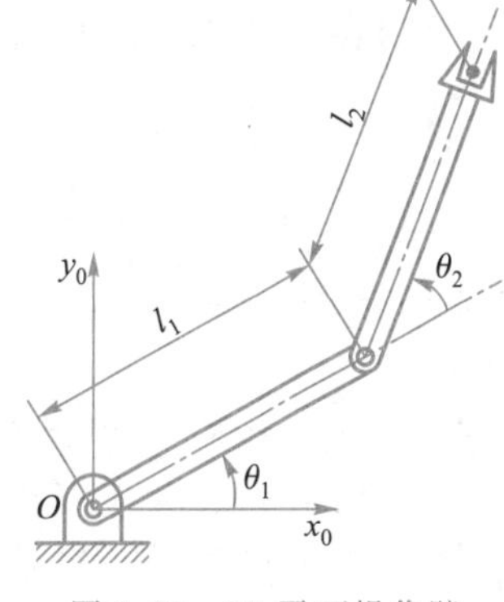

图 2.37 2R 平面操作臂

式中,雅可比矩阵为

$$\boldsymbol{J}=\begin{bmatrix}-l_1\sin\theta_1-l_2\sin(\theta_1+\theta_2) & -l_2\sin(\theta_1+\theta_2)\\ l_1\cos\theta_1+l_2\cos(\theta_1+\theta_2) & l_2\cos(\theta_1+\theta_2)\end{bmatrix}$$

可以求得雅可比矩阵的行列式的值为

$$|\boldsymbol{J}|=\begin{vmatrix}-l_1\sin\theta_1-l_2\sin(\theta_1+\theta_2) & -l_2\sin(\theta_1+\theta_2)\\ l_1\cos\theta_1+l_2\cos(\theta_1+\theta_2) & l_2\cos(\theta_1+\theta_2)\end{vmatrix}=l_1l_2\sin\theta_2$$

由上式可知,当 $\theta_2=0$ 或 $\theta_2=\pi$ 时,$|\boldsymbol{J}|=0$,操作臂处于奇异状态。当 $\theta_2=0$ 时,操作臂完全展开,此时末端执行器仅可以沿着笛卡尔坐标的某个方向(垂直于手臂方向)运动。因此,操作臂失去了一个自由度。同样,当 $\theta_2=180°$ 时,操作臂完全收回,手臂也只能沿着一个方向运动。由于这类奇异位形处于操作臂工作空间的边界上,因此将它们称为工作空间边界的奇异位形。

例 2.11 已知:对于 PUMA560 操作臂(见图 2.38),试给出两个奇异位形的位置。

解:当 θ_3 接近于−90°时存在一个奇异位形,此时连杆 2 和连杆 3 完全展开,这种情况属于工作空间边界的奇异位形。

当 $\theta_5=0$ 时,关节轴 4 和关节轴 6 成一直线,此时这两个关节的运动都会使末端执行器产生相同的运动,操作臂就好像失去一个自由度。由于这个奇异位形出现在工作空间内部,所以它属于工作空间内部的奇异位形。

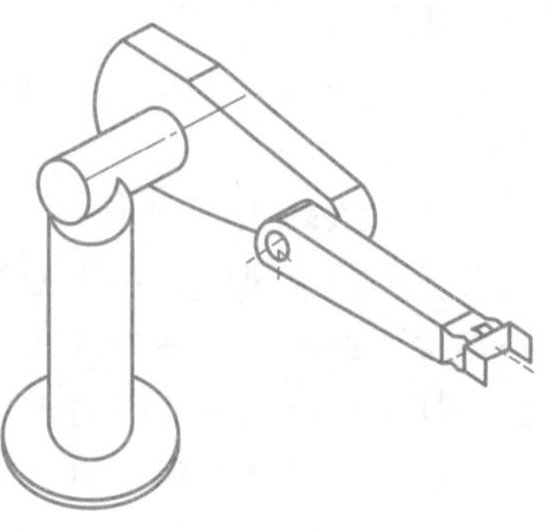

图 2.38 PUMA560 机器人的奇异位形

2.4.6 灵巧度的概念

机器人执行操作任务时,其工作空间中往往存在着奇异区域。在奇异区域附近,机器人为获得给定的末端运动所需的关节速度相当大,这时,表现为实现末端某一或某些方向的运动十分困难,由以上分析可知,机器人的灵巧度与其是否处于奇异区域有关,即与机器人的雅可比的行列值的值有关。

由式(2.4.54)可知,当 $|\det(\boldsymbol{J}(\boldsymbol{q}))|=0$ 时,$\boldsymbol{J}^{-1}$ 不存在,定义机器人的灵巧度(或操作度)

$$w=|\det(\boldsymbol{J}(\boldsymbol{q}))| \tag{2.4.55}$$

由此可知,w 越大,其灵巧工作空间也越大。

该内容已超出了本书的范围,可参考熊有伦主编的《机器人技术基础》第 4 章 4.6 节。

习 题

2-1 已知:$\theta=30°,\varphi=45°$,矢量 ${}^{A}\boldsymbol{P}$ 绕 z_A 轴旋转 θ,然后绕 x_A 轴旋转 φ,求按以上顺序旋转后得到的旋转矩阵。

2-2 已知:坐标系{B}与坐标系{A}重合,将坐标系{B}绕 z_B 轴旋转 θ,然后按照新的坐标系绕 x_B 轴旋转 φ,$\theta=30°,\varphi=45°$,求矢量 ${}^{B}\boldsymbol{P}$ 变换到 ${}^{A}\boldsymbol{P}$ 的旋转矩阵。

2-3 已知:${}^{A}_{B}\boldsymbol{R}$ 是一个 3×3 旋转矩阵,证明:(1) ${}^{A}_{B}\boldsymbol{R}$ 的行列式的值恒等于 1;(2) ${}^{A}_{B}\boldsymbol{R}$ 的特征值分别为 $1,\mathrm{e}^{+\alpha i},\mathrm{e}^{-\alpha i}$,这里 $i=\sqrt{-1}$;问:(3) 与特征值 1 对应的特征向量的物理意义是什么?

2-4 已知:初始时坐标系{B}与坐标系{A}重合,(1) {B}绕 x_A 轴转 30°,再绕 y_A 轴转 15°,最后绕 z_A 轴转 70°;(2) {B}绕 z_A 轴转 70°,再绕 y_A 轴转 15°,最后绕 x_A 轴转 70°,求旋转矩阵 ${}^{A}_{B}\boldsymbol{R}$。

2-5 已知:按照习题 2-2 的已知条件,求按 X-Y-Z 固定角表示的回转角(滚动角)、俯仰角和偏转角。

2-6 已知:${}^{A}_{B}\boldsymbol{T}=\begin{bmatrix}0.25&0.43&0.86&5.0\\0.87&-0.50&0.00&-4.0\\0.43&0.75&-0.50&3.0\\0&0&0&1\end{bmatrix}$,求 ${}^{B}\boldsymbol{P}_{AO}$。

2-7 已知:${}^{A}_{B}\boldsymbol{T}=\begin{bmatrix}0.25&0.43&0.86&5.0\\0.87&-0.50&0.00&-4.0\\0.43&0.75&-0.50&3.0\\0&0&0&1\end{bmatrix}$,问 ${}^{B}_{A}\boldsymbol{T}$ 中的(2,4)元素表示什么。

2-8 已知:速度矢量:${}^{B}\boldsymbol{V}=\begin{bmatrix}10.0\\20.0\\30.0\end{bmatrix}$,又 ${}^{A}_{B}\boldsymbol{T}=\begin{bmatrix}0.866&-0.500&0.000&11.0\\0.500&0.866&0.000&-3.0\\0.000&0.000&1.000&9.0\\0&0&0&1\end{bmatrix}$,求 ${}^{A}\boldsymbol{V}$。

2-9　已知：

$$ {}_A^U\boldsymbol{T}=\begin{bmatrix}0.866 & -0.500 & 0.000 & 11.0\\ 0.500 & 0.866 & 0.000 & -1.0\\ 0.000 & 0.000 & 1.000 & 8.0\\ 0 & 0 & 0 & 1\end{bmatrix},\ {}_A^B\boldsymbol{T}=\begin{bmatrix}1.000 & 0.000 & 0.000 & 0.0\\ 0.000 & 0.866 & -0.500 & 10.0\\ 0.000 & 0.500 & 0.866 & 3.0\\ 0 & 0 & 0 & 1\end{bmatrix}, $$

$$ {}_U^C\boldsymbol{T}=\begin{bmatrix}0.866 & -0.500 & 0.000 & -3.0\\ 0.433 & 0.750 & -0.500 & -3.0\\ 0.250 & 0.433 & 0.866 & 3.0\\ 0 & 0 & 0 & 1\end{bmatrix}, $$

画出坐标系示意图，求解${}_C^B\boldsymbol{T}$。

2-10　已知：齐次变换矩阵 $\boldsymbol{T}=\begin{bmatrix}n_x & o_x & a_x & p_x\\ n_y & o_y & a_y & p_y\\ n_z & o_z & a_z & p_z\\ 0 & 0 & 0 & 1\end{bmatrix}$，证明：$\boldsymbol{T}^{-1}=\begin{bmatrix}n_x & n_y & n_z & -\boldsymbol{p}\cdot\boldsymbol{n}\\ o_x & o_y & o_z & -\boldsymbol{p}\cdot\boldsymbol{o}\\ a_x & a_y & a_z & -\boldsymbol{p}\cdot\boldsymbol{a}\\ 0 & 0 & 0 & 1\end{bmatrix}$。

2-11　已知：齐次变换矩阵 $\boldsymbol{T}=\begin{bmatrix}\frac{\sqrt{3}}{2} & -\frac{1}{2} & 0 & 4\\ \frac{1}{2} & \frac{\sqrt{3}}{2} & 0 & 3\\ 0 & 0 & 1 & 0\\ 0 & 0 & 0 & 1\end{bmatrix}$，求 $\boldsymbol{T}$ 的逆 $\boldsymbol{T}^{-1}$。

2-12　已知：坐标系$\{B\}$设置在操作臂基座上，坐标系$\{C\}$表示相机的位姿，该相机初始位姿与坐标系$\{B\}$重合，然后沿 x_B 轴移动 7 个单位，沿 y_B 轴移动 −2 个单位，沿 z_B 轴移动 −2 个单位，绕 z_C 轴旋转−20°，绕 y_C 轴旋转−110°，相机探测到某个目标物的位置坐标为${}^C\boldsymbol{P}=[0.5\quad 0.2\quad 3.2]^{\mathrm{T}}$，求目标物在坐标系$\{B\}$中的位置${}^B\boldsymbol{P}$。

2-13　已知：某个物体 O 在 t_0 时刻的位置和速度分别是${}^B\boldsymbol{P}_0=[0\quad 0.5\quad 0]^{\mathrm{T}}$m 和${}^B\boldsymbol{V}_0=[1.9\quad 0.1\quad -0.3]^{\mathrm{T}}$m/s，如果速度恒定，且${}_B^A\boldsymbol{T}=\begin{bmatrix}0.0722 & -0.963 & -0.259 & -5.00\\ 0.954 & -0.00868 & 0.298 & -6.50\\ -0.290 & -0.269 & 0.919 & 8.00\\ 0 & 0 & 0 & 1\end{bmatrix}$，求 5 s 后的${}^A\boldsymbol{P}$。

2-14　已知：$\begin{cases}{}^A\boldsymbol{x}_B=[1\quad 0\quad 0]^{\mathrm{T}}\\ {}^A\boldsymbol{y}_B=[0\quad 0\quad -1]^{\mathrm{T}}\\ {}^A\boldsymbol{z}_B=[0\quad 1\quad 0]^{\mathrm{T}}\end{cases}$，求：(1) 坐标系$\{B\}$相对于坐标系$\{A\}$的旋转矩阵${}_B^A\boldsymbol{R}$；(2) 该旋转对应的 Z-Y-Z 欧拉角。

2-15　在什么条件下，两个有限旋转矩阵可以交换。举例说明两个无限小旋转相乘可交换（即与旋转的次序无关）。

2-16　已知：坐标系$\{B\}$初始与坐标系$\{A\}$重合，坐标系$\{B\}$绕单位矢量 $\boldsymbol{k}$ 旋转 θ，即${}_B^A\boldsymbol{R}={}_B^A\boldsymbol{R}_K(\theta)$，证明：${}_B^A\boldsymbol{R}=e^{\boldsymbol{k}\theta}$，式中，$\boldsymbol{k}=\begin{bmatrix}0 & -k_z & k_y\\ k_z & 0 & -k_x\\ -k_y & k_x & 0\end{bmatrix}$。

2-17 推导例 2.6 中 3R 操作臂的运动学方程。

2-18 已知：图 T2.1 所示为 3 自由度空间操作臂，轴 1 与轴 2 之间的夹角为 90°，求 D-H 参数和运动学方程${}^{B}_{W}\boldsymbol{T}$。

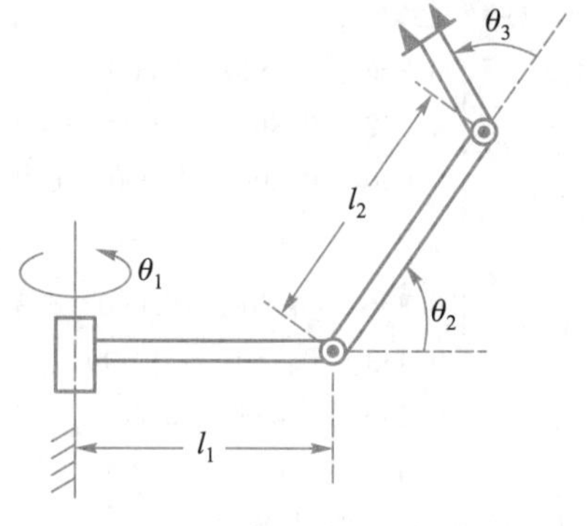

图 T2.1 3 自由度空间操作臂

2-19 已知：图 T2.2 所示为 3R 操作臂，关节 1 和关节 2 相互垂直，关节 2 和关节 3 相互平行，连杆坐标系{0}到{3}以及关节转角的正方向见图，求变换矩阵${}^{0}_{1}\boldsymbol{T}$，${}^{1}_{2}\boldsymbol{T}$ 和${}^{2}_{3}\boldsymbol{T}$。

2-20 已知：在图 T2.3 中，机器人把工件插入位于${}^{S}_{G}\boldsymbol{T}$ 的孔（目标）中。开始时，目标坐标系{G}和工具坐标系{T}重合，通过读取关节角度传感器，可以得到机器人手腕的位姿${}^{B}_{W}\boldsymbol{T}$，假定已知${}^{B}_{S}\boldsymbol{T}$ 和${}^{S}_{G}\boldsymbol{T}$，求未知工具坐标系${}^{W}_{T}\boldsymbol{T}$ 的变换方程。

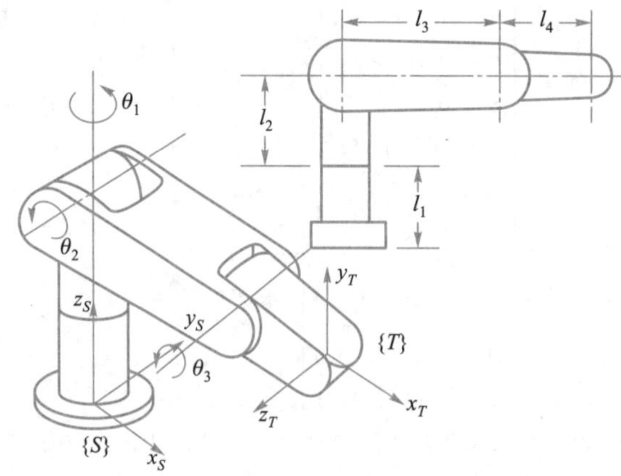

图 T2.2 3R 操作臂的两个视图

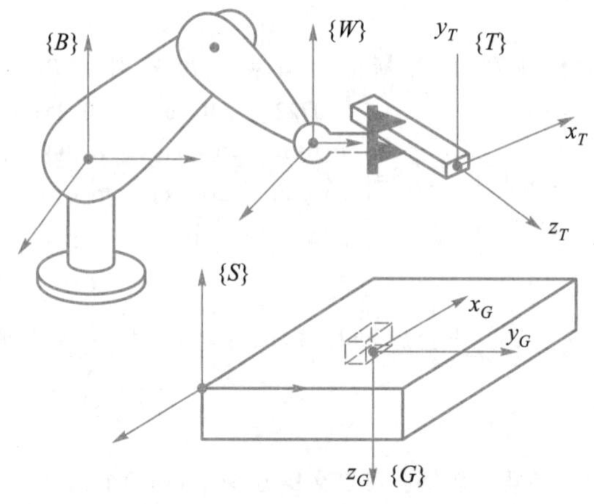

图 T2.3 工具坐标系的确定

2-21 已知：图 T2.4（a）所示的两连杆操作臂，连杆的坐标变换矩阵为${}^{0}_{1}\boldsymbol{T}$ 和${}^{1}_{2}\boldsymbol{T}$，且${}^{0}_{2}\boldsymbol{T}=\begin{bmatrix} c_1c_2 & -c_1s_2 & s_1 & l_1c_1 \\ s_1c_2 & -s_1s_2 & -c_1 & l_1s_1 \\ s\theta_2 & c\theta_2 & 0 & 0 \\ 0 & 0 & 0 & 1 \end{bmatrix}$，当 $\theta_1=0$ 时，坐标系{0}和坐标系{1}重合，求矢量${}^{0}\boldsymbol{P}_{\text{tip}}$，即机械臂末端相对于坐

标系{0}的表达式。

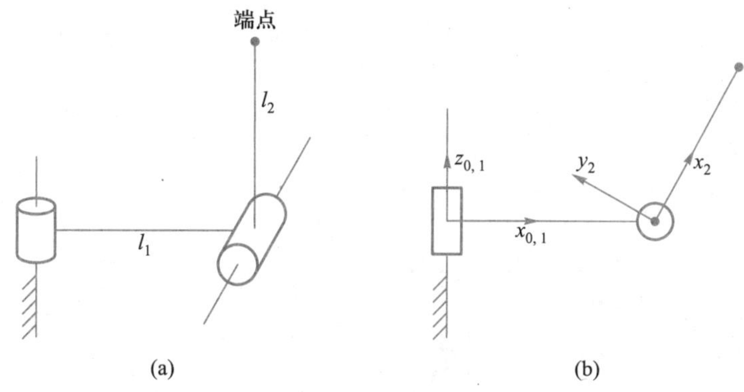

图 T2.4　标有坐标系的两连杆机械臂

2-22　已知：图 T2.5 所示为机器人腕部示意图，它有三个相交但不正交的轴，试给出腕部的连杆坐标系（相当于 3R 非正交轴机器人）和 D-H 参数。

2-23　已知：图 T2.6 所示的 5 自由度操作臂，试建立它的连杆坐标系。

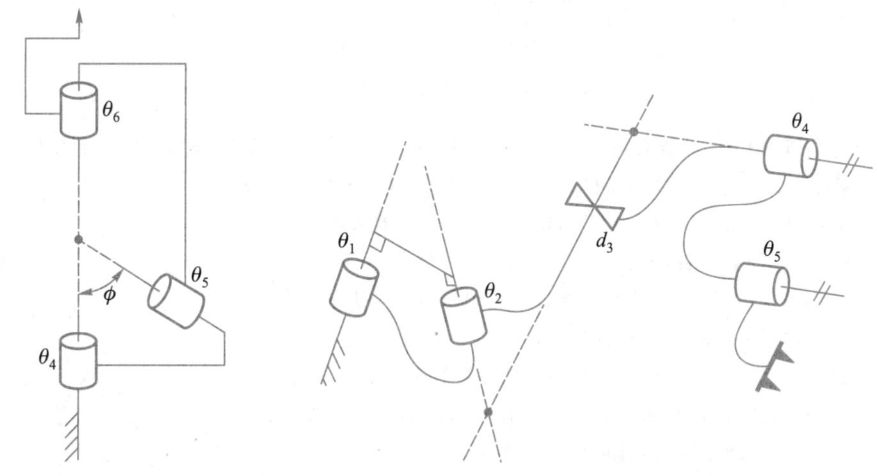

图 T2.5　机器人腕部示意图　　图 T2.6　2RP2R 操作臂示意图

2-24　已知：人腿的尺寸（单位：mm）：股骨长 500，胫骨长 400，脚踝到后跟的距离 50，脚踝到脚趾的距离是 150，如图 T2.7 所示；三个关节角为 $\theta=[\theta_{髋}\quad \theta_{膝}\quad \theta_{踝}]^{\mathrm{T}}$，当腿完全垂直时，三个变量为 0。

（1）画出附着在腿上的坐标系；

（2）给出连杆参数，假定坐标系原点共面；

（3）计算步幅（步幅是脚趾触地点与脚跟离地点之间的距离），在脚趾触地点 $\theta_1=[-4.15°\quad -38.3°\quad -2.57°]$，在脚跟离地点 $\theta_2=[9.64°\quad -19.9°\quad 31.8°]$，假设触地点、脚踝点和离地点共线。

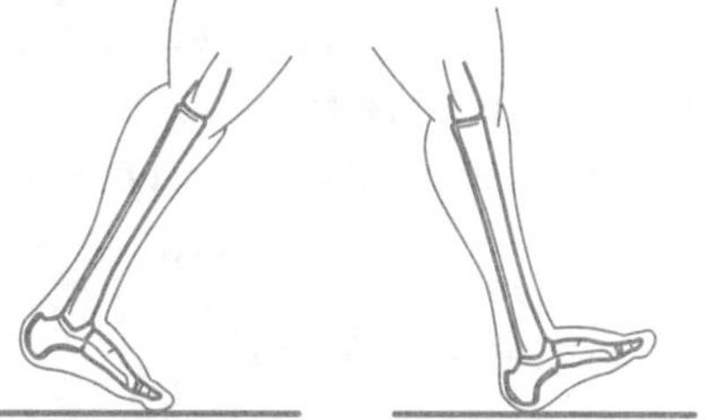

图 T2.7　脚趾离地和脚跟触地的步幅

2-25　已知：Motoman EPX2800 机器人如图 T2.8 所示，其关节 4、5 和 6 的轴线不相交于一点，关节轴线 4 和关节轴线 5 的夹角是 45°，关节轴线 5 和关节轴线 6 的夹角也是 45°；对于图示的位形，各连杆坐标系的原点共面，假设坐标系{6}的原点在操作臂末端的法兰盘上，试画出 EPX2800 机器人的连杆坐标系，并给出 D-H 参数。

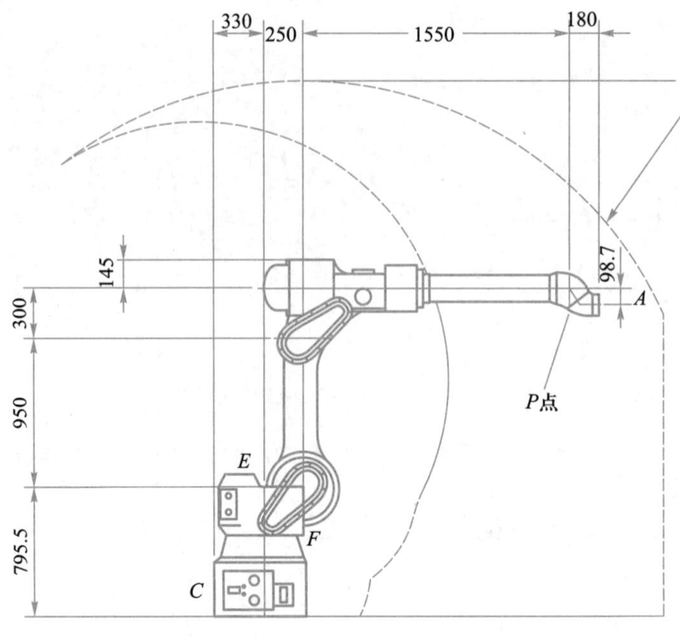

图 T2.8　EPX2800 机器人的侧视图

2-26　已知:PUMA560 机器人抓持一个销状工具,见图 T2.3,工具的位姿${}^{W}_{T}\boldsymbol{T}$未知,利用固定坐标系{S}中某固定点,可以确定工具偏移量(${}^{6}p_x$,${}^{6}p_y$,${}^{6}p_z$),将工具点与固定点重合两次,每次重合时手腕的姿态不同,试给出两次重合时机器人的位形,写出计算工具偏移量${}^{6}\boldsymbol{p}$的数学表达式。

2-27　已知:图 T2.1 的三连杆操作臂,l_1=1 500 mm,l_2=1 000 mm 和 l_3=300 mm,画出操作臂末端工作空间的简图。

2-28　已知:图 T2.1 的三连杆操作臂,试推导它的逆运动学方程。

2-29　已知:给定三连杆平面旋转关节操作臂末端的期望位姿,可知存在两个可能的解,如果给该操作臂再加入一个旋转关节,所有连杆仍处于同一平面,将会有多少个解?

2-30　已知:图 T2.9 所示为一个具有旋转关节的两连杆平面操作臂,$l_1=2l_2$,关节的运动范围(deg)为:$0<\theta_1<180°$,$-90°<\theta_2<180°$,试画出操作臂末端可达工作空间的简图。

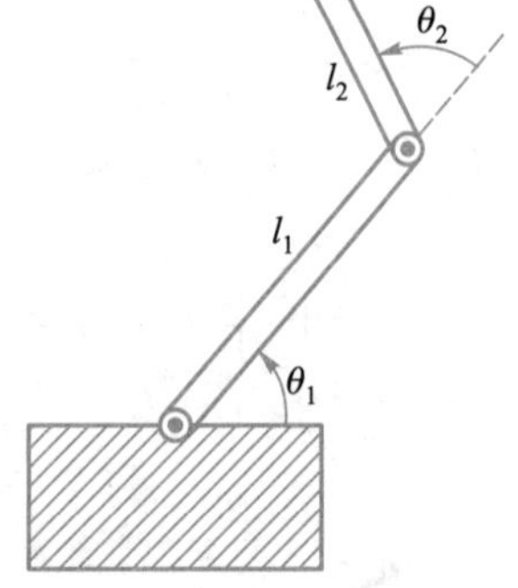

图 T2.9　两连杆平面操作臂

2-31　已知:2 自由度变位机用于弧焊任务的工件定向,变位机工作台台面(连杆 2)相对于基座(连杆 0)的正向运动学变换为:

$${}^{0}_{2}\boldsymbol{T}=\begin{bmatrix} c_1c_2 & -c_1s_2 & s_1 & l_2s_1+l_1 \\ s_2 & c_2 & 0 & 0 \\ -s_1c_2 & s_1s_2 & c_1 & l_2c_1+h_1 \\ 0 & 0 & 0 & 1 \end{bmatrix}$$

,已知固连于台面(连杆 2)上的坐标系的单位方向${}^{2}\boldsymbol{n}$,问:使${}^{2}\boldsymbol{n}$沿${}^{0}z$方向(即向上的)的逆运动学解 θ_1 和 θ_2,是否存在多解,是否存在奇异条件。

2-32　已知:图 T2.10 所示的两个 3R 机构,它们的三根轴都相交于一点,图(a)所示的连杆扭角 α_i=90°,可以看出该机构符合 Z-Y-Z 欧拉角,因此,连杆 3 的姿态相对于连杆 0 的姿态可以是任意的(图中箭头所示);图(b)所示的连杆扭角 $\alpha_1=\varphi$,$\alpha_2=180°-\varphi$,因为 $\varphi\neq90°$,因此,连杆 3 的姿态不能是任意的,画出图(b)所示的机构不可达的姿态集合,假设所有的关节都能旋转 360°,并假设连杆可互相穿过。

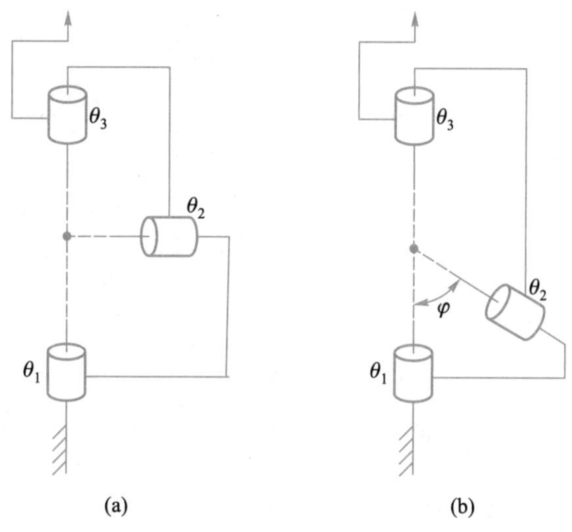

图 T2.10　两个 3R 机构

2-33　给出封闭形式的运动学解析解优于迭代解的两个原因。

2-34　已知:6 自由度机器人没有封闭形式的运动学解,问 3 自由度机器人是否也没有封闭形式的运动学解。

2-35　已知:图 T2.11 所示为一个 4R 操作臂,非零连杆参数为 $a_1=1$ m,$\alpha_2=45°$,$d_3=\sqrt{2}$ m 和 $a_3=\sqrt{2}$ m,这个机构的位形为 $\boldsymbol{\theta}=[0 \quad 90° \quad -90° \quad 0]^{\mathrm{T}}$,每个关节的运动范围为 ±180°,给定 ${}^{0}\boldsymbol{P}_{4O}=[1.1 \quad 1.5 \quad 1.707]^{\mathrm{T}}$ m,求 θ_3 所有可能的值。

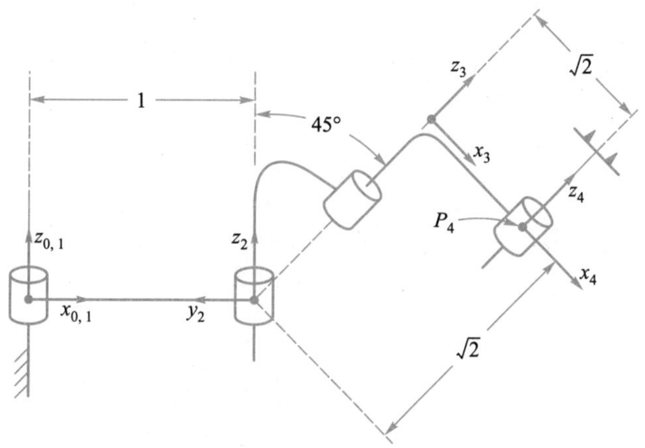

图 T2.11　4R 操作臂,图示位置 $\boldsymbol{\theta}=[0 \quad 90° \quad -90° \quad 0]^{\mathrm{T}}$

2-36　图 T2.12 所示为一个 4R 操作臂,非零连杆参数为 $\alpha_1=-90°$,$d_2=1$ m,$\alpha_2=45°$,$d_3=1$ m 和 $a_3=1$ m,这个机构的位形为 $\boldsymbol{\theta}=[0 \quad 0 \quad 90° \quad 0]^{\mathrm{T}}$,每个关节的运动范围为 ±180°,给定 ${}^{0}\boldsymbol{P}_{4O}=[0.0 \quad 1.0 \quad 1.414]^{\mathrm{T}}$ m,求 θ_3 所有可能的值。

2-37　已知:PUMA560 机器人的 D-H 参数存在一定的误差,对于每 4 个参数(a,α,d,θ),说明这些不确定性会怎样影响机器人的重复精度和定位精度。

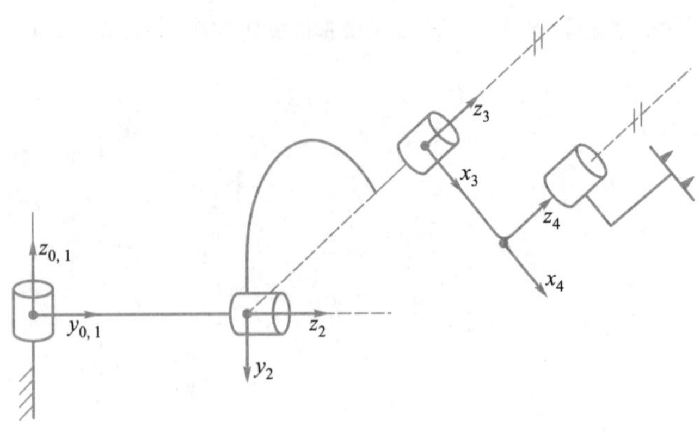

图 T2.12 4R 操作臂,图示位置 $\boldsymbol{\theta}=[0,0,90°,0]^{\mathrm{T}}$

2-38 已知:图 T2.13 所示为 2 自由度 R-P 机械臂,关节 1 为转动关节,关节变量为 θ_1;关节 2 为移动关节,关节变量为 d_2。

(1) 建立连杆坐标系,写出该平面机械臂的运动学方程;

(2) 试用求导法求出该机器人的速度雅可比矩阵;

(3) 按下列关节变量参数,求速度雅可比矩阵的值。

θ_1	0°	45°	90°
d_2	0.5 m	0.9 m	0.7 m

2-39 已知:图 T2.14 所示为 3 自由度平面机械臂。

(1) 用 D-H 方法建立各连杆坐标系;

(2) 列出连杆的 D-H 参数表;

(3) 建立该机械臂的运动学方程;

(4) 试用矢量积法和微分法求出雅可比矩阵。

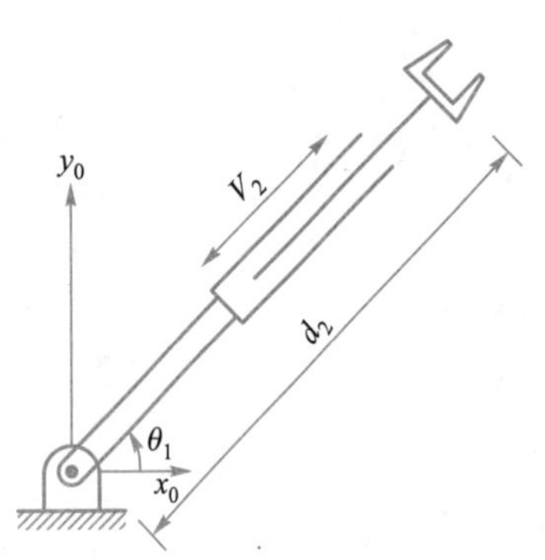

图 T2.13 2 自由度 R-P 机械臂

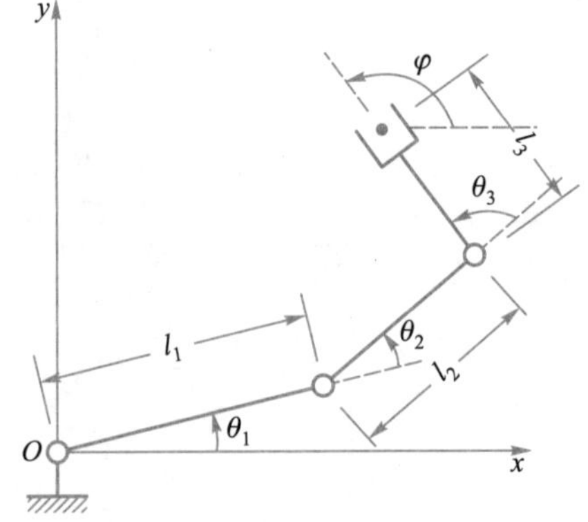

图 T2.14 3R 平面机械臂

编程练习

1. 已知:平面 3R 机器人的 D-H 坐标参数和正向运动学方程,见 2.2.2 节图 2.18,长度参数:$l_1=4$ m,

$l_2 = 3$ m 和 $l_3 = 2$ m。

（1）求 D-H 参数，可以根据 2.2.2 节表 2.1 检查计算结果；

（2）推导相邻的齐次变换矩阵${}^{i-1}_{i}\boldsymbol{T}, i = 1,2,3$，它们是关节角度变量 $\theta_i, i = 1,2,3$ 的函数。推导常量矩阵${}^{3}_{H}\boldsymbol{T}$，这里，$\{H\}$的原点在夹持器的中心，$\{H\}$的姿态与$\{3\}$的姿态相同；

（3）用 MATLAB 符号法求正运动学解${}^{3}_{0}\boldsymbol{T}$ 和${}^{0}_{H}\boldsymbol{T}$（θ_i 的函数），用 $s_i = \sin\theta_i$，$c_i = \cos\theta_i$ 简写结果；用 MATLAB 计算正向运动学解（${}^{3}_{0}\boldsymbol{T}$ 和${}^{0}_{H}\boldsymbol{T}$）。输入参数为

1）$\boldsymbol{\theta} = [\theta_1 \quad \theta_2 \quad \theta_3]^{\mathrm{T}} = [0 \quad 0 \quad 0]^{\mathrm{T}}$

2）$\boldsymbol{\theta} = [10° \quad 20° \quad 30°]^{\mathrm{T}}$

3）$\boldsymbol{\theta} = [90° \quad 90° \quad 90°]^{\mathrm{T}}$

对于这三种情况，可以利用操作臂位形简图校核结果，通过推导正向运动学变换（根据旋转矩阵和位置矢量的定义）理解${}^{0}_{H}\boldsymbol{T}$ 的意义，简图中包括坐标系$\{H\}$，$\{3\}$和$\{0\}$；

（4）用 MATLAB Robotics 工具箱检验计算结果，试用函数 link( )，robot( )和 fkine( )。

2. 已知：平面 3R 机器人，参见 2.2.2 节图 2.18；D-H 参数由表 2.1 给出，长度参数：$L_1 = 4$ m，$L_2 = 3$ m 和 $L_3 = 2$ m。

（1）手工推导这个机器人的逆运动学解析解：已知${}^{0}_{H}\boldsymbol{T}$，计算$\{\theta_1 \quad \theta_2 \quad \theta_3\}$所有可能的多重解。提示：为了简化这个推导，首先从${}^{0}_{H}\boldsymbol{T}$ 和 L_3 计算${}^{3}_{0}\boldsymbol{T}$；

（2）编写一个 MATLAB 程序求解平面 3R 机器人的全部逆运动学解（即求出所有可能的多重解），根据以下条件对程序进行测试：

1）$${}^{0}_{H}\boldsymbol{T} = \begin{bmatrix} 1 & 0 & 0 & 9 \\ 0 & 1 & 0 & 0 \\ 0 & 0 & 1 & 0 \\ 0 & 0 & 0 & 1 \end{bmatrix}$$

2）$${}^{0}_{H}\boldsymbol{T} = \begin{bmatrix} 0.5 & -0.866 & 0 & 7.5373 \\ 0.866 & 0.5 & 0 & 3.9266 \\ 0 & 0 & 1 & 0 \\ 0 & 0 & 0 & 1 \end{bmatrix}$$

3）$${}^{0}_{H}\boldsymbol{T} = \begin{bmatrix} 0 & 1 & 0 & -3 \\ -1 & 0 & 0 & 2 \\ 0 & 0 & 1 & 0 \\ 0 & 0 & 0 & 1 \end{bmatrix}$$

4）$${}^{0}_{H}\boldsymbol{T} = \begin{bmatrix} 0.866 & -0.5 & 0 & -3.1245 \\ -0.5 & 0.866 & 0 & 9.1674 \\ 0 & 0 & 1 & 0 \\ 0 & 0 & 0 & 1 \end{bmatrix}$$

对于所有情况，使用循环校验来验证结果，将每一组关节角的结果（针对每一个多重解）代入到正运动学 MATLAB 程序中，检查原来求得的${}^{0}_{H}\boldsymbol{T}$ 是否正确；

（3）应用 MATLAB Robotics Toolbox 验证所有结果，试用函数 ikine( )。

3. 已知：平面 3R 机器人，见 2.2.2 节图 2.17 和图 2.18，D-H 参数由表 2.1 给出。求雅可比矩阵及行列式；练习进行速度控制仿真。

速度控制方法是基于操作臂速度方程${}^{k}\dot{\boldsymbol{X}} = {}^{k}\boldsymbol{J}\dot{\boldsymbol{q}}$，式中，${}^{k}\boldsymbol{J}$ 是雅可比矩阵，$\dot{\boldsymbol{q}}$ 是关节相对速度矢量，${}^{k}\dot{\boldsymbol{X}}$ 是要求的笛卡尔速度矢量（包括平移和旋转），k 表示雅可比矩阵和笛卡尔速度表达式所在的坐标系。图

P2.1 所示为速度控制算法仿真框图。

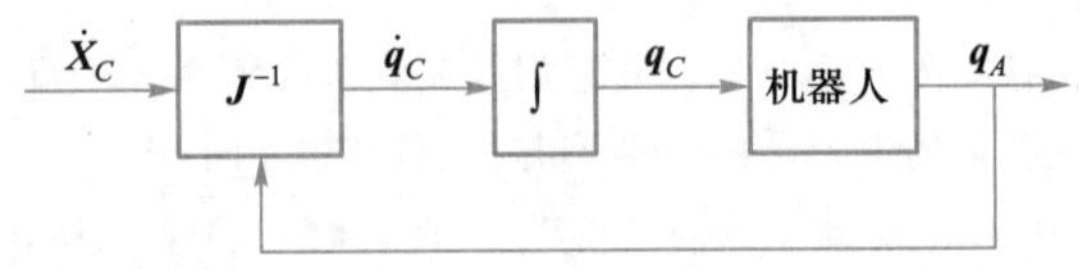

图 P2.1　分步速度控制算法框图

速度控制算法:计算期望的关节速率 $\dot{\boldsymbol{q}}_C$ 以得到期望的笛卡尔速度 $\dot{\boldsymbol{X}}_C$。仿真时按此框图进行每一步计算,雅可比矩阵随位形 $\boldsymbol{q}_A$ 改变,假定期望的关节角度 $\boldsymbol{q}_C$ 总是和实际得到的关节角度 $\boldsymbol{q}_A$ 相同(在实际中很难满足)。对于平面 3R 机器人,$k=0$ 时的速度方程 ${}^k\dot{\boldsymbol{X}}={}^k\boldsymbol{J}\dot{\boldsymbol{q}}$ 为

$$
{}^0\dot{\boldsymbol{X}}={}^0\begin{Bmatrix}\dot{x}\\ \dot{y}\\ \omega_z\end{Bmatrix}={}^0\begin{bmatrix}-l_1 s_1-l_2 s_{12}-l_3 s_{123} & -l_2 s_{12}-l_3 s_{123} & -l_3 s_{123}\\ l_1 c_1+l_2 c_{12}+l_3 c_{123} & l_2 c_{12}+l_3 c_{123} & l_3 c_{123}\\ 1 & 1 & 1\end{bmatrix}\begin{Bmatrix}\dot{\theta}_1\\ \dot{\theta}_2\\ \dot{\theta}_3\end{Bmatrix}
$$

式中,$s_{123}=\sin(\theta_1+\theta_2+\theta_3)$,$c_{123}=\cos(\theta_1+\theta_2+\theta_3)$,${}^0\dot{\boldsymbol{X}}$ 是手部坐标系(位于夹持器的中心)原点相对于基坐标系{0}原点的笛卡尔速度在坐标系{0}中描述。

目前大多数的工业机器人无法直接给出 $\dot{\boldsymbol{\theta}}_C$ 指令,所以必须首先将这些期望关节相对速率进行积分得到期望关节角度 $\boldsymbol{\theta}_C$,这样就可以在每个时步对机器人发出运动指令。实际上可以采用数值积分方法,假定控制时步 Δt 很小,令 $\boldsymbol{\theta}_{new}=\boldsymbol{\theta}_{old}+\dot{\boldsymbol{\theta}}\Delta t$。在 MATLAB 的分步速度仿真中,在完成下一步速度计算之前,一定要用新的位形 $\boldsymbol{\theta}_{new}$ 更新雅可比矩阵。

第 2 章　拓展阅读参考书对照表

第 3 章　机器人力学

【本章概述】

机器人运动学仅研究机器人的运动，然而机器人在执行任务时必然会受到力的作用。机器人（操作臂）力学就是研究机器人运动和作用力之间的关系。**操作臂力学**的研究范围包括：1）操作臂的静力学与力雅可比；2）机器人动力学正问题：在施加一组关节力矩时计算机器人的运动，即，已知一个力矩列阵 $\boldsymbol{\tau}$，计算出操作臂的运动 $\boldsymbol{q},\dot{\boldsymbol{q}},\ddot{\boldsymbol{q}}$；2）机器人动力学逆问题：已知轨迹点的 $\boldsymbol{q},\dot{\boldsymbol{q}},\ddot{\boldsymbol{q}}$，求出期望的关节力矩列阵 $\boldsymbol{\tau}$。研究操作臂力学的目的包括：机器人结构及驱动器设计，动态仿真和优化设计，实时控制。建立机器人动力学模型的力学原理主要包括：1）力法：牛顿–欧拉（Newton–Euler）方法等；2）能量法：拉格朗日（Lagrange）方法等。

3.1　力 雅 可 比

操作臂末端受到外力 $\boldsymbol{f}_{n+1}$ 和外力矩 $\boldsymbol{n}_{n+1}$ 组合成 6 维列阵（矢量）

$$\boldsymbol{F}=\begin{bmatrix}\boldsymbol{f}_{n+1}\\ \boldsymbol{n}_{n+1}\end{bmatrix} \tag{3.1.1}$$

式（3.1.1）称为末端广义力列阵（矢量）。

各关节驱动力（矩）组成的 n 维列阵（矢量）为

$$\boldsymbol{\tau}=[\tau_1\quad\tau_2\quad\cdots\quad\tau_n]^{\mathrm{T}} \tag{3.1.2}$$

式（3.1.2）称为关节力矩列阵（矢量）。

将 $\boldsymbol{\tau}$ 看成输入，$\boldsymbol{F}$ 看成输出，下面导出 $\boldsymbol{\tau}$ 与 $\boldsymbol{F}$ 的关系：

令各关节的虚位移列阵为 $\delta\boldsymbol{q}=[\delta q_1\quad\delta q_2\quad\cdots\quad\delta q_n]^{\mathrm{T}}$，操作臂末端的虚位移列阵为 $\delta\boldsymbol{X}=[\delta_x\quad\delta_y\quad\delta_z\quad\delta\theta_x\quad\delta\theta_y\quad\delta\theta_z]^{\mathrm{T}}$。各关节所作的虚功之和为

$$\delta W=\boldsymbol{\tau}^{\mathrm{T}}\delta\boldsymbol{q}=\tau_1\delta q_1+\tau_2\delta q_2+\cdots+\tau_n\delta q_n \tag{3.1.3}$$

操作臂末端所作的虚功为

$$\delta W=\boldsymbol{F}^{\mathrm{T}}\delta\boldsymbol{X}=f_x\delta_x+f_y\delta_y+f_z\delta_z+n_x\delta\theta_x+n_y\delta\theta_y+n_z\delta\theta_z \tag{3.1.4}$$

根据虚功原理，操作臂在平衡情况下，由任意虚位移产生的虚功总和为零，即

$$\boldsymbol{\tau}^{\mathrm{T}}\delta\boldsymbol{q}=\boldsymbol{F}^{\mathrm{T}}\delta\boldsymbol{X} \tag{3.1.5}$$

式（3.1.5）中，$\delta\boldsymbol{q}$ 和 $\delta\boldsymbol{X}$ 并非独立，应满足几何约束条件[两者之间的微分几何约束可由速度雅可比矩阵 $\boldsymbol{J}(\boldsymbol{q})$ 得到]，由第 2 章式（2.4.24）得

$$\delta X = J\delta q \tag{3.1.6}$$

将式(3.1.6)代入式(3.1.5)得

$$\boldsymbol{\tau} = \boldsymbol{J}^{\mathrm{T}}\boldsymbol{F} \tag{3.1.7}$$

式(3.1.7)表明，在不考虑关节之间的摩擦力时，操作臂保持平衡时关节驱动力矩 $\boldsymbol{\tau}$ 与外力(末端广义力)$\boldsymbol{F}$ 之间的关系。$\boldsymbol{J}^{\mathrm{T}}$ 为**力雅可比矩阵，是末端广义外力向关节驱动力矩的映射**。

注意：若 $\boldsymbol{J}$ 不是满秩，则操作臂处于奇异位形，很小的 $\boldsymbol{\tau}$ 会产生很大的 $\boldsymbol{F}$，即力域与位移域一样存在奇异状态。

对于坐标系{0}有

$$\boldsymbol{\tau} = {}^{0}\boldsymbol{J}^{\mathrm{T}\,0}\boldsymbol{F} \tag{3.1.8}$$

此式可将操作空间的广义力变换为关节空间的关节力矩列阵，而无须计算任何运动学函数的逆解。在后面讨论控制问题时将用到这个关系。

3.2 操作臂静力学

操作臂静力学就是在不考虑重力的情况下，确定操作臂末端执行器的受力(静力和静力矩)与各关节驱动力的平衡关系，以确定末端执行器承受静负载时所需的一组关节力矩。

定义：$\boldsymbol{f}_i$ = 连杆 $i-1$ 作用在连杆 i 上的力；$\boldsymbol{n}_i$ = 连杆 $i-1$ 作用在连杆 i 上的力矩。$\boldsymbol{f}_{i+1}$ = 连杆 $i+1$ 反作用在连杆 i 上的力；$\boldsymbol{n}_{i+1}$ = 连杆 $i+1$ 反作用在连杆 i 上的力矩。${}^{i}\boldsymbol{P}_{i+1}$ 为连杆 $i+1$ 坐标系原点在连杆坐标系 i 中的位置矢量。

连杆 i 的静力平衡关系见图3.1。

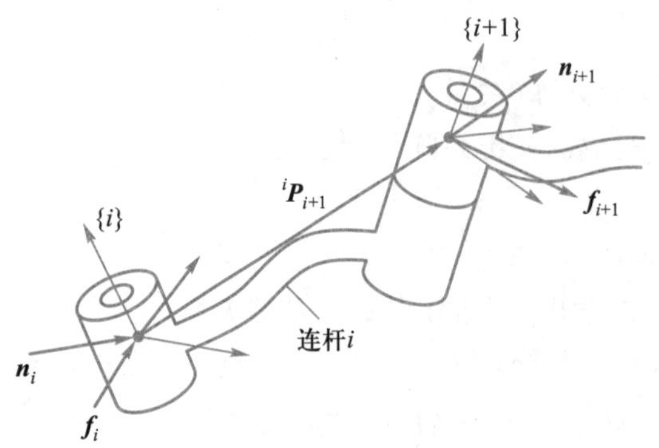

图3.1 单个连杆的静力平衡关系

对于连杆 i 有力平衡方程

$${}^{i}\boldsymbol{f}_i - {}^{i}\boldsymbol{f}_{i+1} = 0 \tag{3.2.1}$$

对于坐标系{i}的原点，有力矩平衡方程

$${}^{i}\boldsymbol{n}_i - {}^{i}\boldsymbol{n}_{i+1} - {}^{i}\boldsymbol{P}_{i+1} \times {}^{i}\boldsymbol{f}_{i+1} = 0 \tag{3.2.2}$$

从末端连杆到基座(连杆0)进行计算，得出迭代求解公式

$$ {}^{i}\boldsymbol{f}_{i} = {}^{i}\boldsymbol{f}_{i+1} \tag{3.2.3}$$

$$ {}^{i}\boldsymbol{n}_{i} = {}^{i}\boldsymbol{n}_{i+1} + {}^{i}\boldsymbol{P}_{i+1} \times {}^{i}\boldsymbol{f}_{i+1} \tag{3.2.4}$$

连杆之间的静力"传递"公式

$$ {}^{i}\boldsymbol{f}_{i} = {}_{i+1}^{\ i}\boldsymbol{R}^{i+1}\boldsymbol{f}_{i+1} \tag{3.2.5}$$

$$ {}^{i}\boldsymbol{n}_{i} = {}_{i+1}^{\ i}\boldsymbol{R}^{i+1}\boldsymbol{n}_{i+1} + {}^{i}\boldsymbol{P}_{i+1} \times {}^{i}\boldsymbol{f}_{i} \tag{3.2.6}$$

若系统保持静平衡,则关节力矩 τ_i 应等于连杆 $i-1$ 作用在连杆 i 上的力矩 ${}^{i}\boldsymbol{n}_i$ 或力 ${}^{i}\boldsymbol{f}_i$ 在 ${}^{i}\boldsymbol{z}_i$ 轴线上的投影,即

对于转动关节:

$$ \tau_i = {}^{i}\boldsymbol{n}_i^{\mathrm{T}}\,{}^{i}\boldsymbol{z}_i \tag{3.2.7}$$

对于移动关节 i:

$$ \tau_i = {}^{i}\boldsymbol{f}_i^{\mathrm{T}}\,{}^{i}\boldsymbol{z}_i \tag{3.2.8}$$

式(3.2.8)中符号 τ_i 表示线性驱动力。

例 3.1 已知:图 3.2 的 x–y 平面的 2R 操作臂,末端执行器受力为 $\boldsymbol{F}=\begin{bmatrix} f_x \\ f_y \\ 0 \end{bmatrix}$(可以认为 $\boldsymbol{F}$ 是作用在坐标系{3}原点上的),求关节力矩 $\boldsymbol{\tau}$。

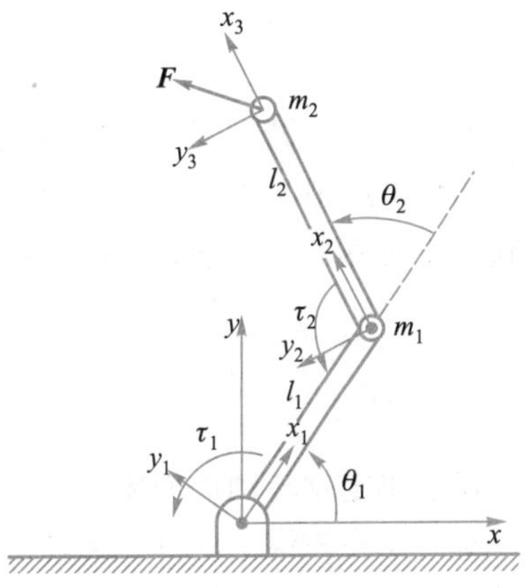

图 3.2 x–y 平面的 2R 操作臂

解: 由图 3.2 可知,${}^{3}\boldsymbol{f}_3 = \boldsymbol{F} = \begin{bmatrix} f_x \\ f_y \\ 0 \end{bmatrix}$,${}^{3}\boldsymbol{n}_3 = \boldsymbol{0}$,${}_{3}^{2}\boldsymbol{R} = \begin{bmatrix} 1 & 0 & 0 \\ 0 & 1 & 0 \\ 0 & 0 & 1 \end{bmatrix}$,${}_{2}^{1}\boldsymbol{R} = \begin{bmatrix} \mathrm{c}_2 & -\mathrm{s}_2 & 0 \\ \mathrm{s}_2 & \mathrm{c}_2 & 0 \\ 0 & 0 & 1 \end{bmatrix}$,${}^{2}\boldsymbol{P}_3 = l_2\boldsymbol{x}_2 = \begin{bmatrix} l_2 \\ 0 \\ 0 \end{bmatrix}$,${}^{1}\boldsymbol{P}_2 = l_1\boldsymbol{x}_1 = \begin{bmatrix} l_1 \\ 0 \\ 0 \end{bmatrix}$

根据式(3.2.5)、式(3.2.6),从末端连杆向机器人基座计算:

$$ {}^{2}\boldsymbol{f}_2 = {}_{3}^{2}\boldsymbol{R}\,{}^{3}\boldsymbol{f}_3 = \begin{bmatrix} 1 & 0 & 0 \\ 0 & 1 & 0 \\ 0 & 0 & 1 \end{bmatrix}\begin{bmatrix} f_x \\ f_y \\ 0 \end{bmatrix} = \begin{bmatrix} f_x \\ f_y \\ 0 \end{bmatrix} \tag{a}$$

$$ {}^{2}\boldsymbol{n}_2 = {}_{3}^{2}\boldsymbol{R}\,{}^{3}\boldsymbol{n}_3 + {}^{2}\boldsymbol{P}_3 \times {}^{2}\boldsymbol{f}_2 = \begin{bmatrix} l_2 \\ 0 \\ 0 \end{bmatrix} \times \begin{bmatrix} f_x \\ f_y \\ 0 \end{bmatrix} = \begin{bmatrix} 0 \\ 0 \\ l_2 f_y \end{bmatrix} \tag{b}$$

$$ {}^{1}\boldsymbol{f}_1 = {}_{2}^{1}\boldsymbol{R}\,{}^{2}\boldsymbol{f}_2 = \begin{bmatrix} \mathrm{c}_2 & -\mathrm{s}_2 & 0 \\ \mathrm{s}_2 & \mathrm{c}_2 & 0 \\ 0 & 0 & 1 \end{bmatrix}\begin{bmatrix} f_x \\ f_y \\ 0 \end{bmatrix} = \begin{bmatrix} \mathrm{c}_2 f_x - \mathrm{s}_2 f_y \\ \mathrm{s}_2 f_x + \mathrm{c}_2 f_y \\ 0 \end{bmatrix} \tag{c}$$

$$
{}^{1}\boldsymbol{n}_1={}_2^1\boldsymbol{R}{}^2\boldsymbol{n}_2+{}^1\boldsymbol{P}_2\times{}^1\boldsymbol{f}_1=\begin{bmatrix}c_2 & -s_2 & 0\\ s_2 & c_2 & 0\\ 0 & 0 & 1\end{bmatrix}\begin{bmatrix}0\\0\\l_2f_y\end{bmatrix}+\begin{bmatrix}l_1\\0\\0\end{bmatrix}\times\begin{bmatrix}c_2f_x-s_2f_y\\ s_2f_x+c_2f_y\\ 0\end{bmatrix}=\begin{bmatrix}0\\0\\l_1s_2f_x+l_1c_2f_y+l_2f_y\end{bmatrix} \tag{d}
$$

由式(3.2.7)得

$$
\tau_1={}^1\boldsymbol{f}_1^{\mathrm{T}\,1}\boldsymbol{z}_1=\begin{bmatrix}0\\0\\l_1s_2f_x+l_1c_2f_y+l_2f_y\end{bmatrix}^{\mathrm{T}}\begin{bmatrix}0\\0\\1\end{bmatrix}=l_1s_2f_x+l_1c_2f_y+l_2f_y \tag{e}
$$

$$
\tau_2={}^2\boldsymbol{n}_2^{\mathrm{T}\,2}\boldsymbol{z}_2=\begin{bmatrix}0\\0\\l_2f_y\end{bmatrix}^{\mathrm{T}}\begin{bmatrix}0\\0\\1\end{bmatrix}=l_2f_y \tag{f}
$$

将上面两式整理成矩阵形式

$$
\boldsymbol{\tau}=\begin{bmatrix}l_1s_2 & l_1c_2+l_2\\ 0 & l_2\end{bmatrix}\begin{bmatrix}f_x\\f_y\\0\end{bmatrix} \tag{g}
$$

上式的矩阵就是式(3.1.7)里的力雅可比 $\boldsymbol{J}^{\mathrm{T}}$。由此可知

$$
\boldsymbol{J}=\begin{bmatrix}l_1s_2 & 0\\ l_1c_2+l_2 & l_2\end{bmatrix} \tag{h}
$$

注意:从式(g)可看出,此式中的力雅可比 $\boldsymbol{J}^{\mathrm{T}}$ 是在操作臂末端直角坐标系中的变换。

如果考虑惯量参数、速度和加速度等动力学参数,本节介绍的静力迭代求解方法可以推广到建立机器人动力学方程中,详见 3.5 节。

3.3 惯量参数

对于作定轴转动的刚体,刚体的质量分布可用转动惯量来描述。

对一个在三维空间自由运动的刚体来说,可能存在无穷个旋转轴。当一个刚体绕任意轴做旋转运动时,用**惯量张量(inertia tensor)**描述刚体的质量分布。惯量张量是对刚体转动惯量的广义度量。

图 3.3 表示一个刚体,坐标系建立在刚体上,图中 ${}^A\boldsymbol{P}=[x\quad y\quad z]^{\mathrm{T}}$ 表示单元体 $\mathrm{d}v$ 的位置矢量。一般在这个刚体坐标系中定义惯量张量。坐标系 $\{A\}$ 中的惯量张量表示如下:

$$
{}^A\boldsymbol{I}=\begin{bmatrix}I_{xx} & -I_{xy} & -I_{xz}\\ -I_{xy} & I_{yy} & -I_{yz}\\ -I_{xz} & -I_{yz} & I_{zz}\end{bmatrix} \tag{3.3.1}
$$

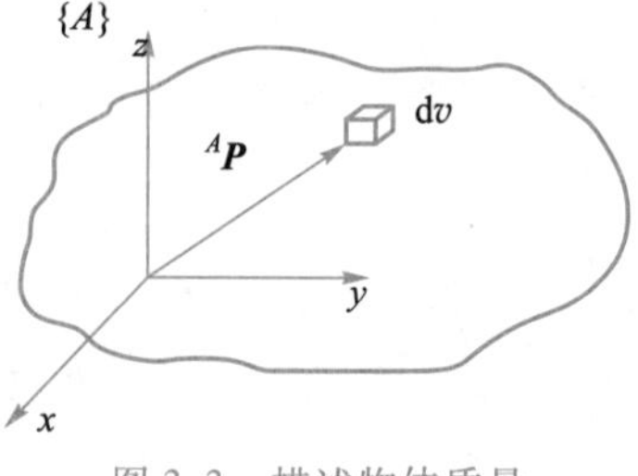

图 3.3 描述物体质量分布的惯量张量

式中,左上标表明惯量张量所在的坐标系。矩阵中的各元素为

$$
\begin{aligned}
I_{xx} &= \iiint_V (y^2+z^2)\rho \mathrm{d}v \\
I_{yy} &= \iiint_V (x^2+z^2)\rho \mathrm{d}v \\
I_{zz} &= \iiint_V (x^2+y^2)\rho \mathrm{d}v \\
I_{xy} &= \iiint_V xy\rho \mathrm{d}v \\
I_{yz} &= \iiint_V yz\rho \mathrm{d}v \\
I_{xz} &= \iiint_V xz\rho \mathrm{d}v
\end{aligned}
\tag{3.3.2}
$$

式中,刚体由单元体 dv 组成,单元体的密度为 ρ。

I_{xx},I_{yy} 和 I_{zz} 称为**惯量矩**(**mass moment of inertia**,注意:**不是惯性矩** second moment of area),它们是单元体质量 $\rho \mathrm{d}v$ 乘以单元体到相应转轴垂直距离的平方在整个刚体上的积分。其余三个交叉项称为**惯量积**(**mass products of inertia**,注意:**不是惯性积**)。对于一个刚体来说,这六个相互独立的参量取决于所在坐标系的位置和姿态。当刚体的惯量积为零时,坐标系的轴被称为**惯量主轴**(**principal axis of inertia**),而相应的惯量矩被称为**主惯量矩**(**principal moment of inertia**)。

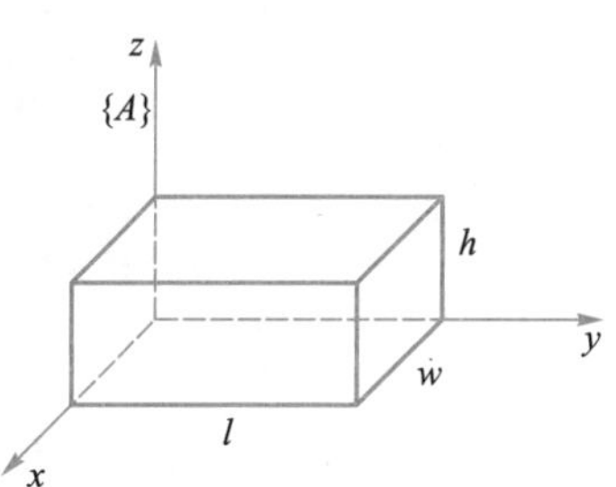

图 3.4 均匀密度的刚体

例 3.2 已知:图 3.4 所示坐标系中的长方体,密度为 ρ,求长方体的惯量张量 ${}^{A}\boldsymbol{I}$。

解:首先,计算惯量矩 I_{xx}。已知体积单元 dv=dxdydz,故

$$
\begin{aligned}
I_{xx} &= \int_0^h \int_0^l \int_0^{\omega} (y^2+z^2)\rho \mathrm{d}x\mathrm{d}y\mathrm{d}z \\
&= \int_0^h \int_0^l (y^2+z^2) w\rho \mathrm{d}y\mathrm{d}z \\
&= \int_0^h \left(\frac{l^3}{3}+z^2 l\right) w\rho \mathrm{d}z \\
&= \left(\frac{hl^3 w}{3}+\frac{h^3 lw}{3}\right)\rho \\
&= \frac{m}{3}(l^2+h^2)
\end{aligned}
$$

式中,m 是刚体的总质量。同理可得 I_{yy} 和 I_{zz}

$$
I_{yy} = \frac{m}{3}(w^2+h^2)
$$

和

$$
I_{zz} = \frac{m}{3}(l^2+w^2)
$$

然后计算 I_{xy}

$$
\begin{aligned}
I_{xy} &= \int_0^h \int_0^l \int_0^{\omega} xy\rho \mathrm{d}x\mathrm{d}y\mathrm{d}z \\
&= \int_0^h \int_0^l \frac{w^2}{2} y\rho \mathrm{d}y\mathrm{d}z \\
&= \int_0^h \frac{w^2 l^2}{4} \rho \mathrm{d}z \\
&= \frac{m}{4} wl
\end{aligned}
$$

同理可得

$$
I_{xz} = \frac{m}{4} hw
$$

和

$$
I_{yz} = \frac{m}{4} hl
$$

因此,图示长方体的惯量张量为

$$
{}^{A}\boldsymbol{I} = \begin{bmatrix} \frac{m}{3}(l^2+h^2) & -\frac{m}{4}wl & -\frac{m}{4}hw \\ -\frac{m}{4}wl & \frac{m}{3}(w^2+h^2) & -\frac{m}{4}hl \\ -\frac{m}{4}hw & -\frac{m}{4}hl & \frac{m}{3}(l^2+w^2) \end{bmatrix}
$$

可看出,惯量张量与参考坐标系{A}的方位有关。**平行移轴定理**就是惯量张量在整个参考坐标系中平移时的计算方法。平行移轴定理描述了一个以刚体质心为原点的坐标系平移到另一个坐标系时惯量张量的变换关系。假设{C}是以刚体质心 C 为原点的坐标系,{A}为任意平移后的坐标系,则由平行移轴定理可得

$$
\begin{aligned}
{}^{A}I_{zz} &= {}^{C}I_{zz} + m(x_C^2 + y_C^2) \\
{}^{A}I_{xy} &= {}^{C}I_{xy} - m x_C y_C
\end{aligned}
\tag{3.3.3}
$$

其余的惯量矩和惯量积都可以通过式(3.3.3)交换 x_C,y_C 和 z_C 的顺序计算而得。平行移轴定理又可以表示成为矩阵的形式

$$
{}^{A}\boldsymbol{I} = {}^{C}\boldsymbol{I} + m(\boldsymbol{P}_C^{\mathrm{T}}\boldsymbol{P}_C\boldsymbol{E}_3 - \boldsymbol{P}_C\boldsymbol{P}_C^{\mathrm{T}}) \tag{3.3.4}
$$

式中,矢量 ${}^{A}\boldsymbol{P}_C = [x_C \quad y_C \quad z_C]^{\mathrm{T}}$ 表示刚体质心 C 在坐标系{A}中的位置,$\boldsymbol{E}_3$ 是 3×3 单位矩阵。

例 3.3 已知:例 3.2 中所示的刚体,若坐标系原点 C 在刚体的质心,求它的惯量张量。

解:利用平行移轴定理式(3.3.3),这里

$$
\begin{bmatrix} x_C \\ y_C \\ z_C \end{bmatrix} = \frac{1}{2} \begin{bmatrix} w \\ l \\ h \end{bmatrix}
$$

因而得

$$^{C}I_{zz}=\frac{m}{3}(w^2+l^2)-m\left[\left(\frac{w}{2}\right)^2+\left(\frac{l}{2}\right)^2\right]=\frac{m}{12}(w^2+l^2)$$

$$^{C}I_{xy}={}^{C}I_{yz}={}^{C}I_{zx}=0$$

其他参量可以由对称性得出。故在以质心 C 为原点的坐标系中，所求刚体的惯量张量为

$$^{C}\boldsymbol{I}=\begin{bmatrix}\frac{m}{12}(h^2+l^2) & 0 & 0\\ 0 & \frac{m}{12}(w^2+h^2) & 0\\ 0 & 0 & \frac{m}{12}(l^2+w^2)\end{bmatrix}$$

由此可以看出所得矩阵为对角矩阵，因而坐标系$\{C\}$的坐标轴为刚体的惯量主轴。

惯量张量还有其他一些性质：

(1) 如果坐标系的两个坐标轴构成的平面为刚体质量分布的对称平面，则正交于这个对称平面的坐标轴与另外两个坐标轴的惯量积为零；

(2) 惯量矩永远是正值，而惯量积则可能是正值或负值；

(3) 不论参考坐标系方位如何变化，三个惯量矩的和保持不变；

(4) 惯量张量的特征值为刚体的主惯量矩，相应的特征向量为主轴。

大多数操作臂连杆的几何形状及结构组成都比较复杂，因而很难直接应用式(3.3.2)求解惯量参数，可以利用 CAD 软件辅助求解。在实际应用时，一般可使用测量装置(例如惯性摆)来测量每个连杆的惯量矩，而不是通过计算求得。

3.4 刚体的线加速度与角加速度

在第 2 章 2.4.1 节刚体线速度和角速度的基础上，本节讨论如何描述刚体的线加速度、角加速度。

3.4.1 线加速度

由式(2.4.4)，在坐标系$\{A\}$的原点与坐标系$\{B\}$的原点重合的情况下，速度矢量$^{A}\boldsymbol{V}_Q$可表示为

$$^{A}\boldsymbol{V}_Q={}^{A}_{B}\boldsymbol{R}\,{}^{B}\boldsymbol{V}_Q+{}^{A}\boldsymbol{\Omega}_B\times{}^{A}_{B}\boldsymbol{R}\,{}^{B}\boldsymbol{Q} \tag{3.4.1}$$

由于两个坐标系的原点重合，根据理论力学中刚体作一般运动的速度公式$\frac{\mathrm{d}\boldsymbol{r}}{\mathrm{d}t}=\boldsymbol{v}+\boldsymbol{\omega}\times\boldsymbol{r}$，因此可以把式(3.4.1)改写成

$$\frac{\mathrm{d}}{\mathrm{d}t}({}^{A}_{B}\boldsymbol{R}\,{}^{B}\boldsymbol{Q})={}^{A}_{B}\boldsymbol{R}\,{}^{B}\boldsymbol{V}_Q+{}^{A}\boldsymbol{\Omega}_B\times{}^{A}_{B}\boldsymbol{R}\,{}^{B}\boldsymbol{Q} \tag{3.4.2}$$

对式(3.4.1)求导，当坐标系$\{A\}$与坐标系$\{B\}$的原点重合时，可得到$^{B}\boldsymbol{Q}$的加速度在坐标系$\{A\}$中的表达式

$$^{A}\dot{\boldsymbol{V}}_{Q}=\frac{\mathrm{d}}{\mathrm{d}t}({}_{B}^{A}\boldsymbol{R}^{B}\boldsymbol{V}_{Q})+{}^{A}\dot{\boldsymbol{\Omega}}_{B}\times{}_{B}^{A}\boldsymbol{R}^{B}\boldsymbol{Q}+{}^{A}\boldsymbol{\Omega}_{B}\times\frac{\mathrm{d}}{\mathrm{d}t}({}_{B}^{A}\boldsymbol{R}^{B}\boldsymbol{Q}) \tag{3.4.3}$$

对上式右边中的第一项和最后一项应用式(3.4.2),则式(3.4.3)变为

$$^{A}\dot{\boldsymbol{V}}_{Q}={}_{B}^{A}\boldsymbol{R}^{B}\dot{\boldsymbol{V}}_{Q}+{}^{A}\boldsymbol{\Omega}_{B}\times{}_{B}^{A}\boldsymbol{R}^{B}\boldsymbol{V}_{Q}+{}^{A}\dot{\boldsymbol{\Omega}}_{B}\times{}_{B}^{A}\boldsymbol{R}^{B}\boldsymbol{Q}+{}^{A}\boldsymbol{\Omega}_{B}\times({}_{B}^{A}\boldsymbol{R}^{B}V_{Q}+{}^{A}\boldsymbol{\Omega}_{B}\times{}_{B}^{A}\boldsymbol{R}^{B}\boldsymbol{Q}) \tag{3.4.4}$$

将式(3.4.4)中的同类项合并,整理得

$$^{A}\dot{\boldsymbol{V}}_{Q}={}_{B}^{A}\boldsymbol{R}^{B}\dot{\boldsymbol{V}}_{Q}+2{}^{A}\boldsymbol{\Omega}_{B}\times{}_{B}^{A}\boldsymbol{R}^{B}\boldsymbol{V}_{Q}+{}^{A}\dot{\boldsymbol{\Omega}}_{B}\times{}_{B}^{A}\boldsymbol{R}^{B}\boldsymbol{Q}+{}^{A}\boldsymbol{\Omega}_{B}\times({}^{A}\boldsymbol{\Omega}_{B}\times{}_{B}^{A}\boldsymbol{R}^{B}\boldsymbol{Q}) \tag{3.4.5}$$

当两个坐标系原点不重合时,需附加一个坐标系$\{B\}$原点的线加速度项$^{A}\dot{\boldsymbol{V}}_{BO}$,得

$$^{A}\dot{\boldsymbol{V}}_{Q}={}^{A}\dot{\boldsymbol{V}}_{BO}+{}_{B}^{A}\boldsymbol{R}^{B}\dot{\boldsymbol{V}}_{Q}+2{}^{A}\boldsymbol{\Omega}_{B}\times{}_{B}^{A}\boldsymbol{R}^{B}\boldsymbol{V}_{Q}+{}^{A}\dot{\boldsymbol{\Omega}}_{B}\times{}_{B}^{A}\boldsymbol{R}^{B}\boldsymbol{Q}+{}^{A}\boldsymbol{\Omega}_{B}\times({}^{A}\boldsymbol{\Omega}_{B}\times{}_{B}^{A}\boldsymbol{R}^{B}\boldsymbol{Q}) \tag{3.4.6}$$

对于旋转关节的操作臂,$^{B}\boldsymbol{Q}$ 是常量,即

$$^{B}\boldsymbol{V}_{Q}={}^{B}\dot{\boldsymbol{V}}_{Q}=0 \tag{3.4.7}$$

在这种情况下式(3.4.6)简化为

$$^{A}\dot{\boldsymbol{V}}_{Q}={}^{A}\dot{\boldsymbol{V}}_{BO}+{}^{A}\dot{\boldsymbol{\Omega}}_{B}\times{}_{B}^{A}\boldsymbol{R}^{B}\boldsymbol{Q}+{}^{A}\boldsymbol{\Omega}_{B}\times({}^{A}\boldsymbol{\Omega}_{B}\times{}_{B}^{A}\boldsymbol{R}^{B}\boldsymbol{Q}) \tag{3.4.8}$$

对于移动关节,一般表达式为式(3.4.6)。

3.4.2 角加速度

假设坐标系$\{B\}$以角速度$^{A}\boldsymbol{\Omega}_{B}$ 相对于坐标系$\{A\}$转动,同时坐标系$\{C\}$以角速度$^{B}\boldsymbol{\Omega}_{C}$ 相对于坐标系$\{B\}$转动,则

$$^{A}\boldsymbol{\Omega}_{C}={}^{A}\boldsymbol{\Omega}_{B}+{}_{B}^{A}\boldsymbol{R}^{B}\boldsymbol{\Omega}_{C} \tag{3.4.9}$$

对式(3.4.9)求导,得

$$^{A}\dot{\boldsymbol{\Omega}}_{C}={}^{A}\dot{\boldsymbol{\Omega}}_{B}+\frac{\mathrm{d}}{\mathrm{d}t}({}_{B}^{A}\boldsymbol{R}^{B}\boldsymbol{\Omega}_{C}) \tag{3.4.10}$$

式(3.4.10)右边最后一项可参照式(3.4.2),得角加速度

$$^{A}\dot{\boldsymbol{\Omega}}_{C}={}^{A}\dot{\boldsymbol{\Omega}}_{B}+{}_{B}^{A}\boldsymbol{R}^{B}\dot{\boldsymbol{\Omega}}_{C}+{}^{A}\boldsymbol{\Omega}_{B}\times{}_{B}^{A}\boldsymbol{R}^{B}\boldsymbol{\Omega}_{C} \tag{3.4.11}$$

3.5 牛顿-欧拉递推动力学方程(力法)

把组成操作臂的连杆都看作刚体。如果知道了连杆质心的位置和惯量张量,那么连杆的质量分布特征就完全确定了。要使连杆运动,必须对连杆进行加速和减速。连杆运动所需的力是关于连杆加速度及质量分布的函数。牛顿方程(描述移动)和欧拉方程(描述转动)描述了力、惯量和加速度之间的关系。

3.5.1 牛顿-欧拉方程

1. 牛顿方程

图 3.5 所示的刚体质心以 $\dot{\boldsymbol{v}}_C$ 做加速运动。此时,由牛顿方程可得作用在质心 C 上的力 $\boldsymbol{F}$ 为

$$\boldsymbol{F}=m\dot{\boldsymbol{v}}_{C} \tag{3.5.1}$$

式中,m 代表刚体的质量。

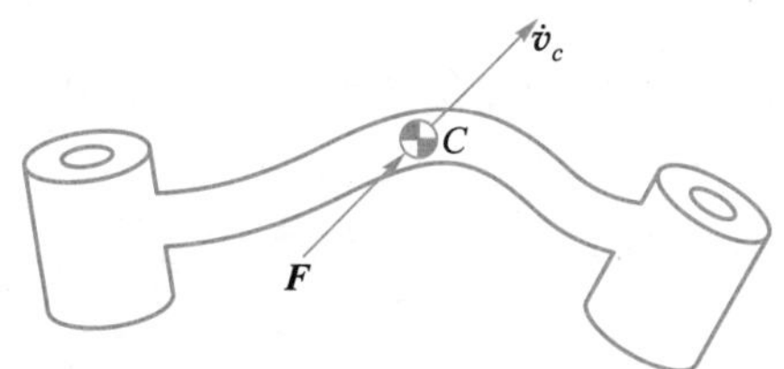

图 3.5 作用于刚体质心的力 $\boldsymbol{F}$ 引起刚体加速度 $\dot{\boldsymbol{v}}_C$

2. 欧拉方程

图 3.6 所示为一个旋转刚体,其角速度和角加速度分别为 $\boldsymbol{\omega}$、$\dot{\boldsymbol{\omega}}$。此时,由欧拉方程可得作用在刚体上的力矩 $\boldsymbol{N}$ 为

$$\boldsymbol{N}={}^{C}\boldsymbol{I}\dot{\boldsymbol{\omega}}+\boldsymbol{\omega}\times{}^{C}\boldsymbol{I}\boldsymbol{\omega} \tag{3.5.2}$$

式中,${}^{C}\boldsymbol{I}$ 是刚体在坐标系 $\{C\}$ 中的惯量张量,坐标系 $\{C\}$ 的原点在刚体的质心。

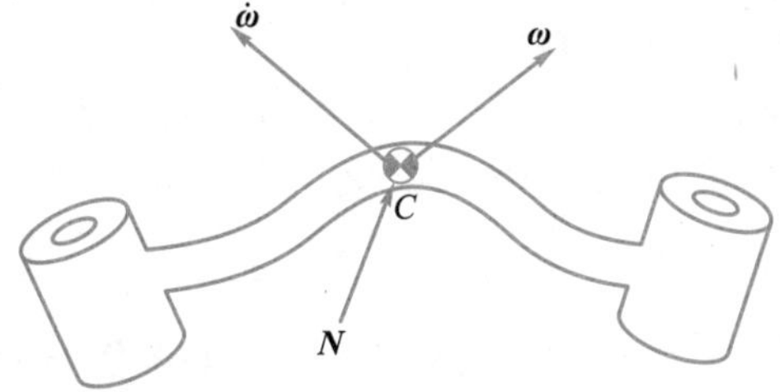

图 3.6 作用在刚体上的力矩 $\boldsymbol{N}$,刚体旋转角速度 $\boldsymbol{\omega}$ 和角加速度 $\dot{\boldsymbol{\omega}}$

据此,讨论对应于操作臂给定运动轨迹的力矩计算问题。已知关节的位置 $\boldsymbol{q}$、速度 $\dot{\boldsymbol{q}}$ 和加速度 $\ddot{\boldsymbol{q}}$,结合机器人运动学和质量分布(惯量参数),计算驱动关节运动所需的力矩。

3.5.2 向外递推求加速度

为了计算作用在连杆上的惯性力,需要计算操作臂每个连杆质心在某一时刻的角速度、线加速度和角加速度。可采用迭代方法进行这些计算。首先对连杆 1 进行计算,接着计算下一个连杆,这样一直外推到连杆 n。

1. 对于移动关节

在第 2 章中已经讨论了角速度在连杆之间的“传递”问题,当第 i+1 个关节是**移动关节**时,图 3.7 所示为按 D–H 方法建立的连杆坐标系示意图。

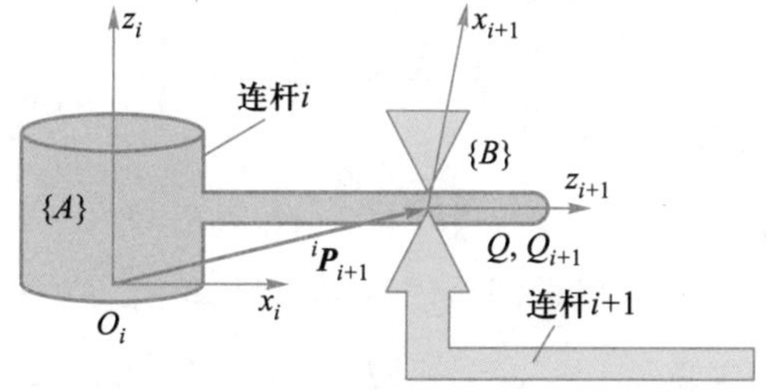

图 3.7 含移动关节的相邻连杆

因为是移动关节，连杆坐标系$\{i+1\}$相对于$\{i\}$的姿态${}_{i+1}^{i}\boldsymbol{R}$是常值。

(1) 角加速度

由第2章式(2.4.11)的第1式得移动关节的角速度"传递"公式

$$^{i+1}\boldsymbol{\omega}_{i+1}={}_{i}^{i+1}\boldsymbol{R}^{i}\boldsymbol{\omega}_{i} \tag{3.5.3}$$

对式(3.5.13)求导，可得移动关节的角加速度"传递"公式

$$^{i+1}\dot{\boldsymbol{\omega}}_{i+1}={}_{i}^{i+1}\boldsymbol{R}^{i}\dot{\boldsymbol{\omega}}_{i} \tag{3.5.4}$$

(2) 线加速度

推导连杆的线加速度时要用到式(3.4.6)

$$^{A}\dot{\boldsymbol{V}}_{Q}={}^{A}\dot{\boldsymbol{V}}_{BO}+{}_{B}^{A}\boldsymbol{R}^{B}\dot{\boldsymbol{V}}_{Q}+2^{A}\boldsymbol{\Omega}_{B}\times{}_{B}^{A}\boldsymbol{R}^{B}\boldsymbol{V}_{Q}+{}^{A}\dot{\boldsymbol{\Omega}}_{B}\times{}_{B}^{A}\boldsymbol{R}^{B}\boldsymbol{Q}+{}^{A}\boldsymbol{\Omega}_{B}\times({}^{A}\boldsymbol{\Omega}_{B}\times{}_{B}^{A}\boldsymbol{R}^{B}\boldsymbol{Q}) \tag{3.5.5}$$

对照图3.7，在式(3.5.5)中，角标A与连杆i对应；B对应为中间坐标系，建立在连杆i上，但姿态与坐标系$\{i+1\}$相同，因此，${}_{B}^{A}\boldsymbol{R}={}_{i+1}^{i}\boldsymbol{R}$，坐标系$B$的角速度在坐标系$A$中的描述为${}^{A}\boldsymbol{\Omega}_{B}={}^{i}\boldsymbol{\omega}_{i}$，坐标系$B$的角加速度在坐标系$\{i\}$中的描述为${}^{A}\dot{\boldsymbol{\Omega}}_{B}={}^{i}\dot{\boldsymbol{\omega}}_{i}$，坐标系$B$的原点线加速度在坐标系$A$中的描述为${}^{A}\dot{\boldsymbol{V}}_{BO}={}^{i}\dot{\boldsymbol{v}}_{i}$；$Q$为对应于连杆$i+1$坐标系的原点，与连杆$i$有相对运动，在坐标系$B$中，有${}^{B}\boldsymbol{V}_{Q}=\dot{d}_{i+1}{}^{i+1}\boldsymbol{z}_{i+1}$，${}^{B}\dot{\boldsymbol{V}}_{Q}=\ddot{d}_{i+1}{}^{i+1}\boldsymbol{z}_{i+1}$；${}_{B}^{A}\boldsymbol{R}^{B}\boldsymbol{Q}={}^{i}\boldsymbol{P}_{i+1}$(坐标系$\{i+1\}$的原点在连杆$i$中的位置矢量，随关节移动距离变化)，连杆$i+1$原点相对于连杆$i$的速度为${}^{A}\dot{\boldsymbol{V}}_{Q}={}^{i}\dot{\boldsymbol{v}}_{i+1}$，因此式(3.5.5)为

$$^{i}\dot{\boldsymbol{v}}_{i+1}={}^{i}\dot{\boldsymbol{v}}_{i}+{}_{i+1}^{i}\boldsymbol{R}\ddot{d}_{i+1}{}^{i+1}\boldsymbol{z}_{i+1}+2^{i}\boldsymbol{\omega}_{i}\times{}_{i+1}^{i}\boldsymbol{R}\dot{d}_{i+1}{}^{i+1}\boldsymbol{z}_{i+1}+{}^{i}\dot{\boldsymbol{\omega}}_{i}\times{}^{i}\boldsymbol{P}_{i+1}+{}^{i}\boldsymbol{\omega}_{i}\times({}^{i}\boldsymbol{\omega}_{i}\times{}^{i}\boldsymbol{P}_{i+1}) \tag{3.5.6}$$

将式(3.5.6)两边左乘${}_{i}^{i+1}\boldsymbol{R}$，可得到每个连杆的线加速度

$$^{i+1}\dot{\boldsymbol{v}}_{i+1}={}_{i}^{i+1}\boldsymbol{R}[{}^{i}\dot{\boldsymbol{\omega}}_{i}\times{}^{i}\boldsymbol{P}_{i+1}+{}^{i}\boldsymbol{\omega}_{i}\times({}^{i}\boldsymbol{\omega}_{i}\times{}^{i}\boldsymbol{P}_{i+1})+{}^{i}\dot{\boldsymbol{v}}_{i}]+2^{i+1}\boldsymbol{\omega}_{i+1}\times\dot{d}_{i+1}{}^{i+1}\boldsymbol{z}_{i+1}+\ddot{d}_{i+1}{}^{i+1}\boldsymbol{z}_{i+1} \tag{3.5.7}$$

注意：矢量运算必须在同一个坐标系中才能进行，因此必须注意**运算中不同坐标系的变换**，而这个变换只能用旋转变换矩阵$\boldsymbol{R}$进行，不能用齐次变换矩阵$\boldsymbol{T}$。式(3.5.6)等号右边第3项$2^{i}\boldsymbol{\omega}_{i}\times{}_{i+1}^{i}\boldsymbol{R}\dot{d}_{i+1}{}^{i+1}\boldsymbol{z}_{i+1}$为哥氏加速度在$\{i\}$系中的描述。为了将其变换到$\{i+1\}$系，需要左乘${}_{i}^{i+1}\boldsymbol{R}$，得到$2{}_{i}^{i+1}\boldsymbol{R}({}^{i}\boldsymbol{\omega}_{i}\times{}_{i+1}^{i}\boldsymbol{R}\dot{d}_{i+1}{}^{i+1}\boldsymbol{z}_{i+1})$。因${}_{i}^{i+1}\boldsymbol{R}$是旋转矩阵，由此得到式(3.5.7)等号右边的倒数第2项为

$$2{}_{i}^{i+1}\boldsymbol{R}({}^{i}\boldsymbol{\omega}_{i}\times{}_{i+1}^{i}\boldsymbol{R}\dot{d}_{i+1}{}^{i+1}\boldsymbol{z}_{i+1})=2({}_{i}^{i+1}\boldsymbol{R}^{i}\boldsymbol{\omega}_{i})\times({}_{i}^{i+1}\boldsymbol{R}{}_{i+1}^{i}\boldsymbol{R}\dot{d}_{i+1}{}^{i+1}\boldsymbol{z}_{i+1})=2^{i+1}\boldsymbol{\omega}_{i+1}\times\dot{d}_{i+1}{}^{i+1}\boldsymbol{z}_{i+1}$$

2. 对于转动关节

(1) 角加速度

当第$i+1$个关节是**转动关节**时，由第2章式(2.4.8)有

$$^{i+1}\boldsymbol{\omega}_{i+1}={}_{i}^{i+1}\boldsymbol{R}^{i}\boldsymbol{\omega}_{i}+\dot{\theta}_{i+1}{}^{i+1}\boldsymbol{z}_{i+1} \tag{3.5.8}$$

在下面的推导中要用到式(3.4.11)

$$^{A}\dot{\boldsymbol{\Omega}}_{C}={}^{A}\dot{\boldsymbol{\Omega}}_{B}+{}_{B}^{A}\boldsymbol{R}^{B}\dot{\boldsymbol{\Omega}}_{C}+{}^{A}\boldsymbol{\Omega}_{B}\times{}_{B}^{A}\boldsymbol{R}^{B}\boldsymbol{\Omega}_{C} \tag{3.5.9}$$

在式(3.5.9)中，角标的对应关系与式(3.5.5)相同，则${}_{B}^{A}\boldsymbol{R}={}_{i+1}^{i}\boldsymbol{R}$；在坐标系$\{i+1\}$中有${}^{B}\boldsymbol{\Omega}_{C}=\dot{\theta}_{i+1}{}^{i+1}\boldsymbol{z}_{i+1}$，${}^{B}\dot{\boldsymbol{\Omega}}_{C}=\ddot{\theta}_{i+1}{}^{i+1}\boldsymbol{z}_{i+1}$；又由式(3.5.5)有${}^{A}\boldsymbol{\Omega}_{B}={}^{i}\boldsymbol{\omega}_{i}$，${}^{A}\dot{\boldsymbol{\Omega}}_{B}={}^{i}\dot{\boldsymbol{\omega}}_{i}$，${}^{A}\dot{\boldsymbol{\Omega}}_{C}={}^{i}\dot{\boldsymbol{\omega}}_{i+1}$，因此式(3.5.9)为

$$^{i}\dot{\boldsymbol{\omega}}_{i+1}={}^{i}\dot{\boldsymbol{\omega}}_{i}+{}_{i+1}^{i}\boldsymbol{R}\ddot{\theta}_{i+1}{}^{i+1}\boldsymbol{z}_{i+1}+{}^{i}\boldsymbol{\omega}_{i}\times{}_{i+1}^{i}\boldsymbol{R}\dot{\theta}_{i+1}{}^{i+1}\boldsymbol{z}_{i+1} \tag{3.5.10}$$

将式(3.5.10)两边左乘${}_{i}^{i+1}\boldsymbol{R}$,得到每个连杆的角加速度

$$^{i+1}\dot{\boldsymbol{\omega}}_{i+1}={}_{i}^{i+1}\boldsymbol{R}{}^{i}\dot{\boldsymbol{\omega}}_{i}+{}_{i}^{i+1}\boldsymbol{R}{}^{i}\boldsymbol{\omega}_{i}\times\dot{\theta}_{i+1}{}^{i+1}\boldsymbol{z}_{i+1}+\ddot{\theta}_{i+1}{}^{i+1}\boldsymbol{z}_{i+1} \tag{3.5.11}$$

另一种方法,将式(3.5.8)等号右边的第二项对时间t求导得

$$\frac{\mathrm{d}(\dot{\theta}_{i+1}{}^{i+1}\boldsymbol{z}_{i+1})}{\mathrm{d}t}={}^{i+1}\boldsymbol{\omega}_{i}\times\dot{\theta}_{i+1}{}^{i+1}\boldsymbol{z}_{i+1}+\ddot{\theta}_{i+1}{}^{i+1}\boldsymbol{z}_{i+1}={}_{i}^{i+1}\boldsymbol{R}{}^{i}\boldsymbol{\omega}_{i}\times\dot{\theta}_{i+1}{}^{i+1}\boldsymbol{z}_{i+1}+\ddot{\theta}_{i+1}{}^{i+1}\boldsymbol{z}_{i+1} \tag{3.5.12}$$

将式(3.5.8)对时间t求导,再将式(3.5.12)代入,得到每个连杆的角加速度

$$^{i+1}\dot{\boldsymbol{\omega}}_{i+1}={}_{i}^{i+1}\boldsymbol{R}{}^{i}\dot{\boldsymbol{\omega}}_{i}+{}_{i}^{i+1}\boldsymbol{R}{}^{i}\boldsymbol{\omega}_{i}\times\dot{\theta}_{i+1}{}^{i+1}\boldsymbol{z}_{i+1}+\ddot{\theta}_{i+1}{}^{i+1}\boldsymbol{z}_{i+1}$$

(2) 线加速度

由第2章式(2.4.10)有

$$^{i+1}\boldsymbol{v}_{i+1}={}_{i}^{i+1}\boldsymbol{R}({}^{i}\boldsymbol{v}_{i}+{}^{i}\boldsymbol{\omega}_{i}\times{}^{i}\boldsymbol{P}_{i+1}) \tag{3.5.13}$$

将式(3.5.13)对时间t求导,得到每个连杆坐标系原点的线加速度

$$^{i+1}\dot{\boldsymbol{v}}_{i+1}={}_{i}^{i+1}\boldsymbol{R}[{}^{i}\dot{\boldsymbol{v}}_{i}+{}^{i}\dot{\boldsymbol{\omega}}_{i}\times{}^{i}\boldsymbol{P}_{i+1}+{}^{i}\boldsymbol{\omega}_{i}\times({}^{i}\boldsymbol{\omega}_{i}\times{}^{i}\boldsymbol{P}_{i+1})] \tag{3.5.14}$$

3. 连杆质心的线加速度

对于连杆的质心,${}^{B}\boldsymbol{Q}={}^{i+1}\boldsymbol{P}_{Ci}$,因此${}^{B}\boldsymbol{V}_{Q}={}^{B}\dot{\boldsymbol{V}}_{Q}=0$,应用式(3.4.8)得

$$^{A}\dot{\boldsymbol{V}}_{Q}={}^{A}\dot{\boldsymbol{V}}_{BO}+{}^{A}\dot{\boldsymbol{\Omega}}_{B}\times{}_{B}^{A}\boldsymbol{R}{}^{B}\boldsymbol{Q}+{}^{A}\boldsymbol{\Omega}_{B}\times({}^{A}\boldsymbol{\Omega}_{B}\times{}_{B}^{A}\boldsymbol{R}{}^{B}\boldsymbol{Q}) \tag{3.5.15}$$

可以得到每个连杆质心的线加速度

$$^{i}\dot{\boldsymbol{v}}_{C_i}={}^{i}\dot{\boldsymbol{v}}_{i}+{}^{i}\dot{\boldsymbol{\omega}}_{i}\times{}^{i}\boldsymbol{P}_{C_i}+{}^{i}\boldsymbol{\omega}_{i}\times({}^{i}\boldsymbol{\omega}_{i}\times{}^{i}\boldsymbol{P}_{C_i}) \tag{3.5.16}$$

由于式(3.5.16)与关节运动类型无关,因此无论是旋转关节还是移动关节,式(3.5.16)对于连杆$\{i+1\}$来说也是有效的。

综上所述,对于**移动关节**,式(3.5.3)、式(3.5.4)、式(3.5.7)和式(3.5.16)分别给出了连杆的角速度、角加速度、线加速度和质心的线加速度的向外($i:0\rightarrow n-1$)递推公式;对于**转动关节**,式(3.5.8)、式(3.5.11)、式(3.5.14)和式(3.5.16)分别给出了连杆的角速度、角加速度、线加速度和质心的线加速度的向外($i:0\rightarrow n-1$)递推公式。在基座固定的情况下,${}^{0}\boldsymbol{\omega}_{0}=0$,${}^{0}\dot{\boldsymbol{\omega}}_{0}=0$,若不考虑重力,${}^{0}\dot{\boldsymbol{v}}_{0}=0$。

3.5.3　向内递推求力

计算出每个连杆的角加速度和质心的线加速度之后,运用牛顿-欧拉公式[见式(3.5.1)和式(3.5.2)]便可以计算出作用在连杆质心上的惯性力$\boldsymbol{F}_i$和力矩$\boldsymbol{N}_i$,即

$$\begin{aligned}\boldsymbol{F}_i&=m\dot{\boldsymbol{v}}_{C_i}\\ \boldsymbol{N}_i&={}^{C_i}\boldsymbol{I}\dot{\boldsymbol{\omega}}_i+\boldsymbol{\omega}_i\times{}^{C_i}\boldsymbol{I}\boldsymbol{\omega}_i\end{aligned} \tag{3.5.17}$$

式中,坐标系$\{C_i\}$的原点位于连杆i的质心C_i,坐标轴方向与原连杆坐标系$\{i\}$的方向相同。

计算力和力矩的内推法

根据每个连杆上的作用力和力矩,计算对应的关节力矩。

基于3.1节操作臂静力学,根据典型连杆i在无重力状态下的受力图(见图3.8)列出力平衡方程和力矩平衡方程。由图3.8可知,每个连杆i都受到相邻连杆的作用力和力矩

以及附加的惯性力 ${}^{i}\boldsymbol{F}_i$ 和惯性力矩 ${}^{i}\boldsymbol{N}_i$。

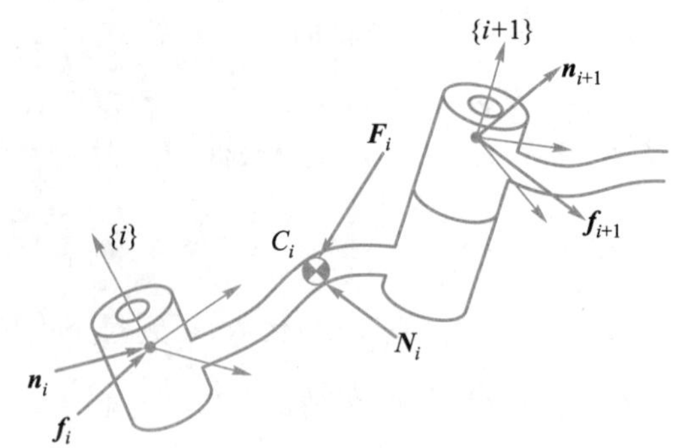

图 3.8 操作臂连杆 i 的受力图(包括惯性力/力矩)

将所有作用在连杆 i 上的力相加,得到力平衡方程

$$ {}^{i}\boldsymbol{F}_i={}^{i}\boldsymbol{f}_i-{}_{i+1}^{i}\boldsymbol{R}^{i+1}\boldsymbol{f}_{i+1} \tag{3.5.18}$$

将所有作用在质心 C_i 上的力矩相加,得到力矩平衡方程

$$ {}^{i}\boldsymbol{N}_i={}^{i}\boldsymbol{n}_i-{}^{i}\boldsymbol{n}_{i+1}+(-{}^{i}\boldsymbol{P}_{C_i})\times{}^{i}\boldsymbol{f}_i-({}^{i}\boldsymbol{P}_{i+1}-{}^{i}\boldsymbol{P}_{C_i})\times{}^{i}\boldsymbol{f}_{i+1} \tag{3.5.19}$$

根据式(3.5.18)和附加旋转矩阵的方法,式(3.5.19)可写成

$$ {}^{i}\boldsymbol{N}_i={}^{i}\boldsymbol{n}_i-{}_{i+1}^{i}\boldsymbol{R}^{i+1}\boldsymbol{n}_{i+1}-{}^{i}\boldsymbol{P}_{C_i}\times{}^{i}\boldsymbol{F}_i-{}^{i}\boldsymbol{P}_{i+1}\times{}_{i+1}^{i}\boldsymbol{R}^{i+1}\boldsymbol{f}_{i+1} \tag{3.5.20}$$

重新排列力和力矩方程,形成相邻连杆从高序号向低序号排列的迭代关系

$$ {}^{i}\boldsymbol{f}_i={}_{i+1}^{i}\boldsymbol{R}^{i+1}\boldsymbol{f}_{i+1}+{}^{i}\boldsymbol{F}_i \tag{3.5.21}$$

$$ {}^{i}\boldsymbol{n}_i={}^{i}\boldsymbol{N}_i+{}_{i+1}^{i}\boldsymbol{R}^{i+1}\boldsymbol{n}_{i+1}+{}^{i}\boldsymbol{P}_{C_i}\times{}^{i}\boldsymbol{F}_i+{}^{i}\boldsymbol{P}_{i+1}\times{}_{i+1}^{i}\boldsymbol{R}^{i+1}\boldsymbol{f}_{i+1} \tag{3.5.22}$$

应用这些方程对连杆依次求解,从连杆 n 开始向内递推一直到机器人的基座 0。

这些向内递推求力的方法与 3.2 节介绍的静力学递推方法相似,只是惯性力和力矩现在是作用在每个连杆的质心上的。

对于转动关节,关节力矩见式(3.2.7)。

对于移动关节 i,线性驱动力见式(3.2.8)。

注意,机器人末端不与环境接触,${}^{n+1}\boldsymbol{f}_{n+1}$ 和 ${}^{n+1}\boldsymbol{n}_{n+1}$ 等于零。如果机器人与环境接触,${}^{n+1}\boldsymbol{f}_{n+1}$ 和 ${}^{n+1}\boldsymbol{n}_{n+1}$ 不为零,力和力矩平衡方程中应包含接触力和力矩。

3.5.4 牛顿-欧拉递推动力学算法

由 3.5.2 节和 3.5.3 节可知,由关节运动计算关节力矩的算法由两部分组成,第一部分是从连杆 1 到连杆 n 向外递推计算连杆的角速度、角加速度、线加速度和质心线加速度,对每个连杆应用牛顿-欧拉方程求出惯性力和力矩;第二部分是从连杆 n 到连杆 1 向内递推计算连杆间的相互作用力和力矩以及关节驱动力和力矩。对于转动关节来说,这个算法归纳如下:

外推:$i:0\rightarrow n-1$

由式(3.5.3):

$$ {}^{i+1}\boldsymbol{\omega}_{i+1}={}_{i}^{i+1}\boldsymbol{R}^{i}\boldsymbol{\omega}_i+\dot{\theta}_{i+1}{}^{i+1}\boldsymbol{z}_{i+1} \tag{3.5.23}$$

由式(3.5.6)：

$${}^{i+1}\dot{\boldsymbol{\omega}}_{i+1} = {}^{i+1}_{i}\boldsymbol{R}\,{}^{i}\dot{\boldsymbol{\omega}}_i + {}^{i+1}_{i}\boldsymbol{R}\,{}^{i}\boldsymbol{\omega}_i \times \dot{\theta}_{i+1}\,{}^{i+1}\boldsymbol{z}_{i+1} + \ddot{\theta}_{i+1}\,{}^{i+1}\boldsymbol{z}_{i+1} \tag{3.5.24}$$

由式(3.5.9)：

$${}^{i+1}\dot{\boldsymbol{v}}_{i+1} = {}^{i+1}_{i}\boldsymbol{R}[\,{}^{i}\dot{\boldsymbol{\omega}}_i \times {}^{i}\boldsymbol{P}_{i+1} + {}^{i}\boldsymbol{\omega}_i \times ({}^{i}\boldsymbol{\omega}_i \times {}^{i}\boldsymbol{P}_{i+1}) + {}^{i}\dot{\boldsymbol{v}}_i\,] \tag{3.5.25}$$

由式(3.5.16)：

$${}^{i+1}\dot{\boldsymbol{v}}_{C_{i+1}} = {}^{i+1}\dot{\boldsymbol{\omega}}_{i+1} \times {}^{i+1}\boldsymbol{P}_{C_{i+1}} + {}^{i+1}\boldsymbol{\omega}_{i+1} \times ({}^{i+1}\boldsymbol{\omega}_{i+1} \times {}^{i+1}\boldsymbol{P}_{C_{i+1}}) + {}^{i+1}\dot{\boldsymbol{v}}_{i+1} \tag{3.5.26}$$

由式(3.5.17)：

$${}^{i+1}\boldsymbol{F}_{i+1} = m_{i+1}\,{}^{i+1}\dot{\boldsymbol{v}}_{C_{i+1}} \tag{3.5.27}$$

$${}^{i+1}\boldsymbol{N}_{i+1} = {}^{C_{i+1}}\boldsymbol{I}_{i+1}\,{}^{i+1}\dot{\boldsymbol{\omega}}_{i+1} + {}^{i+1}\boldsymbol{\omega}_{i+1} \times {}^{C_{i+1}}\boldsymbol{I}_{i+1}\,{}^{i+1}\boldsymbol{\omega}_{i+1} \tag{3.5.28}$$

内推：$i : n \to 1$

由式(3.5.21)：

$${}^{i}\boldsymbol{f}_i = {}^{i}_{i+1}\boldsymbol{R}\,{}^{i+1}\boldsymbol{f}_{i+1} + {}^{i}\boldsymbol{F}_i \tag{3.5.29}$$

由式(3.5.22)：

$${}^{i}\boldsymbol{n}_i = {}^{i}\boldsymbol{N}_i + {}^{i}_{i+1}\boldsymbol{R}\,{}^{i+1}\boldsymbol{n}_{i+1} + {}^{i}\boldsymbol{P}_{C_i} \times {}^{i}\boldsymbol{F}_i + {}^{i}\boldsymbol{P}_{i+1} \times {}^{i}_{i+1}\boldsymbol{R}\,{}^{i+1}\boldsymbol{f}_{i+1} \tag{3.5.30}$$

由式(3.2.7)：

$$\tau_i = {}^{i}\boldsymbol{n}_i^{\mathrm{T}}\,{}^{i}\boldsymbol{z}_i \tag{3.5.31}$$

另外，如果考虑操作臂的重力，则令 $\|{}^{0}\dot{\boldsymbol{v}}_0\| = g$，且方向向上，即机器人的基座以重力加速度 g 做向上加速运动，就可以将作用在连杆上的重力 g 包括到动力学方程中去。

3.5.5 两自由度操作臂动力学方程

例 3.4 已知：以图 3.9 为例，计算 x-y 平面的 2R 操作臂（z 方向垂直于纸面）的封闭形式的动力学方程。为简单起见，假设每个连杆的质量都集中在连杆的末端，其质量分别为 m_1 和 m_2。

解： 首先，确定牛顿—欧拉递推公式中的各参量的值。每个连杆质心的位置矢量：

$${}^{1}\boldsymbol{P}_{C_1} = l_1\boldsymbol{x}_1, \quad {}^{2}\boldsymbol{P}_{C_2} = l_2\boldsymbol{x}_2。 \tag{a}$$

由于假设为集中质量，因此，每个连杆质心的惯量张量为零矩阵：

$${}^{C_1}\boldsymbol{I}_1 = 0, \quad {}^{C_2}\boldsymbol{I}_2 = 0 \tag{b}$$

末端执行器上没有作用力，因而有

$$\boldsymbol{f}_3 = \boldsymbol{0}, \quad \boldsymbol{n}_3 = \boldsymbol{0} \tag{c}$$

机器人基座固定，因此有

$$\boldsymbol{\omega}_0 = \boldsymbol{0}, \quad \dot{\boldsymbol{\omega}}_0 = \boldsymbol{0} \tag{d}$$

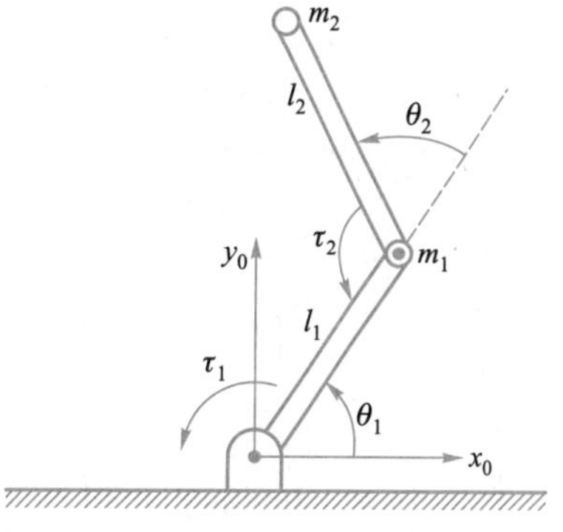

图 3.9 质量集中在连杆末端的 2R 平面操作臂

包括重力因素，有

$${}^{0}\dot{\boldsymbol{v}}_0 = g\boldsymbol{y}_0 \tag{e}$$

相邻连杆坐标系之间的相对转动变换：

$$
{}^{i}_{i+1}\boldsymbol{R}=\begin{bmatrix} c_{i+1} & -s_{i+1} & 0 \\ s_{i+1} & c_{i+1} & 0 \\ 0 & 0 & 1 \end{bmatrix},\ {}^{i+1}_{i}\boldsymbol{R}=\begin{bmatrix} c_{i+1} & s_{i+1} & 0 \\ -s_{i+1} & c_{i+1} & 0 \\ 0 & 0 & 1 \end{bmatrix}。 \tag{f}
$$

应用式(3.5.23)~式(3.5.28),对连杆 1 用外推法求解如下:

$$
{}^{1}\boldsymbol{\omega}_1=\dot{\theta}_1{}^{i}\boldsymbol{z}_i=\begin{bmatrix} 0 \\ 0 \\ \dot{\theta}_1 \end{bmatrix},\ {}^{1}\dot{\boldsymbol{\omega}}_1=\ddot{\theta}_1{}^{i}\boldsymbol{z}_i=\begin{bmatrix} 0 \\ 0 \\ \ddot{\theta}_1 \end{bmatrix},\ {}^{1}\dot{\boldsymbol{v}}_1=\begin{bmatrix} c_1 & s_1 & 0 \\ -s_1 & c_1 & 0 \\ 0 & 0 & 1 \end{bmatrix}\begin{bmatrix} 0 \\ g \\ 0 \end{bmatrix}=\begin{bmatrix} gs_1 \\ gc_1 \\ 0 \end{bmatrix}
$$

$$
{}^{1}\dot{\boldsymbol{v}}_{C_1}=\begin{bmatrix} 0 \\ l_1\ddot{\theta}_1 \\ 0 \end{bmatrix}+\begin{bmatrix} -l_1\dot{\theta}_1^2 \\ 0 \\ 0 \end{bmatrix}+\begin{bmatrix} gs_1 \\ gc_1 \\ 0 \end{bmatrix}=\begin{bmatrix} -l_1\dot{\theta}_1^2+gs_1 \\ l_1\ddot{\theta}_1+gc_1 \\ 0 \end{bmatrix},\ {}^{1}\boldsymbol{F}_1=\begin{bmatrix} -m_1l_1\dot{\theta}_1^2+m_1gs_1 \\ m_1l_1\ddot{\theta}_1+m_1gc_1 \\ 0 \end{bmatrix},\ {}^{1}\boldsymbol{N}_1=\begin{bmatrix} 0 \\ 0 \\ 0 \end{bmatrix} \tag{g}
$$

对连杆 2 用外推法求解如下:

$$
{}^{2}\boldsymbol{\omega}_2=\begin{bmatrix} 0 \\ 0 \\ \dot{\theta}_1+\dot{\theta}_2 \end{bmatrix},\ {}^{2}\dot{\boldsymbol{\omega}}_2=\begin{bmatrix} 0 \\ 0 \\ \ddot{\theta}_1+\ddot{\theta}_2 \end{bmatrix},\ {}^{2}\dot{\boldsymbol{v}}_2=\begin{bmatrix} c_2 & s_2 & 0 \\ -s_2 & c_2 & 0 \\ 0 & 0 & 1 \end{bmatrix}\begin{bmatrix} -l_1\dot{\theta}_1^2+gs_1 \\ l_1\ddot{\theta}_1+gc_1 \\ 0 \end{bmatrix}=\begin{bmatrix} l_1\ddot{\theta}_1s_2-l_1\dot{\theta}_1^2c_2+gs_{12} \\ l_1\ddot{\theta}_1c_2+l_1\dot{\theta}_1^2s_2+gc_{12} \\ 0 \end{bmatrix}
$$

$$
{}^{2}\dot{\boldsymbol{v}}_{C_2}=\begin{bmatrix} 0 \\ l_2(\ddot{\theta}_1+\ddot{\theta}_2) \\ 0 \end{bmatrix}+\begin{bmatrix} -l_2(\dot{\theta}_1+\dot{\theta}_2)^2 \\ 0 \\ 0 \end{bmatrix}+\begin{bmatrix} l_1\ddot{\theta}_1s_2-l_1\dot{\theta}_1^2c_2+gs_{12} \\ l_1\ddot{\theta}_1c_2+l_1\dot{\theta}_1^2s_2+gc_{12} \\ 0 \end{bmatrix}
$$

$$
{}^{2}\boldsymbol{F}_2=\begin{bmatrix} m_2l_1\ddot{\theta}_1s_2-m_2l_1\dot{\theta}_1^2c_2+m_2gs_{12}-m_2l_2(\dot{\theta}_1+\dot{\theta}_2)^2 \\ m_2l_1\ddot{\theta}_1c_2-m_2l_1\dot{\theta}_1^2s_2+m_2gc_{12}-m_2l_2(\ddot{\theta}_1+\ddot{\theta}_2) \\ 0 \end{bmatrix},\ {}^{2}\boldsymbol{N}_2=\begin{bmatrix} 0 \\ 0 \\ 0 \end{bmatrix} \tag{h}
$$

应用式(3.5.29)~式(3.5.31),对连杆 2 用内推法求解如下:

$$
{}^{2}\boldsymbol{f}_2={}^{2}\boldsymbol{F}_2,\ {}^{2}\boldsymbol{n}_2=\begin{bmatrix} 0 \\ 0 \\ m_2l_1l_2c_2\ddot{\theta}_1+m_2l_1l_2s_2\dot{\theta}_1^2+m_2l_2gc_{12}+m_2l_2^2(\ddot{\theta}_1+\ddot{\theta}_2) \end{bmatrix} \tag{i}
$$

对连杆 1 用内推法求解如下:

$$
{}^{1}\boldsymbol{f}_1=\begin{bmatrix} c_2 & -s_2 & 0 \\ s_2 & c_2 & 0 \\ 0 & 0 & 1 \end{bmatrix}\begin{bmatrix} m_2l_1s_2\ddot{\theta}_1-m_2l_1c_2\dot{\theta}_1^2+m_2gs_{12}-m_2l_2(\dot{\theta}_1+\dot{\theta}_2)^2 \\ m_2l_1c_2\ddot{\theta}_1+m_2l_1s_2\dot{\theta}_1^2+m_2gc_{12}+m_2l_2(\ddot{\theta}_1+\ddot{\theta}_2) \\ 0 \end{bmatrix}+\begin{bmatrix} -m_1l_1\dot{\theta}_1^2+m_1gs_1 \\ m_1l_1\ddot{\theta}_1+m_1gc_1 \\ 0 \end{bmatrix}
$$

$$
{}^{1}\boldsymbol{n}_1=\begin{bmatrix} 0 \\ 0 \\ m_2l_1l_2c_2\ddot{\theta}_1+m_2l_1l_2s_2\dot{\theta}_1^2+ \\ m_2l_2gc_{12}+m_2l_2^2(\ddot{\theta}_1+\ddot{\theta}_2) \end{bmatrix}+\begin{bmatrix} 0 \\ 0 \\ m_1l_1^2\ddot{\theta}_1+m_1l_1gc_1 \end{bmatrix}+\begin{bmatrix} 0 \\ 0 \\ m_2l_1^2\ddot{\theta}_1-m_2l_1l_2s_2(\dot{\theta}_1+\dot{\theta}_2)^2+m_2l_1gs_2s_{12}+ \\ m_2l_1l_2c_2(\ddot{\theta}_1+\ddot{\theta}_2)+m_2l_1gc_2c_{12} \end{bmatrix} \tag{j}
$$

${}^{i}\boldsymbol{n}_i$ 中的 z 方向分量即为关节力矩：

$$\begin{aligned}\tau_1&=m_2l_2^2(\ddot\theta_1+\ddot\theta_2)+m_2l_1l_2c_2(2\ddot\theta_1+\ddot\theta_2)+(m_1+m_2)l_1^2\ddot\theta_1-m_2l_1l_2s_2\dot\theta_2^2\\&\quad-2m_2l_1l_2s_2\dot\theta_1\dot\theta_2+m_2l_2gc_{12}+(m_1+m_2)l_1gc_1,\\\tau_2&=m_2l_1l_2c_2\ddot\theta_1+m_2l_1l_2s_2\dot\theta_1^2+m_2l_2gc_{12}+m_2l_2^2(\ddot\theta_1+\ddot\theta_2)\end{aligned}\tag{k}$$

式(k)将驱动力矩表示为关于关节位置、速度和加速度的函数，即为 2R 操作臂动力学方程的封闭形式。注意，一个最简单的操作臂的函数表达式如此复杂，可见，一个封闭形式的 6 自由度操作臂的动力学方程将是相当复杂的。

式(k)可以写成矩阵形式：

$$\boldsymbol{\tau}(t)=\boldsymbol{M}(\boldsymbol{q}(t))\ddot{\boldsymbol{q}}(t)+\boldsymbol{H}(\boldsymbol{q}(t),\dot{\boldsymbol{q}}(t))+\boldsymbol{G}(\boldsymbol{q}(t))\tag{l}$$

式中，

$$\boldsymbol{\tau}=[\tau_1\quad\tau_2]^{\mathrm T},\boldsymbol{q}=[\theta_1\quad\theta_2]^{\mathrm T},\dot{\boldsymbol{q}}=[\dot\theta_1\quad\dot\theta_2]^{\mathrm T},\ddot{\boldsymbol{q}}=[\ddot\theta_1\quad\ddot\theta_2]^{\mathrm T}$$

$$\boldsymbol{M}(\boldsymbol{q})=\begin{bmatrix}(m_1+m_2)l_1^2+m_2l_2^2+2m_2l_1l_2c_2 & m_2(l_2^2+l_1l_2c_2)\\ m_2(l_2^2+l_1l_2c_2) & m_2l_2^2\end{bmatrix}\tag{m}$$

$$\boldsymbol{H}(\boldsymbol{q},\dot{\boldsymbol{q}})=\begin{bmatrix}-2m_2l_1l_2s_2\dot\theta_1\dot\theta_2-m_2l_1l_2s_2\dot\theta_2^2\\ m_2l_1l_2s_2\dot\theta_1^2\end{bmatrix}\tag{n}$$

$$\boldsymbol{G}(\boldsymbol{q})=\begin{bmatrix}m_2l_2gc_{12}+(m_1+m_2)l_1gc_1\\ m_2l_2gc_{12}\end{bmatrix}\tag{o}$$

3.6 拉格朗日动力学(能量法)

牛顿-欧拉方程是建立动力学模型的力平衡方法(简称：力法)，而拉格朗日方程则是一种基于能量的动力学建模方法(简称：能量法)。对于同一个操作臂来说，两种方法得到的结果是相同的。本节讨论的操作臂是一系列刚性连杆串联的情况。

3.6.1 简约形式的拉格朗日方程

简约形式的拉格朗日方程特指考虑操作臂连杆惯量、而将操作臂连杆视为集中质量的一种动力学描述。

1. 操作臂动能的表达式

第 i 个连杆的动能 E_i 可以表示为[各变量的意义参见式(3.5.17)]

$$E_i=\frac{1}{2}m_i\boldsymbol{v}_{C_i}^{\mathrm T}\boldsymbol{v}_{C_i}+\frac{1}{2}{}^{i}\boldsymbol{\omega}_i^{\mathrm T}\,{}^{C_i}\boldsymbol{I}_i\,{}^{i}\boldsymbol{\omega}_i\tag{3.6.1}$$

式中，等号右边第一项是基于连杆 i 质心线速度的动能，第二项是连杆 i 的角速度动能。整个操作臂的动能是各个连杆动能之和，即

$$E=\sum_{i=1}^{n}E_i.\tag{3.6.2}$$

式(3.6.1)中的 $\boldsymbol{v}_{C_i}$和${}^i\boldsymbol{\omega}_i$ 是 $\boldsymbol{q}$ 和 $\dot{\boldsymbol{q}}$ 的函数,因此,操作臂的动能 $E(\boldsymbol{q},\dot{\boldsymbol{q}})$可以描述为关节位置 $\boldsymbol{q}$ 和速度 $\dot{\boldsymbol{q}}$ 的标量函数,即

$$E(\boldsymbol{q},\dot{\boldsymbol{q}})=\frac{1}{2}\dot{\boldsymbol{q}}^{\mathrm{T}}\boldsymbol{M}(\boldsymbol{q})\dot{\boldsymbol{q}} \tag{3.6.3}$$

式中,$\boldsymbol{M}(\boldsymbol{q})$是 $n\times n$ 操作臂质量矩阵,例 3.4 中的式(m)为 $n=2$ 的操作臂的质量矩阵。式(3.6.3)的表达是一种二次型,由于总动能永远是正值,因此操作臂质量矩阵一定是正定矩阵。

2. 操作臂势能的表达式

第 i 个连杆的势能 U_i 可以表示为

$$U_i=-m_i{}^0\boldsymbol{g}^{\mathrm{T}0}\boldsymbol{P}_{C_i}+U_{\mathrm{ref}_i} \tag{3.6.4}$$

式中,${}^0\boldsymbol{g}$ 是 3×1 的重力矢量,${}^0\boldsymbol{P}_{C_i}$是第 i 个连杆质心的矢量,U_{ref_i}是使 U_i 的最小值为零的常数(说明:因为势能可以相对于任意一个参考零点来定义)。

操作臂的总势能为各个连杆势能之和,即

$$U=\sum_{i=1}^{n}U_i \tag{3.6.5}$$

由于式(3.6.4)中的${}^0\boldsymbol{P}_{C_i}$是 $\boldsymbol{q}$ 的函数,因此,操作臂的势能 $U(\boldsymbol{q})$可以表示为关节位置 $\boldsymbol{q}$ 的标量函数。

3. 操作臂的拉格朗日函数

拉格朗日动力学方程给出了一种从标量函数推导动力学方程的方法,称这个标量函数为**拉格朗日函数**,即一个机械系统的动能和势能的差值,操作臂的拉格朗日函数可表示为

$$L(\boldsymbol{q},\dot{\boldsymbol{q}})=E(\boldsymbol{q},\dot{\boldsymbol{q}})-U(\boldsymbol{q}) \tag{3.6.6}$$

4. 操作臂的拉格朗日方程

由理论力学中的第二类拉格朗日方程可知:

$$\frac{\mathrm{d}}{\mathrm{d}t}\frac{\partial L}{\partial\dot{\boldsymbol{q}}}-\frac{\partial L}{\partial\boldsymbol{q}}=\boldsymbol{\tau} \tag{3.6.7}$$

式中,$\boldsymbol{\tau}$ 是 $n\times1$ 的驱动力矩矢量。由式(3.6.6)有

$$\frac{\mathrm{d}}{\mathrm{d}t}\frac{\partial E}{\partial\dot{\boldsymbol{q}}}-\frac{\partial E}{\partial\boldsymbol{q}}+\frac{\partial U}{\partial\boldsymbol{q}}=\boldsymbol{\tau} \tag{3.6.8}$$

式中省略了 $E(\cdot)$和 $U(\cdot)$中的自变量。式(3.6.8)消去了操作臂关节的约束反力,直接得到了关节驱动力与关节位移、速度和加速度的显示函数关系。

例 3.5 已知:以图 3.10 为例,两个连杆的质量分别为 m_1 和 m_2。从图 3.9 中可知,连杆 1 的质心 C_1 与关节 1 的轴的距离为 l_1,连杆 2 的质心 C_2 与关节 1 的轴的距离为变量 d_2。连杆的惯量张量为

$${}^{C_1}\boldsymbol{I}_1=\begin{bmatrix}I_{xx1}&0&0\\0&I_{yy1}&0\\0&0&I_{zz1}\end{bmatrix},\ {}^{C_2}\boldsymbol{I}_2=\begin{bmatrix}I_{xx2}&0&0\\0&I_{yy2}&0\\0&0&I_{zz2}\end{bmatrix}$$

根据质点系的拉格朗日方程计算 R-P 操作

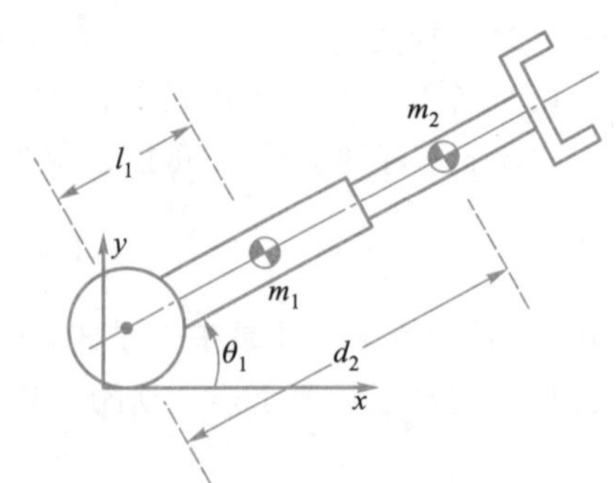

图 3.10 R-P 操作臂

臂的动力学方程 $\boldsymbol{\tau}=\boldsymbol{f}(\theta_1,d_2)$。

解：

由式(3.6.1),连杆 1 的动能为

$$E_1=\frac{1}{2}m_1l_1^2\dot{\theta}_1^2+\frac{1}{2}I_{zz1}\dot{\theta}_1^2 \tag{a}$$

连杆 2 的动能为

$$E_2=\frac{1}{2}m_2(d_2^2\dot{\theta}_1^2+\dot{d}_2^2)+\frac{1}{2}I_{zz2}\dot{\theta}_1^2 \tag{b}$$

因此,总动能为

$$E(\boldsymbol{q},\dot{\boldsymbol{q}})=\frac{1}{2}(m_1l_1^2+I_{zz1}+I_{zz2}+m_2d_2^2)\dot{\theta}_1^2+\frac{1}{2}m_2\dot{d}_2^2 \tag{c}$$

由式(3.6.4),连杆 1 的势能为

$$U_1=m_1gl_1\sin\theta_1+m_1gl_1 \tag{d}$$

连杆 2 的势能为

$$U_2=m_2gd_2\sin\theta_1+m_2gd_{2\max} \tag{e}$$

式中,$d_{2\max}$是关节 2 的最大运动范围。

因此,总势能为

$$U(\boldsymbol{q})=(m_1l_1+m_2d_2)g\sin\theta_1+m_1gl_1+m_2gd_{2\max} \tag{f}$$

求式(3.6.8)中的偏导数,由式(c)得

$$\frac{\partial E}{\partial\dot{\boldsymbol{q}}}=\begin{bmatrix}(m_1l_1^2+I_{zz1}+I_{zz2}+m_2d_2^2)\dot{\theta}_1\\ m_2\dot{d}_2\end{bmatrix} \tag{g}$$

$$\frac{\partial E}{\partial\boldsymbol{q}}=\begin{bmatrix}0\\ m_2d_2\dot{\theta}_1^2\end{bmatrix} \tag{h}$$

$$\frac{\partial U}{\partial\boldsymbol{q}}=\begin{bmatrix}(m_1l_1+m_2d_2)g\cos\theta_1\\ m_2g\sin\theta_1\end{bmatrix} \tag{i}$$

将式(g)~式(i)代入式(3.6.8)中,得

$$\begin{aligned}\tau_1&=(m_1l_1^2+I_{zz1}+I_{zz2}+m_2d_2^2)\ddot{\theta}_1+2m_2d_2\dot{\theta}_1\dot{d}_2+(m_1l_1+m_2d_2)g\cos\theta_1\\ \tau_2&=m_2\ddot{d}_2-m_2d_2\dot{\theta}_1^2+m_2g\sin\theta_1\end{aligned} \tag{j}$$

由式(j)可看出[参见例 3.4 中的式(l)、式(m)、式(n)、式(o)]:

$$\begin{aligned}\boldsymbol{M}(\boldsymbol{q})&=\begin{bmatrix}m_1l_1^2+I_{zz1}+I_{zz2}+m_2d_2^2 & 0\\ 0 & m_2\end{bmatrix}\\ \boldsymbol{H}(\boldsymbol{q},\dot{\boldsymbol{q}})&=\begin{bmatrix}2m_2d_2\dot{\theta}_1\dot{d}_2\\ -m_2d_2\dot{\theta}_1^2\end{bmatrix}\\ \boldsymbol{G}(\boldsymbol{q})&=\begin{bmatrix}(m_1l_1+m_2d_2)g\cos\theta_1\\ m_2g\sin\theta_1\end{bmatrix}\end{aligned} \tag{k}$$

*3.6.2 机器人操作臂的拉格朗日方程

本节考虑操作臂连杆为分布质量的刚体。利用拉格朗日方法推导机器人操作臂动力学模型十分简便且有规律性。从图 3.10 的 R–P 机器人动力学方程的建立过程可得如下步骤：

1）计算连杆各点速度；

2）计算系统的动能；

3）计算系统的势能；

4）构造拉格朗日函数；

5）推导动力学方程。

1. 连杆各点速度

设连杆 i 上任一点在其自身坐标系 $o_ix_iy_iz_i$ 中的齐次坐标为 ${}^i\boldsymbol{r}$，对基坐标系 $ox_0y_0z_0$ 的齐次坐标为 ${}^0\boldsymbol{r}$，由图 3.11 可得

$$ {}^0\boldsymbol{r}={}^0_i\boldsymbol{T}\,{}^i\boldsymbol{r} \tag{3.6.9}$$

式中，${}^0_i\boldsymbol{T}={}^0_1\boldsymbol{T}(q_1)\cdots{}^{i-1}_{\ \ \ i}\boldsymbol{T}(q_i)$，$\boldsymbol{T}$ 为齐次变换矩阵。

于是，该点的速度 ${}^0\dot{\boldsymbol{r}}$ 为

$$ {}^0\dot{\boldsymbol{r}}=\frac{\mathrm{d}\,{}^0\boldsymbol{r}}{\mathrm{d}t}=\left(\sum_{j=1}^{i}\frac{\partial\,{}^0_i\boldsymbol{T}}{\partial q_j}\dot{q}_j\right){}^i\boldsymbol{r} \tag{3.6.10}$$

速度 ${}^0\dot{\boldsymbol{r}}$ 的平方为

$$ {}^0\dot{\boldsymbol{r}}^{\mathrm{T}0}\dot{\boldsymbol{r}}=\mathrm{Tr}({}^0\dot{\boldsymbol{r}}\,{}^0\dot{\boldsymbol{r}}^{\mathrm{T}}) \tag{3.6.11}$$

式中，函数 Tr( )表示取矩阵的迹。将式(3.6.10)代入式(3.6.11)得

$$ {}^0\dot{\boldsymbol{r}}^{\mathrm{T}0}\dot{\boldsymbol{r}}=\mathrm{Tr}\left(\sum_{j=1}^{i}\left(\frac{\partial\,{}^0_i\boldsymbol{T}}{\partial q_j}\dot{q}_j\,{}^i\boldsymbol{r}\right)\sum_{k=1}^{i}\left(\frac{\partial\,{}^0_i\boldsymbol{T}}{\partial q_k}\dot{q}_k\,{}^i\boldsymbol{r}\right)^{\mathrm{T}}\right)=\mathrm{Tr}\left(\sum_{j=1}^{i}\sum_{k=1}^{i}\frac{\partial\,{}^0_i\boldsymbol{T}}{\partial q_j}\,{}^i\boldsymbol{r}\,{}^i\boldsymbol{r}^{\mathrm{T}}\,\frac{\partial\,{}^0_i\boldsymbol{T}^{\mathrm{T}}}{\partial q_k}\dot{q}_j\dot{q}_k\right) \tag{3.6.12}$$

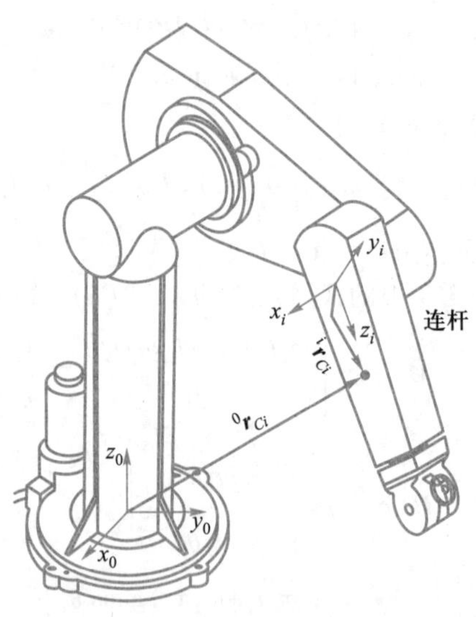

图 3.11 机器人操作臂

2. 系统的动能

在连杆 i 的 ${}^i\boldsymbol{r}$ 处,质量为 $\mathrm{d}m$ 的质点的动能 $\mathrm{d}E_i$ 为

$$\mathrm{d}E_i=\frac{1}{2}\mathrm{Tr}\left(\sum_{j=1}^{i}\sum_{k=1}^{i}\frac{\partial{}_i^0\boldsymbol{T}}{\partial q_j}{}^i\boldsymbol{r}{}^i\boldsymbol{r}^{\mathrm{T}}\frac{\partial{}_i^0\boldsymbol{T}^{\mathrm{T}}}{\partial q_k}\dot{q}_j\dot{q}_k\right)\mathrm{d}m=\frac{1}{2}\mathrm{Tr}\left(\sum_{j=1}^{i}\sum_{k=1}^{i}\frac{\partial{}_i^0\boldsymbol{T}}{\partial q_j}{}^i\boldsymbol{r}{}^i\boldsymbol{r}^{\mathrm{T}}\mathrm{d}m\frac{\partial{}_i^0\boldsymbol{T}^{\mathrm{T}}}{\partial q_k}\dot{q}_j\dot{q}_k\right),\quad i=1,2,\cdots,n \tag{3.6.13}$$

连杆 i 的动能 E_i 为

$$E_i=\int_i\mathrm{d}E_i=\frac{1}{2}\mathrm{Tr}\left(\sum_{j=1}^{i}\sum_{k=1}^{i}\frac{\partial{}_i^0\boldsymbol{T}}{\partial q_j}\left(\int_i{}^i\boldsymbol{r}{}^i\boldsymbol{r}^{\mathrm{T}}\mathrm{d}m\right)\frac{\partial{}_i^0\boldsymbol{T}^{\mathrm{T}}}{\partial q_k}\dot{q}_j\dot{q}_k\right)=\frac{1}{2}\mathrm{Tr}\left(\sum_{j=1}^{i}\sum_{k=1}^{i}\frac{\partial{}_i^0\boldsymbol{T}}{\partial q_j}\boldsymbol{J}_i\frac{\partial{}_i^0\boldsymbol{T}^{\mathrm{T}}}{\partial q_k}\dot{q}_j\dot{q}_k\right),\ i=1,2,\cdots,n \tag{3.6.14}$$

式中,$\boldsymbol{J}_i=\int_i{}^i\boldsymbol{r}{}^i\boldsymbol{r}^{\mathrm{T}}\mathrm{d}m$ 为连杆 i 的**伪惯量矩阵**。

机器人操作臂(n 个连杆)的总动能 E' 为

$$E'=\sum_{i=1}^{n}E_i=\frac{1}{2}\sum_{i=1}^{n}\mathrm{Tr}\left(\sum_{j=1}^{i}\sum_{k=1}^{i}\frac{\partial{}_i^0\boldsymbol{T}}{\partial q_j}\boldsymbol{J}_i\frac{\partial{}_i^0\boldsymbol{T}^{\mathrm{T}}}{\partial q_k}\dot{q}_j\dot{q}_k\right) \tag{3.6.15}$$

驱动各连杆的传动机构的动能 E_{ai} 可表示成传动机构的等效惯量和相应的关节速度的函数,即

$$E_{ai}=\frac{1}{2}I_{ai}\dot{q}_i^2 \tag{3.6.16}$$

式中,I_{ai} 是第 i 个连杆传动机构的广义等效惯量,对于移动关节,I_{ai} 是等效质量;对于转动关节,I_{ai} 是等效惯量。

机器人操作臂结构系统的总动能 E 为(将求迹运算与求和运算交换次序)

$$E=E'+\sum_{i=1}^{n}E_{ai}=\frac{1}{2}\sum_{i=1}^{n}\left[\sum_{j=1}^{i}\sum_{k=1}^{i}\mathrm{Tr}\left(\frac{\partial{}_i^0\boldsymbol{T}}{\partial q_j}\boldsymbol{J}_i\frac{\partial{}_i^0\boldsymbol{T}^{\mathrm{T}}}{\partial q_k}\right)\dot{q}_j\dot{q}_k+I_{ai}\dot{q}_i^2\right] \tag{3.6.17}$$

3. 系统的势能

各连杆的势能为

$$U_i=-m_i\boldsymbol{g}^{\mathrm{T}\,0}\boldsymbol{r}_{Ci}=-m_i\boldsymbol{g}^{\mathrm{T}\,0}_{\ i}\boldsymbol{T}{}^i\boldsymbol{r}_{Ci}\qquad i=1,2,\cdots,n \tag{3.6.18}$$

式中,m_i 是连杆的质量,$\boldsymbol{g}=[g_x\quad g_y\quad g_z\quad 0]^{\mathrm{T}}$ 是重力列阵。

机器人操作臂的总势能为

$$U=\sum_{i=1}^{n}U_i=-\sum_{i=1}^{n}m_i\boldsymbol{g}^{\mathrm{T}\,0}_{\ i}\boldsymbol{T}{}^r\boldsymbol{r}_{Ci} \tag{3.6.19}$$

4. 操作臂的拉格朗日函数

由拉格朗日函数表达式(3.6.6)以及式(3.6.17)和式(3.6.19)得

$$L=E-U=\frac{1}{2}\sum_{i=1}^{n}\left[\sum_{j=1}^{i}\sum_{k=1}^{i}\mathrm{Tr}\left(\frac{\partial{}_i^0\boldsymbol{T}}{\partial q_j}\boldsymbol{J}_i\frac{\partial{}_i^0\boldsymbol{T}^{\mathrm{T}}}{\partial q_k}\right)\dot{q}_j\dot{q}_k+I_{ai}\dot{q}_i^2\right]+\sum_{i=1}^{n}m_i\boldsymbol{g}^{\mathrm{T}\,0}_{\ i}\boldsymbol{T}{}^i\boldsymbol{r}_{Ci} \tag{3.6.20}$$

5. 操作臂的动力学方程

根据拉格朗日方程式(3.6.7)得关节 i 驱动连杆 i 所需的力矩 τ_i

$$\tau_i=\frac{\mathrm{d}}{\mathrm{d}t}\left(\frac{\partial L}{\partial\dot{q}_i}\right)-\frac{\partial L}{\partial q_i}\qquad i=1,2,\cdots,n \tag{3.6.21}$$

将式(3.6.20)对任意广义速率 $\dot{q}_p$ 求偏导得

$$\frac{\partial L}{\partial \dot{q}_p}=\frac{1}{2}\sum_{i=1}^{n}\sum_{k=1}^{i}\mathrm{Tr}\left(\frac{\partial {}_i^0\boldsymbol{T}}{\partial q_p}\boldsymbol{J}_i\frac{\partial {}_i^0\boldsymbol{T}^{\mathrm{T}}}{\partial q_k}\right)\dot{q}_k \qquad \left(j\to p,\text{求导后}\sum_{k=1}^{i}\text{消失}\right)$$

$$+\frac{1}{2}\sum_{i=1}^{n}\sum_{j=1}^{i}\mathrm{Tr}\left(\frac{\partial {}_i^0\boldsymbol{T}}{\partial q_j}\boldsymbol{J}_i\frac{\partial {}_i^0\boldsymbol{T}^{\mathrm{T}}}{\partial q_p}\right)\dot{q}_j \qquad \left(k\to p,\text{求导后}\sum_{k=1}^{i}\text{消失}\right) \tag{3.6.22}$$

$$+I_{ap}\dot{q}_p \qquad \left(i\to p,\text{求导后}\sum_{i=1}^{N}\text{消失}\right)$$

式(3.6.20)最后一项中不含 $\dot{q}_p$，对 $\dot{q}_p$ 求导为零。

将式(3.6.22)等号右边第二项名义标志 j 改为 k，有

$$\mathrm{Tr}\left(\frac{\partial {}_i^0\boldsymbol{T}}{\partial q_k}\boldsymbol{J}_i\frac{\partial {}_i^0\boldsymbol{T}^{\mathrm{T}}}{\partial q_p}\right)=\mathrm{Tr}\left(\frac{\partial {}_i^0\boldsymbol{T}}{\partial q_k}\boldsymbol{J}_i\frac{\partial {}_i^0\boldsymbol{T}^{\mathrm{T}}}{\partial q_p}\right)^{\mathrm{T}}=\mathrm{Tr}\left(\frac{\partial {}_i^0T}{\partial q_p}\boldsymbol{J}_i\frac{\partial {}_i^0T^{\mathrm{T}}}{\partial q_k}\right) \tag{3.6.23}$$

将式(3.6.23)代入式(3.6.22)得

$$\frac{\partial L}{\partial \dot{q}_p}=\sum_{i=1}^{n}\sum_{k=1}^{i}\mathrm{Tr}\left(\frac{\partial {}_i^0\boldsymbol{T}}{\partial q_k}\boldsymbol{J}_i\frac{\partial {}_i^0\boldsymbol{T}^{\mathrm{T}}}{\partial q_p}\right)\dot{q}_k+I_{ap}\dot{q}_p \tag{3.6.24}$$

对于 $i<p$，有 $\dfrac{\partial {}_i^0\boldsymbol{T}}{\partial q_p}=0$　　(3.6.25)

所以，式(3.6.24)可写为

$$\frac{\partial L}{\partial \dot{q}_p}=\sum_{i=p}^{n}\sum_{k=1}^{i}\mathrm{Tr}\left(\frac{\partial {}_i^0\boldsymbol{T}}{\partial q_k}\boldsymbol{J}_i\frac{\partial {}_i^0\boldsymbol{T}^{\mathrm{T}}}{\partial q_p}\right)\dot{q}_k+I_{ap}\dot{q}_p \tag{3.6.26}$$

将式(3.6.26)对时间 t 求导

$$\frac{\mathrm{d}}{\mathrm{d}t}\left(\frac{\partial L}{\partial \dot{q}_p}\right)=\sum_{i=p}^{n}\sum_{k=1}^{i}\mathrm{Tr}\left(\frac{\partial {}_i^0\boldsymbol{T}}{\partial q_k}\boldsymbol{J}_i\frac{\partial {}_i^0\boldsymbol{T}^{\mathrm{T}}}{\partial q_p}\right)\ddot{q}_k+I_{ap}\ddot{q}_k+\sum_{i=p}^{n}\sum_{k=1}^{i}\sum_{m=1}^{i}\mathrm{Tr}\left(\frac{\partial^2 {}_i^0\boldsymbol{T}}{\partial q_k\partial q_m}\boldsymbol{J}_i\frac{\partial {}_i^0\boldsymbol{T}^{\mathrm{T}}}{\partial q_p}\right)\dot{q}_k\dot{q}_m$$

$$+\sum_{i=p}^{n}\sum_{k=1}^{i}\sum_{m=1}^{i}\mathrm{Tr}\left(\frac{\partial^2 {}_i^0\boldsymbol{T}}{\partial q_p\partial q_m}\boldsymbol{J}_i\frac{\partial {}_i^0\boldsymbol{T}^{\mathrm{T}}}{\partial q_k}\right)\dot{q}_k\dot{q}_m \tag{3.6.27}$$

式(3.6.27)中等号右边的第三项由下式推出

$$\mathrm{Tr}\left(\frac{\partial {}_i^0\boldsymbol{T}}{\partial q_k}\boldsymbol{J}_i\frac{\partial^2 {}_i^0\boldsymbol{T}^{\mathrm{T}}}{\partial q_p\partial q_m}\right)=\mathrm{Tr}\left(\frac{\partial {}_i^0\boldsymbol{T}}{\partial q_k}\boldsymbol{J}_i\frac{\partial^2 {}_i^0\boldsymbol{T}^{\mathrm{T}}}{\partial q_p\partial q_m}\right)^{\mathrm{T}}=\mathrm{Tr}\left(\frac{\partial^2 {}_i^0\boldsymbol{T}}{\partial q_p\partial q_m}\boldsymbol{J}_i\frac{\partial {}_i^0\boldsymbol{T}^{\mathrm{T}}}{\partial q_k}\right) \tag{3.6.28}$$

将式(3.6.20)对任意广义坐标 q_p 求偏导得

$$\frac{\partial L}{\partial q_p}=\frac{1}{2}\sum_{i=p}^{n}\sum_{j=1}^{i}\sum_{k=1}^{i}\mathrm{Tr}\left(\frac{\partial^2 {}_i^0\boldsymbol{T}}{\partial q_j\partial q_p}\boldsymbol{J}_i\frac{\partial {}_i^0\boldsymbol{T}^{\mathrm{T}}}{\partial q_k}\right)\dot{q}_j\dot{q}_k+\frac{1}{2}\sum_{i=p}^{n}\sum_{j=1}^{i}\sum_{k=1}^{i}\mathrm{Tr}\left(\frac{\partial^2 {}_i^0\boldsymbol{T}}{\partial q_k\partial q_p}\boldsymbol{J}_i\frac{\partial {}_i^0\boldsymbol{T}^{\mathrm{T}}}{\partial q_j}\right)\dot{q}_j\dot{q}_k$$

$$+\sum_{i=p}^{n}m_i\boldsymbol{g}^{\mathrm{T}}\frac{\partial {}_i^0\boldsymbol{T}}{\partial q_p}{}^i\boldsymbol{r}_{Ci} \tag{3.6.29}$$

式(3.6.29)中等号右边的第二项可由式(3.6.28)推出。

将式(3.6.29)等号右边第二项中的求和名义标志 j 和 k 互换并与等号右边第一项相加，得到

$$\frac{\partial L}{\partial q_p}=\sum_{i=p}^{n}\sum_{j=1}^{i}\sum_{k=1}^{i}\mathrm{Tr}\left(\frac{\partial^2 {}_i^0\boldsymbol{T}}{\partial q_p\partial q_j}\boldsymbol{J}_i\frac{\partial {}_i^0\boldsymbol{T}^{\mathrm{T}}}{\partial q_k}\right)\dot{q}_j\dot{q}_k+\sum_{i=p}^{n}m_i\boldsymbol{g}^{\mathrm{T}}\frac{\partial {}_i^0\boldsymbol{T}}{\partial q_p}{}^i\boldsymbol{r}_{Ci} \tag{3.6.30}$$

将式(3.6.30)第一项中的求和名义标志由 j 换成 m,将式(3.6.27)和式(3.6.30)代入式(3.6.21)得到

$$\tau_p=\frac{\mathrm{d}}{\mathrm{d}t}\left(\frac{\partial L}{\partial \dot{q}_p}\right)-\frac{\partial L}{\partial q_p}=\sum_{i=p}^{n}\sum_{k=1}^{i}\mathrm{Tr}\left(\frac{\partial {}_i^0\boldsymbol{T}}{\partial q_k}\boldsymbol{J}_i\frac{\partial {}_i^0\boldsymbol{T}^{\mathrm{T}}}{\partial q_p}\right)\ddot{q}_k+I_{ap}\ddot{q}_p$$
$$+\sum_{i=p}^{n}\sum_{k=1}^{i}\sum_{m=1}^{i}\mathrm{Tr}\left(\frac{\partial^2 {}_i^0\boldsymbol{T}}{\partial q_k\partial q_m}\boldsymbol{J}_i\frac{\partial {}_i^0\boldsymbol{T}^{\mathrm{T}}}{\partial q_p}\right)\dot{q}_k\dot{q}_m-\sum_{i=p}^{n}m_i\boldsymbol{g}^{\mathrm{T}}\frac{\partial {}_i^0\boldsymbol{T}}{\partial q_p}{}^i\boldsymbol{r}_{Ci}\tag{3.6.31}$$

注意:式(3.6.27)中等号右边的第三项和式(3.6.30)等号右边的第一项相抵消。

将上式中的 p 换成 i,i 换成 j 得

$$\tau_i=\sum_{j=i}^{n}\sum_{k=1}^{j}\mathrm{Tr}\left(\frac{\partial {}_j^0\boldsymbol{T}}{\partial q_k}\boldsymbol{J}_j\frac{\partial {}_j^0\boldsymbol{T}^{\mathrm{T}}}{\partial q_i}\right)\ddot{q}_k+I_{ai}\ddot{q}_i$$
$$+\sum_{j=i}^{n}\sum_{k=1}^{j}\sum_{m=1}^{j}\mathrm{Tr}\left(\frac{\partial^2 {}_j^0\boldsymbol{T}}{\partial q_k\partial q_m}\boldsymbol{J}_j\frac{\partial {}_j^0\boldsymbol{T}^{\mathrm{T}}}{\partial q_i}\right)\dot{q}_k\dot{q}_m-\sum_{j=i}^{n}m_j\boldsymbol{g}^{\mathrm{T}}\frac{\partial {}_j^0\boldsymbol{T}}{\partial q_i}{}^j\boldsymbol{r}_{Cj}\tag{3.6.32}$$

上式与求和次序无关,所以可写成

$$\tau_i=\sum_{j=1}^{n}M_{ij}\ddot{q}_j+\sum_{j=1}^{n}\sum_{k=1}^{n}H_{ijk}\dot{q}_j\dot{q}_k+G_i\quad i=1,2,\cdots,n\tag{3.6.33}$$

式中,

$$M_{ij}=\sum_{p=\max(i,j)}^{n}\mathrm{Tr}\left(\frac{\partial {}_p^0\boldsymbol{T}}{\partial q_j}\boldsymbol{J}_p\frac{\partial {}_p^0\boldsymbol{T}^{\mathrm{T}}}{\partial q_i}\right)+I_{ai}\delta_{ij}\tag{3.6.34}$$

注意:在式(3.6.33)等号右边的第一项和式(3.6.34)中,是将式(3.6.32)等号右边的第一项和第二项中的 k 换成 j,j 换成 p,且有 $i,j>p$ 时,$\frac{\partial {}_p^0\boldsymbol{T}^{\mathrm{T}}}{\partial q_i}=\frac{\partial {}_p^0\boldsymbol{T}}{\partial q_j}=0$;$\delta_{ij}=\begin{cases}1 & i=j\\0 & i\neq j\end{cases}$,

$$H_{ijk}=\sum_{p=\max(i,j,k)}^{n}\mathrm{Tr}\left(\frac{\partial^2 {}_p^0\boldsymbol{T}}{\partial q_j\partial q_k}\boldsymbol{J}_p\frac{\partial {}_p^0\boldsymbol{T}^{\mathrm{T}}}{\partial q_i}\right)\tag{3.6.35}$$

注意:在式(3.6.33)等号右边的第二项和式(3.6.35)中,是将式(3.6.32)等号右边的第三项中的 m 换成 j,j 换成 p,且有 $i,j,k>p$ 时,$\frac{\partial {}_p^0\boldsymbol{T}^{\mathrm{T}}}{\partial q_i}=\frac{\partial^2 {}_p^0\boldsymbol{T}}{\partial q_j\partial q_k}=0$,

$$G_i=-\sum_{p=i}^{n}m_p\boldsymbol{g}^{\mathrm{T}}\frac{\partial {}_p^0\boldsymbol{T}^{\mathrm{T}}}{\partial q_i}{}^p\boldsymbol{r}_{Cp}\tag{3.6.36}$$

注意:式(3.6.33)等号右边的第三项和式(3.6.36)中,将式(3.6.32)等号右边的第四项中的 j 换成 p。

将式(3.6.33)写成矩阵形式

$$\boldsymbol{\tau}(t)=\boldsymbol{M}(\boldsymbol{q}(t))\ddot{\boldsymbol{q}}(t)+\boldsymbol{H}(\boldsymbol{q}(t),\dot{\boldsymbol{q}}(t))+\boldsymbol{G}(\boldsymbol{q}(t))\tag{3.6.37}$$

略去式(3.6.37)中的自变量 t,得

$$\boldsymbol{\tau}=\boldsymbol{M}(\boldsymbol{q})\ddot{\boldsymbol{q}}+\boldsymbol{H}(\boldsymbol{q},\dot{\boldsymbol{q}})+\boldsymbol{G}(\boldsymbol{q})\tag{3.6.38}$$

式中,

$\boldsymbol{\tau}=[\tau_1\quad\cdots\quad\tau_n]^{\mathrm{T}}$ 为加在各关节上的 $n\times1$ 广义力矩列阵;

$\boldsymbol{q}=[q_1 \quad \cdots \quad q_n]^{\mathrm{T}}$ 为操作臂的广义关节位置(坐标)变量列阵;

$\dot{\boldsymbol{q}}=[\dot{q}_1 \quad \cdots \quad \dot{q}_n]^{\mathrm{T}}$ 为操作臂的广义关节速度列阵;

$\ddot{\boldsymbol{q}}=[\ddot{q}_1 \quad \cdots \quad \ddot{q}_n]^{\mathrm{T}}$ 为操作臂的广义关节加速度列阵;

$\boldsymbol{M}(\boldsymbol{q})$ 为操作臂的质量矩阵,是 $n\times n$ 阶的对称矩阵,其元素为式(3.6.34);

$\boldsymbol{H}(\boldsymbol{q},\dot{\boldsymbol{q}})$ 为操作臂的 $n\times1$ 阶(n 维)的哥氏力和离心力列阵,其元素为式(3.6.35);

$\boldsymbol{G}(\boldsymbol{q})$ 为操作臂的 $n\times1$ 阶(n 维)的重力列阵,其元素为式(3.6.36)。

式(3.6.34)、式(3.6.35)和式(3.6.36)是关节变量和连杆惯性参数的函数,称为操作臂的动力学系数,其物理意义为

1) M_{ij} 与关节(变量)加速度有关。$i=j$ 时,M_{ii} 为关节 i 的有效惯量,$M_{ij}\ddot{q}_j(i=j)$ 为自加速惯性力(矩);$i\neq j$ 时,M_{ij} 为关节 i 和 j 之间的耦合惯量,$M_{ij}\ddot{q}_j(i\neq j)$ 为耦合惯性力(矩)。可证明,$M_{ij}=M_{ji}$。

2) H_{ijk} 与关节(变量)速度有关。对于关节 i,$j=k$ 时,$H_{ijj}\dot{q}_j^2$ 为关节 j 处的速度引起的离心惯性力(矩);$j\neq k$ 时,$H_{ijk}\dot{q}_j\dot{q}_k$ 为关节 j 和 k 处的速度引起的哥氏惯性力矩。可证明,$H_{ijk}=H_{ikj}$。

3) G_i 是连杆 i 的重力项[重力(矩)]。

式(3.6.33)~式(3.6.37)表示的操作臂动力学方程是多关节相互耦合的非线性二阶常微分方程。对于动力学正向问题,给定 $\tau_i=\tau_i(t),i=1,2,\cdots,n$,一般可通过积分求出相应的关节运动 $\boldsymbol{q}$,再通过运动学方程求出末端运动规律 $\boldsymbol{X}(t)$。对于动力学逆问题,给定关节坐标 $\boldsymbol{q}$、关节速度 $\dot{\boldsymbol{q}}$、关节加速度 $\ddot{\boldsymbol{q}}$,则可计算出 $\boldsymbol{\tau}$,构成计算力矩控制系统。式(3.6.37)可实现闭环控制,便于设计补偿所有非线性因素的控制规律。

3.7 关节空间与操作空间动力学

3.7.1 关节空间动力学方程

式(3.6.38)给出了操作臂动力学方程的形式:

$$\boldsymbol{\tau}=\boldsymbol{M}(\boldsymbol{q})\ddot{\boldsymbol{q}}+\boldsymbol{H}(\boldsymbol{q},\dot{\boldsymbol{q}})+\boldsymbol{G}(\boldsymbol{q}) \tag{3.7.1}$$

如果把 $\boldsymbol{q}$ 和 $\dot{\boldsymbol{q}}$ 当成状态变量,则式(3.7.1)就是状态方程。因为 $\boldsymbol{q}$ 和 $\dot{\boldsymbol{q}}$ 是在关节空间描述的,所以式(3.7.1)也称为关节空间的动力学方程。

例 3.6 已知:3.5.5 节例 3.4 中图 3.9 所示的 2R 平面操作臂,按照简约形式的拉格朗日方程,写出 $\boldsymbol{M}(\boldsymbol{q})$,$\boldsymbol{H}(\boldsymbol{q},\dot{\boldsymbol{q}})$,$\boldsymbol{G}(\boldsymbol{q})$。

解:由 3.5.5 节例 3.4 的结果式(k):

$$\begin{aligned}\tau_1 =& m_2l_2^2(\ddot{\theta}_1+\ddot{\theta}_2)+m_2l_1l_2c_2(2\ddot{\theta}_1+\ddot{\theta}_2)+(m_1+m_2)l_1^2\ddot{\theta}_1-m_2l_1l_2s_2\dot{\theta}_2^2 \\ &-2m_2l_1l_2s_2\dot{\theta}_1\dot{\theta}_2+m_2l_2gc_{12}+(m_1+m_2)l_1gc_1\end{aligned} \tag{a}$$

$$\tau_2=m_2l_1l_2c_2\ddot{\theta}_1+m_2l_1l_2s_2\dot{\theta}_1^2+m_2l_2gc_{12}+m_2l_2^2(\ddot{\theta}_1+\ddot{\theta}_2) \tag{b}$$

可得

$$M(q)=\begin{bmatrix} m_2l_2^2+2m_2l_1l_2c_2+(m_1+m_2)l_1^2 & m_2l_2^2+m_2l_1l_2c_2 \\ m_2l_2^2+m_2l_1l_2c_2 & m_2l_2^2 \end{bmatrix} \tag{c}$$

操作臂的质量矩阵都是对称和正定的，因而都是可逆的。

$\boldsymbol{H}(\boldsymbol{q},\dot{\boldsymbol{q}})$包含了所有与关节速度有关的项，即

$$H(q,\dot{q})=\begin{bmatrix} -m_2l_1l_2s_2\dot{\theta}_2^2-2m_2l_1l_2s_2\dot{\theta}_1\dot{\theta}_2 \\ m_2l_1l_2s_2\dot{\theta}_1^2 \end{bmatrix} \tag{d}$$

式中，$-m_2l_1l_2s_2\dot{\theta}_2^2$ 是与离心力有关的项，因为它含有关节速度的平方；$-2m_2l_1l_2s_2\dot{\theta}_1\dot{\theta}_2$ 是与哥氏力有关的项，因为它含有两个不同关节速度的乘积。

重力项 $\boldsymbol{G}(\boldsymbol{q})$包含了所有与重力加速度 g 有关的项，因而有

$$G(q)=\begin{bmatrix} m_2l_2gc_{12}+(m_1+m_2)l_1gc_1 \\ m_2l_2gc_{12} \end{bmatrix} \tag{e}$$

与例 3.4 中用牛顿-欧拉法推得的结果相同。

讨论：如果将 2R 操作臂视为两个沿杆长均布质量的刚体，则相应的动力学参数的矩阵形式如下：

$$M^*(q)=\begin{bmatrix} \left(\frac{7}{12}m_1+m_2\right)l_1^2+\frac{m_2}{3}l_2^2+m_2l_1l_2c_2 & \frac{m_2}{3}l_2^2+\frac{m_2}{2}l_1l_2c_2 \\ \frac{m_2}{3}l_2^2+\frac{m_2}{2}l_1l_2c_2 & \frac{m_2}{3}l_2^2 \end{bmatrix} \tag{f}$$

$$H^*(q,\dot{q})=\begin{bmatrix} -m_2l_1l_2s_2\left(\frac{1}{2}\dot{\theta}_2^2+\dot{\theta}_1\dot{\theta}_2\right) \\ \frac{m_2}{2}l_1l_2s_2\dot{\theta}_1^2 \end{bmatrix} \tag{g}$$

$$G^*(q)=\begin{bmatrix} \left(\frac{m_1}{2}+m_2\right)gl_1c_1+\frac{m_2}{2}gl_2c_{12} \\ \frac{m_2}{2}gl_2c_{12} \end{bmatrix} \tag{h}$$

由此可见，两种假设得到的动力学参数并不相等。下面给出一个算例，定量说明两种假设的相对误差。已知 2R 操作臂的参数：$m_1=m_2=1\ \text{kg}$，$l_1=l_2=0.5\ \text{m}$，$\theta_1\in[0,\pi]$，$\theta_2\in[0,\pi]$，求两种不同假设下的模型相对误差。图 3.12 为质量矩阵 $\boldsymbol{M}$ 元素(1, 1)的相对误差。当连杆 2 完全展开时($\theta_2=0$)，两种假设模型的相对误差为 52%。

3.7.2　形位空间动力学方程

将动力学方程中的 $\boldsymbol{H}(\boldsymbol{q},\dot{\boldsymbol{q}})$项写成另外一种形式：

$$\tau=M(q)\ddot{q}+B(q)[\dot{q},\dot{q}]+C(q)[\dot{q}^2]+G(q) \tag{3.7.2}$$

式中，$\boldsymbol{B}(\boldsymbol{q})$是 $n\times n(n-1)/2$ 阶的哥氏力系数矩阵，$[\dot{\boldsymbol{q}},\dot{\boldsymbol{q}}]$是 $n(n-1)/2\times1$ 阶的关节速度积

列阵(矢量),即

$$[\dot{\boldsymbol{q}},\dot{\boldsymbol{q}}]=[\dot{q}_1\dot{q}_2 \quad \dot{q}_1\dot{q}_3 \quad \cdots \quad \dot{q}_{n-1}\dot{q}_n]^{\mathrm{T}} \tag{3.7.3}$$

$\boldsymbol{C}(\boldsymbol{q})$是 $n\times n$ 阶离心力系数矩阵,而$[\dot{\boldsymbol{q}}^2]$是 n 维关节速度平方列阵,即

$$[\dot{\boldsymbol{q}}^2]=[\dot{q}_1^2 \quad \dot{q}_2^2 \quad \cdots \quad \dot{q}_n^2]^{\mathrm{T}} \tag{3.7.4}$$

式(3.7.2)称为**形位空间方程**,因为它的系数矩阵仅是操作臂形位 $\boldsymbol{q}$ 的函数。

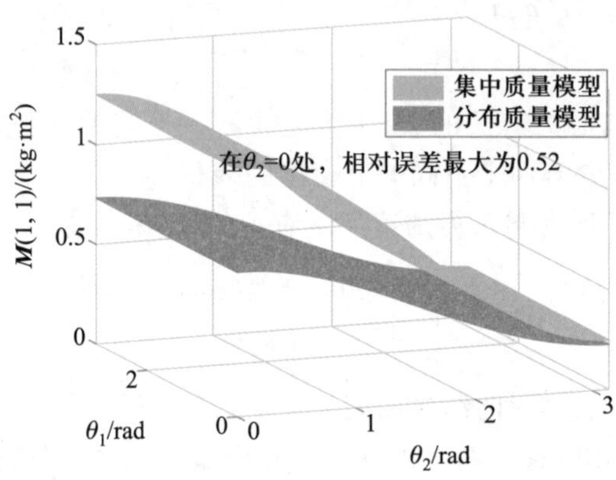

图3.12　两种质量分布模型下的动力学参数的相对误差

例3.7　已知:例3.4(见图3.9)所示的2R平面操作臂,试写出 $\boldsymbol{B}(\boldsymbol{q})$和 $\boldsymbol{C}(\boldsymbol{q})$。

解:由式(3.7.3)和式(3.7.4)可知

$$[\dot{\boldsymbol{q}},\dot{\boldsymbol{q}}]=[\dot{\theta}_1\dot{\theta}_2]$$

$$[\dot{\boldsymbol{q}}^2]=[\dot{\theta}_1^2 \quad \dot{\theta}_2^2]^{\mathrm{T}}$$

由例3.6式(d)得

$$\boldsymbol{B}(\boldsymbol{q})=\begin{bmatrix}-2m_2l_1l_2\mathrm{s}_2\\0\end{bmatrix}$$

$$\boldsymbol{C}(\boldsymbol{q})=\begin{bmatrix}0 & -m_2l_1l_2\mathrm{s}_2\\ m_2l_1l_2\mathrm{s}_2 & 0\end{bmatrix}$$

形位空间方程的意义在于在计算机控制操作臂时要求动力学方程必须随着操作臂形位的变化不断更新。

3.7.3　操作空间(直角坐标空间)动力学方程

关节空间:由关节坐标(位置)列阵 $\boldsymbol{q}=[q_1 \quad q_2 \quad \cdots \quad q_n]^{\mathrm{T}}$ 组成的空间。

操作空间:由操作臂末端的位姿列阵 $\boldsymbol{X}=[x \quad y \quad z \quad \theta_x \quad \theta_y \quad \theta_z]^{\mathrm{T}}$ 组成的空间。

机器人操作臂运动学是关于两个空间中的坐标(位移)的变换关系

$$\boldsymbol{X}=\boldsymbol{X}(\boldsymbol{q}) \tag{3.7.5}$$

根据雅可比矩阵 $\boldsymbol{J}(\boldsymbol{q})$的意义,两个空间中的速度关系为

$$\dot{\boldsymbol{X}}=\boldsymbol{J}(\boldsymbol{q})\dot{\boldsymbol{q}} \tag{3.7.6}$$

将式(3.7.6)对时间 t 求导数得两个空间中的加速度关系

$$\ddot{\boldsymbol{X}}=\boldsymbol{J}(\boldsymbol{q})\ddot{\boldsymbol{q}}+\dot{\boldsymbol{J}}(\boldsymbol{q})\dot{\boldsymbol{q}} \tag{3.7.7}$$

关节空间中的动力学方程为式(3.7.1)。操作空间中的动力学方程可写成

$$\boldsymbol{F}=\boldsymbol{M}_X(\boldsymbol{q})\ddot{\boldsymbol{X}}+\boldsymbol{H}_X(\boldsymbol{q},\dot{\boldsymbol{q}})+\boldsymbol{G}_X(\boldsymbol{q}) \tag{3.7.8}$$

式中,$\boldsymbol{M}_X(\boldsymbol{q})$是6×6 阶的直角坐标系下的质量矩阵;$\boldsymbol{H}_X(\boldsymbol{q},\dot{\boldsymbol{q}})$是 6 维直角坐标系下的离心力和哥氏力列阵;$\boldsymbol{G}_X(\boldsymbol{q})$是 6 维重力列阵。

将式(3.7.7)代入式(3.7.8),略去自变量符号,得

$$\boldsymbol{F}=\boldsymbol{M}_X(\boldsymbol{q})(\boldsymbol{J}(\boldsymbol{q})\ddot{\boldsymbol{q}}+\dot{\boldsymbol{J}}(\boldsymbol{q})\dot{\boldsymbol{q}})+\boldsymbol{H}_X(\boldsymbol{q},\dot{\boldsymbol{q}})+\boldsymbol{G}_X(\boldsymbol{q}) \tag{3.7.9}$$

将式(3.7.9)代入式(3.1.7),略去式中的自变量 $\boldsymbol{q},\dot{\boldsymbol{q}}$,得

$$\boldsymbol{\tau}=\boldsymbol{J}^{\mathrm{T}}\boldsymbol{M}_X\boldsymbol{J}\ddot{\boldsymbol{q}}+\boldsymbol{J}^{\mathrm{T}}\boldsymbol{M}_X\dot{\boldsymbol{J}}\dot{\boldsymbol{q}}+\boldsymbol{J}^{\mathrm{T}}\boldsymbol{H}_X+\boldsymbol{J}^{\mathrm{T}}\boldsymbol{G}_X \tag{3.7.10}$$

将式(3.7.10)与式(3.7.1)对照,得到关节空间动力学方程与操作空间动力学方程的下列关系:

$$\begin{aligned}&\boldsymbol{M}=\boldsymbol{J}^{\mathrm{T}}\boldsymbol{M}_X\boldsymbol{J}\\&\boldsymbol{H}=\boldsymbol{J}^{\mathrm{T}}\boldsymbol{M}_X\dot{\boldsymbol{J}}\dot{\boldsymbol{q}}+\boldsymbol{J}^{\mathrm{T}}\boldsymbol{H}_X\\&\boldsymbol{G}=\boldsymbol{J}^{\mathrm{T}}\boldsymbol{G}_X\end{aligned} \tag{3.7.11}$$

若 $\boldsymbol{J}^{-1}$存在,则式(3.7.11)可表示成

$$\begin{aligned}&\boldsymbol{M}_X=\boldsymbol{J}^{-\mathrm{T}}\boldsymbol{M}\boldsymbol{J}^{-1}\\&\boldsymbol{H}_X=\boldsymbol{J}^{-\mathrm{T}}(\boldsymbol{H}-\boldsymbol{M}\boldsymbol{J}^{-1}\dot{\boldsymbol{J}}\dot{\boldsymbol{q}})\\&\boldsymbol{G}_X=\boldsymbol{J}^{-\mathrm{T}}\boldsymbol{G}\end{aligned} \tag{3.7.12}$$

显然,当机器人操作臂接近奇异点时,操作空间动力学方程中的某些量趋于∞ 。

例 3.8 已知:对于例 3.4(见图 3.9)所示的 2R 平面操作臂,求操作空间形式的动力学方程。

解:因为末端执行器受力 $\boldsymbol{F}$ 是在操作空间中描述的,因此,力雅可比变换 $\boldsymbol{J}^{\mathrm{T}}$ 是在操作臂末端直角坐标系中的变换,由例 3.1 中的式(h)可得

$$\boldsymbol{J}=\begin{bmatrix}l_1\mathrm{s}_2 & 0\\ l_1\mathrm{c}_2+l_2 & l_2\end{bmatrix} \tag{a}$$

由上式计算 $\boldsymbol{J}^{-1}$:

$$\boldsymbol{J}^{-1}=\frac{1}{l_1l_2\mathrm{s}_2}\begin{bmatrix}l_2 & 0\\ -l_1\mathrm{c}_2-l_2 & l_1\mathrm{s}_2\end{bmatrix} \tag{b}$$

将式(a)对时间 t 求导,得

$$\dot{\boldsymbol{J}}=\begin{bmatrix}l_1\mathrm{c}_2\dot{\theta}_2 & 0\\ -l_1\mathrm{s}_2\dot{\theta}_2 & 0\end{bmatrix} \tag{c}$$

由式(3.7.12)和例 3.6 式(c) ~式(e)可得

$$\boldsymbol{M}_X=\begin{bmatrix} m_2+\dfrac{m_1}{s_2^2} & 0 \\ 0 & m_2 \end{bmatrix}$$

$$\boldsymbol{H}_X=\begin{bmatrix} -(m_2l_1c_2+m_2l_2)\dot{\theta}_1-m_2l_2\theta_2^2-\left(2m_2l_2+m_2l_1c_2+m_1l_1\dfrac{c_2}{s_2^2}\right)\dot{\theta}_1\dot{\theta}_2 \\ m_2l_1s_2\dot{\theta}_1^2+l_1m_2s_2\dot{\theta}_1\dot{\theta}_2 \end{bmatrix} \tag{d}$$

$$\boldsymbol{G}_X=\begin{bmatrix} m_1g\dfrac{c_1}{s_2}+m_2gs_{12} \\ m_2gc_{12} \end{bmatrix}$$

当 $s_2=0$ 时,操作臂位于奇异位形,动力学方程中的某些项将趋于无穷大。例如 $\boldsymbol{M}_X$ 的元素(1,1)变为无穷大,在此奇异位形下操作臂不能沿径向运动,即在这个奇异方向上运动是不可能的。

3.7.4　直角坐标形位空间中的关节力矩方程

将式(3.7.8)代入式(3.1.7)得

$$\boldsymbol{\tau}=\boldsymbol{J}^{\mathrm{T}}(\boldsymbol{M}_X\ddot{\boldsymbol{X}}+\boldsymbol{H}_X+\boldsymbol{G}_X) \tag{3.7.13}$$

将式(3.7.13)写成形位空间方程的形式

$$\boldsymbol{\tau}=\boldsymbol{J}^{\mathrm{T}}\boldsymbol{M}_X\ddot{\boldsymbol{X}}+\boldsymbol{B}_X[\dot{\boldsymbol{q}},\dot{\boldsymbol{q}}]+\boldsymbol{C}_X[\dot{\boldsymbol{q}}^2]+\boldsymbol{G} \tag{3.7.14}$$

式中,$\boldsymbol{B}_X$ 是 $n\times n(n-1)/2$ 阶的哥氏力系数矩阵,$[\dot{\boldsymbol{q}},\dot{\boldsymbol{q}}]$ 是 $n(n-1)/2\times1$ 阶的关节速度积列阵,参见式(3.7.3);$\boldsymbol{C}_X$ 是 $n\times n$ 阶离心力系数矩阵,而$[\dot{\boldsymbol{q}}^2]$是 $n\times1$ 阶关节速度平方列阵,参见式(3.7.4);$\boldsymbol{G}$ 与关节空间方程式(3.7.1)中的 $\boldsymbol{G}$ 相同;一般情况下,$\boldsymbol{B}_X\neq\boldsymbol{B}$,$\boldsymbol{C}_X\neq\boldsymbol{C}$。

例 3.9　已知:根据式(3.7.14),求:例 3.4(见图 3.9)所示的 2R 平面操作臂的 $\boldsymbol{B}_X$ 和 $\boldsymbol{C}_X$。

解:根据例 3.8 式(a)和式(d),可得

$$\boldsymbol{B}_X=\begin{bmatrix} m_1l_1^2\dfrac{c_2}{s_2}-m_2l_1l_2s_2 \\ m_2l_1l_2s_2 \end{bmatrix} \tag{a}$$

和

$$\boldsymbol{C}_X=\begin{bmatrix} 0 & -m_2l_1l_2s_2 \\ m_2l_1l_2s_2 & 0 \end{bmatrix} \tag{b}$$

3.8　动力学性能指标

3.8.1　动力学特征

哈里·阿萨达(H. Asada)利用广义惯性椭球(general inertia ellipsoid,GIE)评定机器人

的动力学特征,几何明显直观。

吉川(Yoshikawa)提出用动态可操作性椭球(dynamic manipulability ellipsoid,DME)衡量机器人的可操作性。

低速情况下,$\dot{\boldsymbol{q}}\approx\mathbf{0}$,$\dot{\boldsymbol{J}}\dot{\boldsymbol{q}}\approx\mathbf{0}$,由式(3.6.33)和式(3.6.35),有 $\boldsymbol{H}=\begin{bmatrix}\sum\limits_{j=1}^{n}\sum\limits_{k=1}^{n}H_{1jk}\dot{q}_j\dot{q}_k\\ \vdots\\ \sum\limits_{j=1}^{n}\sum\limits_{k=1}^{n}H_{ijk}\dot{q}_j\dot{q}_k\\ \vdots\\ \sum\limits_{j=1}^{n}\sum\limits_{k=1}^{n}H_{njk}\dot{q}_j\dot{q}_k\end{bmatrix}\approx\mathbf{0}$。

不计重力影响,这时关节空间的加速度 $\ddot{\boldsymbol{q}}$ 和操作空间的加速度 $\ddot{\boldsymbol{X}}$ 与关节力 $\boldsymbol{\tau}$ 和操作力 $\boldsymbol{F}$ 之间的关系由式(3.7.1)可得

$$\ddot{\boldsymbol{q}}=\boldsymbol{M}^{-1}(\boldsymbol{q})\boldsymbol{\tau} \tag{3.8.1}$$

将式(3.1.7)代入式(3.8.1)可得

$$\ddot{\boldsymbol{q}}=\boldsymbol{M}^{-1}(\boldsymbol{q})\boldsymbol{J}^{\mathrm{T}}(\boldsymbol{q})\boldsymbol{F}=\boldsymbol{I}(\boldsymbol{q})\boldsymbol{F} \tag{3.8.2}$$

由式(3.7.7)(此时 $\dot{\boldsymbol{J}}(\boldsymbol{q})\dot{\boldsymbol{q}}=\mathbf{0}$)和式(3.8.1)得

$$\ddot{\boldsymbol{X}}=\boldsymbol{J}(\boldsymbol{q})\boldsymbol{M}^{-1}(\boldsymbol{q})\boldsymbol{\tau}=\boldsymbol{E}(\boldsymbol{q})\boldsymbol{\tau} \tag{3.8.3}$$

由式(3.8.3)和式(3.1.7),得

$$\ddot{\boldsymbol{X}}=\boldsymbol{J}(\boldsymbol{q})\boldsymbol{M}^{-1}(\boldsymbol{q})\boldsymbol{J}^{\mathrm{T}}(\boldsymbol{q})\boldsymbol{F}=\boldsymbol{M}_X^{-1}(\boldsymbol{q})\boldsymbol{F} \tag{3.8.4}$$

在式(3.8.2)~式(3.8.4)中

$$\boldsymbol{I}=\boldsymbol{M}^{-1}\boldsymbol{J}^{\mathrm{T}} \tag{3.8.5}$$

$$\boldsymbol{E}=\boldsymbol{J}\boldsymbol{M}^{-1} \tag{3.8.6}$$

$$\boldsymbol{M}_X^{-1}=\boldsymbol{J}\boldsymbol{M}^{-1}\boldsymbol{J}^{\mathrm{T}} \tag{3.8.7}$$

3.8.2 广义惯性椭球 GIE

在式(3.8.1)~式(3.8.4)中,$\boldsymbol{M}^{-1}(\boldsymbol{q})$、$\boldsymbol{I}(\boldsymbol{q})$、$\boldsymbol{E}(\boldsymbol{q})$和 $\boldsymbol{M}_X^{-1}(\boldsymbol{q})$表示操作臂的加速特征。

GIE 是用操作空间的质量矩阵 $\boldsymbol{M}_X(\boldsymbol{q})$的特征值表示在操作空间中操作臂各个方向的加速特征。

对于 $n\times n$ 阶质量矩阵 $\boldsymbol{M}_X(\boldsymbol{q})$,二次型:

$$\boldsymbol{X}^{\mathrm{T}}\boldsymbol{M}_X(\boldsymbol{q})\boldsymbol{X}=1 \tag{3.8.8}$$

表示在 n 维操作空间的一个椭球——广义惯性椭球。式(3.8.8)的主轴方向就是 $\boldsymbol{M}_X(\boldsymbol{q})$的特征矢量方向,椭球[见式(3.8.8)]主轴的长度等于 $\boldsymbol{M}_X(\boldsymbol{q})$特征值的平方根。

用 GIE 描述加速特性的特点是具有几何直观性,见图 3.13。当椭球趋近于球时,动力学性能不断提高;椭球等于球时,则为动力学各向同性,此时 $\boldsymbol{M}_X(\boldsymbol{q})$的各个列向量之间相互独立,且模相等。

阿萨达(Asada)定义的 GIE 是由 $\boldsymbol{M}_X^{-1}$ 构造的。

因为 $\boldsymbol{M}_X(\boldsymbol{q})$ 正定，所以 $\boldsymbol{M}_X^{-1}(\boldsymbol{q})$ 存在，且正定。由二次型：

$$\boldsymbol{u}^{\mathrm{T}}\boldsymbol{M}_X^{-1}(\boldsymbol{q})\boldsymbol{u}=1 \tag{3.8.9}$$

定义的广义椭球用来度量操作空间中的 $\boldsymbol{F}$ 与 $\ddot{\boldsymbol{X}}$ 之间的关系[参见式(3.8.4)]。

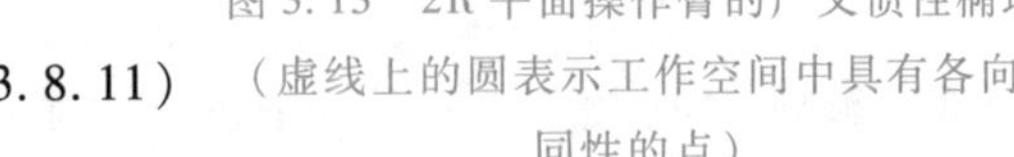

图 3.13　2R 平面操作臂的广义惯性椭球（虚线上的圆表示工作空间中具有各向同性的点）

3.8.3　动态可操作性椭球 DME

吉川(Yoshikawa)基于 $\boldsymbol{J}(\boldsymbol{q})$ 定义可操作性指标

$$w=\sqrt{\det(\boldsymbol{J}(\boldsymbol{q})\boldsymbol{J}^{\mathrm{T}}(\boldsymbol{q}))} \tag{3.8.10}$$

证明了

$$w=\sigma_1\sigma_2\cdots\sigma_m \tag{3.8.11}$$

式中，σ_i 为 $\boldsymbol{J}(\boldsymbol{q})$ 的奇异值。

吉川(Yoshikawa)定义的 DME 是基于 $\boldsymbol{E}(\boldsymbol{q})$[见式(3.8.6)]得到的一个动态性能指标。

一般 $\boldsymbol{E}(\boldsymbol{q})$ 不是方阵，对其进行奇异值分解

$$\boldsymbol{E}(\boldsymbol{q})=\boldsymbol{P\Sigma Q}^{\mathrm{T}} \tag{3.8.12}$$

式中，

$$\boldsymbol{\Sigma}=\begin{bmatrix}\sigma_1 & & 0 & 0 & \cdots & 0\\ & \ddots & & & & \vdots\\ 0 & & \sigma_m & 0 & \cdots & 0\end{bmatrix}\quad \sigma_1\geqslant\sigma_2\geqslant\cdots\geqslant\sigma_m\geqslant 0 \tag{3.8.13}$$

且 $\boldsymbol{P}\in R^{m\times m}$，$\boldsymbol{Q}\in R^{n\times n}$ 均为正交矩阵。

由奇异值构造性能指标

$$\begin{aligned}&w_1=\sigma_1\sigma_2\cdots\sigma_m\\&w_2=\frac{\sigma_1}{\sigma_m}\\&w_3=\sigma_m\\&w_4=(\sigma_1\sigma_2\cdots\sigma_m)^{\frac{1}{m}}=w_1^{\frac{1}{m}}\end{aligned} \tag{3.8.14}$$

式中，

w_1 为动态可操作性度量指标

$$w_1=\sqrt{\det(\boldsymbol{E}(\boldsymbol{q})\boldsymbol{E}^{\mathrm{T}}(\boldsymbol{q}))} \tag{3.8.15}$$

w_2 为 $\boldsymbol{E}(\boldsymbol{q})$ 的条件数

$$w_2=\begin{cases}\|\boldsymbol{E}(\boldsymbol{q})\|\ \|\boldsymbol{E}^{-1}(\boldsymbol{q})\| & \text{当 } m=n\text{，且非奇异}\\ \|\boldsymbol{E}(\boldsymbol{q})\|\ \|\boldsymbol{E}^{+}(\boldsymbol{q})\| & \text{当 } m<n\end{cases} \tag{3.8.16}$$

w_2 较大的 $\boldsymbol{E}(\boldsymbol{q})$ 为病态矩阵；$w_2=1$ 时操作臂具有的形位为各向同性。选择运动学和动力学参数时，应尽量使 $w_{2\min}\rightarrow 1$。

w_3 是 $\boldsymbol{E}(\boldsymbol{q})$ 的最小奇异值。

w_4 是 DME 的主轴几何均值。

对于 $\boldsymbol{M}_X^{-1}(\boldsymbol{q})$ 和 $\boldsymbol{I}(\boldsymbol{q})$ 也可做类似处理。

3.9　动力学建模中的其他问题

3.9.1　摩擦力

摩擦力也是作用于操作臂上的一种重要的力，摩擦力一般包括：粘性摩擦力、库仑摩擦力。在典型工况下，摩擦力大约相当于操作臂驱动力矩的 25%。

通常，关节偏心、负载变化、润滑情况等均会导致摩擦力随关节位置发生变化，因此，摩擦力是一种非线性的随机变量，一般只能用统计方法进行描述。

3.9.2　计算效率问题

从 3.5.3 节牛顿-欧拉递推动力学算法和 3.6.2 节机器人操作臂的拉格朗日方程可以看出，求解动力学方程需要进行大量的乘法计算和加法计算，显然，计算的次数越少，计算效率越高。

一般情况下，牛顿-欧拉迭代方法比拉格朗日方法的计算效率要高；封闭形式的方程比迭代方法的计算效率要高。

为提高动力学方程的计算效率，就要使动力学模型尽量简单。具体方法如下：1）使得操作臂的多个（或者全部）连杆扭转角为 0°，90°或 -90°；2）使连杆的长度和偏距为零；3）使连杆 i 在连杆质心坐标系 $\{C_i\}$ 中的惯量张量矩阵为对角阵。

习　　题

3-1　2R 机械臂的雅可比矩阵为 $\boldsymbol{J}=\begin{bmatrix} -l_1\mathrm{s}\theta_1 & -l_2\mathrm{s}_{12} \\ l_1\mathrm{c}\theta_1 & l_2\mathrm{c}_{12} \end{bmatrix}$，不计重力，当手部端点力 $\boldsymbol{F}=[1\quad 0]^{\mathrm{T}}\mathrm{N}$ 时，求相应的关节力矩 $\boldsymbol{\tau}$。

3-2　平面 2R 机械臂，求由关节力矩 $\boldsymbol{\tau}$ 向 2×1 广义力 ${}^3\boldsymbol{F}$（末端）映射的变换。注：左上角 3 表示参考系为末端坐标系。

3-3　坐标系原点建立在其质心的刚性匀质圆柱体，圆柱体轴线设为 x 轴，求它的惯量张量。

3-4　例 3-2 中，若将坐标系原点建在长方体的质心上，求其惯量张量。

3-5　单连杆操作臂的惯量张量为 ${}^{C_1}\boldsymbol{I}=\begin{bmatrix} I_{xx1} & 0 & 0 \\ 0 & I_{yy1} & 0 \\ 0 & 0 & I_{zz1} \end{bmatrix}$，假定这只是连杆自身的惯量，如果电机电枢的惯量矩为 I_m，减速器的减速比为 100，求从电机轴来看，整体的惯量张量是多少。

3-6　图 T3.1 所示单自由度操作臂的总质量为 $m=1\ \mathrm{kg}$，质心为 ${}^1P_C=\begin{bmatrix} 2 \\ 0 \\ 0 \end{bmatrix}\mathrm{m}$，惯量张量为 ${}^C\boldsymbol{I}_1=$

$\begin{bmatrix}1&0&0\\0&2&0\\0&0&2\end{bmatrix}$ kg · m^2，从静止 $t=0$ 开始，关节角 θ_1(rad)的运动：$\theta_1(t)=bt+ct^2$，求在坐标系{1}下，连杆的角加速度和连杆质心的线加速度。

3-7 图 T3.2 中所示的二连杆非平面操作臂，假设每个连杆的质量可视为集中于连杆末端（最外端）的集中质量，质量分别为 m_1 和 m_2，连杆长度为 l_1 和 l_2，作用于每个连杆的粘性摩擦系数分别为 μ_1 和 μ_2，试建立这个操作臂的动力学方程。

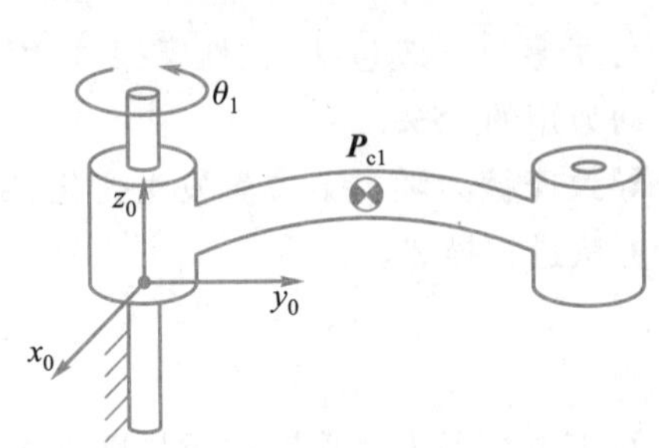

图 T3.1 单连杆操作臂

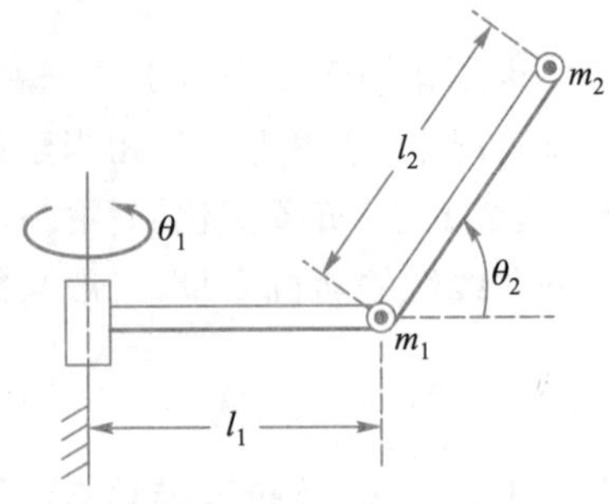

图 T3.2 质量集中于连杆末端的二连杆非平面操作臂

3-8 二连杆操作臂如图 T3.3 所示，连杆 1 的惯量张量 ${}^{C_1}\boldsymbol{I}=\begin{bmatrix}I_{xx1}&0&0\\0&I_{yy1}&0\\0&0&I_{zz1}\end{bmatrix}$，假定连杆 2 的质量 m_2 集中于末端执行器处，重力的方向是向下的（y_2 的方向），试推导二连杆操作臂的动力学方程。

3-9 具有一个移动关节的三连杆操作臂，见图 T3.4，连杆 1 的惯量张量为 ${}^{C_1}I=\begin{pmatrix}I_{xx1}&0&0\\0&I_{yy1}&0\\0&0&I_{zz1}\end{pmatrix}$；连杆 2 的质量 m_2 集中于该连杆坐标系的原点处；连杆 3 的惯量张量为 ${}^{C_3}I=\begin{pmatrix}I_{xx3}&0&0\\0&I_{yy3}&0\\0&0&I_{zz3}\end{pmatrix}$；假设重力方向为 z_1 的负方向，每个关节处的粘性摩擦系数为 μ_i，试推导这个操作臂的动力学方程。

图 T3.3 两连杆极坐标操作臂

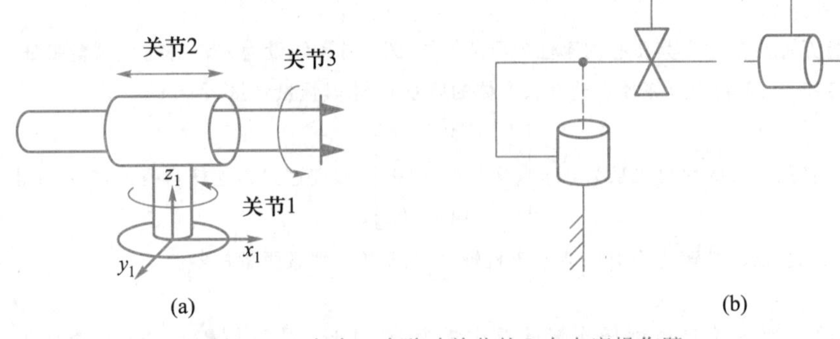

图 T3.4 包含一个移动关节的 3 自由度操作臂

3-10 3.5.5 节图 3.9 所示的 2R 机械臂,将每个连杆视为一个匀质矩形刚体的非集中质量模型,每个连杆的尺寸为 l_i,w_i 和 h_i,质量为 m_i,试利用牛顿-欧拉递推法建立其动力学方程。

3-11 3.6.1 节图 3.8 所示的 R-P 机械臂,试用牛顿-欧拉递推法推导其动力学方程。

3-12 图 T3.5 所示的小车和单摆系统,小车的质量为 m_c,质点为 m_p,由无质量、长度为 1 m 的杆与之相连,试利用拉格朗日方程建立其动力学方程。

3-13 2R 机械手如图 T3.6 所示。连杆 1 和连杆 2 的质量分别为 m_1 和 m_2,广义坐标分别为 θ_1 和 θ_2,两连杆长度分别为 r_1 和 r_2,重力 g 的方向如图示,试利用简约形式的拉格朗日方程推导 2R 操作臂的动力学方程。

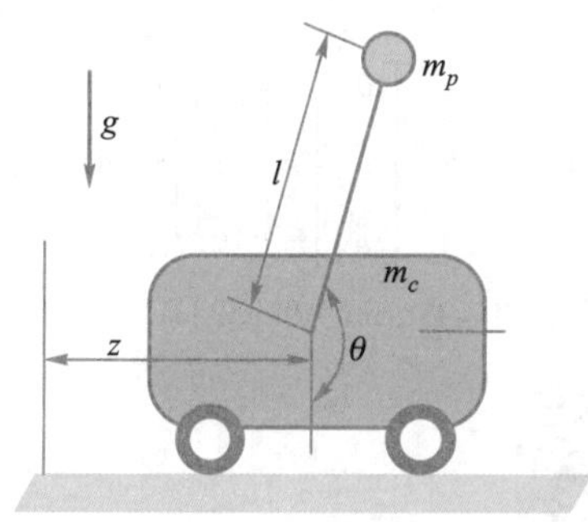

图 T3.5 小车和单摆

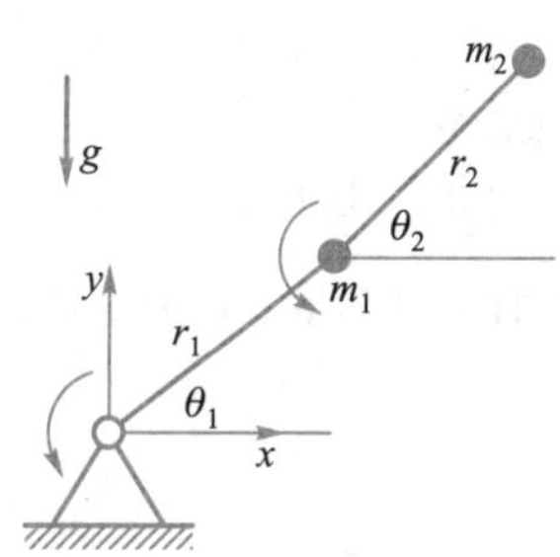

图 T3.6 2R 平面操作臂

3-14 2 自由度 RP 操作臂的动力学方程如下:

$$\tau_1 = m_1(d_1^2+d_2)\ddot{\theta}_1 + m_2 d_2^2 \ddot{\theta}_1 + 2m_2 d_2 \dot{d}_2 \dot{\theta}_1 + g\cos\theta_1[m_1(d_1+d_2\dot{\theta}_1)+m_2(d_2+\dot{d}_2)]$$

$$\tau_2 = m_1 \dot{d}_2 \ddot{\theta}_1 + m_2 \ddot{d}_2 - m_1 d_1 \dot{d}_2 - m_2 d_2 \dot{\theta}^2 + m_2(d_2+1)g\sin\theta_1$$

其中有一些项显然是不正确的,试指出不正确的项。

3-15 已知:假设 SCARA 机器人连杆 1 和连杆 2 的长度和为常数,两连杆质量比 $m_1 : m_2 = 3:2$,质量沿连杆长度方向均布。如何优化两连杆的相对长度,使得动态可操作性指标 $w_2 \to 1$。

编 程 练 习

1. 已知:平面 2R 机器人,见 3.2 节的图 3.2,$l_1 = 1.0$ m,$l_2 = 0.5$ m,两个连杆均为质量密度为 $\rho = 7\,806$ kg/m^3 的实心钢,宽度和厚度为 $w = t = 50$ mm,假定转动关节无摩擦,初始角度为 $\boldsymbol{\theta} = \begin{bmatrix}\theta_1\\ \theta_2\end{bmatrix} = \begin{bmatrix}10^\circ\\ 90^\circ\end{bmatrix}$,直角坐标空间速度指令(常数)为 ${}^0\dot{\boldsymbol{X}} = {}^0\begin{bmatrix}\dot{x}\\ \dot{y}\end{bmatrix} = {}^0\begin{bmatrix}0\\ 0.5\end{bmatrix}$ (m/s),仿真运动时间为 1 s,控制步长为 0.01 s,采用牛顿-欧拉数值递推方法或习题 3-13 中得出的方程。

(1) 计算这个平面 2R 机器人的关节扭矩,目的是给分步速度控制方法提供每个时间步长内的指令运动(分步速度控制结构见第 2 章编程练习 3);

(2) 进行两次仿真,第一次,忽略重力;第二次,考虑重力加速度 $\boldsymbol{g}$,重力方向为沿 y 轴负向。请按下列条件绘出 5 条曲线:

1) 两个关节角 $\boldsymbol{\theta} = [\theta_1 \quad \theta_2]^{\mathrm{T}}$(deg)与时间的关系曲线;

2) 两个关节速率 $\dot{\boldsymbol{\theta}} = [\dot{\theta}_1 \quad \dot{\theta}_2]^{\mathrm{T}}$(rad/s)与时间的关系曲线;

3）两个关节加速度 $\ddot{\boldsymbol{\theta}}=[\ddot{\theta}_1 \quad \ddot{\theta}_2]^{\mathrm{T}}(\mathrm{rad/s^2})$ 与时间的关系曲线；

4）机器人末端3个直角坐标分量 $\boldsymbol{X}=[x \quad y \quad \varphi]^{\mathrm{T}}$（$\varphi$ 的单位应为 rad）与时间的关系曲线；

5）两个关节扭矩 $\boldsymbol{\tau}=[\tau_1 \quad \tau_2]^{\mathrm{T}}(\mathrm{N \cdot m})$ 与时间的关系曲线。

2. 已知：3R 机器人，见图 2.18 和图 2.19，D-H 参数见表 2.1，长度参数：$l_1=3\ \mathrm{m}$，$l_2=3\ \mathrm{m}$，$l_3=2\ \mathrm{m}$，质量和惯量矩：$m_1=20\ \mathrm{kg}$，$m_2=15\ \mathrm{kg}$，$m_3=10\ \mathrm{kg}$，${}^{C}I_{zz1}=0.5\ \mathrm{kg\cdot m^2}$，${}^{C}I_{zz2}=0.2\ \mathrm{kg\cdot m^2}$，${}^{C}I_{zz3}=0.1\ \mathrm{kg\cdot m^2}$，假定每个连杆的重心在其几何中心处，重力方向竖直向下，不考虑驱动器和减速器的动力学问题。

（1）编写一个 MATLAB 程序，采用牛顿—欧拉递推逆动力学解法（即，给定运动指令，计算所需的关节驱动力矩），实现下列瞬态运动：

$$\boldsymbol{\theta}=\begin{bmatrix}\theta_1\\ \theta_2\\ \theta_3\end{bmatrix}=\begin{bmatrix}10^\circ\\ 20^\circ\\ 30^\circ\end{bmatrix} \qquad \dot{\boldsymbol{\theta}}=\begin{bmatrix}\dot{\theta}_1\\ \dot{\theta}_2\\ \dot{\theta}_3\end{bmatrix}=\begin{bmatrix}1\\ 2\\ 3\end{bmatrix}(\mathrm{rad/s}) \qquad \ddot{\boldsymbol{\theta}}=\begin{bmatrix}\ddot{\theta}_1\\ \ddot{\theta}_2\\ \ddot{\theta}_3\end{bmatrix}=\begin{bmatrix}0.5\\ 1\\ 1.5\end{bmatrix}(\mathrm{rad/s^2})；$$

（2）用 MATLAB Robotics Toolbox 检验（1）中的结果，试用函数 rne() 和 gravload()。

第3章　拓展阅读参考书对照表

第 4 章　机器人轨迹生成

【本章概述】

在实际机器人运动中，关节运动或末端运动都是随时间变化的。本章研究机器人轨迹生成方法，也就是研究机器人关节空间或直角坐标空间的运动随时间的变化规律。

4.1　机器人轨迹与路径

轨迹是描述操作臂在空间中的期望运动。**轨迹**指的是机器人每个自由度（或每个关节）的位置、速度和加速度随时间变化的规律。**路径**则是指机器人运动的几何描述，有时候并不严格区分路径和轨迹的定义。

为了使用户便于对机器人的运动进行描述，应该允许用户通过简单的描述来指定机器人的期望轨迹，然后由系统来完成详细的计算。例如，用户只需给定机器人末端执行器的目标位姿，而由系统来确定到达目标的准确路径、时间历程、速度曲线等。用户可以通过交互设备把机器人移动到目标位姿，也可以直接拖拽机器人到目标位置，还可以通过离线仿真软件设定机器人的目标位姿，甚至用户只需要指定机器人的高级任务，系统能够自动规划出机器人的运动路径。

轨迹生成是指通过运动学模型计算机器人的运动轨迹。在轨迹生成的运行时间内，计算机需要计算机器人各关节的位置、速度和加速度，而轨迹点是以某种速率被计算的，叫作**路径更新速率**。在典型的操作臂控制系统中，路径更新速率在 60～2 000 Hz 之间。

将操作臂从初始位置移动到最终期望位置，也就是将工具坐标系$\{T\}$从当前值$\{T_{in}\}$移动到最终期望值$\{T_f\}$，如图 4.1 所示。一般将操作臂的运动看作工具坐标系$\{T\}$相对于工作台坐标系$\{S\}$的运动，包括工具相对于工作台的位置和姿态变化。这样，可将相同的路径描述应用于不同的操作臂或者用于具有不同工具尺寸的相同操作臂上。

路径点包括了所有的中间点，以及初始点和最终点。它们是表达了位置和姿态信息的坐标系。除了运动中的这些空间约束之外，用户可能还希望指定运动的瞬时属性。例如，在路径描述中可能还需要指定各中间点之间的时间间隔。任何在规定的时间内通过中间点的连续函数都可以用来确定精确的路径。

一种方法是在路径描述中给出一系列的期望**中间点**（位于初始位置和最终期望位置之间的过渡点），通常称为连续路径运动（continuous path motion）。因此，为了完成这个运动，工具坐标系必须经过中间点所描述的一系列过渡位置与姿态。每个中间点实际上都是确定工具相对于工作台的位置和姿态的坐标系。

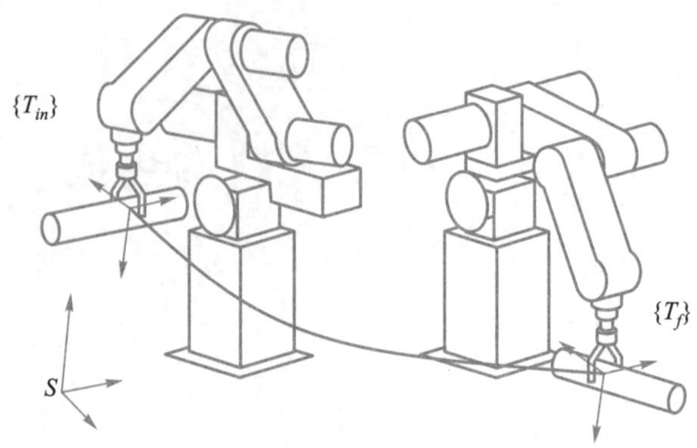

图 4.1 在执行轨迹的过程中，操作臂以平滑的方式从初始位置运动到期望的目标位置

一般希望操作臂的运动是平滑的，因此希望运动轨迹的一阶导数连续，有时还希望二阶导数也是连续的。否则会加剧机构磨损，引起操作臂振动。

4.2 关节空间轨迹生成方法

关节空间生成方法就是以关节角度的函数来描述轨迹的轨迹生成方法。

每个路径点通常是用工具坐标系 $\{T\}$ 相对于工作台坐标系 $\{S\}$ 的位置和姿态来确定的。应用逆运动学求出轨迹中每个路径点对应的关节角，就得到了经过各中间点并终止于目标点的 n 个关节的平滑函数。对于每个关节，由于各路径段所需要的时间是相同的，因此所有的关节将同时到达各中间点，从而得到 $\{T\}$ 在每个中间点上的直角坐标位置和姿态。

各路径点之间的路径在关节空间中的描述非常简单，但在直角坐标空间中的描述却很复杂。

关节空间的轨迹生成方法非常便于计算，并且由于关节空间与直角坐标空间之间并不存在连续的对应关系，因而不会出现机构的奇异性问题。

4.2.1 三次多项式插值

1. 三次多项式运动路径曲线

机器人控制器只能计算出离散数据点，插值就是在离散数据的基础上补插连续函数，使得这条连续函数曲线通过全部给定的离散数据点。

已知操作臂的初始位姿，并且用一组关节角描述。现在要确定每个关节的运动函数，设该关节初始位置的时刻为 t_0，目标位置的时刻为 t_f。如图 4.2 所示，可以有多种平滑函数 $\theta(t)$ 用于对关节角 θ 进行插值。

为了获得一条确定的光滑运动曲线，至少需要对 $\theta(t)$ 确定 4 个约束条件。由初始值和最终值可得到两个约束条件：

$$\begin{aligned}\theta(0)&=\theta_0\\ \theta(t_f)&=\theta_f\end{aligned}\tag{4.2.1}$$

另外两个约束条件需要保证关节速度连续，即在初始时刻和终止时刻的关节速度为零

$$\dot{\theta}(0)=0$$
$$\dot{\theta}(t_f)=0 \tag{4.2.2}$$

三次多项式有四个系数,所以它能够满足式(4.2.1)和式(4.2.2)的4个约束条件。这些约束条件唯一确定了一个三次多项式

$$\theta(t)=a_0+a_1t+a_2t^2+a_3t^3 \tag{4.2.3}$$

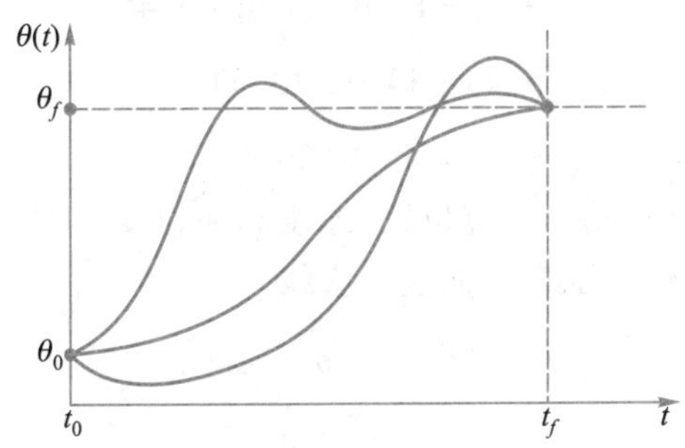

图4.2 某一关节可以选用的几种可能的路径曲线

则对应于该路径的关节速度和加速度为

$$\dot{\theta}(t)=a_1+2a_2t+3a_3t^2$$
$$\ddot{\theta}(t)=2a_2+6a_3t \tag{4.2.4}$$

把上述4个约束条件代入式(4.2.3)和式(4.2.4)可以得到含有4个未知量的4个方程

$$\begin{aligned}&\theta_0=a_0\\&\theta_f=a_0+a_1t_f+a_2t_f^2+a_3t_f^3\\&0=a_1\\&0=a_1+2a_2t_f+3a_3t_f^2\end{aligned} \tag{4.2.5}$$

解出式(4.2.5)中的 a_i,可以得到

$$\begin{aligned}&a_0=\theta_0\\&a_1=0\\&a_2=\frac{3}{t_f^2}(\theta_f-\theta_0)\\&a_3=-\frac{2}{t_f^3}(\theta_f-\theta_0)\end{aligned} \tag{4.2.6}$$

应用式(4.2.6)可以求出任何关节角从起始位置到终止位置的三次多项式,但是该式仅适用于起始关节角速度与终止关节角速度均为零的情况。

例4.1 已知:具有一个旋转关节的单连杆操作臂,处于静止状态时 $\theta_0=15°$,期望在3 s内平滑地运动到终止位置 $\theta_f=75°$,且终止位置为静止状态。求满足该运动的三次多项式的系数,画出关节的位置、速度和加速度随时间的变化函数曲线。

解:由式(4.2.6),可以得到

$$
\begin{aligned}
a_0 &= 15.0 \\
a_1 &= 0.0 \\
a_2 &= 20.0 \\
a_3 &= -4.44
\end{aligned}
\tag{a}
$$

根据式(4.2.3)和式(4.2.4),可以求得

$$
\begin{aligned}
\theta(t) &= 15.0+20.0t^2-4.44t^3 \\
\dot{\theta}(t) &= 40.0t-13.33t^2 \\
\ddot{\theta}(t) &= 40.0-26.66t
\end{aligned}
\tag{b}
$$

图 4.3 所示为对应于该运动的关节位置、速度和加速度函数(每秒取 40 个点)。显然,三次函数的速度曲线为抛物线,加速度曲线为直线。

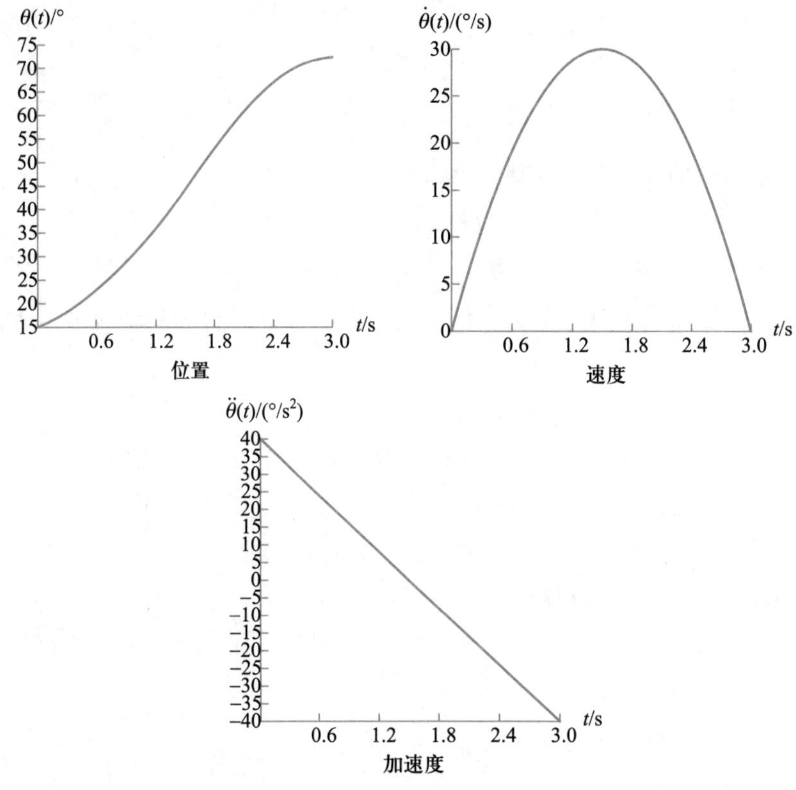

图 4.3 三次多项式插值的位置、速度和加速度曲线图,起始和终止时均为静止

2. 具有中间点的路径的三次多项式

上节得出了在确定的时间间隔到达最终目标点的运动,而在一般情况下需要确定包含中间点的路径,但是操作臂需要不停歇地经过每个中间点,所以应该求出一种能够使三次多项式满足路径约束条件的方法。

应用逆运动学可以把每个中间点“转换”成一组关节角,然后对每个关节求出平滑连接每个中间点的三次多项式。如果已知各关节在中间点的期望速度,就可以像前面一样构造

出三次多项式,这时可以把两个相邻的中间点看成起始点和终止点,这两点的速度约束条件不再为零,式(4.2.3)的约束条件变成

$$\begin{aligned}\dot{\theta}(0)&=\dot{\theta}_0\\ \dot{\theta}(t_f)&=\dot{\theta}_f\end{aligned}\tag{4.2.7}$$

描述这个一般三次多项式的四个方程为

$$\begin{aligned}\theta_0&=a_0\\ \theta_f&=a_0+a_1+a_2t_f^2+a_3t_f^3\\ \dot{\theta}_0&=a_1\\ \dot{\theta}_f&=a_1+2a_2t_f+3a_3t_f^2\end{aligned}\tag{4.2.8}$$

求解式(4.2.8)中的多项式系数 a_i,可以得到

$$\begin{aligned}a_0&=\theta_0\\ a_1&=\dot{\theta}_0\\ a_2&=\frac{3}{t_f^2}(\theta_f-\theta_0)-\frac{2}{t_f}\dot{\theta}_0-\frac{1}{t_f}\dot{\theta}_f\\ a_3&=-\frac{2}{t_f^3}(\theta_f-\theta_0)+\frac{1}{t_f^2}(\dot{\theta}_f+\dot{\theta}_0)\end{aligned}\tag{4.2.9}$$

由式(4.2.9)可求出任何起始位置和终止位置以及任何起始速度和终止速度的三次多项式。

确定中间点处的关节速度可以使用以下几种方法:

(1) 用户给出每个瞬时机器人末端的直角坐标线速度和角速度,据此确定每个中间点的关节速度;

(2) 在直角坐标空间或关节空间中使用适当的启发算法,选取中间点的速度;

(3) 使中间点处的加速度连续。

第一种方法,求出中间点的操作臂雅可比逆矩阵,把中间点的速度映射为关节速度。但是如果操作臂在某个中间点上处于奇异位形,则将无法得出关节速度。

第二种方法,在图 4.4 中,用直线段把中间点连接起来。如果这些直线的斜率在中间点处改变符号,则把速度选定为零,如 t_A 时刻的速度;如果这些直线的斜率没有改变符号,则选取中间点两侧的线段斜率的平均值作为该点的速度,如 t_C 时刻的速度。

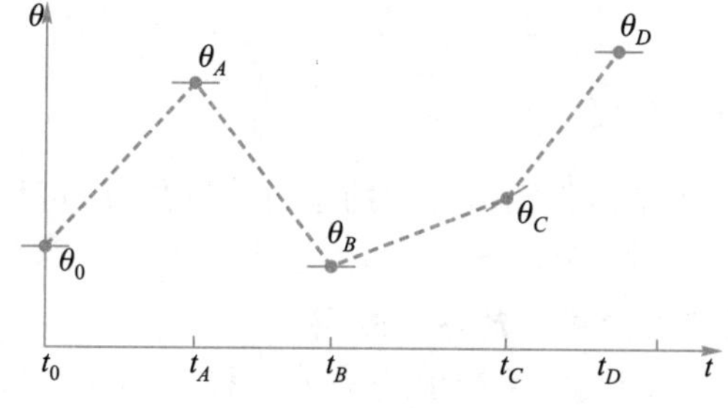

图 4.4 在用切线标记的点处具有期望速度的中间点

第三种方法，可以将两条三次曲线在连接点处进行拼接，同时满足速度和加速度均连续。

对于包含 n 个三次曲线段的轨迹，当满足中间点处加速度连续时，其方程组可以写成矩阵形式，该矩阵为三角阵，易于求解。

4.2.2 五次多项式插值

确定任意路径的起始点和终止点的位置、速度和加速度，用五次多项式进行插值：

$$\theta(t)=a_0+a_1t+a_2t^2+a_3t^3+a_4t^4+a_5t^5 \tag{4.2.10}$$

其约束条件为

$$\begin{aligned}
&\theta_0=a_0\\
&\theta_f=a_0+a_1t_f+a_2t_f^2+a_3t_f^3+a_4t_f^4+a_5t_f^5\\
&\dot{\theta}_0=a_1\\
&\dot{\theta}_f=a_1+2a_2t_f+3a_3t_f^2+4a_4t_f^3+5a_5t_f^4\\
&\ddot{\theta}_0=2a_2\\
&\ddot{\theta}_f=2a_2+6a_3t_f+12a_4t_f^2+20a_5t_f^3
\end{aligned} \tag{4.2.11}$$

这些约束条件确定了一个有 6 个方程和 6 个未知数的线性方程组，其解为

$$\begin{aligned}
&a_0=\theta_0\\
&a_1=\dot{\theta}_0\\
&a_2=\frac{\ddot{\theta}_0}{2}\\
&a_3=\frac{20\theta_f-20\theta_0-(8\dot{\theta}_f+12\dot{\theta}_0)t_f-(3\ddot{\theta}_0-2\ddot{\theta}_f)t_f^2}{2t_f^3}\\
&a_4=\frac{30\theta_0-30\theta_f+(14\dot{\theta}_f+16\dot{\theta}_0)t_f+(3\ddot{\theta}_0-2\ddot{\theta}_f)t_f^2}{2t_f^4}\\
&a_5=\frac{12\theta_f-12\theta_0-(6\dot{\theta}_f+6\dot{\theta}_0)t_f-(\ddot{\theta}_0-\ddot{\theta}_f)t_f^2}{2t_f^5}
\end{aligned} \tag{4.2.12}$$

对于一条经过多个已知中间点的轨迹，可以有多种描述该轨迹的平滑函数（多项式或其他函数）。

4.2.3 带抛物线过渡的线性插值

相对而言，带抛物线过渡的线性插值方法的运行效率较高，可用于搬运、码垛等任务的轨迹生成。

1. 带抛物线过渡的线性插值的运动路径曲线

当选择的路径轨迹是直线时，可从当前的关节位置进行线性插值直到终止位置，如图 4.5 所示。但是线性插值将会使起始点和终止点的关节运动速度不连续。

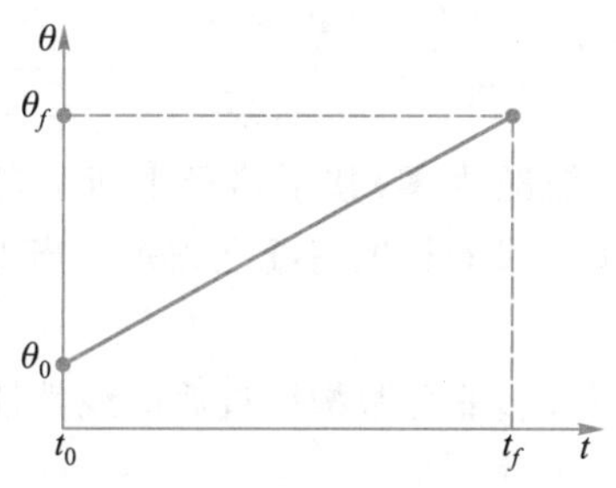

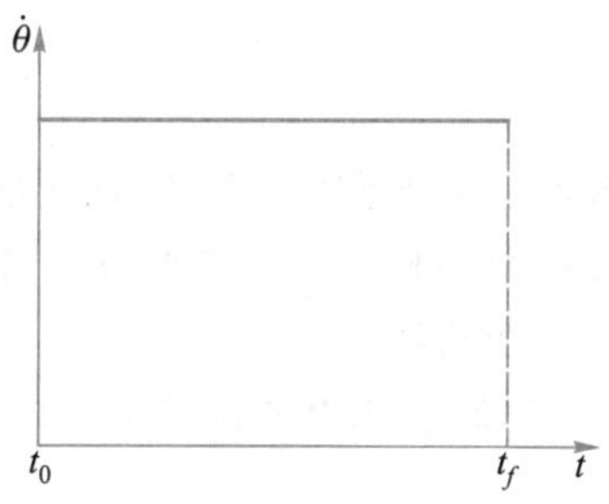

图 4.5 线性插值会导致无穷大的加速度

为了生成一条位置和速度都连续的平滑运动轨迹，可采用图 4.6 所示的方法，将直线段和两个抛物线区段组合成一条完整的位置与速度均连续的路径。

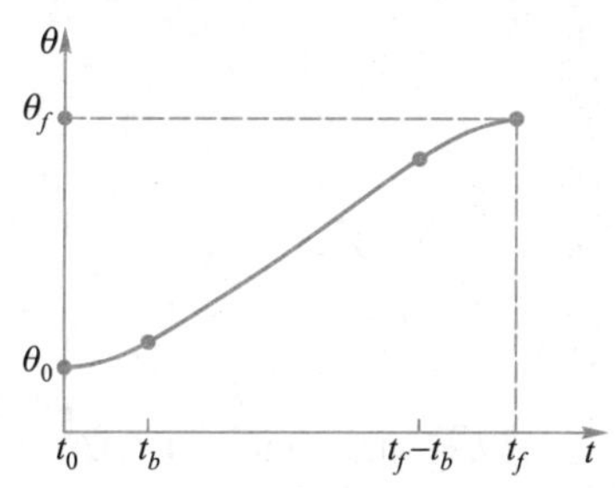

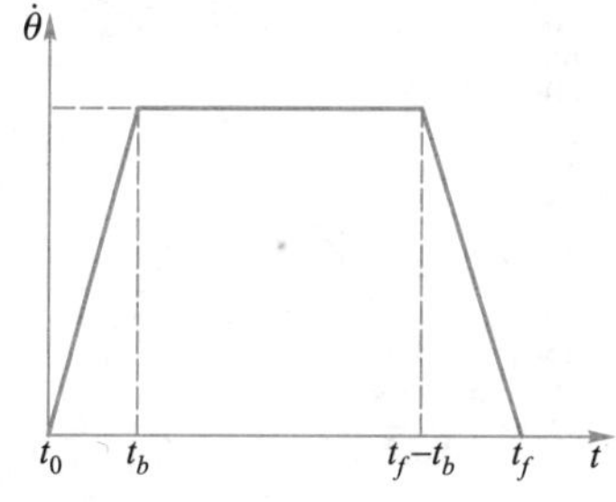

图 4.6 带有抛物线过渡的直线段

假设两端的抛物线段的持续时间相同，则在这两个过渡区段中加速度的绝对值相同，如图 4.7 所示。这里存在多个解，但是每个解都对称于时间中点 t_h 和位置中点 θ_h。由于过渡区段终点的速度必须等于直线部分的速度，所以有

$$\ddot{\theta}\, t_b=\frac{\theta_h-\theta_b}{t_h-t_b} \tag{4.2.13}$$

式中，θ_b 是过渡区段终点的 θ 值，$\ddot{\theta}$ 是过渡区段的加速度。θ_b 的值由下式确定：

$$\theta_b=\theta_0+\frac{1}{2}\ddot{\theta}\, t_b^2 \tag{4.2.14}$$

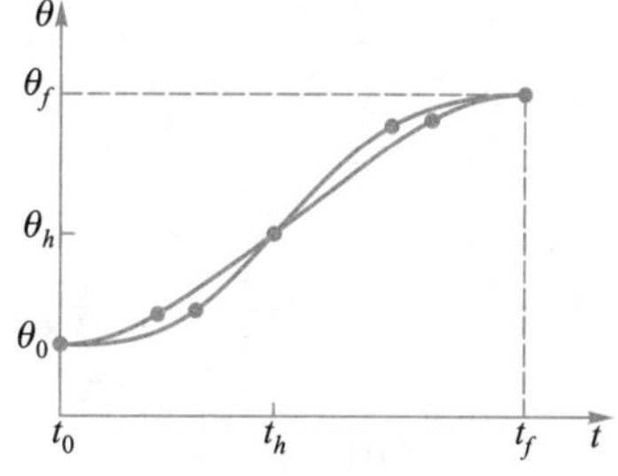

图 4.7 带有抛物线过渡的直线段

联立式(4.2.13)、式(4.2.14)，且期望运动时间 $t=2t_h$，可得

$$\ddot{\theta}\, t_b^2-\ddot{\theta}\, tt_b+(\theta_f-\theta_0)=0 \tag{4.2.15}$$

对于任意给定的 θ_f，θ_0 和 t，可通过选取满足(4.2.15)式的 $\ddot{\theta}$ 和 t_b 来获得任意一条路径。一般先确定 $\ddot{\theta}$，再计算 t_b

$$t_b=\frac{t}{2}-\frac{\sqrt{\ddot{\theta}^2 t^2-4\ddot{\theta}\,(\theta_f-\theta_0)}}{2\ddot{\theta}} \tag{4.2.16}$$

在过渡区段，加速度的限制条件为

$$\ddot{\theta} \geqslant \frac{4(\theta_f - \theta_0)}{t^2} \tag{4.2.17}$$

当式(4.2.17)的等号成立时,直线部分的长度缩减为零,整个路径由两个过渡区段组成,且衔接处的斜率相等。如果加速度增大,则过渡区段的长度将随之缩短。当加速度无穷大时,则成为直线路径。

例 4.2　已知:例 4.1 的旋转关节单连杆机器人,求带有抛物线过渡的线性插值的轨迹生成。

解:图 4.8(a)所示的轨迹,$\ddot{\theta}$ 值较大,关节迅速加速,然后匀速运动,最后减速。图 4.8(b)所示的轨迹,$\ddot{\theta}$ 值较小,路径中几乎没有直线区段了。

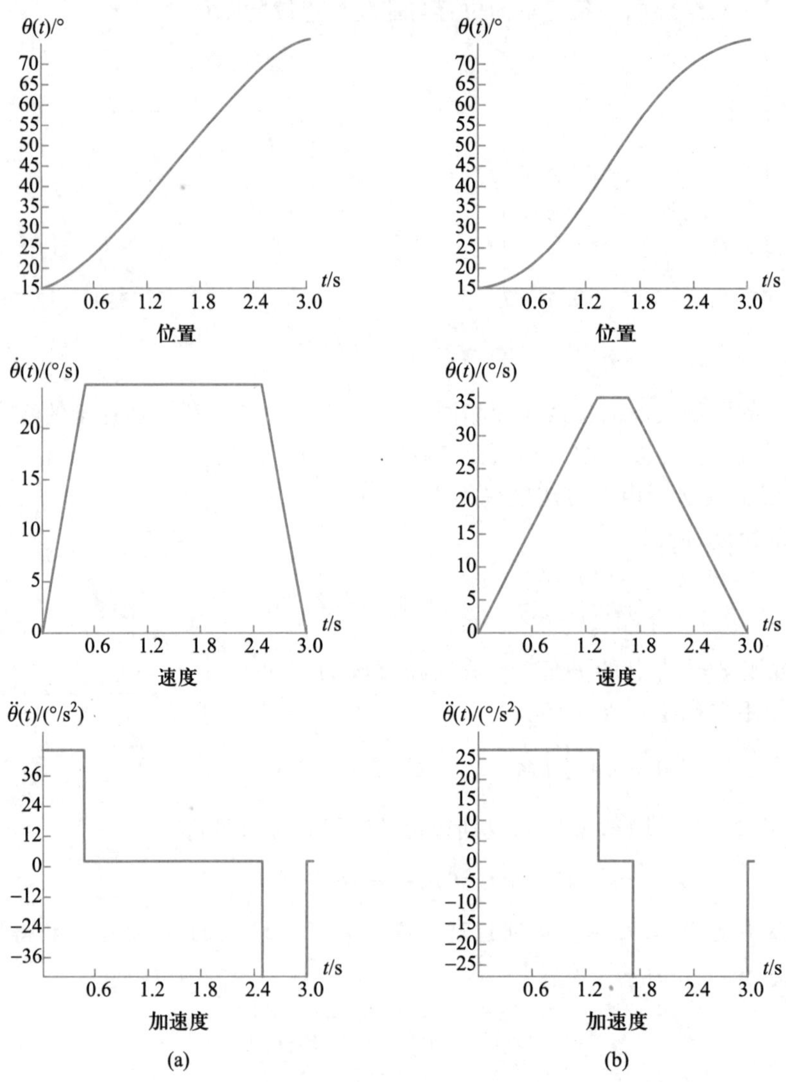

图 4.8　带有抛物线过渡的线性插值的位置、速度和加速度曲线,左边的曲线在过渡区段处的加速度大于右边的曲线的加速度

2. 带有抛物线过渡的线性插值用于具有中间点的路径

如图 4.9 所示，在关节空间中为关节 θ 的运动确定了一组中间点，每两个中间点之间使用线性函数相连，而各中间点附近使用抛物线过渡。

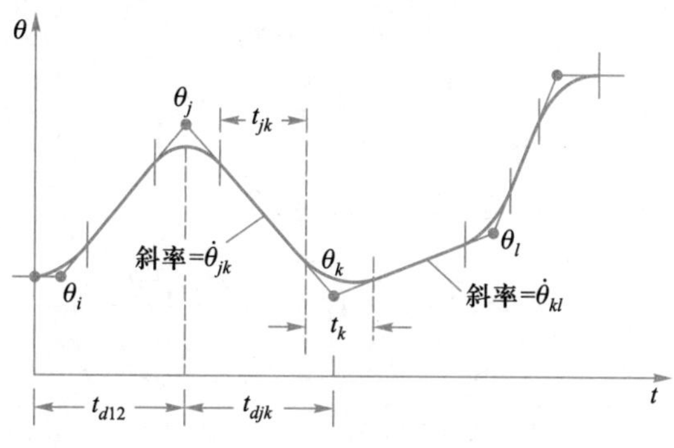

图 4.9　多段带有过渡区段的直线路径

j、k 和 l 表示三个相邻的路径点编号。位于路径点 k 处的过渡区段的时间间隔为 t_k，位于点 j 和 k 之间的直线部分的时间间隔为 t_{jk}，点 j 和 k 之间总的时间间隔为 t_{djk}。直线部分的速度为 $\dot{\theta}_{jk}$，在点 j 处过渡区段的加速度为 $\ddot{\theta}_j$，见图 4.9。

已知所有的 θ_k、t_{djk} 以及每个路径点处加速度的绝对值 $|\ddot{\theta}_k|$，则可计算出 t_k。

对于中间的路径点

$$
\begin{aligned}
&\dot{\theta}_{jk}=\frac{\theta_k-\theta_j}{t_{djk}}\\
&\ddot{\theta}_k=\operatorname{sgn}(\dot{\theta}_{kl}-\dot{\theta}_{jk})\,|\ddot{\theta}_k|\\
&t_k=\frac{\dot{\theta}_{kl}-\dot{\theta}_{jk}}{\ddot{\theta}_k}\\
&t_{jk}=t_{djk}-\frac{1}{2}t_j-\frac{1}{2}t_k
\end{aligned}
\tag{4.2.18}
$$

对于第一个路径段，令

$$
\frac{\theta_2-\theta_1}{t_{d12}-\frac{1}{2}t_1}=\ddot{\theta}_1 t_1 \tag{4.2.19}
$$

由此可解出在起始点处的过渡时间 t_1，然后即可解出 $\dot{\theta}_{12}$ 和 t_{12}

$$
\begin{aligned}
&\ddot{\theta}_1=\operatorname{sgn}(\theta_2-\theta_1)\,|\ddot{\theta}_1|\\
&t_1=t_{d12}-\sqrt{t_{d12}^2-\frac{2(\theta_2-\theta_1)}{\ddot{\theta}_1}}\\
&\dot{\theta}_{12}=\frac{\theta_2-\theta_1}{t_{d12}-\frac{1}{2}t_1}
\end{aligned}
\tag{4.2.20}
$$

$$t_{12}=t_{d12}-t_1-\frac{1}{2}t_2$$

同样,对于最后一个路径段,有

$$\frac{\theta_{n-1}-\theta_n}{t_{d(n-1)n}-\frac{1}{2}t_n}=\ddot{\theta}_n t_n \tag{4.2.21}$$

由此可求出

$$\begin{aligned}
&\ddot{\theta}_n=\operatorname{sgn}(\theta_{n-1}-\theta_n)\left|\ddot{\theta}_n\right| \\
&t_n=t_{d(n-1)n}-\sqrt{t_{d(n-1)n}^2+\frac{2(\theta_n-\theta_{n-1})}{\ddot{\theta}_n}} \\
&\dot{\theta}_{(n-1)n}=\frac{\theta_n-\theta_{(n-1)}}{t_{d(n-1)n}-\frac{1}{2}t_n} \\
&t_{(n-1)n}=t_{d(n-1)n}-t_n-\frac{1}{2}t_{n-1}
\end{aligned} \tag{4.2.22}$$

式(4.2.18)~式(4.2.22)可用来求出多段路径中各个过渡区段的时间和速度。通常只需给定中间点以及各个路径段的持续时间,各个关节的加速度值则为默认值。对于各个过渡区段,应尽量使加速度值较大,以便使各路径段具有足够长的直线区段。

值得注意的是,多段带有抛物线过渡的直线样条曲线并没有经过那些中间点。如果要求操作臂精确地经过某个中间点而不停留,即要求操作臂准确经过某个路径点,可以称这个中间点为穿越点。在这种情况下,可将这个穿越点替换为位于其两侧的两个伪中间点,如图 4.10 所示,然后利用前面的方法生成轨迹,穿越点将位于连接两个伪中间点的直线上。

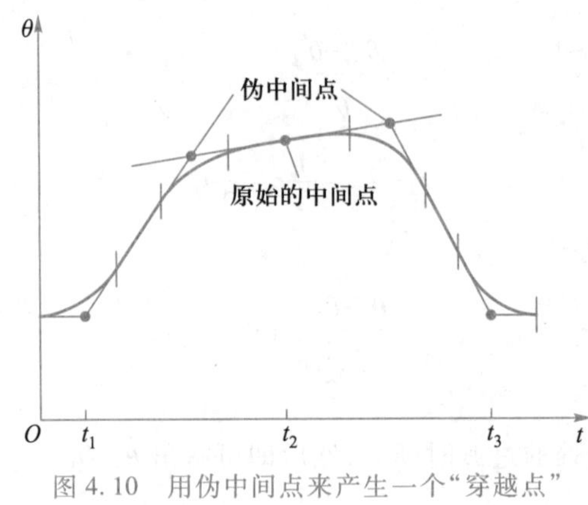

图 4.10 用伪中间点来产生一个“穿越点”

4.3 直角坐标空间轨迹生成方法

在直角坐标空间轨迹生成方法中,连接各路径点的平滑函数是直角坐标变量的时间函数。这些路径点可直接根据相对于参考坐标系{0}的工具坐标系{T}的位姿变化进行规划。

4.3.1 直角坐标空间轨迹生成

操作臂末端在直角坐标空间做直线、圆、正弦曲线以及其他规则的曲线运动，这种运动模式称为**直角坐标空间运动**。在直角坐标空间轨迹生成法中，连接各路径点的平滑函数不再是关节变量的时间函数，而是直角坐标变量的时间函数。当轨迹在直角坐标空间生成后，还需要按照轨迹更新速度进行运动学逆解计算，以求出相应的关节变量。

直角坐标空间轨迹生成的方法很多，一般使用带抛物线过渡的线性插值函数生成运动轨迹。

如果在直角坐标空间一条直线运动轨迹上选择途径点的间距足够小，那么不论在两点间选择何种平滑函数，机器人末端都像是在沿着一条直线运动，如图 4.11 所示。

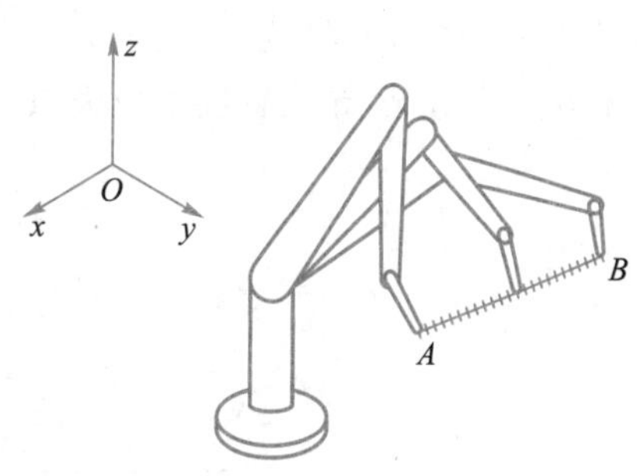

图 4.11 机器人末端在操作空间做直线运动

虽然直角坐标空间轨迹生成法比较直观，但是会出现中间路径点超过工作范围、路径点位于机器人奇异位形附近、同一路径上的路径点对应的运动学逆解不同等若干问题，需要注意。

4.3.2 几何问题

直角坐标空间中的轨迹生成容易出现与工作空间和奇异位形有关的各种问题。

1. 无法到达中间点

例如图 4.12(a)所示的平面两杆机器人及其工作空间。因为连杆 2 比连杆 1 短，所以在工作空间中存在一个不可达区域，其半径为两连杆长度之差。起始点 A 和终止点 B 均在工作空间中，在关节空间中轨迹生成从 A 运动到 B 是没有问题的，但是如果操作臂在直角坐标空间中沿直线运动，将无法到达路径上的某些中间点。对于空间操作臂，同样在工作空间内部存在一个不可达的近似球形空间，如图 4.12(b)所示，指定的轨迹可能会穿入机器人本体，或者超出工作空间，操作臂从 A 到 B 做直线运动轨迹则无法生成。

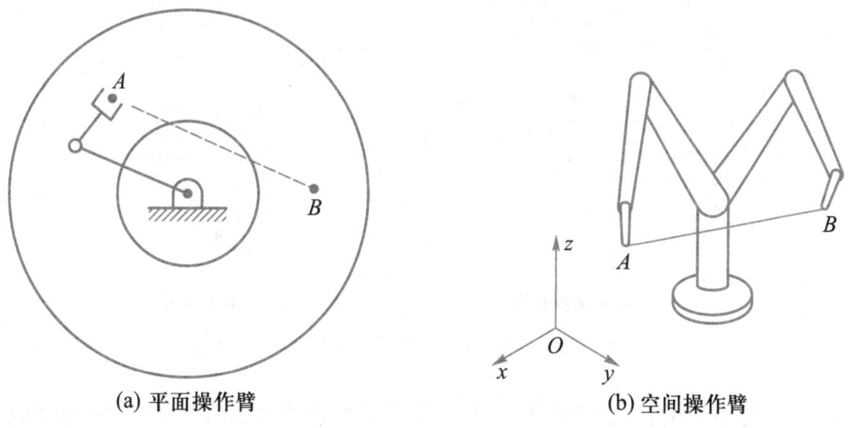

图 4.12 无法到达中间点

2. 在奇异点附近关节速度增大

如果操作臂在直角坐标空间沿直线路径接近机构的某个奇异位形时，机器人的一个或多个关节的速度可能激增至无穷大。

例如图 4.13(a)给出了一个平面两杆(两杆长度相同)机器人，操作臂末端从 A 点以恒定速度沿直线路径运动到 B 点。可见，路径上的所有点都可以到达。但是当机器人经过路径的中间部分时，关节 1 的速度会发生突变。对于存在内部奇异位形的空间操作臂，当路径点经过奇异位形或附近时[腕心位于第一关节轴线上，见图 4.13(b)]，同样会发生关节速度无穷大的情况，导致轨迹生成失败。

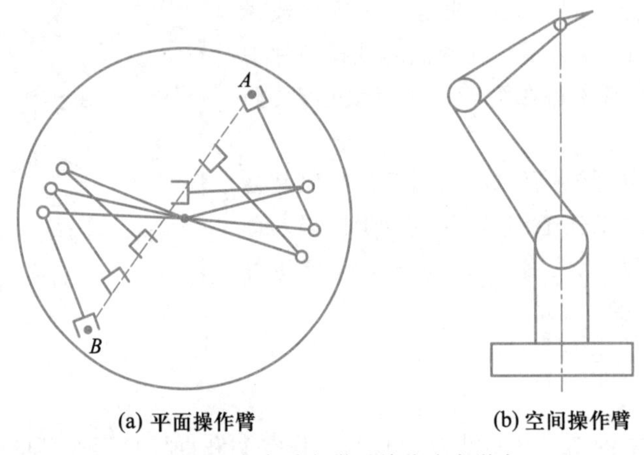

(a) 平面操作臂　　(b) 空间操作臂

图 4.13　在奇异点附近关节速度增大

3. 起始点和终止点有不同的解

如图 4.14 所示，由于关节结构形状的限制，操作臂无法由 A 沿直线连续运动到 B。这是因为操作臂存在非唯一的运动学逆解，因为关节转角限制，有可能需要从某一组逆解切换到另外一组逆解，比如操作臂手腕突然翻转的情况。通常在一条较长的运动路径上，无论平面操作臂还是空间操作臂，都有此几何问题出现。

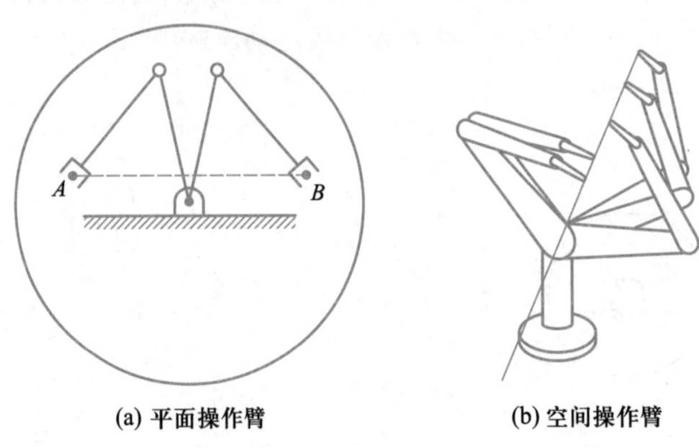

(a) 平面操作臂　　(b) 空间操作臂

图 4.14　起始点和终止点有不同的解

大多数工业机器人的控制系统都具有关节空间和直角坐标空间两种轨迹生成方法。由于使用直角坐标空间的轨迹生成存在上述问题，所以一般默认使用关节空间轨迹生成，只有在必要时才使用直角坐标空间的轨迹生成方法。如果用户使用离线仿真软件在操作空间指定操作臂的直线、圆弧等运动路径,则有可能产生上述几何问题,因此,有必要对运动路径进行仿真验证,才能输出可行的机器人运动程序。

4.3.3 直角坐标位姿矢量

如果在每个中间点将姿态表示成旋转矩阵,则无法对其分量进行线性插值,因为对旋转矩阵的元素进行线性插值并不能保证旋转矩阵的列向量仍然是正交的,因此需要建立一种能够对刚体姿态的分量进行线性插值的描述方法。

自然界的任何一种运动(称为一般运动)都是由移动和转动这两种基本运动合成的。在直角坐标系中,对于移动,可以分别用沿 x 轴、y 轴、z 轴方向的移动分量描述;对于转动,可以分别用三个转动分量描述姿态。

使用符号 $\boldsymbol{\chi}$ 代表该 6×1 的直角坐标位姿向量

$$\boldsymbol{\chi}=\begin{bmatrix}\boldsymbol{P}\\ \boldsymbol{\theta}\end{bmatrix} \tag{4.3.1}$$

式中,$\boldsymbol{P}$ 是由沿 x 轴、y 轴、z 轴方向的移动分量组成的 3×1 的位置矢量,$\boldsymbol{\theta}$ 可以选择由第 2 章 2.1.3 节中的 RPY 角(12 种固定角的一种)γ,β,α 组成的 3×1 的姿态矢量。

由 RPY 角的反解[第 2 章式(2.1.31)~式(2.1.34)]可得旋转矩阵 $\boldsymbol{R}$ 与转角 γ,β,α 的关系。由式(4.3.1)中的 3×1 姿态矢量 $\boldsymbol{\theta}$ 即可以把 3×3 的旋转矩阵 $\boldsymbol{R}$ 转换成可以进行线性插值的描述。需要说明的是,实际上还有许多直角坐标系中姿态的表示法,如 2.1.3 节的等效轴角表示法、12 种欧拉角以及其他 11 种固定角等。

设在坐标系{A}中有一路径的中间点 P,其相对于工作台坐标系{S}的齐次变换为 ${}^S_A\boldsymbol{T}$。则这点的位置为 ${}^S_A\boldsymbol{P}$,姿态(旋转矩阵)为 ${}^S_A\boldsymbol{R}$。由式(4.3.1)可得中间点 P 的直角坐标位姿向量为

$${}^S_A\boldsymbol{\chi}=\begin{bmatrix}{}^S_A\boldsymbol{P}\\ {}^S_A\boldsymbol{\theta}\end{bmatrix} \tag{4.3.2}$$

如果每个路径点均使用这种方法来表示,那么就可以选择适当的样条函数,使这六个分量随时间从一个路径点平滑地运动到下一个路径点。

一旦对每个中间点确定了 ${}^S_A\boldsymbol{\chi}$ 的 6 个值,便可使用 4.2.3 节介绍的带抛物线过渡的线性插值方法进行路径规划。

4.4 轨迹的实时生成

在操作臂**实时运行**时,轨迹生成器按照期望轨迹不断产生每一个时刻的 $\theta,\dot{\theta}$ 和 $\ddot{\theta}$,并且将此信息发送给操作臂控制系统,所以轨迹计算的速度必须要满足路径更新速率的最低要求。一般而言,更高的路径更新率意味着更高的路径精度和动态性能,同时也需要更大的计算开销。在实际机器人系统设计中,通常要综合考虑性能和经济性等多方面的指标,做出合理选择。

4.4.1 关节空间的轨迹生成

对于带抛物线过渡的直线样条曲线,每次更新轨迹时,首先检测时间 t 的值以判断当前是处在路径段的直线区段还是抛物线过渡区段。

在直线区段,对每个关节的轨迹计算如下:

$$\begin{aligned}&\theta=\theta_j+\dot{\theta}_{jk}t\\&\dot{\theta}=\dot{\theta}_{jk}\\&\ddot{\theta}=0\end{aligned}\tag{4.4.1}$$

式中,t 是第 j 个中间点的起始时间,$\dot{\theta}_{jk}$的值按式(4.2.18)计算。

在抛物线过渡区段,对各关节的轨迹计算如下:

$$\begin{aligned}&t_{inb}=t-\left(\frac{1}{2}t_j+t_{jk}\right)\\&\theta=\theta_j+\dot{\theta}_{jk}(t-t_{inb})+\frac{1}{2}\ddot{\theta}_k t_{inb}^2\\&\dot{\theta}=\dot{\theta}_{jk}+\ddot{\theta}_k t_{inb}\\&\ddot{\theta}=\ddot{\theta}_k\end{aligned}\tag{4.4.2}$$

式中,$\dot{\theta}_{jk}$,$\ddot{\theta}_k$,t_j 和 t_{jk}根据式(4.2.18)~式(4.2.22)计算,t_{inb}为第 i 段路径对应的抛物线过渡时间。当进入一个新的直线区段时,将 t 重置成$\frac{1}{2}t_k$(参见图 4.9),继续计算,直到计算出所有表示路径段的轨迹点集合。

4.4.2 直角坐标空间的轨迹生成

在 4.3 节中已经介绍了直角坐标空间轨迹生成方法,使用轨迹生成器生成了带有抛物线过渡的直线样条曲线。但是,计算得到的数值表示的是直角坐标空间的位置和姿态,而不是关节变量值,所以这里使用符号 x 来表示直角坐标位姿矢量的一个分量,即用 x 代替式(4.4.1)和式(4.4.2)中的 θ。在曲线的直线区段,x 中的每个自由度按下式计算:

$$\begin{aligned}&x=x_j+\dot{x}_{jk}t\\&\dot{x}=\dot{x}_{jk}\\&\ddot{x}=0\end{aligned}\tag{4.4.3}$$

式中,t 是第 j 个中间点的起始时间,而 $\dot{x}_{jk}$是参照式(4.2.18)求出的。

在过渡区段中,每个自由度的轨迹计算如下:

$$\begin{aligned}&t_{inb}=t-\left(\frac{1}{2}t_j+t_{jk}\right)\\&x=x_j+\dot{x}_{jk}(t-t_{inb})+\frac{1}{2}\ddot{x}_k t_{inb}^2\\&\dot{x}=\dot{x}_{jk}+\ddot{x}_k t_{inb}\\&\ddot{x}=\ddot{x}_k\end{aligned}\tag{4.4.4}$$

式中,$\dot{x}_{jk}$,$\ddot{x}_{k}$,t_j,t_{jk}的计算方法与关节空间的计算方法完全相同。

最后,这些直角坐标空间的路径点(x,$\dot{x}$,$\ddot{x}$)可以通过运动学逆解得到与之对应的关节空间的路径点(关节位移、关节速度和关节加速度)。

4.5 考虑约束条件的轨迹生成

在规划机器人轨迹时,为使得机器人工作效率最高,一般希望机器人在每个路径点处的加速度尽量高。实际上,操作臂在任何时刻的最大加速度与其动力学性能、驱动器性能等因素有关,而驱动器特性一般是由它的力矩—速度曲线决定的。

如果已知末端执行器的期望空间路径,为使操作臂以最短时间到达目标点,就要根据操作臂动力学和驱动器的力矩—速度曲线进行运动规划。有关轨迹优化的问题,请参考(意)比亚吉奥第(Luigi Biagiotti)编著的《自动化设备和机器人的轨迹规划》。

当机器人关节数量大于操作空间的维数时,存在运动学冗余。对于冗余自由度机器人的轨迹生成问题,请参考陆震主编的《冗余自由度机器人原理及应用》。

4.6 机器人轨迹控制

(1) 点位控制(PTP 控制):一般无路径约束,多以关节坐标表示,只要求满足起始点、终止点位置。在轨迹中间点只有关节位姿、最大速度和加速度约束。为保证运动的连续性,要求速度连续和各关节坐标协调。比如在机器人搬运、码垛、点焊等应用中,多采用点位控制。

(2) 连续路径控制(CP 控制):有路径约束,需要进行路径设计,包括:操作空间路径点的位姿、速度和加速度,关节空间的位姿、速度和加速度。比如在机器人弧焊、涂胶、磨抛等应用中,多采用连续路径控制。

有些场合下,不严格区分轨迹生成与数控插补这两个概念。在数控机床的运动控制中,工作台(或刀具)x、y、z 轴的最小移动单位是一个光栅尺的脉冲当量。因此,刀具与工件的相对运动轨迹是由微小阶梯所组成的折线逼近而成的。比如,常用的直线插补,在当前时刻假设分别沿 x 或 y 或 45°等三个方向各移动一个脉冲当量,然后求出实际点与理想路径的偏差,选择偏差最小的移动方向作为下一时刻的实际移动指令,如图 4.15 所示。理想情况下,TCP 与理想路径的偏差总是小于一个脉冲当量。更多插补原理和方法参见《数控原理》。由此可见,机器人轨迹生成与数控插补的意义有所不同。

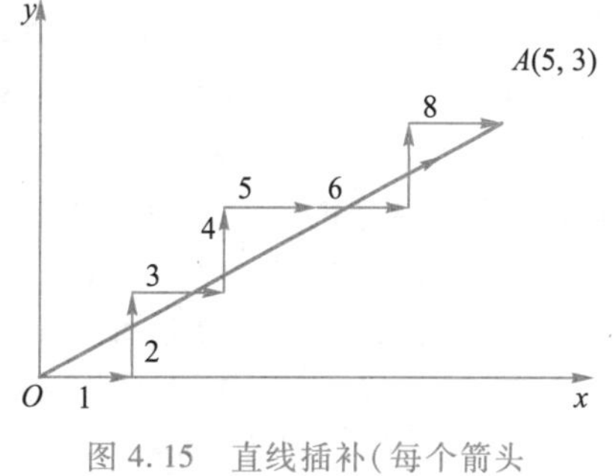

图 4.15 直线插补(每个箭头代表一个插补周期)

本章主要介绍了机器人轨迹生成方法,相当于得到了机器人的期望运动(位置、速度等)的时间历程。在真实的机器人轨迹控制中,我们总是希望机器人的实际运动轨迹能够精确跟随期望运动轨迹。为了消除轨迹控制的误差,需要设计相应的机器人控制规律，详见第5章。

习　题

4-1　已知：6关节机器人沿着一条三次曲线通过两个中间点并停止在目标点，需要计算几个不同的三次曲线？描述这些三次曲线需要多少个系数？

4-2　已知：单连杆转动关节机器人静止在关节角 $\theta=-5°$ 处，希望在4 s内平滑地将关节转动到 $\theta=80°$，求完成此运动并且使目标停在目标点的三次曲线的系数，画出位置、速度和加速度的时间函数。

4-3　已知：单连杆转动关节机器人静止在关节角 $\theta=-5°$ 处，希望在4 s内平滑地将关节转动到 $\theta=80°$ 并平稳地停止，求带有抛物线过渡的直线轨迹的相应参数，画出位置、速度和加速度的时间函数。

4-4　已知：一条轨迹由两段具有连续加速度的三次样条曲线组成，对于某个关节，起始点 $\theta_0=5.0°$，中间点 $\theta_k=15.0°$，目标点 $\theta_f=40.0°$，每段持续1.0 s，画出一条轨迹的位置、速度和加速度图形。

4-5　已知：一条轨迹由两段在4.2.1节式(4.2.9)给出的系数组成的三次样条曲线组成，对于某个关节，起始点 $\theta_0=5.0°$，中间点 $\theta_v=15.0°$，目标点 $\theta_f=40.0°$，假定每段持续1.0 s，并且在中间点的速度为17.5°/s，试画出这条轨迹的位置、速度和加速度图形。

4-6　已知：对一条带有抛物线过渡的两段直线样条轨迹，$\theta_1=5.0°$，$\theta_2=15.0°$，$\theta_3=40.0°$，假定 $t_{d12}=t_{d23}=1.0$ s，并且在过渡区段中使用的加速度为 $80°/s^2$，试使用4.2.3节的式(4.2.18)～式(4.2.22)计算 $\dot{\theta}_{12}$，$\dot{\theta}_{23}$，t_1，t_2 和 t_3，画出 θ 的位置、速度和加速度图形。

4-7　已知：对于某个关节，起始点 $\theta_0=5.0°$，中间点 $\theta_v=15.0°$，目标点 $\theta_f=-10.0°$，假定每段持续2.0 s，画出一条轨迹的位置、速度和加速度图形，该条曲线由两段加速度连续的样条曲线组成。

4-8　已知：一条轨迹由两段在4.2.1节式(4.2.9)给出的系数组成的三次样条曲线组成，对于某个关节，起始点 $\theta_0=5.0°$，中间点 $\theta_v=15.0°$，目标点 $\theta_f=-10.0°$，假定每段持续2.0 s，并且在中间点的速度为0.0 deg/s，试画出这条轨迹的位置、速度和加速度图形。

4-9　已知：对一条带有抛物线过渡的两段直线形成的曲线轨迹，$\theta_1=5.0°$，$\theta_2=15.0°$，$\theta_3=-10.0°$，假定 $t_{d12}=t_{d23}=2.0$ s，并且在过渡区段中使用的加速度为60 deg/s^2，试使用4.2.3节的式(4.2.18)～式(4.2.22)计算 $\dot{\theta}_{12}$，$\dot{\theta}_{23}$，t_1，t_2 和 t_3，画出 θ 的位置、速度和加速度图形。

4-10　求出等价于 ${}^S_G\boldsymbol{T}$ 的 6×1 笛卡尔位姿表达式 ${}^S_G\mathcal{X}$，其中 ${}^S_G\boldsymbol{R}=Rot(z,30°)$ 并且 ${}^S\boldsymbol{P}_{GO}=[10.0\quad 20.0\quad 30.0]^{\mathrm{T}}$。

4-11　求出等价于6×1笛卡尔位姿表达式 ${}^S_G\boldsymbol{X}=[5.0\quad -20.0\quad 10.0\quad 45.0\quad 0.0\quad 0.0]^{\mathrm{T}}$ 的 ${}^S_G\boldsymbol{T}$。

4-12　已知：单关节操作臂在时间 t_f 内，按一条三次样条曲线由静止状态从 θ_0 转到 θ_f 并静止，θ_0 和 θ_f 的值已知，对于求出的 t_f 满足所有的 t，使得 $\|\dot{\theta}(t)\|<\dot{\theta}_{\max}$，并且 $\|\ddot{\theta}(t)\|<\ddot{\theta}_{\max}$，其中 $\dot{\theta}_{\max}$，$\ddot{\theta}_{\max}$ 为给定的正常数，求 t_f 的表达式和三次样条曲线的系数。

4-13　已知：在从 $t=0$ 到 $t=1$ s的时间区间使用一条三次样条曲线轨迹：$\theta(t)=10+90t^2-60t^3$，求其起始点和终止点的位置、速度和加速度。

4-14　已知：在从 $t=0$ 到 $t=2$ s的时间区间使用一条三次样条曲线轨迹：$\theta(t)=10+90t^2-60t^3$，求其起始点和终止点的位置、速度和加速度。

4-15　已知：在从 $t=0$ 到 $t=1$ s的时间区间使用一条三次样条曲线轨迹：$\theta(t)=10+5t+70t^2-45t^3$，求其起始点和终止点的位置、速度和加速度。

4-16　已知：在从 $t=0$ 到 $t=2$ s的时间区间使用一条三次样条曲线轨迹：$\theta(t)=10+5t+70t^2-45t^3$，求其起始点和终止点的位置、速度和加速度。

4-17　已知：如果分配给三次样条曲线轨迹运动的时间减半，且在起点和终点静止，对轨迹的最大加速度有何影响？

4-18　已知：一个关节采用带抛物线过渡的线性轨迹从 θ_0 运动到 θ_f，如果抛物线段的 $\ddot{\theta}$ 和线性段的速度 $\dot{\theta}_l$ 给定，用这四个未知参数求出 t 和 t_b。

4-19　已知：期望操作臂末端按照带抛物线过渡的直线轨迹从 $P_1=[0.0\quad 0.0]^{\mathrm{T}}\mathrm{m}$ 运动到 $P_3=[3.0\quad 3.0]^{\mathrm{T}}\mathrm{m}$，且 $P_2=[2.0\quad 1.0]^{\mathrm{T}}\mathrm{m}$ 为中间点，每一段的时间间隔为 $t_{d12}=t_{d23}=1\ \mathrm{s}$，加速度幅值为 $\ddot{x}=\ddot{y}=2\ \mathrm{m/s^2}$，试画出该轨迹曲线。

4-20　已知：单连杆机器人静止于 $\theta=-20°$，关节以光滑轨迹经过 $\theta=15°$运动到 $\theta=60°$，这两段轨迹的运动时间间隔是 $t_1=1\ \mathrm{s}$ 和 $t_2=2\ \mathrm{s}$，求这两个三次样条曲线的系数，且中间点的位置和加速度连续。

4-21　已知：单连杆机器人静止于 $\theta=-20°$，关节以光滑轨迹经过 $\theta=15°$运动到 $\theta=60°$，这两段轨迹的运动时间间隔是 $t_1=1\ \mathrm{s}$ 和 $t_2=2\ \mathrm{s}$，求这两个三次样条曲线的系数，且中间点的速度如 4.2.1 节的图 4.4 所示。

4-22　已知：带抛物线过渡的线性轨迹由以下参数生成：$\theta_0=0$，$\theta_f=45°$，线性段 $\dot{\theta}=1°/\mathrm{s}$，过渡段 $\ddot{\theta}=5°/\mathrm{s^2}$，求该运动的时间和各过渡段起止的位置。

编 程 练 习

已知：

（1）三次多项式。起始点 $\theta_0=120°$，终止点 $\theta_f=60°$，在起始点和终止点的角速度为 0，$t_f=1\ \mathrm{s}$。

（2）五次多项式。起始点 $\theta_0=120°$，终止点 $\theta_f=60°$，在起始点和终止点的角速度和角加速度为 0，$t_f=1\ \mathrm{s}$，将计算结果（表达式和曲线）与题（1）中的结果进行比较。

（3）两段带有中间点的三次多项式。起始点 $\theta_0=60°$，中间点 $\theta_v=120°$，终止点 $\theta_f=30°$，并且 $t_1=t_2=1\ \mathrm{s}$（即 $t_f=2\ \mathrm{s}$），在起始点和终止点的角速度和角加速度为 0，不必要求中间点处的角速度为 0，但必须保证两段多项式在相同时间点上使二者的速度和加速度相同。

要求：对上面三种情况，编写一个 MATLAB 程序生成关节空间的路径。对于每种情况，给出关节角、角速度、角加速度以及角加加速度的多项式函数，并输出曲线结果。竖直轴分别为角度、角速度、角加速度和角加加速度，且具有相同的时间单位。提示：可以参考 MATLAB 的作图子函数 subplot 来实现。

（4）用 MATLAB 机器人工具箱检验（1）和（2）的结果，试用函数 jtraj( )。

说明：此题是单关节操作臂在关节空间中生成多项式轨迹的练习，如果是 n 个关节，则需要进行 n 次。

第 4 章　拓展阅读参考书对照表

第 5 章　操作臂的控制方法

【本章概述】

在前面章节有关机器人运动学、力学建模和轨迹生成的基础知识上,本章主要讨论机器人的控制方法。本章的主要内容包括:机器人关节的线性控制方法、非线性控制方法、工业机器人控制系统、基于直角坐标的控制和力控制方法。线性控制仅适用于能够用线性微分方程进行数学建模的系统,而操作臂的动力学方程一般都是非线性的。对于操作臂的控制,工程实际中常采用线性的近似方法。当机器人末端执行器和环境接触时,这时单纯的位置控制就不适用了,需要考虑如何控制接触力的问题。

5.1　线性控制方法

本节主要讨论机器人关节的线性控制方法。实际的操作臂控制往往可以简化成多个独立关节的线性控制模型。

5.1.1　反馈与闭环控制

开环控制系统只按照给定的输入信号对被控对象进行单向控制,而不对被控量进行测量并反向影响控制作用,这种系统不具有修正由于扰动而引起的使被控制量偏离期望值的能力。**闭环控制系统**通过对输出量进行测量,将测量的结果反馈到输入端与输入量进行比较得到偏差,再由偏差产生直接控制作用去消除偏差,整个系统形成一个闭环。

一般操作臂的每个关节都安装有一个能够对相邻连杆(高序号连杆)施加扭矩的驱动器和一个测量关节角的传感器。驱动器提供输入控制量,传感器对输出量进行测量并反馈到输入端,机器人控制系统的框图见图 5.1,因此操作臂就构成了一个闭环反馈系统。

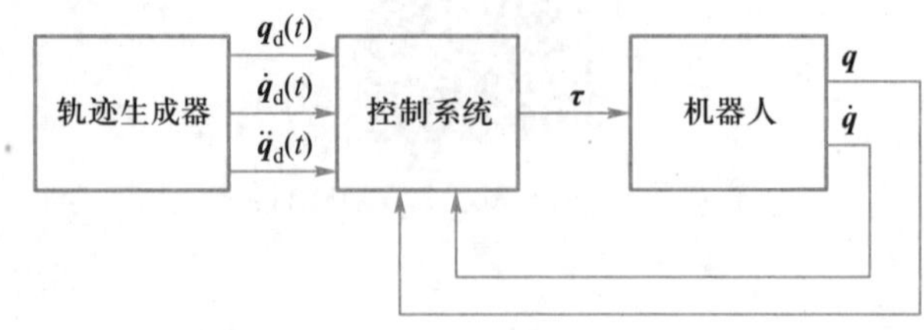

图 5.1　机器人控制系统的框图

操作臂的反馈一般通过比较期望位置 $\boldsymbol{q}_d$ 和实际位置 $\boldsymbol{q}$ 之差 $\boldsymbol{e}$,以及期望速度 $\dot{\boldsymbol{q}}_d$ 和实际速度 $\dot{\boldsymbol{q}}$ 之差 $\dot{\boldsymbol{e}}$ 来计算伺服误差

$$\boldsymbol{e}=\boldsymbol{q}_{\mathrm{d}}-\boldsymbol{q}$$
$$\dot{\boldsymbol{e}}=\dot{\boldsymbol{q}}_{\mathrm{d}}-\dot{\boldsymbol{q}} \tag{5.1.1}$$

这样控制系统就能够根据伺服误差函数计算驱动器需要的扭矩。

除了减小控制误差,还有一个重要问题就是要保持系统稳定。当一个实际系统处于平衡状态,如果受到外部作用影响时,系统经过一个过渡过程仍然能够回到原来的平衡状态,则称这个系统是稳定的。

图 5.1 中,所有信号都表示 $n\times1$ 维向量,因此,操作臂的控制问题是一个多输入多输出(MIMO)控制问题。在进行机器人设计时,为使设计简化,一般将每个关节看作一个独立闭环系统,即单输入单输出控制系统(SISO),而忽略操作臂动力学方程中各关节之间的耦合因素。

5.1.2 二阶线性系统的控制

1. 二阶线性系统

由控制理论可知,一个单自由度系统的二阶线性常微分方程可写为

$$m\ddot{x}+b\dot{x}+kx=0 \tag{5.1.2}$$

式中,$x(t)$是质点 m 的位移,m 为质点的质量,k 为刚度,b 为摩擦系数。

式(5.1.2)的解 $x(t)$是关于时间 t 的函数,方程的解取决于初始位置 $x(0)$和初始速度 $\dot{x}(0)$。式(5.1.2)的解的形式为

$$ms^2+bs+k=0 \tag{5.1.3}$$

方程的根为

$$s_1=-\frac{b}{2m}+\frac{\sqrt{b^2-4mk}}{2m}$$
$$s_2=-\frac{b}{2m}-\frac{\sqrt{b^2-4mk}}{2m} \tag{5.1.4}$$

s_1 和 s_2 在复平面中的位置(称作极点,离虚轴最远的极点称为主极点)代表系统的运动特性。根 s_1 和 s_2 有三种情况:

(1) 两个不相等的实根。当 $b^2>4mk$ 时的情况,即系统主要受摩擦力影响,系统将缓慢回到平衡位置而不出现振荡。这种情况称为过阻尼。式(5.1.2)的解 $x(t)$为

$$x(t)=c_1\mathrm{e}^{s_1t}+c_2\mathrm{e}^{s_2t} \tag{5.1.5}$$

式中,s_1 和 s_2 由式(5.1.4)得出;系数 c_1 和 c_2 为常数,可由 $x(0)$和 $\dot{x}(0)$求出。

图 5.2 所示为非零初始条件下根(极点)的位置和相应的时间响应,此时系统表现为**衰减运动**或者**过阻尼运动**。

(2) 复根。当 $b^2<4mk$ 时的情况,即系统主要受弹性力的影响,系统将出现振荡。这种情况称为欠阻尼。式(5.1.2)的解 $x(t)$同式(5.1.5),特征根可表示为

$$s_1=\lambda+\mu i$$
$$s_2=\lambda-\mu i \tag{5.1.6}$$

根据欧拉公式

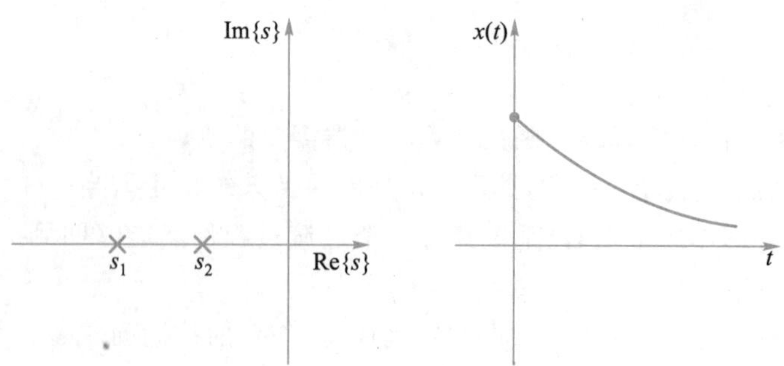

图 5.2 过阻尼系统根的位置和在初始条件下的响应

$$e^{ix}=\cos x+i\sin x \tag{5.1.7}$$

式(5.1.5)可写成如下形式：

$$x(t)=c_1e^{\lambda t}\cos(\mu t)+c_2e^{\lambda t}\sin(\mu t) \tag{5.1.8}$$

如果将式(5.1.8)中的常数 c_1 和 c_2 写成如下形式：

$$\begin{aligned}c_1&=r\cos\delta\\c_2&=r\sin\delta\end{aligned} \tag{5.1.9}$$

则式(5.1.8)可以改写为

$$x(t)=re^{\lambda t}\cos(\mu t-\delta), \tag{5.1.10}$$

式中，

$$\begin{aligned}r&=\sqrt{c_1^2+c_2^2}\\\delta&=\text{Atan2}(c_2,c_1)\end{aligned} \tag{5.1.11}$$

式(5.1.10)表达的运动形式为振幅按指数形式衰减到零的振动。

图 5.3 所示为非零初始条件下根(极点)的位置和时间响应，此时系统表现为**振荡**或**欠阻尼运动**。

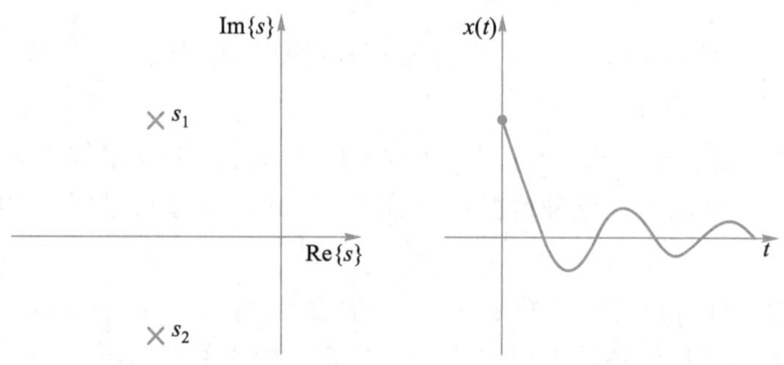

图 5.3 欠阻尼系统根的位置和在初始条件下的响应

另一种常用方法是用阻尼比 ζ 和固有频率 ω_n 描述二阶振动系统，ζ,ω_n 是由参数化特征方程给出的

$$s^2+2\zeta\omega_ns+\omega_n^2=0 \tag{5.1.12}$$

式中，ζ 是介于 0 和 1 之间的无量纲数。极点位置与 ζ,ω_n 的关系为

$$\lambda=-\zeta\omega_n$$
$$\mu=\omega_n\sqrt{1-\zeta^2} \tag{5.1.13}$$

s_1 和 s_2 的虚部 μ 称为阻尼固有频率。对于式(5.1.2)表示的有阻尼的质量—弹簧系统,ζ,ω_n 分别为

$$\zeta=\frac{b}{2\sqrt{km}}$$
$$\omega_n=\sqrt{k/m} \tag{5.1.14}$$

(3)两个相等的实根,即重根。当 $b^2=4mk$ 时的情况,此时摩擦力与弹性力平衡,系统将以最短的时间回到平衡位置。这种情况称为临界阻尼,通常为期望的情况。式(5.1.2)的解 $x(t)$ 仍同式(5.1.5)。在这种情况下 $s_1=s_2=-\dfrac{b}{2m}$,因此式(5.1.5)可以写成

$$x(t)=(c_1+c_2t)\mathrm{e}^{-\frac{b}{2m}t} \tag{5.1.15}$$

给定任意 c_1、c_2 和 a,应用 L'Hopital 法则可得:

$$\lim_{t\to\infty}(c_1+c_2t)\mathrm{e}^{-at}=0 \tag{5.1.16}$$

图 5.4 所示为非零初始条件下根(极点)的位置和相应的时间响应,此时系统表现为**临界阻尼运动**,即系统将以最短的时间回到平衡位置而不出现振荡。

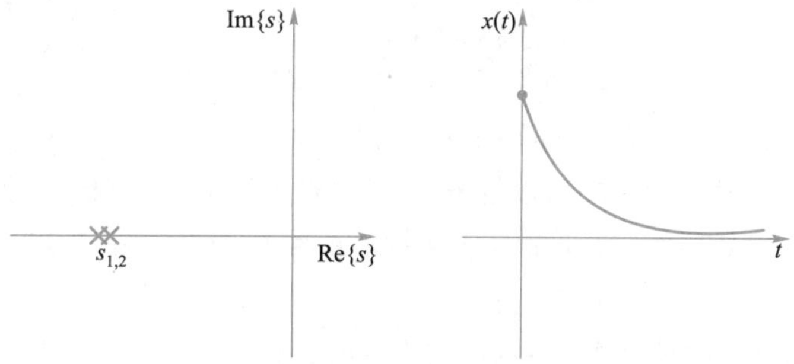

图 5.4 临界阻尼系统根的位置和在初始条件下的响应

综上所述,对于无阻尼系统,$b=0$,阻尼比 $\zeta=0$;对于临界阻尼系统,$b^2=4\ km$,阻尼比 $\zeta=1$;对于过阻尼系统,阻尼比 $\zeta>1$。

式(5.1.2)描述的物理系统都是稳定的。这些机械系统都有如下的特性:

$$m>0,\ b>0,\ k>0 \tag{5.1.17}$$

从上面的分析可知,当这些系数中的值改变时,必须要考虑系统是否稳定。

2. 二阶系统的控制

如果二阶机械系统的响应不能满足要求,可以使用反馈环节(一般由传感器和反馈元件组成),按照要求改变系统的响应。

图 5.5 所示为一个作用有驱动力 f 的有阻尼质量—弹簧系统。根据受力图可得

$$m\ddot{x}+b\dot{x}+kx=f \tag{5.1.18}$$

现在设计一种**控制规律**,驱动力 f 是反馈增益的函数

$$f=-k_px-k_v\dot{x} \tag{5.1.19}$$

式中，k_p 是关于位置 x 的反馈增益，k_v 是关于速度 $\dot{x}$ 的反馈增益，因此常被称为 **PD 控制律**。

图 5.6 是该闭环系统的框图，图中虚线左边的部分为控制系统（一般是计算机），读取传感器输入信号并向驱动器输出指令；虚线右边的部分为物理系统。

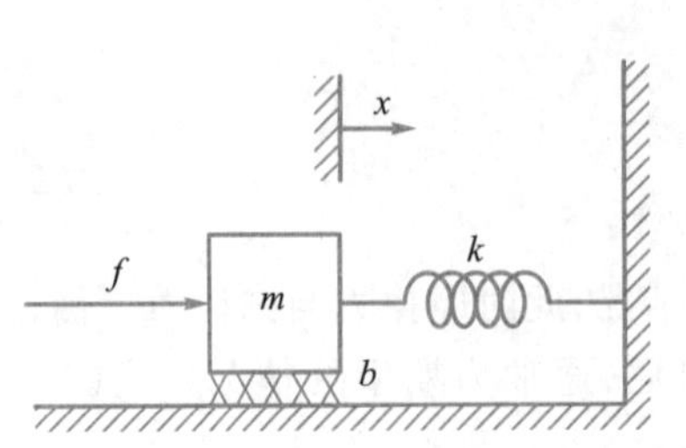

图 5.5 带有驱动器的有阻尼质量—弹簧系统

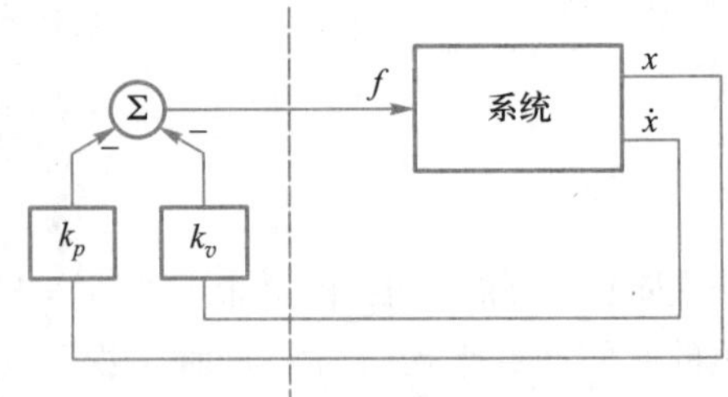

图 5.6 闭环控制系统

联立开环动力学方程式(5.1.18)和控制方程式(5.1.19)，就可以得到闭环系统动力学方程

$$m\ddot{x}+b\dot{x}+kx=-k_p x-k_v\dot{x} \tag{5.1.20}$$

或

$$m\ddot{x}+(b+k_v)\dot{x}+(k+k_p)x=0 \tag{5.1.21}$$

或

$$m\ddot{x}+b'\dot{x}+k'x=0 \tag{5.1.22}$$

式中，

$$b'=b+k_v,\quad k'=k+k_p \tag{5.1.23}$$

从式(5.1.21)和式(5.1.22)可以看出，通过设定控制增益 k_p 和 k_v 可以使闭环系统呈现任何期望的二阶系统特性。经常通过选择增益获得临界阻尼，即 $b'=2\sqrt{mk'}$ 或者由 k' 给出期望的**闭环刚度**。

k_p 和 k_v 可正可负，这是由原系统的参数决定的。而当 b' 或 k' 为负数时，控制系统将是不稳定的。

例 5.1 已知：如图 5.5 中所示的系统各参数分别为 $m=1$ kg，$b=1$ N·s/m，$k=1$ N/m，求使闭环刚度 $k'=16$ N/m 的临界阻尼系统的位置控制增益 k_p 和 k_v。

解：如果 $k'=16$ N/m，为了达到临界阻尼，需要 $b'=2\sqrt{mk'}=8$ N·s/m。由式(5.1.23)得

$$\begin{aligned} k_p &= 15\ \text{N/m} \\ k_v &= 7\ \text{N}\cdot\text{s/m} \end{aligned} \tag{a}$$

由此可知，k_p 可调节系统的**等效刚度**；k_v 可调节系统的**等效阻尼**。

5.1.3 控制规律的分解

将图 5.6 中的控制系统分解为**模型控制部分**和**伺服控制部分**，采用分解控制规律的闭环控制系统如图 5.7 所示。这样，系统的物理参数(m,b,k)仅出现在模型控制部分，而与伺服控制部分是完全独立的。

系统开环方程为式(5.1.18)。模型控制部分可表达为

$$f = \alpha f' + \beta \tag{5.1.24}$$

式中，α 和 β 是函数或常数。

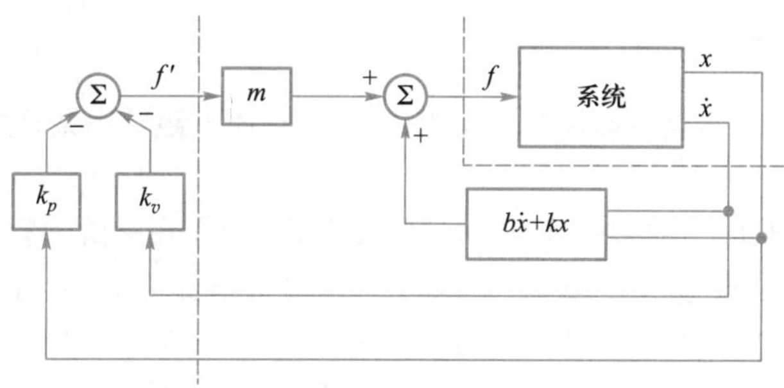

图 5.7 采用分解控制规律的闭环控制系统

联立式(5.1.18)和式(5.1.24)得

$$m\ddot{x} + b\dot{x} + kx = \alpha f' + \beta \tag{5.1.25}$$

按式(5.1.26)选择式(5.1.25)中的 α 和 β，

$$\begin{aligned} \alpha &= m \\ \beta &= b\dot{x} + kx \end{aligned} \tag{5.1.26}$$

则式(5.1.25)变为

$$\ddot{x} = f' \tag{5.1.27}$$

这样就将系统简化成了单位质量、且无摩擦和刚度的开环运动系统。

设计控制规律如下：

$$f' = -k_v\dot{x} - k_p x \tag{5.1.28}$$

将这个控制规律与式(5.1.27)联立得

$$\ddot{x} + k_v\dot{x} + k_p x = 0 \tag{5.1.29}$$

在这种方法中，控制增益 k_p 和 k_v 与系统参数 m,b,k 独立。

$$k_v = 2\sqrt{k_p} \tag{5.1.30}$$

这时系统处于临界阻尼状态。

由上可知，控制规律的分解就是将控制系统分解为模型控制部分和伺服控制部分两部分。**模型控制部分**将系统简化为与系统参数有关的单位质量系统；**伺服控制部分**用于修正系统的品质。

例 5.2 已知：如图 5.5 所示的系统参数分别为 $m=1$ kg，$b=1$ N·s/m，$k=1$ N/m，系统期望的闭环刚度为 16 N/m，且为临界阻尼状态，求 α、β 以及增益 k_p 和 k_v。

解：按照式(5.1.26)得

$$\begin{aligned} \alpha &= 1\,(\text{kg}) \\ \beta &= \dot{x} + x\,(\text{N}) \end{aligned} \tag{a}$$

假定系统的控制律为式(5.1.28)；设定 k_p 为期望的闭环刚度；当系统为临界阻尼时，$k_v = 2\sqrt{k_p}$，可得

$$\begin{aligned} k_p &= 16\ \text{N/m} \\ k_v &= 8\ \text{N}\cdot\text{s/m} \end{aligned} \tag{b}$$

注意:从例5.1和例5.2中可知,对于一个物理(力学)系统,控制参数有明确的物理意义,因此一定要有量纲。

5.1.4　轨迹跟踪控制

如果希望使质量块不仅能够保持在期望位置,而且能够跟踪一条轨迹,则需要采用轨迹跟踪控制方法。

已知轨迹 $x_d(t)$ 是时间的函数,假设轨迹是光滑的(即存在一阶导教和二阶导数),轨迹生成器在任一时间 t 均能给出一组 x_d、$\dot{x}_d$ 和 $\ddot{x}_d$。定义伺服误差 $e=x_d-x$ 为期望轨迹与实际轨迹之差。设计轨迹跟踪控制规律如下:

$$f'=\ddot{x}_d+k_v\dot{e}+k_p e \tag{5.1.31}$$

如果将式(5.1.31)与单位质量运动方程式(5.1.27)联立,得到

$$\ddot{x}=\ddot{x}_d+k_v\dot{e}+k_p e \tag{5.1.32}$$

即

$$\ddot{e}+k_v\dot{e}+k_p e=0 \tag{5.1.33}$$

适当选择 k_p 和 k_v 即可得到期望的系统刚度和阻尼,例如选择临界阻尼。式(5.1.33)也称为闭环系统的**误差空间方程**,因为它描述了相对于期望轨迹的误差变化。图5.8为轨迹跟踪控制器的示意图。

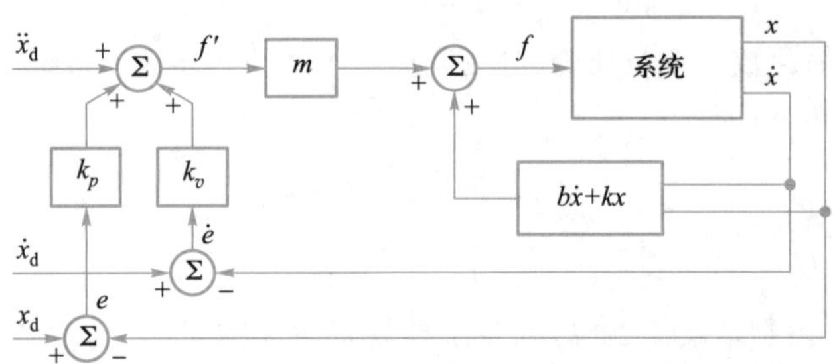

图5.8　图5.5所示系统的轨迹跟踪控制器

如果模型中的参数 m、b 和 k 的值是准确的,又没有噪声和初始误差,则质量块将准确跟随期望轨迹运动。如果存在初始误差,这个误差将受到抑制[见式(5.1.33)],质量块仍将准确跟随期望轨迹运动。

5.1.5　抑制干扰

控制系统的一个重要作用就是抑制干扰,即系统在有外部干扰或者噪声时仍能保持稳定。图5.9所示为附加输入——额外干扰力 f_{dist} 的轨迹跟踪控制系统。由式(5.1.33)得

$$\ddot{e}+k_v\dot{e}+k_p e=f_{dist} \tag{5.1.34}$$

如果 f_{dist} 是有界的——即存在常数 a,使得

$$\max_t f_{dist}(t)<a \tag{5.1.35}$$

这样式(5.1.34)的解 $e(t)$ 也是有界的。这个性质表明有界输入—有界输出(BIBO)的线性系统是稳定的。

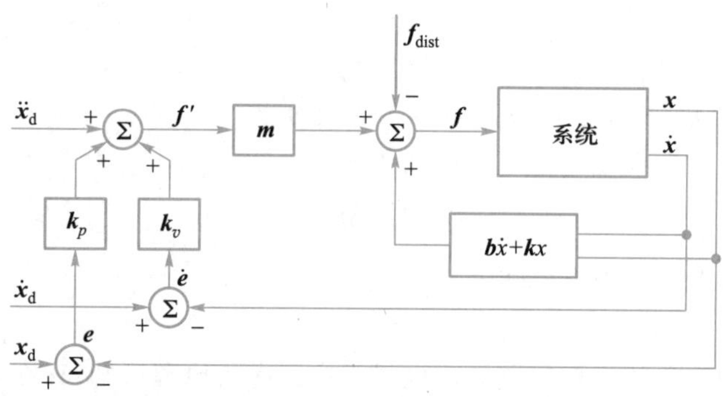

图 5.9 具有干扰作用的轨迹跟踪控制系统

1. 稳态误差

对于静态系统,式(5.1.34)中的各阶导数为0,当系统受到的干扰力 f_{dist} 为常数时,有

$$k_p e = f_{dist} \tag{5.1.36}$$

系统的稳态误差为

$$e = f_{dist}/k_p \tag{5.1.37}$$

显然,位置增益 k_p 越大,稳态误差就越小。

2. 增加积分项

为消除稳态误差,有时在控制规律[式(5.1.31)]中附加一个积分项,即

$$f' = \ddot{x}_d + k_v \ddot{e} + k_p e + k_i \int e\mathrm{d}t \tag{5.1.38}$$

则具有干扰力 f_{dist} 的误差方程[式(5.1.34)]变为

$$\ddot{e} + k_v \dot{e} + k_p e + k_i \int e\mathrm{d}t = f_{dist} \tag{5.1.39}$$

当 $t>0$ 时,将式(5.1.39)对时间 t 求导

$$\dddot{e} + k_v \ddot{e} + k_p \dot{e} + k_i e = \dot{f}_{dist} \tag{5.1.40}$$

对于恒定干扰,式(5.1.40)变为

$$k_i e = 0 \tag{5.1.41}$$

因此,

$$e = 0 \tag{5.1.42}$$

这个结果说明增加积分项可使系统在恒定干扰情况下使稳态误差为零。

通常 k_i 非常小,使得三阶系统[式(5.1.38)]近似于一个二阶系统。控制方程(5.1.38)称为 **PID 控制规律**,即"比例(proportion)–积分(integration)–微分(differentiation)"控制规律。

5.1.6 单关节的建模与控制

本节将要为单一旋转关节操作臂建立简化模型。通过几项假设可把这个系统看作二阶线性系统。对于更完整的驱动关节模型,可参见熊有伦主编的《机器人技术基础》第七章 7.2 节。

1. 力矩和电动势方程

以电机作为驱动的关节为例,一般情况下,电机电枢电流 i_a 与输出转矩 τ_m 的关系可表

示为

$$\tau_{\mathrm{m}}=k_{\mathrm{m}}i_{\mathrm{a}} \tag{5.1.43}$$

式中,k_{m} 为电机转矩常数,表示电机产生转矩的能力。

当电机转动时,在电枢上产生一个电动势 v

$$v=k_e\dot{\theta}_{\mathrm{m}} \tag{5.1.44}$$

式中,k_e 为反电势常数,$\dot{\theta}_{\mathrm{m}}$ 为电机转速。

2. 电机电枢感抗

图5.10所示为电机的电枢电路。由电机学中的电机原理可知,存在电压平衡方程

$$l_{\mathrm{a}}\dot{i}_{\mathrm{a}}+r_{\mathrm{a}}i_{\mathrm{a}}=v_{\mathrm{a}}-k_e\dot{\theta}_{\mathrm{m}} \tag{5.1.45}$$

式中,v_{a} 是电源电压,l_{a} 是电枢绕组的感抗,r_{a} 是电枢绕组的电阻。

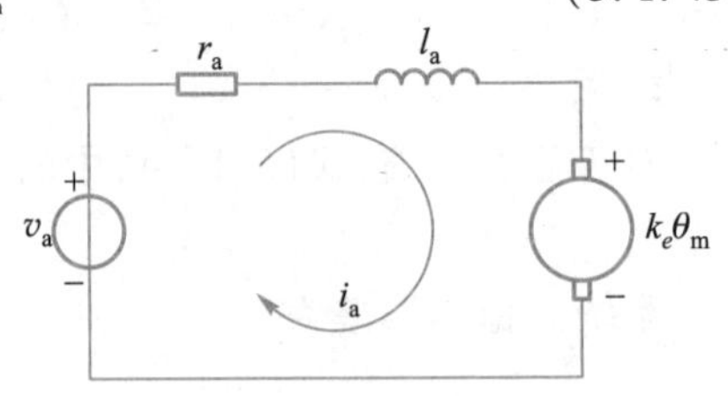

图5.10 电机的电枢电路

3. 等效惯量

图5.11所示为单个关节的动力学模型,电机转子通过减速器与惯性负载相连。减速器可提高电机驱动负载的力矩、降低负载的转速,因此有

$$\begin{aligned}\tau&=\eta\tau_{\mathrm{m}}\\ \dot{\theta}&=(1/\eta)\dot{\theta}_{\mathrm{m}}\end{aligned} \tag{5.1.46}$$

式中,η 为减速比,$\eta>1$;θ 是负载(连杆)转速。

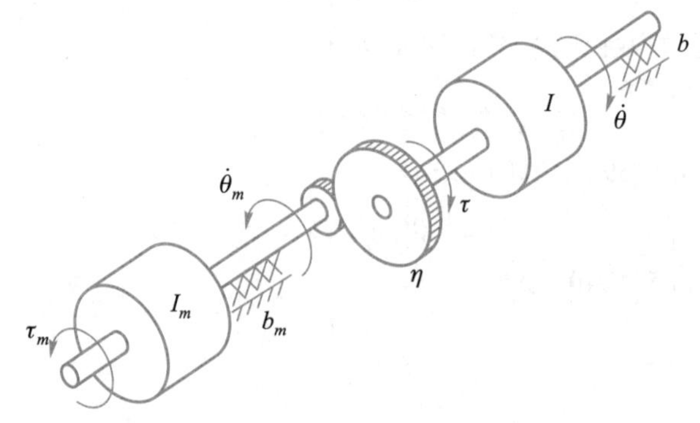

图5.11 关节的动力学模型

系统的力矩平衡方程为

$$\tau_{\mathrm{m}}=I_{\mathrm{m}}\ddot{\theta}_{\mathrm{m}}+b_{\mathrm{m}}\dot{\theta}_{\mathrm{m}}+(1/\eta)(I\ddot{\theta}+b\dot{\theta}) \tag{5.1.47}$$

式中,I_{m} 和 I 分别为电机转子惯量和负载惯量,b_{m} 和 b 分别为电机转子轴承和负载轴承的粘性摩擦系数。

将式(5.1.46)代入式(5.1.47),可得关节的动力学模型

$$\tau_{\mathrm{m}}=\left(I_{\mathrm{m}}+\frac{I}{\eta^2}\right)\ddot{\theta}_{\mathrm{m}}+\left(b_{\mathrm{m}}+\frac{b}{\eta^2}\right)\dot{\theta}_{\mathrm{m}} \tag{5.1.48}$$

或

$$\tau=(I+\eta^2I_{\mathrm{m}})\ddot{\theta}+(b+\eta^2b_{\mathrm{m}})\dot{\theta} \tag{5.1.49}$$

式(5.1.49)中,$I+\eta^2 I_m$ 称为减速器输出端(连杆侧)的**等效惯量**;$b+\eta^2 b_m$ 称为**等效阻尼**。

由第4章4.2节可知,机器人关节的负载惯量 I 是随着机器人位形和负载变化的。通常减速比 $\eta>>1$,因此能够假设等效惯量 $I+\eta^2 I_m$ 是一个常数。为确保系统在任何情况下均为临界阻尼或者过阻尼,I 值应在取值范围内选取最大值,即 I_{max}。

例5.3 已知:如果连杆惯量 I 在 2~6 kg·m² 之间变化,转子惯量 $I_m=0.01$ kg·m²,减速比 $\eta=30$,求等效惯量的最大值和最小值。

解:等效惯量的最小值为

$$I_{min}+\eta^2 I_m=(2+30^2\times 0.01)\text{ kg}\cdot\text{m}^2=11\text{ kg}\cdot\text{m}^2 \tag{a}$$

最大值为

$$I_{max}+\eta^2 I_m=(6+30^2\times 0.01)\text{ kg}\cdot\text{m}^2=15\text{ kg}\cdot\text{m}^2 \tag{b}$$

因此可以看出,增加大传动比减速器后,等效惯量的变化率由200%减小到36%。

4. 闭环控制系统的固有频率

当外界激励频率与结构的固有频率相同或接近时,结构会发生共振。结构的固有频率越低,越容易受到外界激励产生共振,因此,要求结构的一阶固有频率越高越好。对于闭环控制系统,就是要求系统的固有频率越高越好。

在关节建模过程中,假设减速器、轴、轴承和连杆都是刚性的,实际上这些元件的刚度都是有限的,但一般情况下这些元件的刚度远大于控制系统的刚度(相当于图5.5中的弹簧刚度 k),即与已建模的二阶主极点的影响相比可以忽略不计,因此可以采用式(5.1.49)作为关节的动力学模型。

一般按照经验方法估计闭环控制系统的固有频率 ω_s(注意与结构的固有频率 ω_n 加以区别)为

$$\omega_s\leqslant\frac{1}{2}\omega_n \tag{5.1.50}$$

式(5.1.50)可为选择控制器增益提供依据。典型工业机器人的结构共振频率范围为5~25 Hz。

5. 结构共振频率估计

如果能够给出柔性结构件的等效质量或等效惯量,参照式(5.1.14)可以近似得出结构的一阶固有频率 ω_n。

对于移动关节

$$\omega_n=\sqrt{k/m} \tag{5.1.51}$$

对于转动关节

$$\omega_n=\sqrt{k/I} \tag{5.1.52}$$

式中,k 为柔性结构件的刚度(与变形方向对应),m 为振动系统的等效质量,I 为振动系统的等效惯量。对于实际的机器人系统,如果要得到固有频率的精确值,通常可以利用动态测试技术,得到机器人结构的各阶固有频率。

例5.4 已知:某关节的扭转刚度为400 N·m/rad,负载的转动惯量为1 kg·m²。求闭环控制系统的固有频率。

解:应用式(5.1.52),得结构的固有频率

$$\omega_n=\sqrt{k/I}=\sqrt{400/1}\ \text{rad/s}=20\ \text{rad/s}=20/(2\pi)\ \text{Hz}\approx 3.2\ \text{Hz} \tag{a}$$

则闭环控制系统的固有频率：$\omega_s\leqslant\frac{1}{2}\omega_n=\frac{1}{2}\times 3.2\ \text{Hz}=1.6\ \text{Hz}$。

6. 单关节控制

为了将单关节简化为便于控制的二阶线性系统，做如下假设：

(1) 忽略电机的感抗 l_a；

(2) 传动比 η>>1，将等效惯量视为一个常数，即 $I_{\max}+\eta^2 I_m$；

(3) 仅考虑闭环控制系统的固有频率 ω_s。

单关节控制模型归纳如下：

由式(5.1.26)和式(5.1.49)得

$$\begin{aligned}\alpha&=I_{\max}+\eta^2 I_m\\ \beta&=(b+\eta^2 b_m)\dot{\theta}\end{aligned} \tag{5.1.53}$$

由式(5.1.31)得

$$\tau'=\ddot{\theta}_d+k_v\dot{e}+k_p e \tag{5.1.54}$$

由式(5.1.34)得系统的闭环误差方程为

$$\ddot{e}+k_v\dot{e}+k_p e=\tau_{\text{dist}} \tag{5.1.55}$$

式(5.1.55)的增益确定如下：

对照式(5.1.12)和式(5.1.33)，由式(5.1.50)得(略去推导过程)

$$k_p=\omega_s^2=\frac{1}{4}\omega_n^2 \tag{5.1.56}$$

注意：闭环控制系统的固有频率是 ω_s，而不是 ω_n。

由式(5.1.30)和式(5.1.56)得

$$k_v=2\sqrt{k_p}=\omega_n \tag{5.1.57}$$

5.2　非线性控制方法

采用线性方法对操作臂进行控制时，提出了几个近似假设，其中最重要的近似假设是认为每个关节都是独立的，而且每个关节的惯量是不变的。本节将根据 3.7.1 节关节空间动力学方程中推导的一般操作臂的 $n\times 1$ 维非线性运动微分方程(3.7.1)直接进行控制器设计，这种控制方法称为**计算力矩法**。不失代表性，本节仍以最常见的单自由度有阻尼质量—弹簧系统为例研究操作臂的非线性控制技术。

5.2.1　非线性系统和时变系统

非线性系统是输出与输入不成正比的系统。如果系统的参数随时间变化，则系统具有非线性特性。如果系统的非线性特性不明显，可以用局部线性化方法将系统简化为线性模型。但是操作臂一般在工作空间内大幅运动，因此无法找到一个适合于整个工作空间的线性化模型。另一种方法是跟随操作臂的运动进行线性化，即对系统进行准静态线性化，这种动态线性化的方法就是将系统转变为一个线性的时变系统。

如果图 5.5 中的弹簧具有某种非线性特性，这时可把系统看作准静态系统，在每个瞬时计算出系统极点的位置。当质量块运动时，系统的极点随之在复平面上移动，它是质量块位置的函数，因此无法选择固定的增益使极点保持在期望的位置（例如，临界阻尼状态）。为此，需要系统增益是时变的（按照质量块的位置变化），从而使得系统总是处于临界阻尼状态。可以通过改变 k_p，使弹簧的非线性正好被控制规律中的非线性项完全抵消，从而使系统的总刚度始终保持不变。这种控制方式称为线性化控制方法，因为它用**非线性控制项去抵消被控系统的非线性**，使得整个闭环系统是线性的。

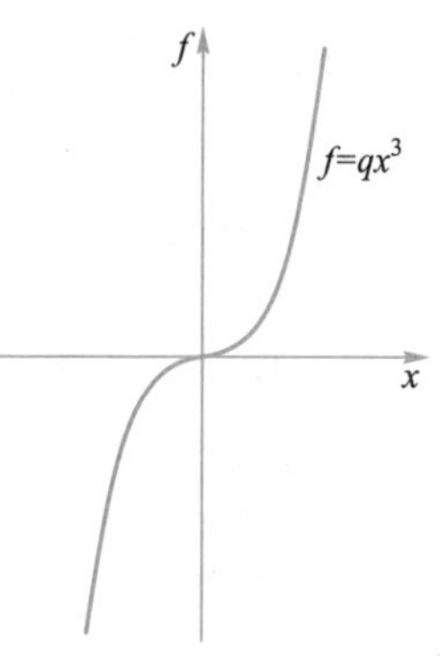

图 5.12　非线性弹簧的力—位特性曲线

在控制规律分解方法中，伺服控制规律始终不变，而基于模型控制的部分将包含非线性模型。因此，基于模型的控制部分对系统的作用相当于一个线性化函数。举例说明如下。

例 5.5　已知：如果图 5.5 中所示的弹簧为一非线性弹簧特性，弹簧的力—位特性曲线为 $f=qx^3$，如图 5.12。试建立一个控制规律，使得系统工作在临界阻尼状态下。

解：系统的开环方程为

$$m\ddot{x}+b\dot{x}+qx^3=f \tag{a}$$

基于模型的控制部分为 $f=\alpha f'+\beta$，式中，

$$\begin{aligned}\alpha&=m\\ \beta&=b\dot{x}+qx^3\end{aligned} \tag{b}$$

伺服控制部分同前所述

$$f'=\ddot{x}_{\mathrm{d}}+k_v\dot{e}+k_pe \tag{c}$$

式中，增益值 k_p，k_v 可由期望的性能计算得出。图 5.13 为该系统的控制框图。这个闭环系统可将极点保持在固定位置。

例 5.6　已知：图 5.14 所示为一单连杆操作臂。假定质量集中于连杆末端，转动惯量为 ml^2。关节上作用有库仑摩擦 $c\,\mathrm{sgn}(\dot{\theta})$（$c$ 为库仑摩擦力）和粘性摩擦 $v\dot{\theta}$（v 为粘性摩擦系数），还有重力负载。试建立一个控制规律，使得系统工作在临界阻尼状态下。

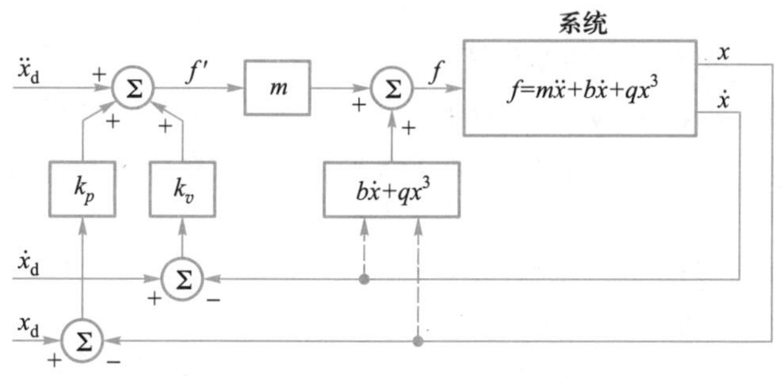

图 5.13　具有非线性弹簧的非线性控制系统框图

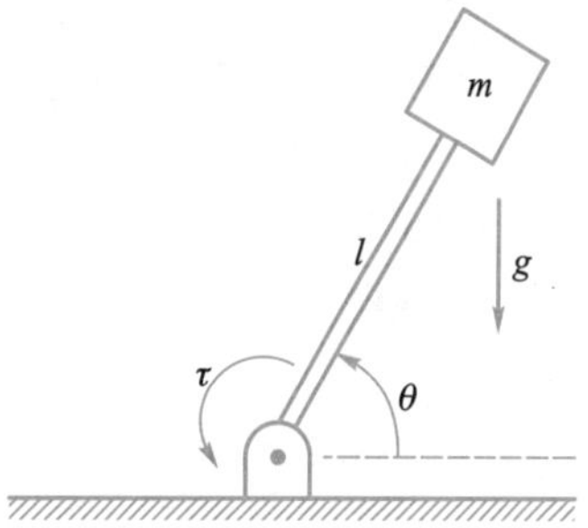

图 5.14　单连杆操作臂

解：这个操作臂的动力学模型为

$$\tau=ml^2\ddot{\theta}+v\dot{\theta}+c\,\mathrm{sgn}(\dot{\theta})+mlg\cos\theta \tag{a}$$

同前，控制系统分解为两部分，线性化的模型控制部分和伺服控制部分。

基于模型的控制部分为 $\tau=\alpha\tau'+\beta$，式中，

$$\begin{aligned}\alpha&=ml^2\\ \beta&=v\dot{\theta}+c\mathrm{sgn}(\dot{\theta})+mlg\cos\theta\end{aligned}\tag{b}$$

伺服部分同前

$$\tau'=\ddot{\theta}_{\mathrm{d}}+k_v\dot{e}+k_pe\tag{c}$$

式中，增益值 k_p，k_v 可由期望的性能计算得出。

在一些简单的情况下，设计非线性控制器的方法：

(1) 设计一个非线性的基于模型的控制规律，用来抵消被控系统的非线性。

(2) 将系统简化为线性系统，采用单位质量系统的线性伺服控制规律进行控制。

可以认为，线性化控制规律是建立一个被控系统的逆模型，使被控系统中的非线性与逆模型中的非线性相抵消，这样就构成了一个线性闭环系统。显然，为了抵消系统的非线性作用，必须知道非线性系统的参数和结构。

5.2.2　多输入多输出控制系统

操作臂的控制是一个典型的多输入多输出(multiple-input multiple-output，MIMO)非线性问题，即关节位置、速度、加速度以及各关节驱动信号均为矢量。把控制规律分解成为基于模型的控制部分和伺服控制部分，对于自由度为 n 的系统，控制规律的形式如下：

$$\boldsymbol{F}=\boldsymbol{\alpha}\boldsymbol{F}'+\boldsymbol{\beta}\tag{5.2.1}$$

式中，$\boldsymbol{F}$、$\boldsymbol{F}'$和 $\boldsymbol{\beta}$ 为 $n\times1$ 矢量，$\boldsymbol{\alpha}$ 为 $n\times n$ 矩阵，但不一定是对角阵，如果矩阵 $\boldsymbol{\alpha}$ 是对角阵，则 n 个运动方程是解耦的。适当选择 $\boldsymbol{\alpha}$ 和 $\boldsymbol{\beta}$，可使系统对于输入 $\boldsymbol{F}'$成为 n 个独立的单位质量系统，此时，控制规律中基于模型的控制部分称为线性化解耦控制规律，伺服规律为

$$\boldsymbol{F}'=\ddot{\boldsymbol{X}}_{\mathrm{d}}+\boldsymbol{K}_v\dot{\boldsymbol{E}}+\boldsymbol{K}_p\boldsymbol{E}\tag{5.2.2}$$

式中，$\boldsymbol{K}_v$ 和 $\boldsymbol{K}_p$ 都是 $n\times n$ 矩阵，通常选取常数对角阵。$\boldsymbol{E}$ 和 $\dot{\boldsymbol{E}}$ 分别为 $n\times1$ 维的位置误差矢量和速度误差矢量。

5.2.3　操作臂的控制问题

对于操作臂的控制问题，由第 3 章操作臂动力学的式(3.7.1)，有

$$\boldsymbol{\tau}=\boldsymbol{M}(\boldsymbol{q})\ddot{\boldsymbol{q}}+\boldsymbol{H}(\boldsymbol{q},\dot{\boldsymbol{q}})+\boldsymbol{G}(\boldsymbol{q})\tag{5.2.3}$$

在式(5.2.3)等号右边可以加入一个摩擦模型 $\boldsymbol{F}(\boldsymbol{q},\dot{\boldsymbol{q}})$(或者其他非刚体效应)，假设这个摩擦模型是 $\boldsymbol{q}$，$\dot{\boldsymbol{q}}$ 的函数

$$\boldsymbol{\tau}=\boldsymbol{M}(\boldsymbol{q})\ddot{\boldsymbol{q}}+\boldsymbol{H}(\boldsymbol{q},\dot{\boldsymbol{q}})+\boldsymbol{G}(\boldsymbol{q})+\boldsymbol{F}(\boldsymbol{q},\dot{\boldsymbol{q}})\tag{5.2.4}$$

对于式(5.2.4)描述的系统，采用分解控制器方法求解，令

$$\boldsymbol{\tau}=\boldsymbol{\alpha}\boldsymbol{\tau}'+\boldsymbol{\beta}\tag{5.2.5}$$

式中，$\boldsymbol{\tau}$ 是 $n\times1$ 关节转矩矢量。选择

$$\begin{aligned}\boldsymbol{\alpha}&=\boldsymbol{M}(\boldsymbol{q})\\ \boldsymbol{\beta}&=\boldsymbol{H}(\boldsymbol{q},\dot{\boldsymbol{q}})+\boldsymbol{G}(\boldsymbol{q})+\boldsymbol{F}(\boldsymbol{q},\dot{\boldsymbol{q}})\end{aligned}\tag{5.2.6}$$

伺服控制规律为

$$\boldsymbol{\tau}'=\ddot{\boldsymbol{q}}_{\mathrm{d}}+\boldsymbol{K}_v\dot{\boldsymbol{E}}+\boldsymbol{K}_p\boldsymbol{E} \tag{5.2.7}$$

式中,

$$\boldsymbol{E}=\boldsymbol{q}_{\mathrm{d}}-\boldsymbol{q} \tag{5.2.8}$$

求得的控制系统如图 5.15 所示。

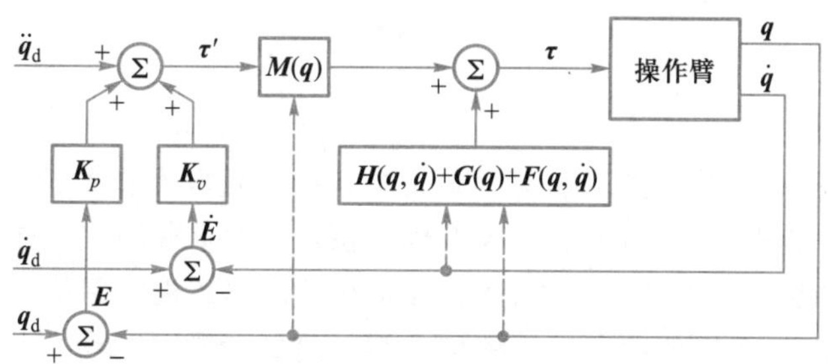

图 5.15　基于模型的操作臂控制系统

利用式(5.2.4)~式(5.2.7),得到闭环系统的误差方程为

$$\ddot{\boldsymbol{E}}+\boldsymbol{K}_v\dot{\boldsymbol{E}}+\boldsymbol{K}_p\boldsymbol{E}=0 \tag{5.2.9}$$

由式(5.2.2)知,矩阵 $\boldsymbol{K}_v$ 和 $\boldsymbol{K}_p$ 是对角阵,因而式(5.2.9)可以写成各关节独立的形式

$$\ddot{e}_i+k_{vi}\dot{e}+k_{pi}e=0 \tag{5.2.10}$$

5.2.4　实际问题

前几节中对于解耦和线性化控制的讨论中,实际上做了若干假设,而这些在实际情况中很少存在这样的理想条件。在机器人控制器设计中,除了前两节的控制方法以外,往往要考虑其他实际因素。

1. 模型的计算时间

上述的控制模型都是连续时间控制模型,这实际上是假设整个系统的运行时间是连续的,而且控制规律的计算时间为零。然而操作臂的控制系统都是由数字电路实现的,并且是在有限的采样速率下运行,这说明传感器采样值是离散的,因此由这些采样值计算出的驱动指令并发送给驱动器的过程也是离散的。对于离散时间控制模型,微分方程变成了差分方程。为了分析由计算时间和有限采样速率产生的延迟问题,需要采用离散时间控制模型。

对于操作臂的控制,通常可以假定控制器的计算速度足够快,并且连续时间的近似是可行的。

2. 前馈非线性控制

在图 5.15 中,基于模型的控制部分是在伺服回路之中的,那么必须在每个伺服周期内完成操作臂动力学模型的计算。

在前馈控制方法中,基于模型的控制部分是在伺服环外面,在伺服环内只需进行误差和增益相乘,以实现快速运算,而基于模型的力矩计算则可以放慢,然后与伺服环的计算结果相加。前馈非线性控制框图如图 5.16 所示。

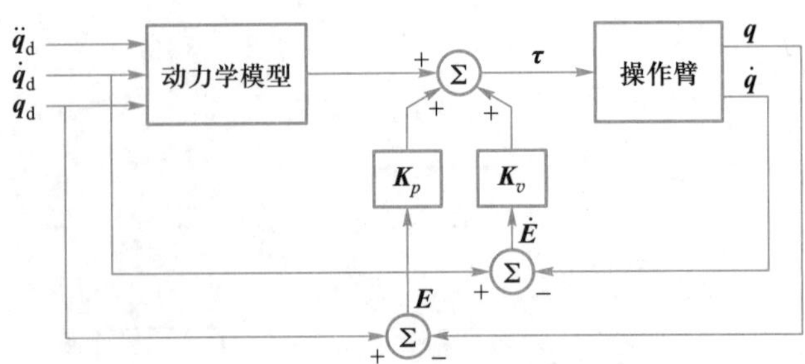

图5.16 前馈非线性控制框图

但是,图5.16所示的前馈控制方式不能完全解耦。随着操作臂位形的变化,有效闭环增益将会改变,由控制理论可知,准静态极点也会在复平面上移动。一种方法是随着操作臂位形的变化,事先计算出可变增益的值,从而使系统的准静态极点保持在确定的位置。

由图5.16可知,该系统的动力学模型是已知轨迹的函数,因此可以事先离线求解该模型,在运行时,则从存储器中读出预先计算好的力矩函数。同样也可以事先将时变增益计算好并存储下来。因此,这种控制方式运行时的计算量较小,可以达到很高的伺服速率。

3. 双速率计算力矩方法

图5.17所示的是一种解耦及线性化的位置控制系统。动力学模型以位形空间的形式描述,因此操作臂的动力学参数只是操作臂位置的函数,见第3章操作臂动力学的式(3.7.2)。因为这些函数可以在后台(或离线)进行计算,或查阅预先计算的表格,因此可以以低于闭环伺服的速率更新动力学参数。

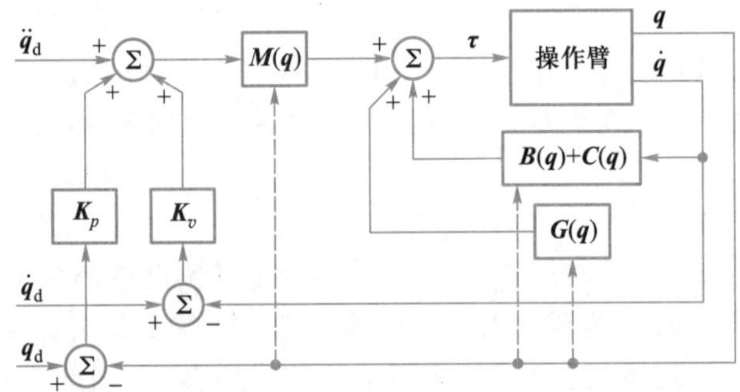

图5.17 采用双速率计算力矩法的解耦及线性化的位置控制系统

4. 缺少参数信息的情况

由上可知,计算力矩控制算法需要精确的操作臂动力学模型,然而操作臂动力学模型的参数经常是变化的或是难以确定的。例如,当机器人抓握着工具或工件时,工具或工件的质量和惯量发生了改变,而且是时变的和随机的。又如,操作臂关节的摩擦模型一般是非线性的且是不确定的。

将上述的这些变化和不确定情况作为外部干扰处理,如图5.18所示。参照5.1.5节的式(5.1.34),系统的误差方程可写为

$$\ddot{\boldsymbol{E}}+\boldsymbol{K}_v\dot{\boldsymbol{E}}+\boldsymbol{K}_p\boldsymbol{E}=\boldsymbol{M}^{-1}(\boldsymbol{q})\boldsymbol{\tau}_{\text{dist}} \tag{5.2.11}$$

式中,$\boldsymbol{\tau}_{\text{dist}}$是作用在关节上的干扰力矩矢量。

式(5.2.11)的左边是解耦的,但是,因为 $\boldsymbol{M}(\boldsymbol{q})$ 一般不是对角阵,因此 $\boldsymbol{\tau}_{\text{dist}}$ 可以给其他关节造成误差。

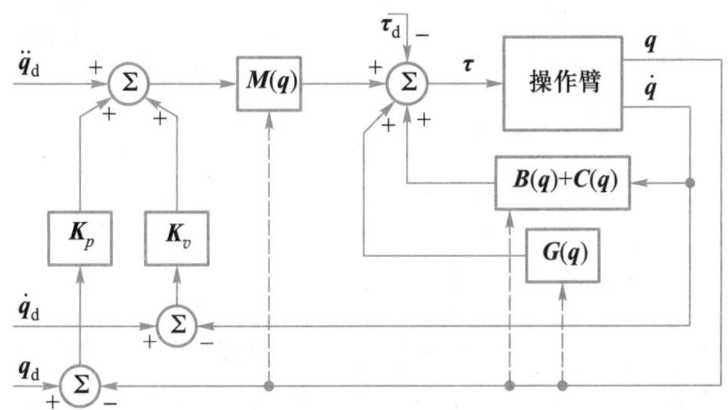

图 5.18 作用有外部干扰的基于模型的控制器

由 5.1.5 节的稳态误差方程式(5.1.37),可得

$$\boldsymbol{E}=\boldsymbol{K}_p^{-1}\boldsymbol{M}^{-1}(\boldsymbol{q})\boldsymbol{\tau}_{\text{dist}} \tag{5.2.12}$$

设 $\hat{\boldsymbol{M}}(\boldsymbol{q})$ 是操作臂惯量矩阵 $\boldsymbol{M}(\boldsymbol{q})$ 的理想模型参数,同样,$\hat{\boldsymbol{H}}(\boldsymbol{q},\dot{\boldsymbol{q}})$、$\hat{\boldsymbol{G}}(\boldsymbol{q})$、$\hat{\boldsymbol{F}}(\boldsymbol{q},\dot{\boldsymbol{q}})$ 分别是 $\boldsymbol{H}(\boldsymbol{q},\dot{\boldsymbol{q}})$、$\boldsymbol{G}(\boldsymbol{q})$、$\boldsymbol{F}(\boldsymbol{q},\dot{\boldsymbol{q}})$ 的理想模型参数。

已知操作臂的动力学方程为式(5.2.4)

$$\boldsymbol{\tau}=\boldsymbol{M}(\boldsymbol{q})\ddot{\boldsymbol{q}}+\boldsymbol{H}(\boldsymbol{q},\dot{\boldsymbol{q}})+\boldsymbol{G}(\boldsymbol{q})+\boldsymbol{F}(\boldsymbol{q},\dot{\boldsymbol{q}})$$

参考式(5.2.5)和式(5.2.6),采用的控制规律是

$$\begin{aligned}&\boldsymbol{\tau}=\boldsymbol{\alpha}\boldsymbol{\tau}'+\boldsymbol{\beta}\\&\boldsymbol{\alpha}=\hat{\boldsymbol{M}}(\boldsymbol{q})\\&\boldsymbol{\beta}=\hat{\boldsymbol{H}}(\boldsymbol{q},\dot{\boldsymbol{q}})+\hat{\boldsymbol{G}}(\boldsymbol{q})+\hat{\boldsymbol{F}}(\boldsymbol{q},\dot{\boldsymbol{q}})\end{aligned} \tag{5.2.13}$$

因此,当模型参数不精确或不确定时,系统闭环方程为(略去自变量 $\boldsymbol{q}$)

$$\ddot{\boldsymbol{E}}+\boldsymbol{K}_v\dot{\boldsymbol{E}}+\boldsymbol{K}_p\boldsymbol{E}=\boldsymbol{M}^{-1}[(\boldsymbol{M}-\hat{\boldsymbol{M}})\ddot{\boldsymbol{q}}+(\boldsymbol{H}-\hat{\boldsymbol{H}})+(\boldsymbol{G}-\hat{\boldsymbol{G}})+(\boldsymbol{F}-\hat{\boldsymbol{F}})] \tag{5.2.14}$$

式(5.2.14)说明,只有理想模型参数与实际模型参数一致时,式(5.2.14)右边才能为零。从经济方面考虑,在控制器设计中设法采用精确的操作臂模型是得不偿失的。商业化的操作臂通常使用简单的控制规律,一般只进行误差补偿。

5.3 工业机器人控制系统

5.3.1 工业机器人控制器的结构

工业机器人控制器一般为两级硬件结构,构成典型机器人控制系统的计算机分级体系如图 5.19 所示。上位机作为控制系统的主机,主计算机向每个下位控制器发送指令,一般每个下位控制器对应一个关节,通常下位控制器采用简单的 PID 控制。机器人每个关节都安装有光学编码器作为位置反馈,速度信号一般是由关节控制器对位置信号做数值微分后得到的。

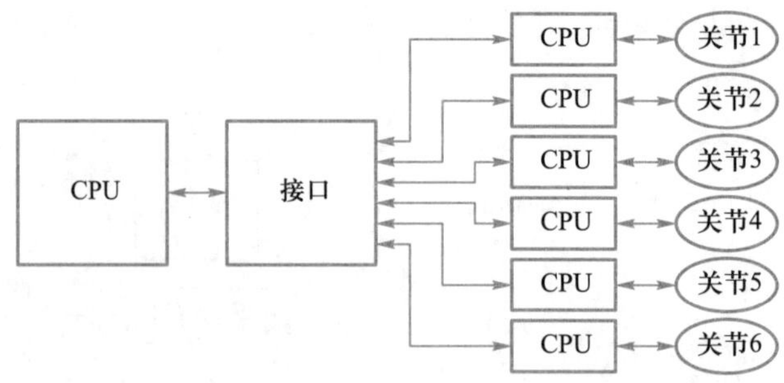

图 5.19　构成典型机器人控制系统的计算机分级体系

每个下位机将位置和速度指令通过数字-模拟转换器(DAC)转换成电流和电压去驱动伺服电机,关节控制系统的功能模块如图 5.20 所示。上位机按一定周期将位置和速度控制指令发送到下位机,下位机按照伺服周期运行,使关节跟随上位机的指令。

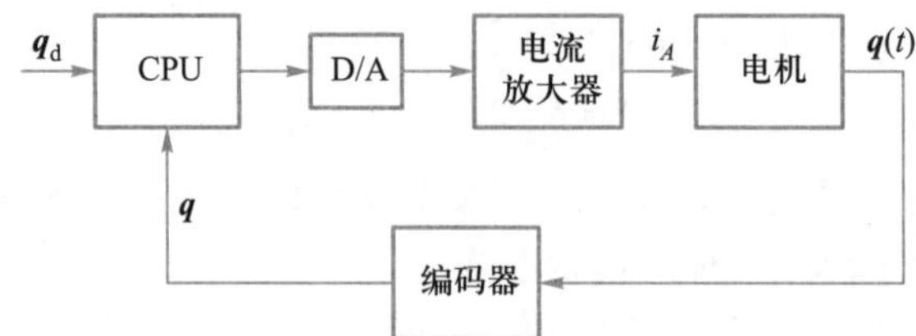

图 5.20　关节控制系统的功能模块

5.3.2　单关节 PID 控制

一般大部分工业机器人的控制方式为

$$\begin{aligned}\boldsymbol{\alpha}&=\boldsymbol{I}\\ \boldsymbol{\beta}&=\boldsymbol{0}\end{aligned} \tag{5.3.1}$$

式中,$\boldsymbol{I}$ 是 $n\times n$ 单位矩阵。

伺服控制部分为

$$\boldsymbol{\tau}'=\ddot{\boldsymbol{q}}_{\mathrm{d}}+\boldsymbol{K}_v\dot{\boldsymbol{E}}+\boldsymbol{K}_p\boldsymbol{E}+\boldsymbol{K}_i\int\boldsymbol{E}\mathrm{d}t \tag{5.3.2}$$

式中,$\boldsymbol{K}_v$,$\boldsymbol{K}_p$ 和 $\boldsymbol{K}_i$ 为常数对角阵,因此式(5.3.2)是解耦的,即各关节可单独控制。式(5.3.2)常被称为 PID 控制律。

在许多情况下,$\ddot{\boldsymbol{q}}_{\mathrm{d}}$ 很小,所以可将此项设为零。这种 PID 控制方式很简单,通常每个关节都使用一个微处理器来完成式(5.3.2)的计算,见图 5.20。

实际上这种控制方式没有对操作臂完全解耦[见式(5.2.7)],各关节的运动会互相影响,因此不可能选择一个固定增益使操作臂在任何位形时对干扰的响应都处于临界阻尼状态。通常选择平均增益,使机器人在工作空间的大部分位置接近临界阻尼状态。当操作臂处于极端位形时,系统为欠阻尼或过阻尼状态。在这种系统中,重要的是要保证尽可能高的增益,以使无法避免的干扰得到很快抑制。

5.3.3　附加重力补偿

由于重力项会引起静态误差,所以一些机器人控制规律中包含了重力项 $\boldsymbol{G}(\boldsymbol{q})$,即

$$\begin{aligned}\boldsymbol{\alpha}&=\boldsymbol{I}\\ \boldsymbol{\beta}&=\hat{\boldsymbol{G}}(\boldsymbol{q})\end{aligned} \tag{5.3.3}$$

控制规律为

$$\boldsymbol{\tau}'=\ddot{\boldsymbol{q}}_{\mathrm{d}}+\boldsymbol{K}_v\dot{\boldsymbol{E}}+\boldsymbol{K}_p\boldsymbol{E}+\boldsymbol{K}_i\int\boldsymbol{E}\mathrm{d}t+\hat{\boldsymbol{G}}(\boldsymbol{q}) \tag{5.3.4}$$

由于式(5.3.3)和式(5.3.4)中的$\hat{\boldsymbol{G}}(\boldsymbol{q})$使得系统不再能按照独立关节进行控制,所以各关节控制器之间需要有通信功能,或者应用一个中央处理器代替各关节处理器。

5.3.4 解耦控制的近似方法

在各种解耦控制的近似方法中,通常是忽略动力学方程中因速度项产生的力矩——即模型中只保留惯量项和重力项。有时也对惯量张量矩阵进行简化,只考虑关节之间的主惯量矩,忽略交叉耦合(如惯量积)。由于难以获得准确的摩擦力模型,因此控制器中通常不考虑摩擦项。有文献报道 Armstrong 和 Khatib 提出了一种 PUMA560 机器人质量矩阵的简化模型,计算量只是精确模型的 10%,并且采用简化模型产生的误差在 1% 以内。

5.4 基于直角坐标的控制

前面讨论了机器人关节空间的定点控制和轨迹控制方法,但是在机器人应用中,经常希望操作臂的末端执行器沿着比较直观的直角坐标系中的路径运动,以便于用户确定作业路径、运动方向和速度,由此有必要讨论基于直角坐标的控制方法。

1. 轨迹转换

图 5.21 所示为具有直角坐标路径输入的关节空间的控制方法示意图。这种方法的核心是进行**轨迹变换**,即根据直角坐标路径计算关节轨迹,然后采用关节空间控制方法实现机器人末端的轨迹跟踪。

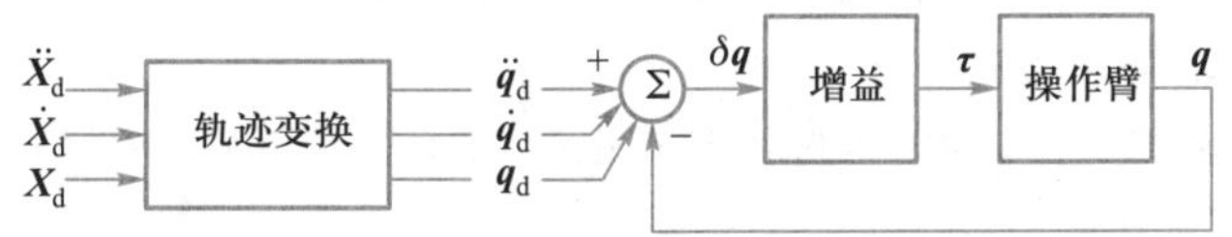

图 5.21 具有直角坐标路径输入的关节空间的控制方法示意图

图 5.22 是基于直角坐标的控制方法示意图。检测到的操作臂各关节位置由运动学方程[Kin($\boldsymbol{q}$)]转换成直角坐标位置,然后与期望的直角坐标位置进行比较,得到直角坐标空间的误差。这种方法称为**基于直角坐标的控制方法**。

由运动学方程将各关节位置转换成直角坐标位置的转换是在反馈环内部进行的,需要大量的计算,因此这种控制器与关节空间控制器相比采样和运行速率较低,这将会降低系统的稳定性和抗干扰性能。

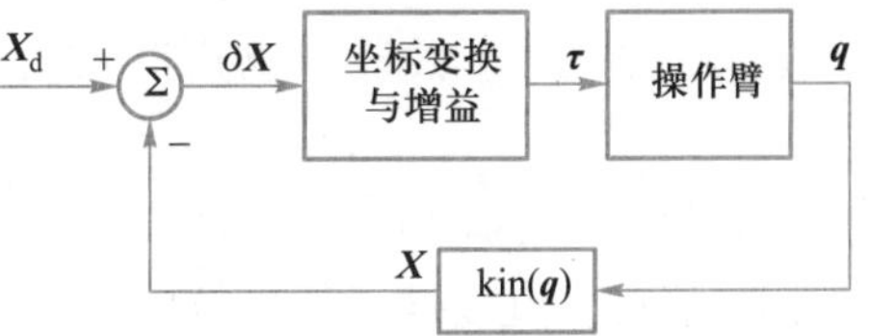

图 5.22 基于直角坐标的控制方法示意图

2. 逆雅可比和转置雅可比控制方法

图5.23所示的方法是将直角坐标空间位置与期望位置进行比较,得到直角坐标空间中的误差 $\delta\boldsymbol{X}$。正常情况下,$\delta\boldsymbol{X}$ 很小,因此可以用逆雅可比方法映射到关节空间,然后将得到的关节空间误差 $\delta\boldsymbol{q}$ 乘以增益来计算使误差减小的转矩。这种方法称为**逆雅可比控制方法**。

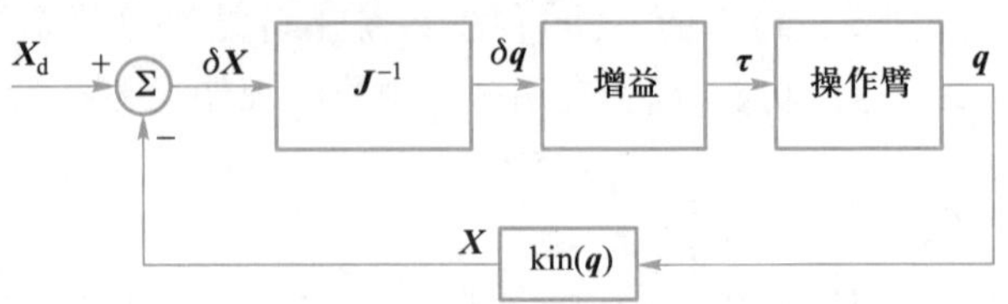

图5.23　逆雅可比直角坐标控制方案

图5.24所示是转置雅可比直角坐标控制方案。这种方法是将直角坐标误差 $\delta\boldsymbol{X}$ 乘以增益来计算直角坐标系下的力矢量,即机器人末端的操作力,它使末端执行器向着 $\delta\boldsymbol{X}$ 减小的方向运动,将操作力通过力雅可比矩阵 $\boldsymbol{J}^{\mathrm{T}}$ 变换成关节力矩[见第3章3.1节式(3.1.7)]。这种方法称为转置雅可比控制方法。

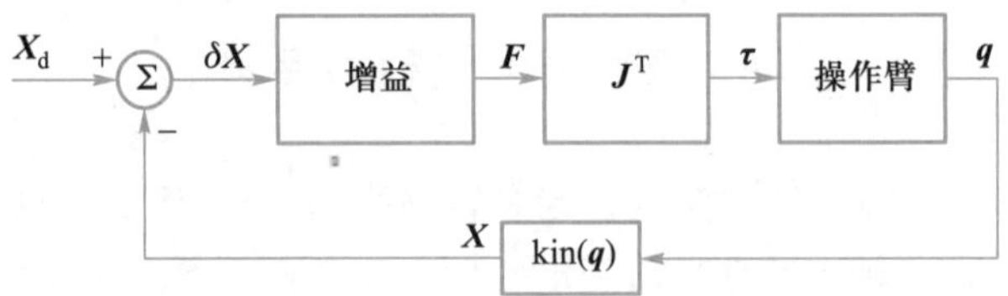

图5.24　转置雅可比直角坐标控制方案

由 $\boldsymbol{J}$ 的定义可知,这两种控制器的动力学响应都会随着操作臂位形的变化而变化。

这两种控制方法的区别在于,一般 $\boldsymbol{J}^{\mathrm{T}}\neq\boldsymbol{J}^{-1}$。虽然这两种控制方法都可以通过选择适当的增益使系统工作稳定,包括某种形式的速度反馈(在图5.23和图5.24中未画出),但是它们都不是精确的控制方法,即无法选择不变的增益得到确定的闭环极点。

3. 直角坐标解耦控制方法

与关节空间控制器一样,直角坐标控制器也应该使操作臂在所有位形下都尽量具有临界阻尼。

和关节控制器一样,操作臂的线性化和模型解耦是设计直角坐标控制器的关键。由直角坐标空间的动力学方程[见第3章3.7.3节式(3.7.8)],有

$$\boldsymbol{F}=\boldsymbol{M}_X(\boldsymbol{q})\ddot{\boldsymbol{X}}+\boldsymbol{H}_X(\boldsymbol{q},\dot{\boldsymbol{q}})+\boldsymbol{G}_X(\boldsymbol{q}) \tag{5.4.1}$$

式中,变量的定义见3.7.3节式(3.7.8)。

由第3章3.1节式(3.1.7),得关节力矩

$$\boldsymbol{\tau}=\boldsymbol{J}^{\mathrm{T}}\boldsymbol{F} \tag{5.4.2}$$

图5.25所示为动力学解耦的直角坐标控制方案。图中,$\boldsymbol{J}^{\mathrm{T}}$ 是在操作臂环节之前。这种控制方法可以直接描述直角坐标轨迹,而不需要进行轨迹变换。

在实际应用中可以采用与关节空间相同的双速率控制方法,把动力学参数计算与伺服

控制计算分开,双速率直角坐标控制方案见图 5.26。图中左侧是伺服控制部分,更新速度快,有利于抑制干扰,提高稳定性;右侧是基于模型的控制部分,由于动力学参数只是操作臂位形的函数,因此参数更新率不需要很高。

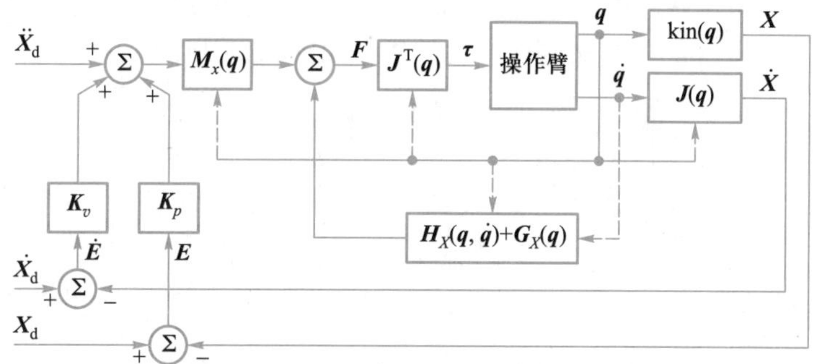

图 5.25 动力学解耦的直角坐标控制方案

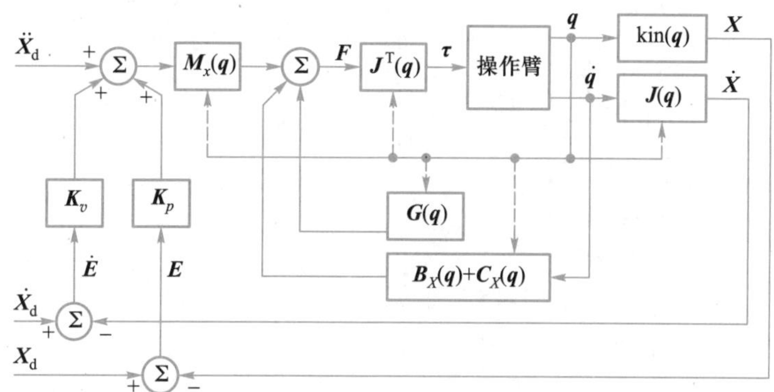

图 5.26 双速率直角坐标控制方案

5.5 力控制方法

机器人在进行装配、磨削、抛光和去毛刺等作业时,末端执行器和环境发生接触,当末端执行器和环境的刚度较大时,它们之间相对位置的微小变化就会产生很大的接触力,这时单纯的位置控制就不适用了,需要考虑如何控制接触力。

5.5.1 对接触操作任务的描述

在机器人与环境发生接触的操作任务中,接触状态是由操作任务决定的。在描述这个问题的模型中,仅需要描述接触状态和自由状态,因此只考虑由于接触产生的力,而不考虑摩擦力和重力等其他静态力。

自然约束:与操作任务相关的、由操作位形的几何和力学特征自然形成的约束。

自然位置约束:仅与位置相关的约束,一般是在表面的法向。例如,一个与刚性表面接触的机械手不能穿过该表面。

自然力约束：仅与力相关的约束，一般是在表面的切向。例如，如果表面是无摩擦的，则机械手不能施加任何与表面相切的力。

在接触操作任务空间中，具有垂直于该表面的位置约束和相切于该表面的力约束。

约束坐标系$\{C\}$：按照与自然约束有关的任务描述的坐标系，该坐标系位于任务相关的位置上，两个具有代表性的与自然约束有关的任务如图 5.27 所示。

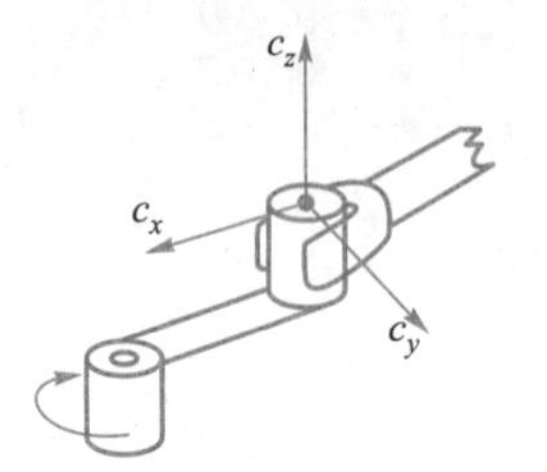

自然约束		人工约束	
$v_x=0$	$f_y=0$	$v_y\neq0$	$f_y=0$
$v_z=0$	$n_z=0$	$\omega_z\neq0$	$f_z=0$
$\omega_x=0$			$n_x=0$
$\omega_y=0$			$n_y=0$

(a) 转手柄

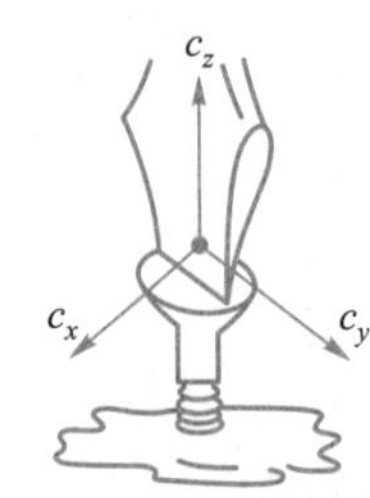

自然约束		人工约束	
$v_x=0$	$f_y=0$	$v_y=0$	$f_y=0$
$\omega_x=0$	$f_z=0$	$\omega_z\neq0$	$n_x=0$
$\omega_y=0$			$n_y=0$
$v_z=0$			$f_z\neq0$

(b) 拧螺丝刀

图 5.27　两个具有代表性的与自然约束有关的任务

人为约束：按照自然约束确定的期望运动或施加的力定义的约束。即，当用户给定了一个位置或力的期望轨迹，就定义了一个人为约束。人为约束与自然约束相反，人为力约束定义为沿表面的法向；人为位置约束定义为沿表面的切向。

装配策略：是指一个事先规划好的人工约束序列，按这个序列实现预期的装配任务。

5.5.2　质量弹簧系统的力控制

图 5.28 所示为存在干扰力 f_{dist} 的质量—弹簧系统，f_{dist} 是摩擦力或其他未知阻力。需要控制的变量为作用于环境（即弹簧）的力 f_e

$$f_e = k_e x \tag{5.5.1}$$

式中，k_e 为环境刚度。

这个系统的运动方程为（摩擦力包含在 f_{dist} 中）

$$f = m\ddot{x} + k_e x + f_{\text{dist}} \tag{5.5.2}$$

或者写为控制变量 f_e 的形式［将式(5.5.1)代入到式(5.5.2)］

$$f = mk_e^{-1}\ddot{f}_e + f_e + f_{\text{dist}} \tag{5.5.3}$$

采用控制规律分解方法，取

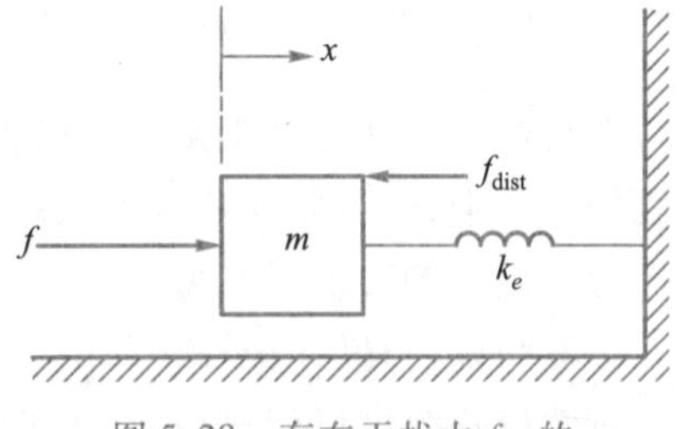

图 5.28　存在干扰力 f_{dist} 的质量—弹簧系统

$$\alpha = mk_e^{-1}$$

$$\beta = f_e + f_{\text{dist}}$$

$e_f = f_{\text{d}} - f_e$ 为期望力 f_{d} 和在实际作用力 f_e 之差。若 $e_f \to 0$，则有闭环系统

$$\ddot{e}_f + k_{vf}\dot{e}_f + k_{pf}e_f = 0 \tag{5.5.4}$$

即 $\ddot{f}_e = \ddot{f}_{\text{d}} + k_{vf}\dot{e}_f + k_{pf}e_f$，将其代入式(5.5.3)，得到控制规律

$$f = mk_e^{-1}[\ddot{f}_{\text{d}} + k_{vf}\dot{e}_f + k_{pf}e_f] + f_e + f_{\text{dist}} \tag{5.5.5}$$

因为干扰力 f_{dist} 是未知的，为求得式(5.5.5)的解，可以在控制规律中略去这一项，则

$$f = mk_e^{-1}[\ddot{f}_{\text{d}} + k_{vf}\dot{e}_f + k_{pf}e_f] + f_e \tag{5.5.6}$$

令式(5.5.3)与式(5.5.6)相等，并且在稳态分析中令对时间的各阶导数为零，可得

$$e_f = \frac{f_{\text{dist}}}{\alpha_1} \tag{5.5.7}$$

式中，$\alpha_1 = mk_e^{-1}k_{pf}$ 为有效的力反馈增益。

在式(5.5.5)中用 f_{d} 代替 $f_e + f_{\text{dist}}$，则稳态误差为

$$e_f = \frac{f_{\text{dist}}}{1+\alpha_1} \tag{5.5.8}$$

一般情况下环境是刚性的，α_1 很小，则由式(5.5.8)计算稳态误差远小于式(5.5.7)。因此，推荐控制规律如下：

$$f = mk_e^{-1}[\ddot{f}_{\text{d}} + k_{vf}\dot{e}_f + k_{pf}e_f] + f_{\text{d}} \tag{5.5.9}$$

图 5.29 为采用控制规律式(5.5.9)的闭环系统结构框图。

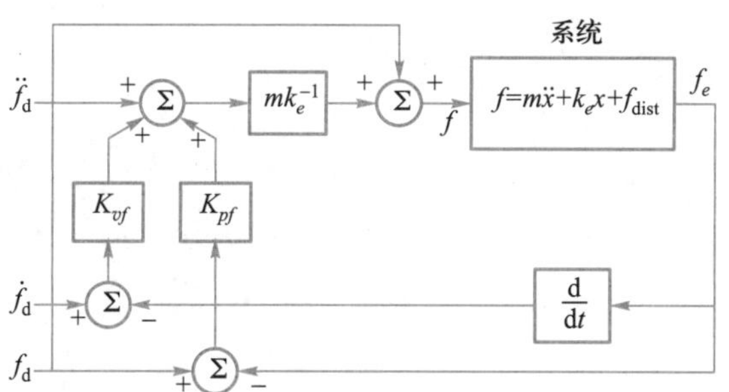

图 5.29 采用控制规律式(5.5.9)的闭环系统结构框图

通常希望将接触力控制为某一常数，因此，控制系统的输入 $\dot{f}_{\text{d}}$ 和 $\ddot{f}_{\text{d}}$ 通常设为零。但是在实际情况中检测到的 $\dot{f}_{\text{d}}$ 的噪声很大，可以利用作用在环境上的力的微分 $\dot{f}_e = k_e\dot{x}$，而 $\dot{x}$ 很容易测量，为此可以将控制规律写为

$$f = m[k_{pf}k_e^{-1}e_f - k_{vf}\dot{x}] + f_{\text{d}} \tag{5.5.10}$$

对应的控制器结构图如图 5.30 所示。

一般环境刚度 k_e 是未知和时变的。然而，绝大多数在接触环境下作业的机器人，如装配机器人，作业对象常是刚性部件，因此 k_e 很大。

在选择增益时，要考虑 k_e 在变化时保证系统能够正常工作。

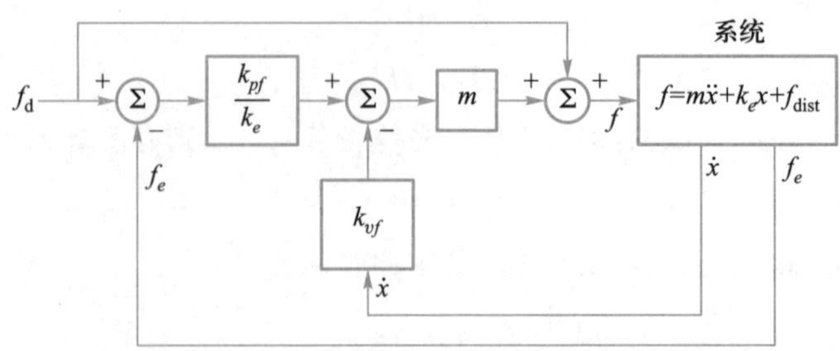

图 5.30　考虑实际情况的质量—弹簧系统的力控制系统

5.5.3　力/位混合控制方法

机器人末端与环境接触可归纳为两种极端情况:1) 机器人末端在空间自由运动,与环境没有接触,在自然约束中,所有的约束力都为零,这种情况属于位置控制问题,见图 5.31(a);2) 机器人末端与环境紧密接触(固接在一起),操作臂不能运动,在自然约束中,空间的所有运动都为零,这种情况属于力控制问题,见图 5.31(b)。第二种情况很少见,大多数情况是部分自由度受到位置约束,部分自由度受到力约束,因此要求采用力/位混合控制方式。显然:

(1) 存在自然力约束的方向可进行位置控制;

(2) 存在自然位置约束的方向可进行力控制;

(3) 根据约束状态,规定约束坐标系,沿坐标系的正交自由度方向分别施加位置和力控制。

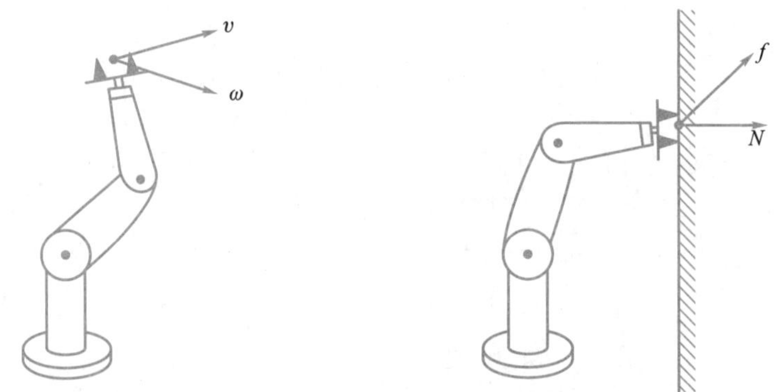

图 5.31　接触状态的两个极端情况

图 5.32 是一个与平面接触的 3 自由度直角坐标机械手,关节运动方向与约束坐标系 $\{C\}$ 的轴线 c_x, c_y, c_z 方向一致(见图 5.32)。假设每一连杆的质量为 m,接触面的滑动摩擦力为零,末端执行器与刚度为 k_e 的表面接触,c_y 垂直于接触表面。在 c_y 方向设定力轨迹(一般为常数),对关节 2 可使用 5.5.2 节中介绍的力控制器进行控制;在 c_x、c_z 方向设定位置轨迹,对关节 1 和关节 3 可使用本章 5.1.4 节中介绍的单位质量位置控制器进行控制。

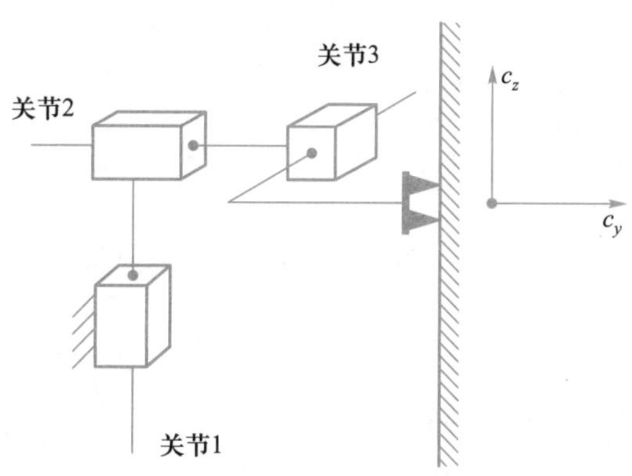

图 5.32 与平面接触的 3 自由度直角坐标机械手

为了使每个自由度既能进行位置控制,又能进行力控制,引入选择矩阵 $\boldsymbol{S}$ 和 $\boldsymbol{S}'$ 来确定是用位置模式还是用力模式控制直角坐标机械手的每一个关节,如图 5.33 所示。$\boldsymbol{S}$ 矩阵为对角阵,对角线上的元素为 1 和 0。对于位置控制,S 中元素为 1 的位置在 S' 中对应的元素为 0;对于力控制,S 中元素为 0 的位置在 S' 中对应的元素为 1。这样,当一个自由度受到力控制时,那么这个自由度上的位置误差被忽略,见式(5.5.11)。

$$\boldsymbol{S}=\begin{bmatrix}1&0&0\\0&0&0\\0&0&1\end{bmatrix},\quad \boldsymbol{S}'=\begin{bmatrix}0&0&0\\0&1&0\\0&0&0\end{bmatrix} \tag{5.5.11}$$

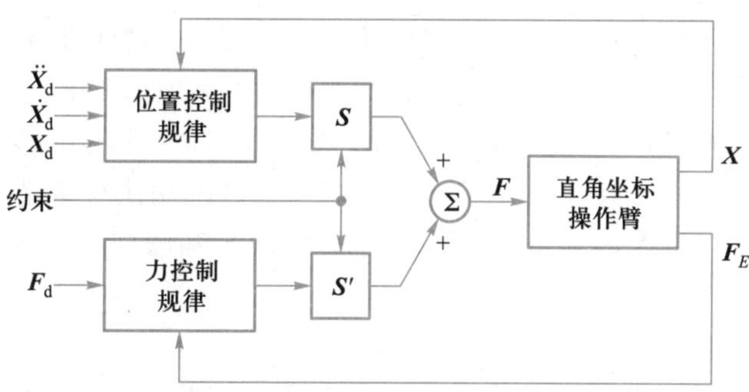

图 5.33 3 自由度直角坐标机械手的力/位混合控制器

1. 一般操作臂的力/位混合控制器

约束坐标系 $\{C\}$ 是一个直角坐标系,因此令约束坐标系 $\{C\}$ 与机械手的直角坐标系一致,即可以生成解耦形式的力/位混合控制器,如图 5.34 所示。图中动力学各项以及雅可比矩阵均在约束坐标系 $\{C\}$ 中描述,运动学方程、检测的力和伺服误差均应在 $\{C\}$ 中计算,选择矩阵 $\boldsymbol{S}$ 和 $\boldsymbol{S}'$ 根据力/位控制要求由式(5.5.11)确定。

2. 被动柔顺方法

结构刚度很高且位置伺服刚度也很高的操作臂,一般不适于进行零件相互接触的操作任务。而机器人有时可以执行这样的操作是因为操作臂系统或被操作对象自身存在一定的柔性。

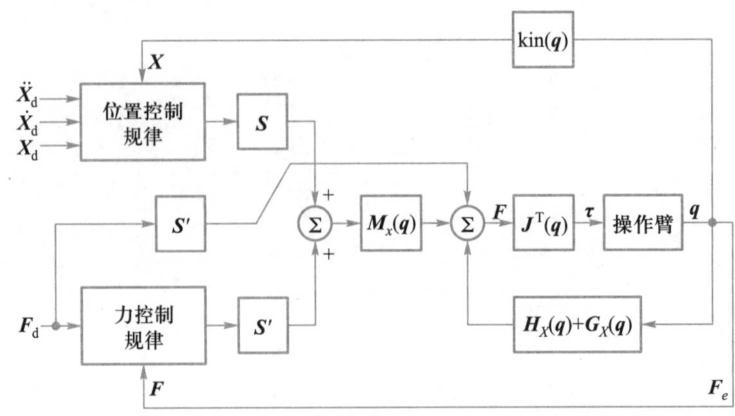

图 5.34 一般操作臂的力/位混合控制器(未画出速度反馈环)

一种柔顺装置 **RCC**(remote center compliance,或称为柔顺中心)可以保证顺利地完成零件相互接触的操作任务而不发生卡住现象。RCC 是一个具有 6 自由度的弹簧,一般安装在操作臂的手腕和末端执行器之间。通过调节六个弹簧的刚度,可以获得不同大小的柔顺性。这种方法称作**被动柔顺方法**。

3. 主动顺应控制

理想的位置伺服刚度为无穷大,可抑制所有作用于系统的干扰力。而理想的力伺服刚度为零,可保持期望的作用力,不受位置变化的影响。一般情况下期望末端执行器的特性为有限刚度而不是零或无穷大。

主动顺应控制是根据机器人的操作刚度,确定相应的关节刚度,调整伺服系统的位置增益,使机器人关节刚度与操作刚度相适应。例如在机器人磨削加工中,要求机械手夹持的工具与工件表面保持接触,但不需要精确的力控制,此时末端执行器的特性为有限刚度。

在关节的伺服系统中,可以通过改变位置控制增益使末端执行器沿施力方向具有一定的刚度。考虑一个 6 自由度的弹簧,在作业空间中,力 $\boldsymbol{F}$ 和顺应中心处微小位移 $\delta\boldsymbol{X}$ 的关系为

$$\boldsymbol{F}=\boldsymbol{K}_X\delta\boldsymbol{X} \tag{5.5.12}$$

式中,$\boldsymbol{K}_X$ 是一个 6×6 的对角阵,对角线上前三个元素是移动刚度,后三个元素是转动刚度。

根据雅可比和力雅可比的定义,有

$$\begin{aligned}\delta\boldsymbol{X}&=\boldsymbol{J}(\boldsymbol{q})\delta\boldsymbol{q}\\ \boldsymbol{\tau}&=\boldsymbol{J}^{\mathrm{T}}(\boldsymbol{q})\boldsymbol{F}\end{aligned} \tag{5.5.13}$$

由式(5.5.12)和式(5.5.13)得到

$$\boldsymbol{\tau}=\boldsymbol{J}^{\mathrm{T}}(\boldsymbol{q})\boldsymbol{K}_X\boldsymbol{J}(\boldsymbol{q})\delta\boldsymbol{q}=\boldsymbol{K}_q\delta\boldsymbol{q} \tag{5.5.14}$$

因此,关节刚度矩阵为

$$\boldsymbol{K}_q=\boldsymbol{J}^{\mathrm{T}}(\boldsymbol{q})\boldsymbol{K}_X\boldsymbol{J}(\boldsymbol{q}) \tag{5.5.15}$$

式(5.5.15)表明可以将直角坐标刚度变换为关节空间刚度。

4. 阻抗控制

机械阻抗是指该自由度上的动态力变化与所产生的动态位移变化之比。

参照关节伺服控制律式(5.1.31)和式(5.2.7),设

$$\boldsymbol{\tau}=\boldsymbol{K}_v\dot{\boldsymbol{E}}+\boldsymbol{K}_p\boldsymbol{E} \tag{5.5.16}$$

式中,$\boldsymbol{K}_p$ 和 $\boldsymbol{K}_v$ 是常数对角增益矩阵,$\boldsymbol{E}=\boldsymbol{q}_{\mathrm{d}}-\boldsymbol{q}$ 为伺服误差。

用式(5.5.15)的 $\boldsymbol{K}_q$ 代替式(5.5.16)的 $\boldsymbol{K}_p$ 可得出关节空间的阻抗控制规律

$$\boldsymbol{\tau}=\boldsymbol{J}^{\mathrm{T}}(\boldsymbol{q})\boldsymbol{K}_X\boldsymbol{J}(\boldsymbol{q})\boldsymbol{E}+\boldsymbol{K}_v\dot{\boldsymbol{E}} \tag{5.5.17}$$

但是需要注意,$\boldsymbol{K}_q$ 一般不是对角阵,即 τ_i 不仅取决于 δq_i,还与其他的 $\delta q_j, j\neq i$ 有关。由于 $\boldsymbol{J}(\boldsymbol{q})$ 是位形 $\boldsymbol{q}$ 的函数,因此当操作臂处于奇异状态时,在某些方向上不能实现顺应控制。

根据操作空间的伺服误差 $\boldsymbol{E}=\boldsymbol{X}_{\mathrm{d}}-\boldsymbol{X}$ 和式(5.5.17),可得出操作空间的阻抗控制规律

$$\boldsymbol{\tau}=\boldsymbol{J}^{T}(\boldsymbol{q})[\boldsymbol{K}_X(\boldsymbol{X}_{\mathrm{d}}-\boldsymbol{X})+\boldsymbol{K}_D(\dot{\boldsymbol{X}}_{\mathrm{d}}-\dot{\boldsymbol{X}})] \tag{5.5.18}$$

式中,$\boldsymbol{K}_D=\boldsymbol{J}^{-T}(\boldsymbol{q})\boldsymbol{K}_v$,$\boldsymbol{K}_X$ 和 $\boldsymbol{K}_D$ 表示期望的刚度矩阵和阻尼矩阵,改变其对角元素可以进行相应方向的刚度控制和阻尼控制。

由此可知,阻抗控制依据的是位置控制原理。阻抗控制就是使力/位混合控制器对末端执行器产生一个机械阻抗。

5. 力觉

某些产品化的机器人在末端执行器上安装有力传感器,可以检测操作臂与环境的接触力,可以通过编程监测和控制机器人的运动,检测末端执行器的抓持力或抓取物体的重量。

力传感器检测到的力值(通常是 6 维向量)通常是在传感器自身坐标系中的描述,并非是约束坐标系或者研究问题所在的坐标系,因此需要进行力矢量的坐标变换。

由第 3 章式(3.2.5)和式(3.2.6)可得变换矩阵,它可将在坐标系{B}中描述的广义力向量变换成在坐标系{A}中的描述,即为

$$\begin{bmatrix}{}^{A}\boldsymbol{F}\\{}^{A}\boldsymbol{N}\end{bmatrix}=\begin{bmatrix}{}^{A}_{B}\boldsymbol{R} & 0\\{}^{A}\boldsymbol{P}_{BO}\times{}^{A}_{B}\boldsymbol{R} & {}^{A}_{B}\boldsymbol{R}\end{bmatrix}\begin{bmatrix}{}^{B}\boldsymbol{F}\\{}^{B}\boldsymbol{N}\end{bmatrix} \tag{5.5.19}$$

可以写成紧凑形式

$${}^{A}\boldsymbol{Q}={}^{A}_{B}\boldsymbol{T}_f\,{}^{B}\boldsymbol{Q} \tag{5.5.20}$$

式中,${}^{A}_{B}\boldsymbol{T}_f$ 用来表示一个广义力向量**变换**,为 6×6 矩阵,可由坐标系{B}相对于坐标系{A}的齐次变换矩阵确定。

例 5.7 图 5.35 所示为一个持有工具的操作臂,在末端执行器的位置安装了一个腕力传感器。这个装置能够测量施加在它上面的力和力矩。假设传感器的输出为 6×1 的向量${}^{S}\boldsymbol{Q}$,它由传感器坐标系{S}中表示的三个力和三个力矩分量组成。我们要知道施加在工具末端的力和力矩${}^{T}\boldsymbol{Q}$。已知:从{T}到{S}的变换${}^{S}_{T}\boldsymbol{T}$。(注意,这里的{S}是传感器坐标系,而不是工作站坐标系。)求从{S}到{T}的 6×6 广义力向量的变换矩阵。

解:首先根据齐次矩阵求逆公式(2.1.24),从${}^{S}_{T}\boldsymbol{T}$ 求出${}^{T}_{S}\boldsymbol{T}$。${}^{T}_{S}\boldsymbol{T}$ 由${}^{T}_{S}\boldsymbol{R}$ 和${}^{T}\boldsymbol{P}_{SO}$组成。然后由式(5.5.18)得到

$${}^{T}\boldsymbol{Q}={}^{T}_{S}\boldsymbol{T}_f\,{}^{s}\boldsymbol{Q} \tag{a}$$

式中,

$${}^{\mathrm{T}}_{\mathrm{S}}\boldsymbol{T}_f=\begin{bmatrix}{}^{T}_{S}\boldsymbol{R} & 0\\{}^{T}\boldsymbol{P}_{SO}\times{}^{T}_{S}\boldsymbol{R} & {}^{T}_{S}\boldsymbol{R}\end{bmatrix} \tag{b}$$

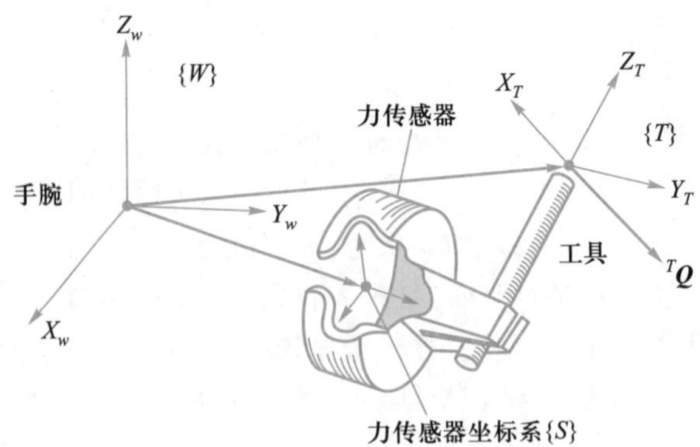

图 5.35 力矢量的坐标变换

习 题

5-1 已知:一个二阶微分方程有复数根: $\begin{matrix} s_1=\lambda+\mu i \\ s_2=\lambda-\mu i \end{matrix}$,证明:通解 $x(t)=c_1e^{s_1t}+c_2e^{s_2t}$ 可写成 $x(t)=c_1e^{\lambda t}\cos(\mu t)+c_2e^{\lambda t}\sin(\mu t)$。

5-2 已知:单自由度二阶线性系统,$m=2$ kg,$b=6$ N·s/m,$k=4$ N/m,质量块初始静止,从 $x=1$ m 位置释放,求计算该系统的运动。

5-3 已知:单自由度二阶线性系统,$m=1$ kg,$b=2$ N·s/m,$k=1$ N/m,质量块初始静止,从 $x=4$ m 位置释放,求计算该系统的运动。

5-4 已知:单自由度二阶线性系统,$m=1$ kg,$b=4$ N·s/m,$k=5$ N/m,质量块初始静止,从 $x=2$ m 位置释放,求计算该系统的运动。

5-5 已知:单自由度二阶线性系统,$m=1$ kg,$b=7$ N·s/m,$k=10$ N/m,质量块初始静止,从 $x=1$ m 位置释放,初速度 $\dot{x}=2$ m/s,求计算该系统的运动。

5-6 已知:2R 操作臂,$l_1=l_2=0.5$ m,$m_1=4.0$ kg,$m_2=2.0$ kg,质量矩阵元素(1,1)为 $l_2^2m_2+2l_1l_2m_2c_2+l_1^2(m_1+m_2)$,机器人是直接驱动的,转子惯量可被忽略,求机器人在不同位形变化时,关节 1 的等效惯量变化(以最大值的百分比表示)。

5-7 已知:与习题 5-6 相同,但机器人关节 1 的减速器 $\eta=20$,电机转子惯量为 $I_m=0.01$ kg·m^2,求机器人在不同位形变化时,关节 1 的等效惯量变化(以最大值的百分比表示)。

5-8 已知:图 5.5 中所示的系统,$m=1$ kg,$b=4$ N·s/m,$k=5$ N/m,系统的结构共振频率为 $\omega_n=6.0$ rad/s,求系统的临界阻尼的增益 k_p 和 k_v。

5-9 已知:图 5.11 所示的系统,负载惯量 I 在 4~5 kg·m^2 之间,转子惯量为 $I_m=0.01$ kg·m^2,减速比为 $\eta=10$,系统的结构共振频率分别为 $\omega_n=6.0, 8.0, 20.0$ rad/s,使系统不会出现欠阻尼和共振,且刚度尽可能大,试确定分解控制器的 α 和 β,计算 k_p 和 k_v。

5-10 已知:将连杆近似看成正方形横截面的梁,尺寸为 5 cm×5 cm×50 cm,壁厚为 0.5 cm,总质量为 5 kg,试估算 ω_n。

5-11 已知:轴的刚度为 500 N·m/rad,驱动一对刚性齿轮,减速比 $\eta=8$,减速器输出端驱动一个惯量为 1 kg·m^2 的刚性连杆,求轴的 ω_n。

5-12 已知:轴的刚度为 500 N·m/rad,驱动一对刚性齿轮,减速比 $\eta=8$,轴的惯量为 0.1 kg·m^2,减速器输出端驱动一个惯量为 1 kg·m^2 的刚性连杆,求轴的 ω_n。

5-13　图 5.11 所示的系统,负载惯量 I 在 4 ~5 kg · m^2 之间,转子惯量为 I_m = 0.01 kg · m^2,减速比为 $\eta=10$,连杆末端刚度为 2 400 N · m/rad,使系统不会出现欠阻尼和共振,且刚度尽可能大,试确定分解控制器的 α 和 β,计算 k_p 和 k_v。

5-14　已知:对于图 5.9 所示的关节轨迹跟随控制系统,试给出几个干扰的实例。

5-15　已知:三阶系统 a 的根是 $s_{1a}=-20$,$s_{2a,3a}=-3\pm4i$,三阶系统 b 的根是 $s_{1b}=-4$,$s_{2b,3b}=-3\pm4i$,哪个三阶系统更接近根是 $s_{2c,3c}=-3\pm4i$ 的二阶系统? 画出这三个系统在时间段 $0\leqslant t\leqslant\dfrac{5}{2}$ 的响应(注:不考虑量纲)。参考答案:

$x_a(t)=-(5/61)(56\cos(4t)+67\sin(4t))e^{-3t}-(25/61)e^{-20t}+5$;

$x_b(t)=-(5/17)(8\cos(4t)-19\sin(4t))e^{-3t}-(125/17)e^{-4t}+5$;

$x_c(t)=-(5/4)(4\cos(4t)+3\sin(4t))e^{-3t}+5$。

5-16　已知:图 5.5 中所示的系统,$m=7$ kg,$b=1$ N · s/m,$k=9$ N/m,为了使得系统为临界阻尼,且 $\omega_s=\dfrac{1}{2}\omega_n$,求 α 和 β 以及 k_p 和 k_v 的值。

5-17　已知:长 25 cm 直径 0.5 cm 的钢轴驱动减速比 $\eta=12$ 的减速器,减速器的刚性输出齿轮驱动长 35 cm 直径 1 cm 的钢轴,负载惯量在 0.1 ~0.5 kg · m^2 之间变化,求结构共振频率 ω_n 的范围。

5-18　已知:对于系统:$\tau=(2\sqrt{\theta}+1)\ddot{\theta}+3\dot{\theta}^2-\sin\theta$,使系统始终工作在临界阻尼状态下,临界刚度 k_{CL} = 10 N/m,试确定分解控制器的 α 和 β。

5-19　已知:对于系统:$\tau=5\theta\dot{\theta}+2\ddot{\theta}-13\dot{\theta}^3+5$,使系统始终工作在临界阻尼状态下,临界刚度 k_{CL} = 10 N/m,试确定分解控制器的 α 和 β。

5-20　已知:3.5.5 节例 3.4 的二连杆操作臂在整个工作空间都处于临界阻尼状态,试参考图 5.15 画出一个关节空间控制器的框图,并在各方框内标出相应的方程。

5-21　已知:3.5.5 节例 3.4 的二连杆操作臂在整个工作空间都处于临界阻尼状态,试参考图 5.17 画出一个直角坐标空间控制器的框图,并在各方框内标出相应的方程。

5-22　已知:系统的动力学方程为$\begin{cases}\tau_1=m_1l_1^2\ddot{\theta}_1+m_1l_1l_2\dot{\theta}_1\dot{\theta}_2\\ \tau_2=m_2l_2^2(\ddot{\theta}_1+\ddot{\theta}_2)+\mu_2\dot{\theta}_2\end{cases}$,试设计一个轨迹跟踪控制系统,这个方程是否可以代表一个真实的系统?

5-23　已知:对于 5.2.1 节例 5.6 中的单连杆操作臂控制系统,令 $\psi_m=m-\hat{m}$,试写出关于质量参数误差函数的稳态位置误差表达式,结果应为 $l,g,\theta,\psi_m,\hat{m},k_p$ 的函数,操作臂在什么稳态位置的误差最大?

5-24　已知:对于习图 T5.1 所示的 2 自由度系统,试设计一个控制器,使得 x_1 和 x_2 在临界阻尼状态下跟踪轨迹和抑制干扰。

5-25　已知:控制系统:$f=5x\dot{x}+2\ddot{x}-12$,系统始终工作在闭环刚度为 $k'=20$(不考虑量纲)的临界阻尼状态下,求系统的增益。

5-26　已知:系统的动力学方程为 $f=ax^2\dot{x}\ddot{x}+b\dot{x}^2+c\sin x$,试设计一轨迹跟踪控制器使其在所有位形下都处于临界阻尼状态。

5-27　已知:系统的开环动力学方程为 $\tau=m\ddot{\theta}+b\dot{\theta}^2+c\dot{\theta}$,系统的控制规律为 $\tau=m(\ddot{\theta}_d+k_v\dot{e}+k_pe)+\sin\theta$,试写出闭环系统的微分方程。

5-28　已知:3.5.5 节例 3.4 的二连杆操作臂,$l_1=7$,$l_2=3$,$m_1=3$,$m_2=1$,机械臂在整个工作空间内处于临界阻尼状态,临

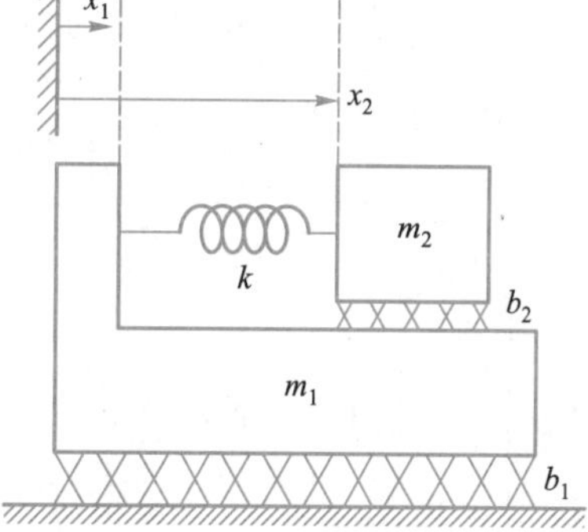

图 T5.1　具有 2 自由度的机械系统

界刚度 $k_{CL}=18$,不考虑量纲,试设计关节空间的分解控制器。

5-29　已知:系统 $\tau=16\theta\dot{\theta}+7\ddot{\theta}-8\dot{\theta}^4+1$,临界刚度 $k_{CL}=10$,不考虑量纲,试基于 $\alpha-\beta$ 分解控制器,选择增益使得系统总是处于临界阻尼状态。

5-30　已知:系统 $f=15x\dot{x}+3\ddot{x}-48$,闭环刚度为 $k'=4$,不考虑量纲,试选择增益使得系统总是处于临界阻尼状态。

5-31　已知:系统动力学方程 $f=ax^3\dot{x}^2\ddot{x}+b\dot{x}+c\cos x$,试设计轨迹跟踪控制器,使系统在所有位形下都处于临界阻尼状态。

5-32　已知:将方形截面的销钉插入一个方孔中,试给出自然约束表达式,用简图表示约束坐标系{C}。

5-33　已知:条件同习题5-32,求使方形销钉插入孔中而不被卡住的人为约束,用简图表示,参见(美)克拉格《机器人学导论》11.3节。

5-34　已知:如图T5.2所示,一个质量块受到地板和墙面的约束,假设该接触状态不随时间变化,试给出这种情况下的自然约束。

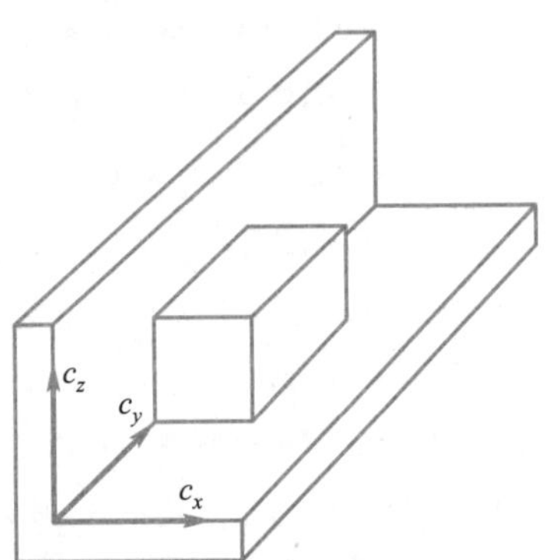

图T5.2　受到地板和墙面的约束的质量块

5-35　已知:用操作臂关闭铰链门,试给出这个操作任务的自然约束,可以做出必要的合理假设,用简图表示约束坐标系{C}。

5-36　已知:用操作臂拔掉香槟瓶塞,试给出这个操作任务的自然约束,可以做出必要的合理假设,用简图表示约束坐标系{C}。

已知:禽肉处理时要求切开鸡胸,将腱一分为二,骨头保持原样,即刀片要压紧但是又不能过力,用机器视觉确定切口和表面法线方向的直角坐标空间轨迹,试给出自然约束和人工约束,用简图表示约束坐标系{C}。

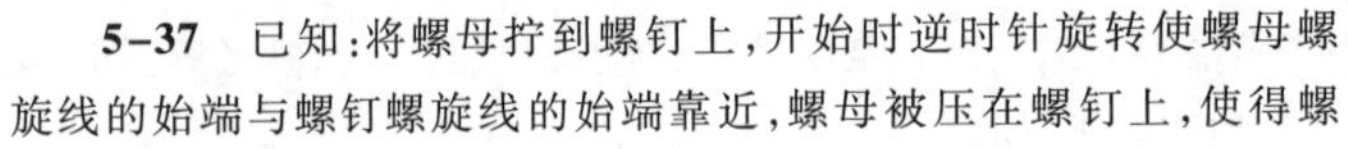

5-37　已知:将螺母拧到螺钉上,开始时逆时针旋转使螺母螺旋线的始端与螺钉螺旋线的始端靠近,螺母被压在螺钉上,使得螺旋线始端重合,然后继续旋转将螺母套在螺钉上,然后顺时针旋转螺母。对于这些操作步骤,请给出自然约束,用简图表示约束坐标系{C}。

5-38　已知:为了摘下苹果,工人需要施加一定的平行于茎方向的拉力,同时还要施加一定的力矩绕茎旋转,试给出该操作任务的自然约束,用简图表示约束坐标系{C};说明控制器如何检测本次采摘任务结束。

5-39　已知:一个圆环被与之同心的圆柱体约束,且两者的直径相同,试给出自然约束,用简图表示约束坐标系{C}。

5-40　已知:用机器人对两种工件进行分拣,工件为圆柱体,一长一短,两者的质心均位于轴线的中点上,但质量相同,分拣时抓其一端,不能用视觉识别,控制器如何区分被夹持的是哪一种工件?

5-41　已知:${}_B^A\boldsymbol{T}=\begin{bmatrix}0.866 & -0.500 & 0.000 & 10.0\\0.500 & 0.866 & 0.000 & 0.0\\0.000 & 0.000 & 1.000 & 5.0\\0 & 0 & 0 & 1\end{bmatrix}$,坐标系{A}原点处的广义力(力—力矩)向量为 ${}^A\boldsymbol{Q}=\begin{bmatrix}0.0\\2.0\\-3.0\\0.0\\0.0\\4.0\end{bmatrix}$,不考虑量纲,求相对于坐标系{B}原点处的广义力向量(可参考5.5.2节图5.29)。

5-42　已知：$^A_B T=\begin{bmatrix}0.866 & -0.500 & 0.000 & 10.0\\ 0.500 & 0.866 & 0.000 & 0.0\\ 0.000 & 0.000 & 1.000 & 5.0\\ 0 & 0 & 0 & 1\end{bmatrix}$，坐标系{$A$}原点处的广义力（力—力矩）向量为$^A Q=\begin{bmatrix}6.0\\ 6.0\\ 0.0\\ 5.0\\ 0.0\\ 0.0\end{bmatrix}$，不考虑量纲，求相对于坐标系{$B$}原点处的广义力向量（可参考5.5.1节图5.29）。

5-43　已知：$^A_B T=\begin{bmatrix}0.859 & -0.371 & 0.354 & 12.0\\ 0.245 & 0.903 & 0.354 & 0.0\\ -0.450 & -0.217 & 0.866 & 5.0\\ 0 & 0 & 0 & 1\end{bmatrix}$，坐标系{$A$}原点处的广义力（力—力矩）向量为$^A Q=\begin{bmatrix}0.0\\ 3.0\\ -5.0\\ 2.0\\ 0.0\\ 4.0\end{bmatrix}$，不考虑量纲，求相对于坐标系{$B$}原点处的广义力向量（可参考5.5.2节图5.29）。

5-44　已知：$^A_B T=\begin{bmatrix}0.000 & -1.000 & 0.000 & 19.0\\ 0.500 & 0.000 & -0.866 & 0.0\\ 0.866 & 0.000 & 0.500 & 5.0\\ 0 & 0 & 0 & 1\end{bmatrix}$，坐标系{$A$}原点处的广义力（力—力矩）向量为$^A Q=\begin{bmatrix}5.0\\ 5.0\\ 0.0\\ 13.0\\ 1.0\\ 2.0\end{bmatrix}$，不考虑量纲，求相对于坐标系{$B$}原点处的广义力向量（可参考5.5.2节图5.29）。

编 程 练 习

1. 对一个三连杆平面操作臂的简单轨迹跟踪控制系统进行仿真。

已知：采用PD控制，对关节1～3分别设定伺服增益，使系统的闭环刚度分别为175.0、110.0和20.0（不考虑量纲），使系统为临界阻尼状态。

要求：采用UPDATE仿真程序对离散时间伺服系统进行仿真，伺服频率为100 Hz（注意不是以数值积分的周期计算控制规律），对这个控制方案的测试要求如下：

(1) 在$\boldsymbol{\theta}=[60 \quad -110 \quad 20]^{\mathrm{T}}$deg时启动操作臂，瞬时变化到$\theta=[60 \quad -50 \quad 20]^{\mathrm{T}}$deg，在这个位置停留3.0 s（相当于给关节2一个60 deg的阶跃输入），记录每一个关节随时间变化的误差；

(2) 控制操作臂按(1)中的要求沿一条三次样条轨迹运动，记录每一个关节随时间变化的运动误差。

2. 对 ARMII 肩关节/连杆(关节 2)应用 MATLAB 的图形用户界面 Simulink 进行线性独立关节控制仿真,要求:熟练掌握典型的线性反馈控制系统设计方法,包括结构图和拉普拉斯变换。

已知:图 P5.1 所示为由一个直流伺服电机驱动的 ARMII 肩关节/连杆的线性开环系统的反馈控制原理图。开环输入为参考电压 V_{ref};负载轴的输出转角为 ThetaL;光学编码器反馈的输出转角为 ThetaS,为 PID 控制器提供反馈(参见 5.1.6 节图 5.10)。表 P5.1 中给出了系统的参数和变量。

如果将负载轴的惯量和阻尼折算到电动机轴,等效极惯量和阻尼系数分别为 $J=J_M+J_L(t)/n^2$ 和 $C=C_M+C_L/n^2$,由于减速比 n 很大,因此 $J\approx J_M$ 和 $C\approx C_M$,由此可知,减速比可使我们忽略负载轴惯量 $J_L(t)$ 随位形的变化,或者仅给出一个平均值(参见 5.1.6 节图 5.11)。

应用表 P5.1 的参数,根据图 P5.1 建立一个 Simulink 模型对肩关节的控制模型进行模拟。为获得良好的性能(合适的超调量、上升时间、峰值时间和调节时间),一般需通过反复试验确定 PID 增益。假定阶跃输入为 0~60 deg,对肩关节进行运动仿真。绘制负载转角值—时间关系的仿真曲线和负载角速度—时间关系仿真曲线,绘制一个控制效果图—电枢电压 V_a 与时间关系曲线(在图中给出反电势 V_b)。

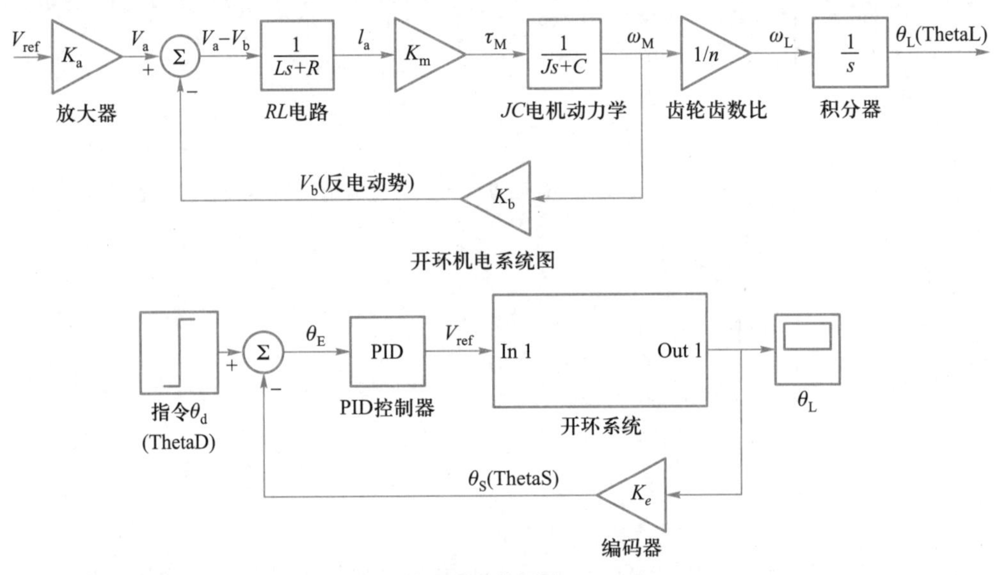

图 P5.1　由直流伺服电机驱动的 ARMII 肩关节/连杆的线性开环系统和反馈控制原理图

表 P5.1　ARMII 肩关节参数

$V_a(t)$	电枢电压	$\tau_M(t)$	电机输出力矩	$\tau_L(t)$	负载力矩
$L=0.0006$ H	电枢电感	$\theta_M(t)$	电机轴转角	$\theta_L(t)$	负载轴转角
$R=1.40\ \Omega$	电枢阻抗	$\omega_M(t)$	电机轴角速度	$\omega_L(t)$	负载轴角速度
$i_a(t)$	电枢电流	$J_M=0.0844$ N·m·s^2	集中质量 电机极惯量	$J_L(t)=1$ N·m·s^2	集中质量 负载极惯量
$V_b(t)$	反电势	$C_M=0.0013$ N·m·s/deg	电机轴 粘性阻尼系数	$C_L=0.5$ N·m·s/deg	负载轴 粘性阻尼系数
$K_a=12$	放大器增益	$n=200$	减速比	$g=0$ m/s^2	忽略重力
$K_b=0.00867$ V/deg/s	反电势常数	$K_M=43.75$ N·m/A	扭矩常数	$K_e=1$	编码器转换函数

在 Simulink 中改变一些参数：

1）采用斜坡式阶跃输入：坡度为在 1.5 s 内从 0 到 60 deg，在 1.5 s 以后一直保持60 deg，反复调整 PID 增益，反复进行仿真；

2）观察电感 L 对系统的影响（这个效应可以用时间常数表示）；

3）在没有负载惯量 J_L 和阻尼 C_L 估计值的情况下，根据 PID 增益的经验值，通过等比例增加这些增益，观察这些值能够达到的最大值；

4）将重力影响作为电机力矩 T_M 的干扰，假设机器人运动质量为 90 kg，肩关节 θ_2 在零位时竖直向上，令其向前移动 2 m，对调整好的 PID 增益进行测试（如必要需重新设计）。

3. 已知：使用式（5.5.17）对三关节平面操作臂进行直角坐标刚度控制，使用在坐标系{3}中描述的雅可比矩阵，操作臂的位置为 $\boldsymbol{\theta}=[60.0\quad -90.0\quad 30.0]^{\mathrm{T}}\mathrm{deg}$，$\boldsymbol{K}_{px}=\begin{bmatrix} k_{\mathrm{small}} & 0.0 & 0.0 \\ 0.0 & k_{\mathrm{big}} & 0.0 \\ 0.0 & 0.0 & k_{\mathrm{big}} \end{bmatrix}$，对系统在下述静态力的情况下进行仿真：

（1）作用在坐标系{3}原点 x_3 方向的力为 1 N；

（2）作用在坐标系{3}原点的 y_3 方向的力为 1 N。

通过实验求 k_{small} 和 k_{big} 的值，将 k_{big} 作为 y_3 方向的高刚度，将 k_{small} 作为 x_3 方向的低刚度，在这两种情况下，系统的稳态偏差是多少？

第 5 章　拓展阅读参考书对照表

第6章 机器人设计

【本章概述】

如果要自主设计一个机器人，不仅要掌握前面章节讨论的机器人理论知识，还需要具备机器人设计的相关知识。由于不同用途的机器人形式五花八门，作为入门，本章以典型的操作臂为对象进行介绍。机器人系统的组成大体上可分为四部分：1）操作臂；2）末端执行器，也叫作工具端；3）传感器；4）控制器。本章主要讨论机器人构型设计、机构设计、驱动设计、传动设计、传感器选型和控制器选型相关的基本知识和基本概念。在机器人的设计过程中存在诸多设计因素，首先需要考虑那些可能对设计产生最大影响的因素。另外，机器人设计通常是一个反复修改完善的过程。机器人设计为机器人编程开发提供了硬件平台。

6.1 基于任务需求的设计

操作臂所能完成的任务与结构设计有很大关系，而操作臂的结构决定了它的运动学和动力学特性，也与控制方法紧密相关。决定操作臂所能完成任务的因素主要有：负载能力、速度、工作空间的大小、重复定位精度等。在某些特殊场合，操作臂的整体尺寸、重量、功率消耗、防护等级和成本也是重要影响因素。

操作臂的设计不仅与操作臂的尺寸有关，而且关节数目、关节布局、驱动器类型、传感器和控制器的选择都会因工作任务的不同发生很大变化。

1. 自由度的数目

操作臂的自由度的数目应该与所要完成的任务相匹配，下面举例说明。

（1）打磨任务

对于图6.1所示的打磨抛光机器人，打磨工具是轴对称的，绕曲面法线 $\boldsymbol{n}$ 方向的转动自由度是冗余的，参见第2.2.1节。

在对具有冗余自由度的操作臂进行分析时，一般假想存在一个虚拟关节，且该虚拟关节轴与这个冗余自由度重合，这样机器人实际上只需要5个自由度就能够完成图6.1所示的打磨任务，但考虑到使用的灵活性和便于批量生产，大多通用工业机器人都采用完备自由度——6自由度。

（2）装配任务

在平面电路板上安装电器元件，元器件在电路板上的定位只需要3个自由度（x，y 和 θ），为适应元器件的高度，并插入和提起元器件，需要有垂直于电路板平面的第4个运动（z）。

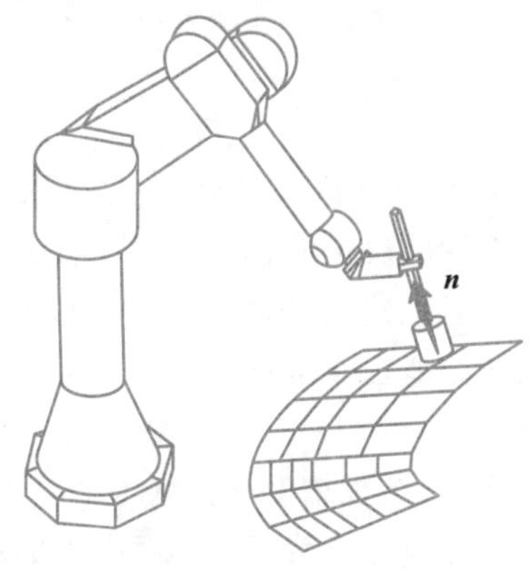

图 6.1 6 自由度操作臂($\boldsymbol{n}$ 方向的自由度是冗余的)

(3) 变位机

如图 6.2 所示,在两圆管相贯线焊接中,由一个倾斜/转动 2 个自由度的工作台(称为变位机)来固定被焊接的零件。由于不需要绕焊点位置的旋转运动,因此 3 自由度操作臂就可以完成该任务。该操作臂系统包括了工作台运动支链(工件)和操作臂运动支链(工具),一共具有 5 个自由度。

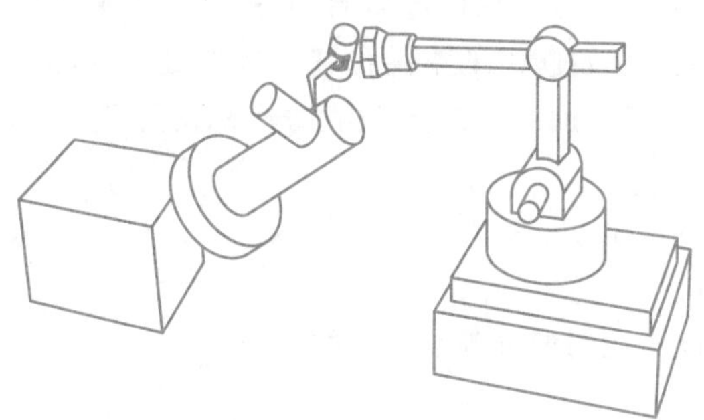

图 6.2 倾斜/转动变位机为操作臂提供了 2 个自由度

上述例子说明了利用工件或工具自身对称轴的特点,可以减少操作臂需要的自由度数目。

2. 工作空间

操作臂在执行工作任务时,操作臂必须能够抓取到作业对象。参见 2.3.1 节,工作空间有时也被称作工作范围或工作包络。

工作空间还与工作空间内操作臂的奇异性以及干涉避碰问题密切相关。

工作环境会对操作臂的运动学结构方案的选择产生影响。

当操作任务的尺寸大于操作臂自身的工作空间时,往往可以通过给操作臂底座增加外部移动导轨或者轮式移动平台,进一步扩大系统的工作空间。

3. 负载能力

操作臂的负载能力与其结构尺寸、传动系统和驱动器的特性有关,也与操作臂的位姿、加速度、惯性力等引起的动态载荷有关。通常,操作臂的额定负载在厂家提供的数据表中给出,例如某工业机器人的额定负载是 60 kg。当负载的重心与末端法兰的距离较远时,操作臂的实际负载会小于额定负载，需要查询操作臂的负载曲线图，以确定当前条件下操作臂的实际负载。

4. 速度

为了尽量提高作业效率，一般希望机器人具有尽可能高的速度。但是，在某些应用场合，速度大小是由工艺过程或工作性质决定的，例如焊接、喷涂、手术机器人等。

机器人做往复运动时，比如搬运机器人、码垛机器人等，加速和减速时间占据了大部分循环时间。因此，机器人的加减速性能也非常重要。

5. 操作精度

机器人的操作精度取决于其制造、装配精度和控制水平等诸多因素。操作精度可以在操作臂制造完成后采取测量标定的方法确定。为了提高机器人的定位精度，往往需要开展误差分析和误差补偿研究。一般而言，机器人末端的微小定位误差，可以利用雅可比求出相应的关节补偿量。机器人定位精度问题是个多因素耦合的非线性问题，较为复杂，本书中不做讨论。

6.2 运动学构型

一般6自由度串联型操作臂的运动学构型可分为两部分：定向结构和定位结构。定向结构：机器人的第4、5、6关节确定末端执行器的姿态，这三个关节轴线相交于一点，称为腕点；定位结构：第1、2、3关节确定腕点的空间位置。这类操作臂都有封闭的运动学解，大多数工业机器人都采用这种结构，而且1、2、3关节的连杆扭角多为0°或者±90°，连杆偏移量尽量为0。

6.2.1 定位结构

机器人可以根据定位结构构型分为以下几类。

1. 直角坐标型操作臂

直角坐标型操作臂如图6.3所示，关节1到关节3都是移动副 d_1, d_2, d_3，且相互垂直，分别对应于 x、y、z 轴。该类机器人有很高的结构刚度。采用这种结构的大型机器人通常称为龙门机器人。这类机器人的定位结构在运动学上是解耦的，设计简单，不会出现运动奇异点。缺点是整体结构占用空间大，移动安装困难。

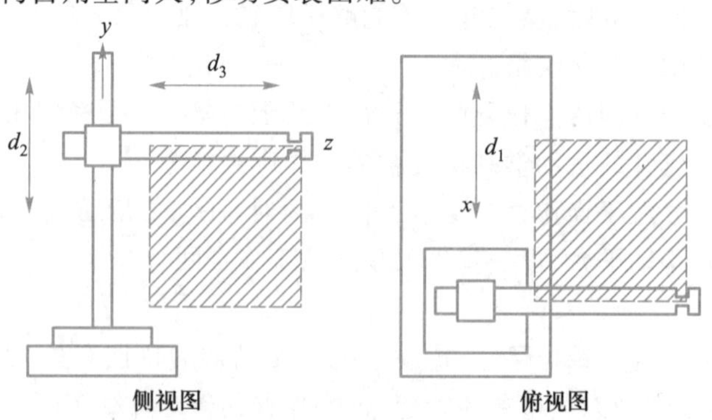

图6.3 直角坐标型操作臂

2. 关节型操作臂

关节型操作臂如图 6.4 所示。这种类型的操作臂通常由一个腰关节(绕垂直轴旋转) θ_1,一个肩关节 θ_2(改变仰角)、一个肘关节 θ_3(该关节与仰角关节平行)以及 2 个或者 3 个位于操作臂末端的腕关节组成。PUMA560 机器人属于此类型。关节型操作臂整体结构占用空间较小,便于移动安装。

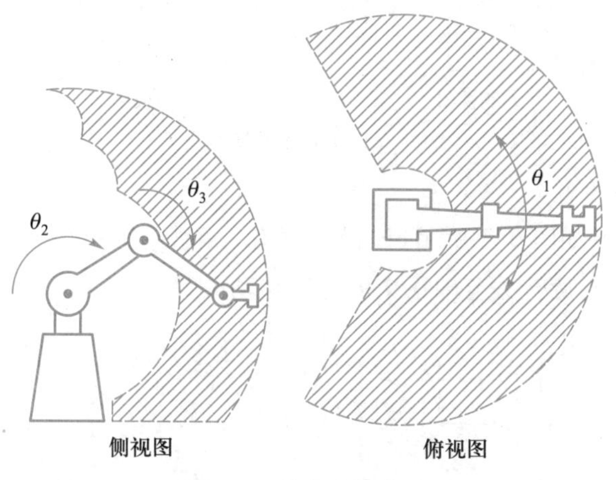

图 6.4 关节型操作臂

3. SCARA 型操作臂

SCARA(selectively compliant assembly robot arm)型操作臂如图 6.5 所示,也称平面关节型操作臂,这种操作臂有 3 个平行的旋转关节 $\theta_1, \theta_2, \theta_3$,机器人能在一个平面内移动和定向,第 4 个关节为移动关节 d_4,使机器人末端垂直于平面移动。这种操作臂便于在基座上安装前两个关节的驱动器,因此,驱动功率较大,从而使机器人能快速运动。例如,Adept One SCARA 操作臂最高线速度能达到 40 m/s,比大多数关节型工业机器人速度快 10 倍。这类结构最适合于执行平面内的操作任务。

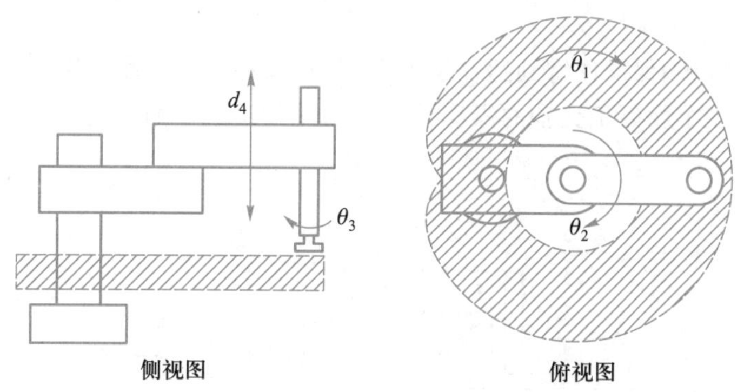

图 6.5 SCARA 操作臂

4. 极坐标型操作臂

极坐标型操作臂如图 6.6 所示,结构与关节型操作臂类似,只是用移动关节代替了肘的旋转关节。

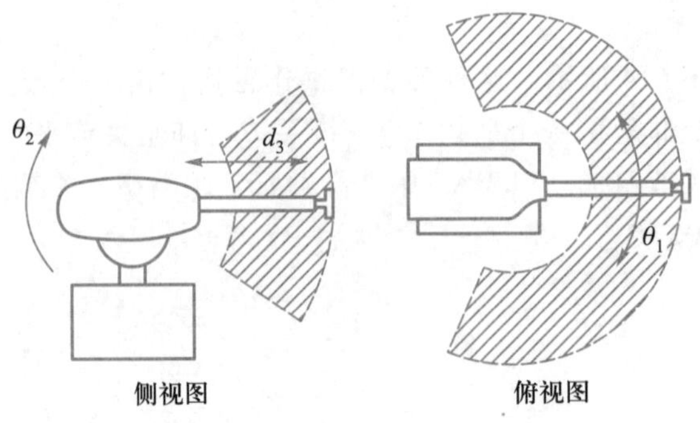

图 6.6 极坐标型操作臂

5. 圆柱坐标型操作臂

圆柱坐标型操作臂如图 6.7 所示，该操作臂有一个竖直移动关节 d_2，一个绕竖直轴旋转的关节 θ_1 以及一个与旋转关节轴正交的水平移动关节 d_3。

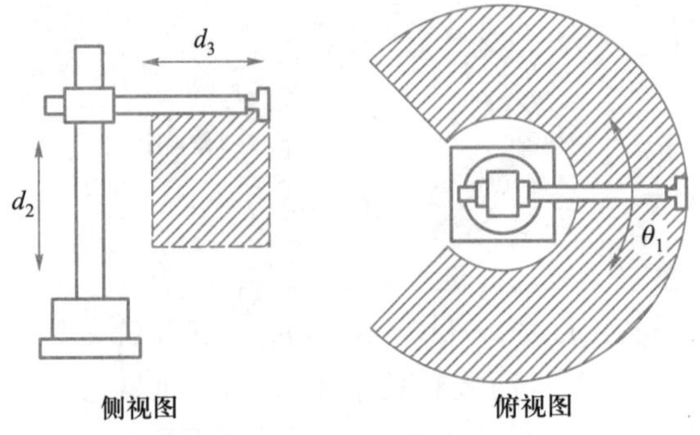

图 6.7 圆柱坐标型操作臂

6.2.2 定向结构——手腕

最常见的手腕由两个或三个正交的旋转关节组成，腕部的第一个关节通常是操作臂的第四个关节。

三个正交轴可以确保操作臂到达任意方向（假设没有关节角度限制）。由第 2 章 2.3.2 节可知，这类具有三个相邻正交轴的操作臂具有封闭的运动学解。这类手腕的原理图如图 6.8 所示。

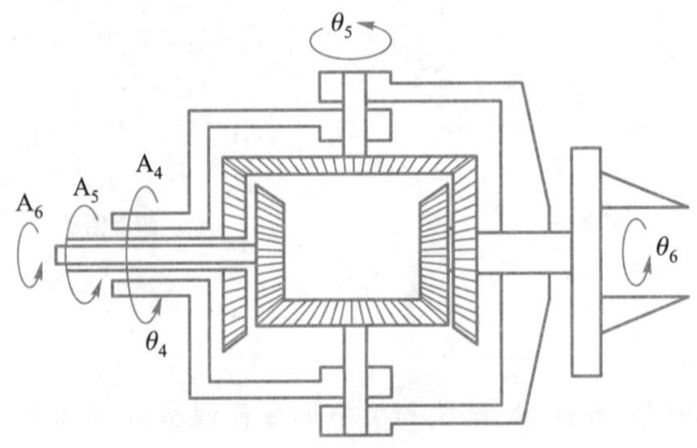

图 6.8 具有三个相邻正交轴的手腕

三轴正交的手腕由于结构原因一般都有关节角度限制。为此出现了三个相交但不相垂直的轴构成的手腕，手腕的三个关节可以无限连续旋转，如图 6.9 所示。但是由于这三个轴不正交，会造成一些姿态不能到达。

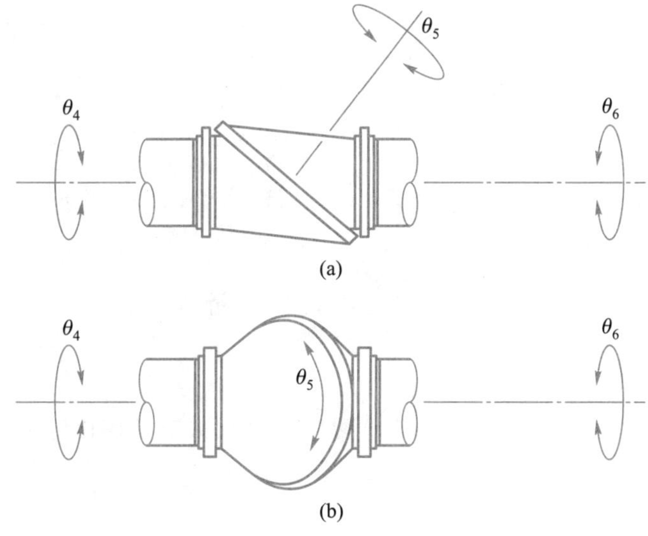

图 6.9 非正交手腕

有一些手腕虽然没有相交轴，但是在安装手腕时，可以使第 4 个关节轴与第 2 和 3 关节轴平行，这时就可以得到封闭解，如图 6.10 所示。同样，如果把无相交轴的手腕安装在直角坐标机器人上，也能得到封闭解。

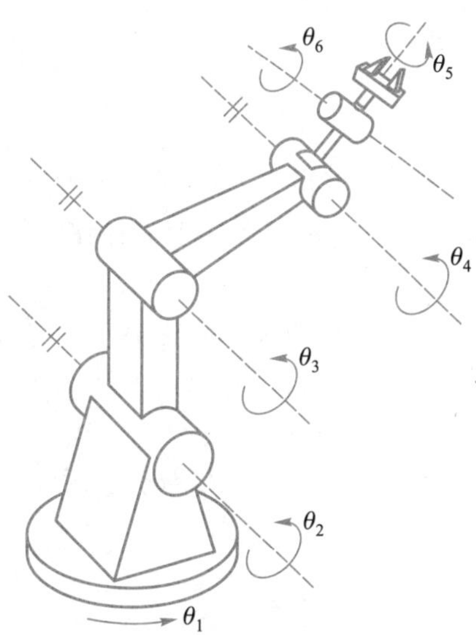

图 6.10 手腕轴不相交的操作臂（但是这类机器人有封闭的运动学解）

5 自由度焊接机器人的定向结构为两轴手腕（第 6 轴是虚拟关节轴 θ_6），如图 6.11 所示。为了使手腕能够到达任何姿态，在安装工具时必须使虚拟关节轴 θ_6 与第 5 关节轴正交。

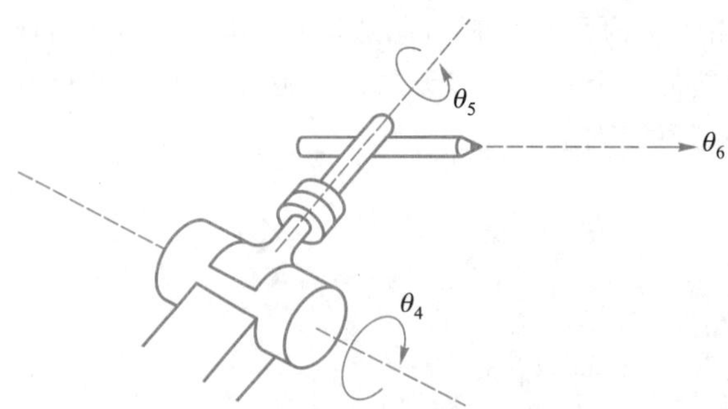

图 6.11 安装在 5 自由度焊接操作臂上的手腕

6.3 工作空间定量分析方法

1. 设计效果的评价

机器人工作空间相同时，制造直角坐标型操作臂比关节型操作臂要消耗更多的材料。为此定义操作臂的长度之和

$$L=\sum_{i=1}^{n}(a_{i-1}+d_i) \tag{6.3.1}$$

式中，a_{i-1} 和 d_i 是连杆长度和关节偏移量，对于移动关节，d_i 是与移动行程相等的常量。因此可根据式(6.3.1)粗略计算出整个运动链的长度。

定义结构长度系数 Q_L

$$Q_L=L/\sqrt[3]{w} \tag{6.3.2}$$

式中，w 为操作臂工作空间的体积。

式(6.3.2)表明，Q_L 值越小，即连杆长度之和越较小，工作空间越大，则设计方案越好。

由式(6.3.2)可知，对于直角坐标型操作臂，当前 3 个连杆长度相同时，Q_L 的最小值为 3.0；对于理想的关节型操作臂，$Q_L\approx 0.62$，因此关节型操作臂的设计方案比直角坐标型操作臂要好。

例 6.1 已知：如图 6.5 所示，在 SCARA 操作臂中，杆 1 和杆 2 的长度均为 $l/2$，移动关节 3 的行程为 d_4，不考虑关节转角的限制，求 Q_L，当 d_4 为何值时，Q_L 最小？并求出最小的 Q_L。

解：该操作臂的臂杆长度之和 $L=l/2+l/2+d_4=l+d_4$，工作空间为一半径为 l、高为 d_4 的圆柱体，因此

$$Q_L=\frac{l+d_4}{\sqrt[3]{\pi l^2 d_4}} \tag{a}$$

当 $d_4=l/2$ 时，Q_L 具有最小值 1.29。

2. 具有良好工作空间的操作臂

通常操作臂工作位形离奇异点越远，操作臂的性能越好，见第 2 章 2.4.5 节和 2.4.6 节。

6.4 冗余度机构与并联机构

6.4.1 冗余度机构

机构的自由度是使机构具有确定运动时所必须给定的独立运动参数的数目,如果机构的自由度多于独立运动参数的数目,这种机构称为冗余自由度机构,简称**冗余度机构**。

6 自由度操作臂只能以确定的方式到达指定位姿,但是增加了第 7 个自由度后,将会有无穷种方式到达指定位姿,这样便可以利用冗余自由度使机器人避开奇异位形或避开障碍物。有关冗余自由度机器人的设计问题,请参考陆震主编的《冗余自由度机器人原理及应用》。

6.4.2 并联机构

具有封闭形式的机构即为**并联机构**。并联机构的特点:1) 可提高机构的刚度;2) 关节的运动范围较小,所以工作空间较小。

图 6.12 所示的 6 自由度并联机构称为 **Stewart 机构**,其动平台的位姿由 6 个与基座相连的直线驱动器控制。每个驱动器一端用一个 2 自由度的万向关节与基座连接,另一端用一个 3 自由度的球面关节与动平台相连,它们组成一条 U-P-S 运动支链。Stewart 机构一共包括 6 条相同的并联运动支链,因此可写成 6-UPS 机构。Stewart 机构与 6 自由度串联型操作臂的主要区别是正向与逆向运动学求解特点相反:逆向求解很简单,而正向求解一般很复杂,有时候甚至得不到封闭式解。

可以使用 Grübler 公式计算这类机构的自由度数

$$F=6(l-n-1)+\sum_{i=1}^{N}f_i, \tag{6.4.1}$$

式中,F 是机构的总自由度数,l 是连杆数目(包括基座),n 是总关节数,f_i 是与第 i 个关节相关的自由度数。如果把(6.4.1)式中的 6 换成 3 就得到了平面机构的 Grübler 公式。

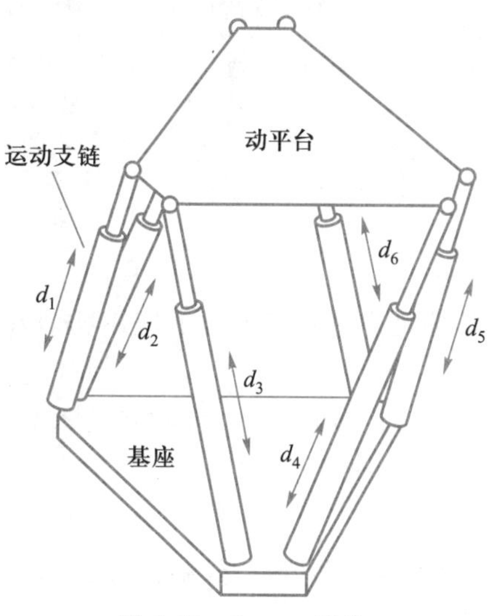

图 6.12 Stewart 机构

6.5 驱动系统和传动系统

机器人驱动系统主要包括驱动元件(液、气、电)和驱动器(放大器),传动系统包括减速装置和传动装置。其设计基本上是依据机械设计方法进行设计,属于机械设计范畴。针对机器人的特点,设计时主要考虑以下问题。

6.5.1 驱动方式

绝大部分机械装备的驱动方式是电机驱动、液压驱动、气压驱动。

电机驱动方式:控制精度高、响应速度快、系统紧凑、无泄露污染;难以防爆和防电磁干扰。电机是操作臂上最常用的驱动器,被广泛用于中小型操作臂上。

液压驱动方式:驱动力大、防爆、防电磁干扰;控制精度低、响应速度慢、有泄露污染、系统复杂。

气压驱动方式:响应速度快、防爆、防电磁干扰;驱动力较小、控制精度低(气体的可压缩性)、有泄露、系统复杂、噪声大。

3种驱动方式的性能比较见表6.1。

表6.1 电、液、气三种驱动方式性能比较

种类	特点	优点	缺点
电气式	可使用商用电源,信号与动力的传送方向相同,有交流和直流之别,应注意电压大小	操作简单,编程容易,能实现位置伺服,响应快、易与控制器相接,体积小、动力较大,无污染	过载差,特别是由于某种原因而卡住时,会引起烧毁事故,易受外部噪声影响
液压式	液压源压力通常为2~8 MPa	输出功率大、动作平稳,可实现伺服定位,易与控制器相接,响应快	设备难以小型化,液压源或液压油要求(杂质、温度、油量、质量)严格,易泄漏且有污染
气压式	空气压力源的压力通常为0.5~0.7 MPa	气源方便、成本低;无泄漏污染;速度快、操作较简单	功率小、体积大,动作不够平稳,不易小型化,远距离传输困难,工作噪声大,难以精确定位

6.5.2 机器人常用驱动方式

由于液压驱动方式和气压驱动方式在机器人上应用相对较少,因此本节只介绍电机驱动方式。

电机工作原理是已学过的电工学和电机学中的知识,本节主要介绍与机器人设计和应用有关的关键技术知识。

1. 伺服电机驱动系统

伺服电机驱动系统是一种闭环控制系统,是指带有反馈单元的位置跟踪系统,一般由伺服电机和驱动器(带反馈控制单元)组成。

(1) 伺服电机

1) 分类

伺服电机分为交流伺服电机和直流伺服电机两种。

① 交流伺服电机分为:同步电机和异步电机两种。同步电机的功率质量比大。

交流伺服电机的优点:转动惯量小,动态响应好,能在较宽的速度范围内保持理想的转矩,交流伺服电机的输出功率比直流伺服电机高出 10% ~70%,结构简单,运行可靠,缺点是成本较高。

② 直流伺服电机分为:直流有刷电机和直流无刷电机。

直流有刷电机的优点:成本低,起动力矩较大,调速范围宽;缺点是存在电刷的磨损与摩擦,易产生电磁辐射干扰。

直流无刷电机:将换向元件(电刷和整流子)换成半导体元件。优点是体积小,重量轻,出力大,响应快,无电刷摩擦、磨损和干扰问题;缺点是控制复杂。

工业机器人一般采用同步型永磁交流伺服电机。移动机器人上一般采用直流无刷伺服电机。

此外,伺服电机还分为带制动器和不带制动器两种。

2) 驱动模式

根据电机的具体结构、驱动电流波形和控制方式的不同,永磁同步电机有两种驱动模式:

① 方波电流驱动,即无刷直流伺服电机;

② 正弦波电流驱动,即永磁同步交流伺服电机。

3) 伺服电机的特性

转矩 T 与电流 i 成正比

$$T=K_t i \tag{6.5.1}$$

式中,K_t 为转矩常数。

空载转速 n 与电压 u 成正比

$$n=K_n u \tag{6.5.2}$$

式中,K_n 为转速常数。

(2) 伺服驱动器

又称为伺服控制器、伺服放大器。

对伺服电机的控制方式有:位置控制、速度控制和转矩控制。

(3) 伺服电机驱动系统(伺服电机+驱动器)

伺服电机驱动系统原理示意图见图 6.13。

1) 伺服电机驱动系统的特性

由于机器人不断向高速、重载、高精度的方向发展,因此对机器人伺服电机驱动系统的要求主要有以下几方面。

功率质量比大:驱动力大,但重量轻,以减小操作臂的惯量,提高加减速特性。

起动转矩高:提高机器人的加速特性和快速性。

转速高:一般在 3 000 r/min 以上;装配和移载机器人在 8 000 r/min 以上,一般需要配精密减速器。

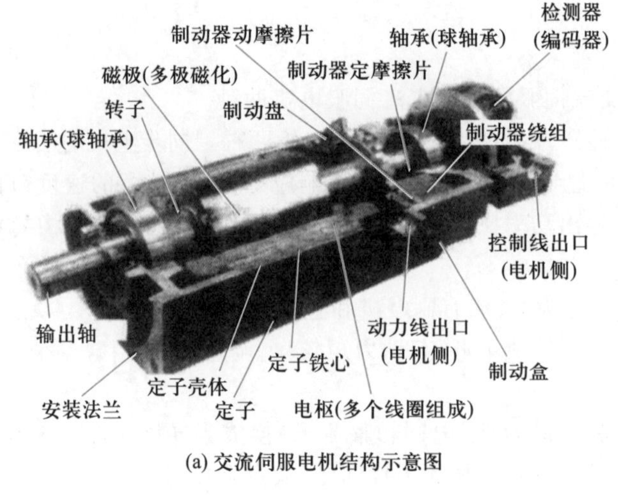

(a) 交流伺服电机结构示意图

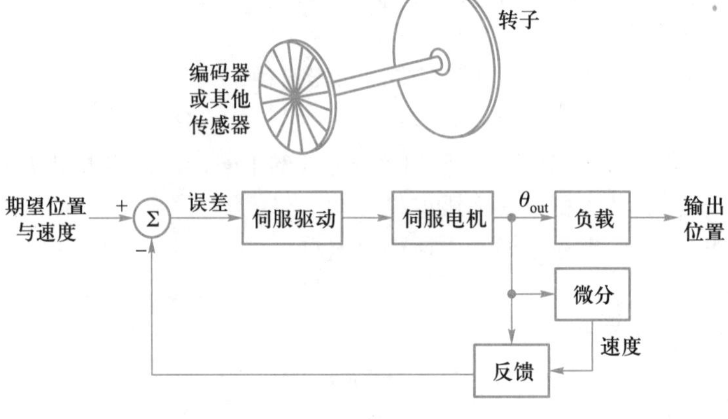

(b) 伺服电机控制原理示意图

图 6.13 伺服电机驱动系统原理示意图

快速性:响应指令信号的时间短,以机电时间常数表征。

短时过载能力强:承受冲击载荷的能力强。

2）对伺服电机转动惯量的要求

以典型的 6 自由度串联机器人为例。

对于 1、2、3 关节,因结构惯量和驱动功率较大,所以应选用高转速大惯量伺服电机。根据机械设计原理和伺服电机原理,机械负载惯量与电机转子惯量之比(即惯量比)应在 5 ~ 15 之间,此即惯量匹配原则。然而电机的高转速与大惯量是相互矛盾的,因此这是当前机器人关键部件核心技术——高转速/大惯量电机的研究发展方向之一。

对于 4、5、6 关节,由于结构惯量和驱动功率较小,可选用高转速、小惯量电机。这种电机比较常见。

2. 力矩电机驱动系统

力矩电机是一种低速、大转矩、可直接驱动负载的伺服电机。

特点:响应快、精度高、转矩和转速波动小。转速可低到 0.000 17 r/min,调速范围可达到几十万,特别适用于高精度的伺服系统。

类型:直流力矩电机和交流力矩电机。

为了获得较大转矩和较低转速,长径比一般为 0.2。

3. 步进电机驱动系统

步进电机驱动系统是一种开环控制系统,一般是由步进电机和驱动器(没有反馈单元)组成的,见图 6.14。

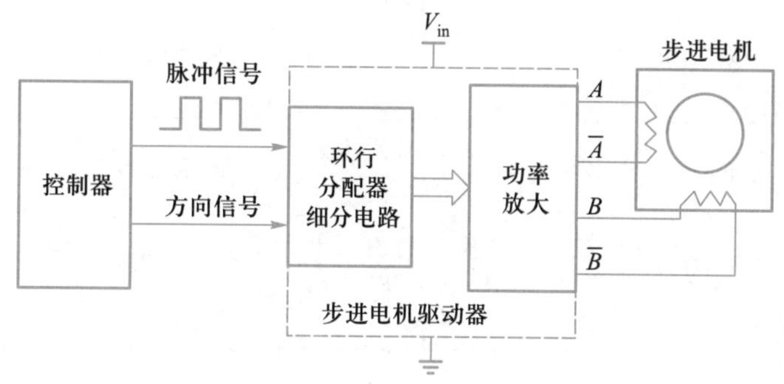

图 6.14　步进电机原理框图

步进电机可将电脉冲信号变换为相应的角位移或线位移,位移量与脉冲数成正比,转速与脉冲频率成正比。

步进电机驱动器:由环形分配器和功率放大器组成。

类型:永磁式步进电机(PM)、反应式步进电机(VR)、永磁感应子式步进电机(混合式步进电机)。

步进电机的步距角:输入一个电脉冲信号,转子产生相应的角位移。它与控制绕组的相数、转子齿数和通电方式有关。步距角越小,运转的平稳性越好。步距角由切换的相电流产生的旋转力矩得到,反应式步进电机以两相、三相、四相、五相式为主。

缺点:调速范围较小,过载能力差,低速运动有脉动、不平稳,一般仅应用于小型机器人或简易机器人。

4. 选择电机的重要问题

4 种电机的性能比较见表 6.2,4 种电机的特点和应用实例见表 6.3。

表 6.2　4 种电机的性能比较

性能	步进电机	直流伺服电机	交流伺服电机	力矩电机
基本性质	转速与脉冲信号同步,与脉冲频率成正比	转矩与电流成正比,无负载转速与电压成比例	相似于直流伺服电机	可控性依磁路产生方式的差异而不同,精度高
驱动方式	驱动控制电路	控制要有相应的控制器和放大器	用逆变器将直流驱动变为交流驱动	要直接驱动位置传感器与控制器配合
逆转方式	颠倒励磁顺序	调换两个端子极性	调整位置信号与逆变元件开关顺序	

续表

性能	步进电机	直流伺服电机	交流伺服电机	力矩电机
位置控制	由脉冲数量决定	用位置传感器反馈控制	用位置传感器反馈控制	用位置传感器反馈控制
速度控制	转速与脉冲频率成正比	反馈控制	反馈控制	反馈控制
转矩控制	使电流保持一定值	转矩与电流成正比	转矩与电流成正比	由磁阻产生电机转矩,控制磁路控制转矩
可靠性与寿命	具有良好的可靠性	在长时间使用条件下可靠性将下降	具有良好的可靠性	高
效率	比直流伺服电机低,越是小型电机,效率越低	可有效利用反电动势,效率高,在高速段效率低	相似于直流伺服电机	高

表6.3 4种电机的特点和应用实例

种类		主要特点	应用实例
直流伺服电机	有刷	起动转矩大,调速范围宽,高功率密度(体积小,重量轻),可实现高精度数字控制,接触换向部件需要维护	数控机械, 机器人, 计算机外围设备
	无刷	无接触换向部件,体积小,重量轻,出力大,响应快,速度高,惯量小,转动平滑,力矩稳定	音响和音像设备, 计算机外围设备, 特种机器人等
交流伺服电机	同步	大惯量,最高转速低,且随着功率增大而转速降低,适合于低速平稳运行的应用	数控机械, 工业机器人
	异步	对应于电流的激励分量和转矩分量分别控制,有较高的运行效率和较好的工作特性,具有直流伺服电机的全部优点	
步进电机		转角与控制脉冲成比例,可构成直接数字控制,有保持转矩,超过负载时会发生丢步现象,高速工作时会发出振动和噪声	计算机外围设备, 办公机械, 数控装置
力矩电机		一种极数较多的特种电机,同步转速较低,在电动机低速甚至堵转时仍能持续运转,而在这种工作模式下,电动机可以提供稳定的力矩给负载,故名为力矩电动机	可以用于频繁正、反转的装置或其他类似动作的各种机械上

(1) 选择电机一定要参照电机的转速—转矩特性曲线,而不是按照电机的参数表选择。

(2) 恒功率—恒转矩:图6.15所示为电机的转速—转矩特性曲线。在拐点之前,电机的输出转矩恒定,输出功率随转速提高而增大;拐点之后电机的输出功率恒定,输出转矩随转速提高而减小。

(3) 堵转转矩:转速为零的电磁转矩。最大(连续)堵转转矩:长时间堵转,稳定温升不超过允许值时的输出转矩。

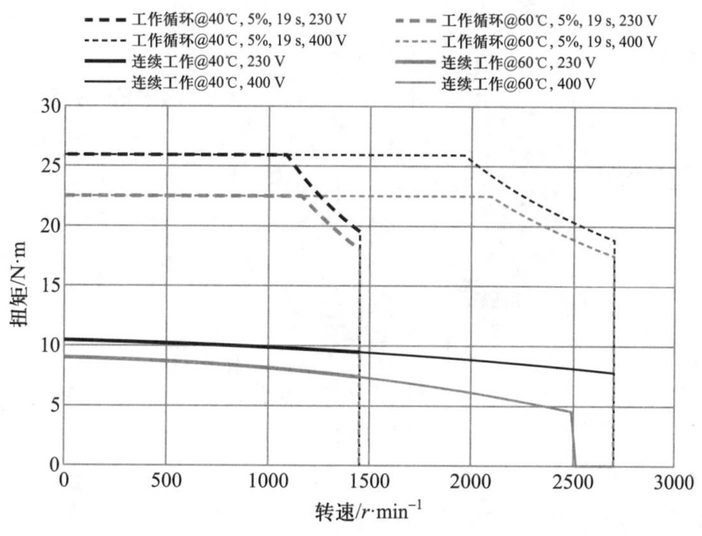

图 6.15 电机的转速—转矩特性曲线

6.6 传动系统

6.6.1 减速装置

关节型机器人常用的减速器是 RV 减速器(摆线针轮减速器)和谐波减速器;直角坐标机器人常采用行星齿轮减速器。选择减速器的主要参数包括传动比、输入输出许用扭矩、额定转速、传动精度(间隙)等。

1. RV 减速器(摆线针轮减速器)

工作原理如图 6.16 所示,由渐开线圆柱行星轮减速器和一个摆线针行星减速机构两部分组成。渐开线行星齿轮 2 与曲柄轴 3 为一体,作为摆线针轮传动部分的输入。当渐开线中心齿轮 1 顺时针旋转,渐开线行星齿轮 2 在公转的同时还逆时针自转,并通过曲柄轴 3 带动摆线轮 4 做偏心运动。摆线轮 4 在其轴线公转的同时,还反方向自转(顺时针转动),同时还通过曲柄轴 3 带动输出轴 6 顺时针转动。

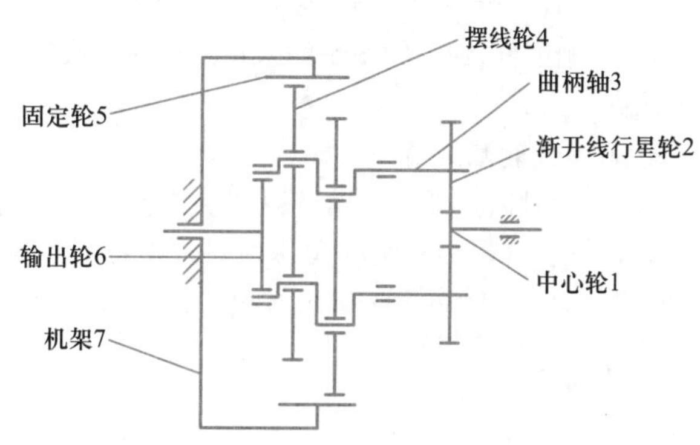

图 6.16 RV 减速器工作原理

RV 减速器结构示意图见图 6.17。

特点:传动比大,刚度高,回差小(<1 arcmin),结构紧凑,体积小,效率高,振动小,噪声低。

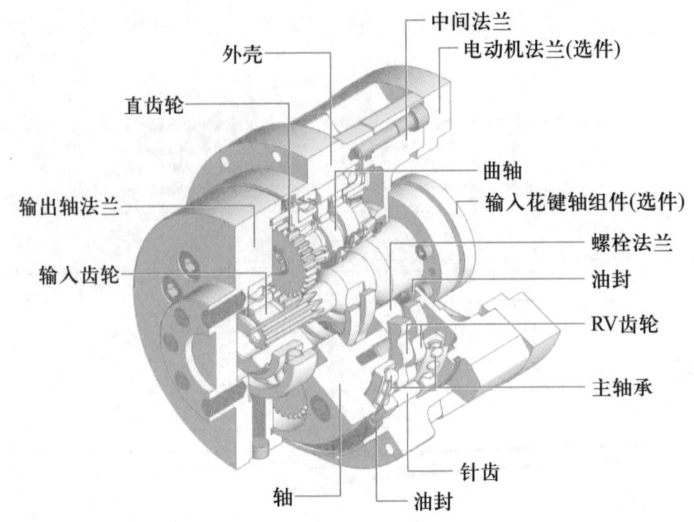

图6.17　RV减速器结构示意图

2. 谐波减速器

工作原理如图6.18所示。柔轮为可产生较大弹性变形的薄壁齿轮，波发生器是可使柔轮产生可控弹性变形的椭圆构件。当波发生器沿图示方向在柔轮内连续转动时，使柔轮发生变形，柔轮与刚轮由啮入—啮合—啮出—脱开—再啮入……，循环转动。由于外齿数少于内齿数，所以这种错齿运动实现了柔轮相对于刚轮沿波发生器反方向的减速旋转。由于柔轮产生的变形波形类似于谐波，故称为谐波减速器。

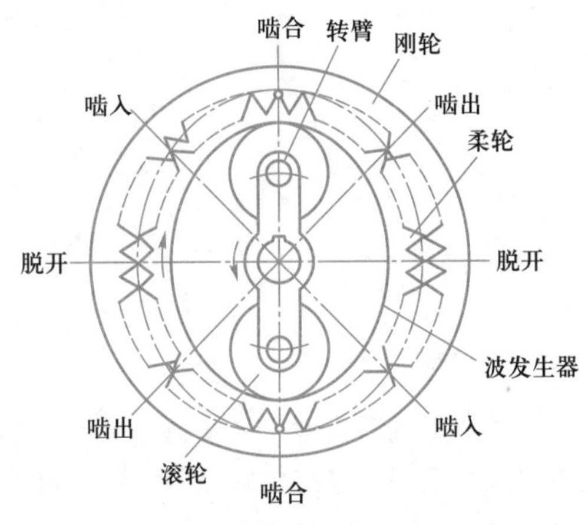

图6.18　谐波减速器工作原理

特点：传动比大，结构紧凑，体积小，效率高，噪声低。同时啮合的齿数较多，承载能力较大。缺点：柔轮刚度低，啮合频率是输入轴转速的整数倍时会产生振动，回差一般<3 arcmin，加工工艺要求高。

3. 行星齿轮减速器

类型：同轴减速器，90°角减速器。工作原理见《机械原理》教材。

特点：成本低，传动刚度大，效率高，噪声低。与RV减速器和谐波减速器相比，传动比小，回差较大(一般>6 arcmin)，体积大，重量大。

6.6.2　传动装置

1. 线性模组

主要用于直角坐标型机器人的一种直线传动装置。

类型：滚珠丝杠型和同步带型。

(1) 滚珠丝杠型线性模组

由滚珠丝杠、直线导轨、滑块、消除传动回差的消隙装置等组成，见图6.19。滚珠丝杠结构见图 6.20。

特点:刚度高,定位和重复精度高,摩擦小,效率高。

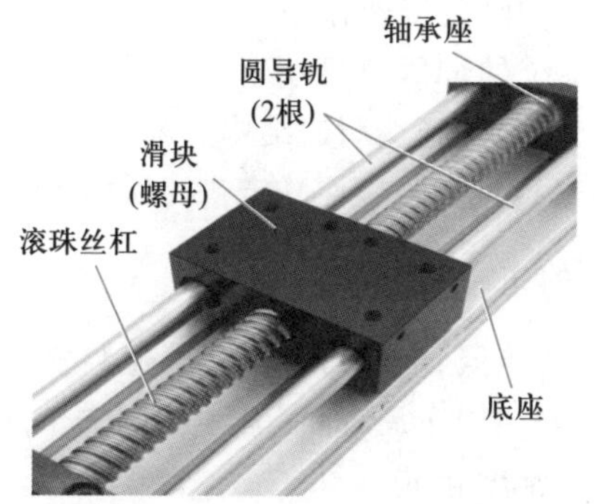

图 6.19 滚珠丝杠型线性模组

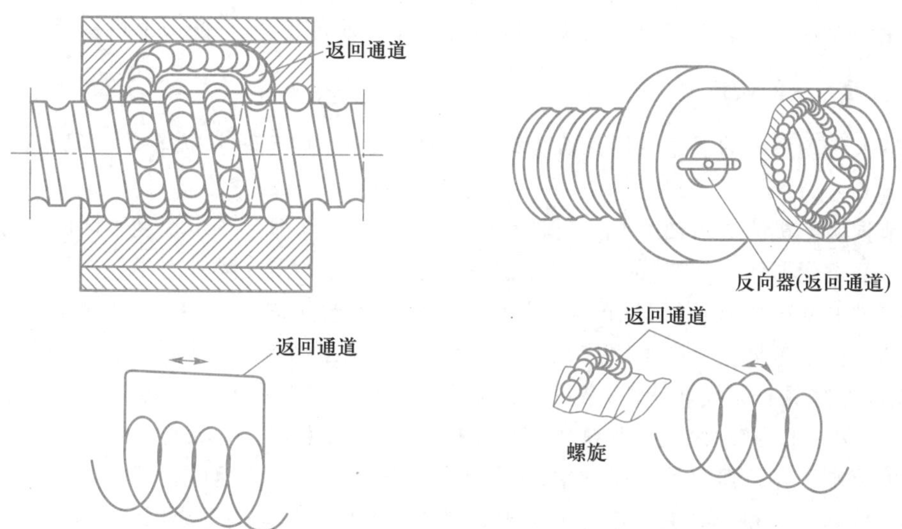

图 6.20 滚珠丝杠结构

(2) 同步带型线性模组

由同步齿形带、直线导轨、滑块、张紧装置等组成,滑块与同步齿形带固定,见图 6.21。

特点:与滚珠丝杠型线性模组相比,运动速度快 2~3 倍,成本低,但刚度稍低,定位和重复精度较低。

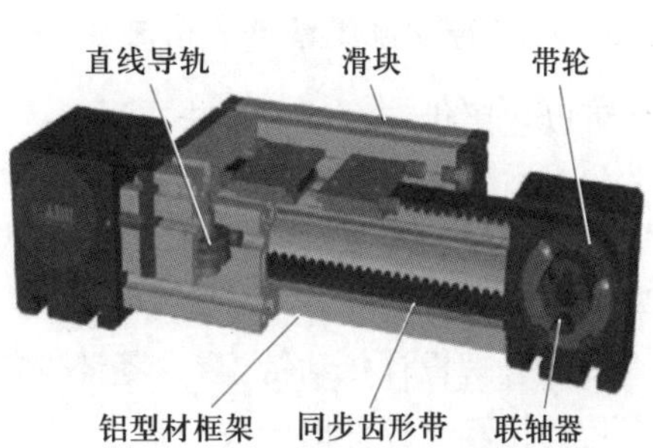

图 6.21 同步带型线性模组

2. 其他传动机构

齿轮传动、齿条传动、钢带传动、回转轴承、关节高精密轴承的设计均可参照《机械设计》。

3. 传动系统的其他问题

如果把减速装置与传动装置集成在一起,可以简化传动结构。但是如果减速器重量很大,会增加操作臂的惯量,因此需要综合考虑结构和惯量的问题。

减速装置与传动装置的主要问题是会增加传动系统的弹性变形和摩擦损耗。其变形大小和方向与操作臂的结构形式和刚度以及作用力方向有关。变形的原因主要是由于传动和减速装置的传动刚度和伺服系统的伺服刚度引起。操作臂传动系统(传动轴、齿轮、同步齿形带等)的变形同样会产生传动误差,还会引起结构共振。通常可采用有限元技术准确地分析操作臂和传动系统的结构刚度(以及其他属性),定量评估操作臂在额定工况下的变形量。

6.6.3 驱动系统与传动系统的布局

大多数驱动器的转速高、扭矩低,因此需要配合减速装置。如果驱动器能够产生足够的力或力矩,可以采取直接驱动的结构布局,即在驱动器和关节之间没有减速和传动元件,因而关节运动的精度与驱动器的精度相同。

一般驱动器都很重,如果驱动器能远离关节而靠近机器人的基座安装,则可降低操作臂的总体惯量,同时也可减小驱动器的尺寸,因此需要使用传动系统把运动传送给关节。机器人上常用的长距离传动方式包括同步带传动、传动轴、万向节、平行四边形机构等。

6.6.4 传动系统的误差

机器人传动系统的误差主要由机械结构的弹性变形、关节摩擦、齿轮传动误差和齿隙等引起。

关节伺服电机的输出轴、轴上的齿轮、联轴器、轴承组件都会产生程度不同的弹性变形。一般分为静态变形和动态变形。上述零部件的静态变形均是“材料力学”中学过的内容。上述零部件的动态变形是“机械振动”课程的内容,本教材不展开介绍。

机器人关节摩擦主要产生于传动系统的齿轮副、轴承组件(转动副)或滑轨组件(移动副)。机械摩擦具有非线性特性,常见的机械摩擦是粘滞摩擦和库仑摩擦。粘滞摩擦是“大学物理”中学过的内容,而机械系统中其他摩擦特性是“摩擦学”中研究的内容,这些已超出了本书的范围。在机器人关节运动中,最典型的非线性摩擦是低速爬行现象。

齿轮传动误差和齿隙主要是由于齿轮的制造误差和安装误差等原因产生的。这些问题已在“机械原理”和“机械零件”课程中专门学习过。

6.6.5 提高传动系统精度的措施

可以按照机械设计的方法:

(1) 适当提高零部件的制造和装配精度。

提高齿轮的制造精度,选择较小的齿隙或“负侧隙”,提高末级传动机构的精度,提高联轴器的精度等方法。

(2) 合理设计传动链,减少零部件的制造和装配误差对传动精度的影响优化设计布局,提高传动比和支撑件的刚度。

尽量选用制造和装配精度较高的传动形式,合理确定传动级数和传动比,合理布置传动链。

(3) 采用消隙机构,减小或消除空程。

具体方法可参见龚振邦主编的《机器人机械设计》第 9 章 9.4 节。

6.7 传 感 器

从某种意义上讲,机器人的先进水平取决于传感器技术水平。机器人能够实现高精度操作或智能化操作必须要利用精度和数量足够的传感器。近些年传感器技术得到了快速发展,日新月异,本书仅对机器人常用传感器进行介绍。

机器人传感器的种类包括:1)检测自身运动参数:位移传感器、速度传感器、加速度传感器;2)检测末端执行器:接近传感器、触觉传感器、滑觉传感器;3)检测夹持力:力传感器;4)检测外界信息:测距传感器、视觉传感器、声传感器。

检测自身运动的传感器通常是被动的,而检测环境信息的传感器通常是主动,比如利用结构光的3D视觉传感器属于主动的非接触传感器。

6.7.1 位置传感器

操作臂都是位置伺服控制机构,即驱动器的力或力矩指令都是根据检测到的关节位置与期望位置之差而得出的,因此要求每个关节都要有一个位置检测装置。一般位置传感器是与驱动器同轴安装的。

1. 可变电位器

工作原理见图6.22。R_x 是检测电位器,当 $R_1 \neq R_x$ 时,机械手运动,直到 $R_1 = R_x$,机械手达到目标位置。优点:成本低;缺点:精度低,一般为±1 ~3 mm,线性度不好,对噪声敏感。

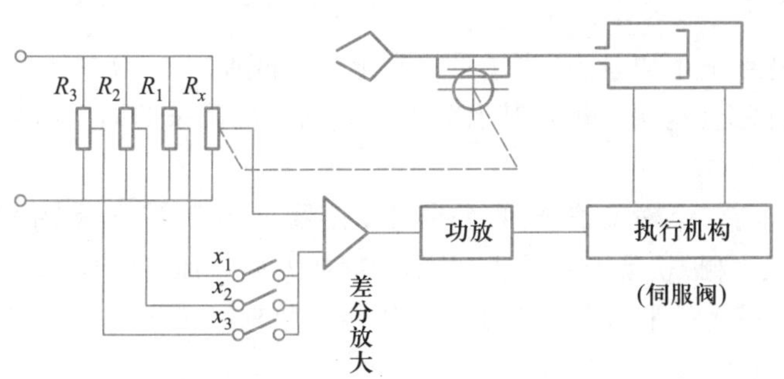

图6.22 可变电位器工作原理

2. 旋转变压器

相当于小型旋转式交流电机,工作原理见图6.23。定子绕组为变压器一次侧,转子绕组为变压器二次侧。交流激励电压加于定子,一般频率为 f= 400 Hz,500 Hz,2 000 Hz,5 000 Hz。在转子绕组上产生感应电压。

当转子磁轴与定子磁轴平行时,感应电压为0;当两磁轴垂直时,感应电压最大,输出电压 E_2 为

$$E_2 = nV_m \sin \omega t \tag{6.7.1}$$

式中,n 为变压比,V_m 为最大瞬时电压,$\omega = \frac{f}{2\pi}$。

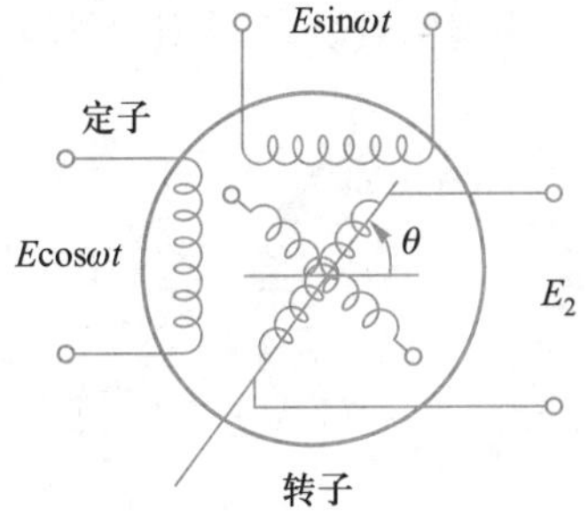

图6.23 旋转变压器工作原理

当转子磁轴与平行位置夹角为 θ 时

$$E_2 = nV_m \sin \omega t \sin \theta \tag{6.7.2}$$

因此，E_2 反映了角位移 θ 的变化。

通常旋转变压器要安装附加传动机构才能安装在操作臂关节上，所以不便安装，且容易产生误差。

3. 光电编码器

光电编码器的工作原理为物理学中的光栅原理，一般安装在机器人关节驱动电机上。

光栅原理如图 6.24。光栅由光源、长短光栅、光电元件组成。在一长玻璃片 S 上刻有条纹，条纹与运动方向垂直。G_1（长光栅）是标尺光栅（移动）；G_2（短光栅）是指示光栅（固定），两者间隙为 0.05～0.1 mm。

G_1 与 G_2 偏斜一个很小的角度；G_2 上出现几条明暗相间的条纹——莫尔条纹。倾角越小，条纹越粗。长光栅 G_1 移动时，明暗条纹沿垂直于运动的方向移动。G_1 移动一个刻线，条纹移动一个距离，后者远大于前者。

辨别运动方向：在光栅下面开两条间距 1/4 条纹距离的缝隙。G_1 右移，条纹上移，缝隙 S_1 输出超前 1/4 周期；反之，G_1 左移，条纹下移，S_2 输出滞后 1/4 周期，由此确定运动方向。

工业上常用直线光栅（光栅尺），对于转动关节则采用圆光栅。

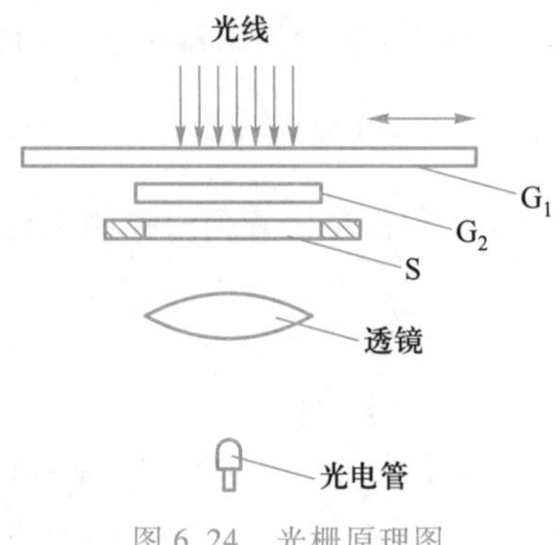

图 6.24　光栅原理图

光电编码器（也叫光电码盘）分为增量式和绝对式两种。

光栅为可旋转圆盘（也叫码盘），其上刻有一系列不同码条的同心圆。在码盘上方有光源，下方有光电元件。

增量式编码器：有三个输出信号，两个是工作信号，一个是零位标志信号。工作信号：沿不同圆周，刻有两组光栅，相差 1/4 周期，以判断旋转方向。标志信号：码盘每旋转一周发出一个脉冲，用作同步信号。脉冲频率等于每一周脉冲数乘以转速，由此可求出码盘转速和角位移。如图 6.25(a) 所示。

绝对式编码器：能随时提供位置数据。在圆周上采用二进制码组成黑白相间的码条，见图 6.25(b)。有由 4 道同心圆组成的码道，输出为 0000～1111（$2^4=16$），分辨率为 $360°/16=22.5°$。实际码盘有 10 道以上，输出为 $0\sim2^{10}=1024$，分辨率 $<0.36°$。

为避免误读，多采用循环码道，设计成二进制补码码道，使码位变化最小，见图 6.25(b) 右图。

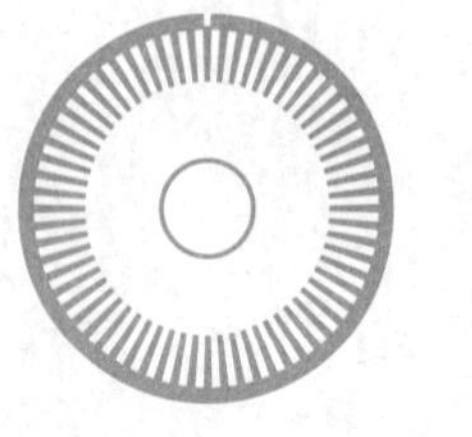

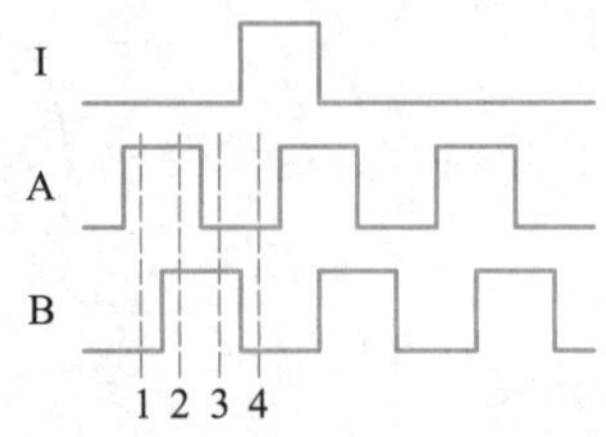

状态	A 通道	B 通道
S1	高	低
S2	高	高
S3	低	高
S4	低	低

(a) 增量式

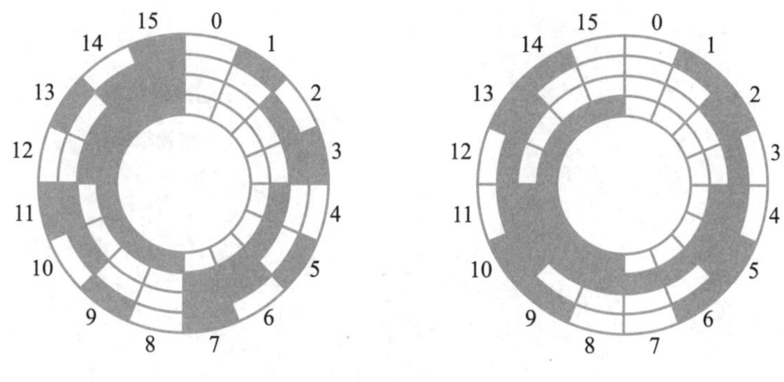

(b) 绝对式

图 6.25 码盘工作原理

6.7.2 力传感器

某些机器人在末端执行器上安装有力传感器,可以检测操作臂与环境的接触力,可以通过编程监测和控制机器人的运动,检测末端执行器的抓持力或抓取物体的重量。力传感器可用于夹紧工件,比如夹持力传感器,也可用于装配。采用多维力传感器——腕力传感器,也叫装配顺应器。在灵巧手操作中,小型的 3 维或 6 维力传感器一般装在指尖上,如图 6.26 所示。

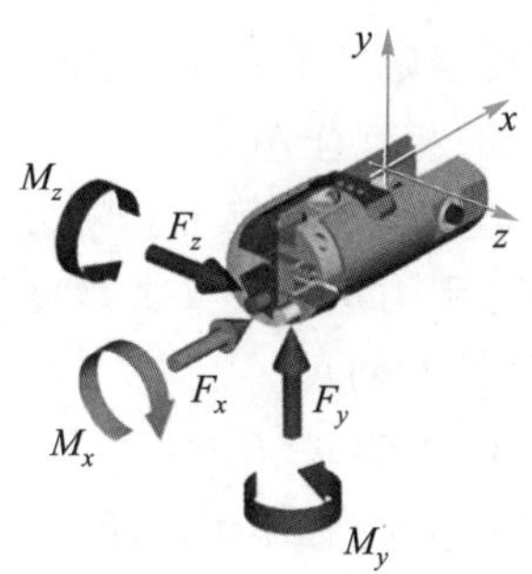

图 6.26 安装在指尖的力/力矩传感器

1. 夹持力传感器

夹持力传感器一般与手部耦合为一体,装于指尖。能测出很小负荷,见图 6.27。它由应变片测试模块和中间连接模块组成。应变片测试模块是一个宽而薄的梁,仅在一个平面内弯曲,弹性好。应变片 1,3 装于梁的上表面,应变片 2、4 装于梁的下表面,组成一个惠斯通电桥。设某一弯矩使上表面受拉,下表面受压,应变片 1、3 电阻增大,应变片 2、4 电阻减小,输出电压与弯矩成正比。

设一夹持力 F_G 作用于 G 点,在 A 点和 B 点测得力矩为

$$\begin{aligned} M_A &= F_G L_A \\ M_B &= F_G L_B \end{aligned} \tag{6.7.3}$$

由图 6.27 得

$$\begin{aligned} F_G &= (M_A - M_B)/(L_B - L_A) \\ L_A &= M_A(L_B - L_A)/(M_B - M_A) \end{aligned} \tag{6.7.4}$$

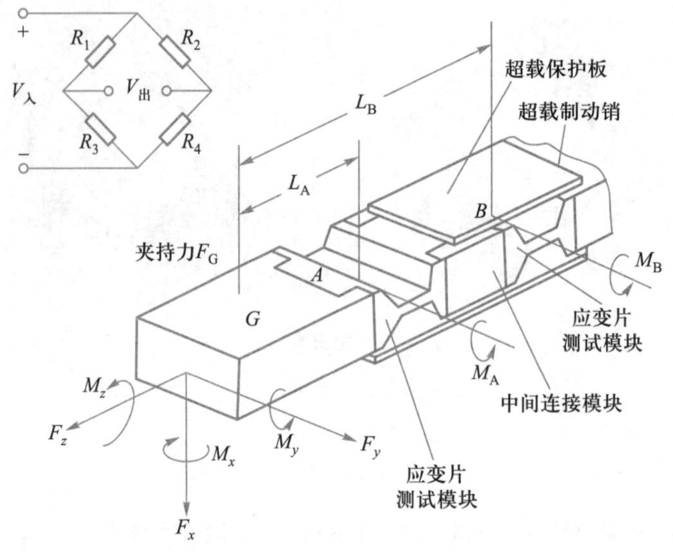

图6.27　夹持力传感器

M_A，M_B 可由力传感器测得，L_B-L_A 为定值，由此可测得 F_G 和 L_A。

2. 腕力传感器

进行装配作业时，腕力传感器可确定零件重量，调准零件位置，进行插装、旋转作业。一般用于测量并调整装配过程中零件的相互作用力。

选择一固定参考点，传感器位于固定参考点上。将力分解成三个互相垂直的力和三个顺时针方向的力矩。要求：测量的力和力矩的交叉灵敏度低，传感器的固有频率高（微小扰动不产生错误信号），测量数据的计算时间短。

腕力传感器的类型有：应变计式、电容式、压电式。

图6.28为筒式腕力传感器，类型为应变计式，筒体为铝制，由8个梁支撑。机械手通过传感器与腕部相连。由梁两侧的应变计测出变形信息，与其他梁的输出信号相结合，计算出6个分量。

腕力传感器发展的两个趋势：

（1）传感器简单，计算复杂，为间接输出型；

（2）传感器结构复杂，计算简单，可以直接得到6个分量，为直接输出型。

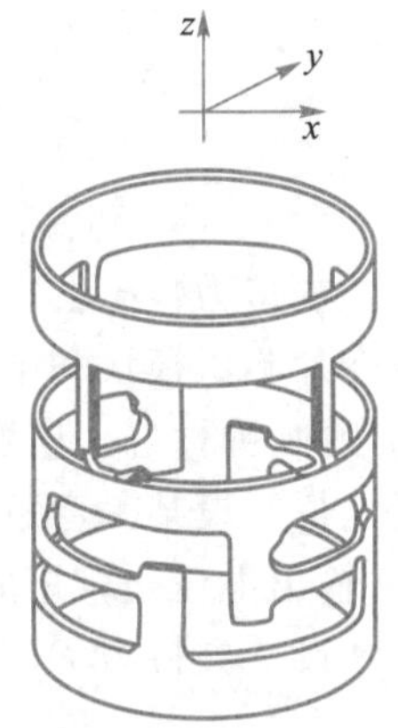

图6.28　腕力传感器

3. 力传感器的设计问题

刚度好的力传感器灵敏度较差，灵敏度高的传感器易受到外界干扰或过载损坏，因此应兼顾力传感器的刚度与灵敏度，按照机器人工况选择恰当量程的力传感器。注意，过大的冲击载荷会损坏应变计，应考虑过载保护措施。

6.7.3　视觉系统

机器人视觉系统的功能：物体定位、目标识别、特征检测、运动跟踪等。

1. 基本组成

视觉系统由视觉传感器、高速图像采集系统、图像处理器、计算机及相关软件组成,见图6.29。

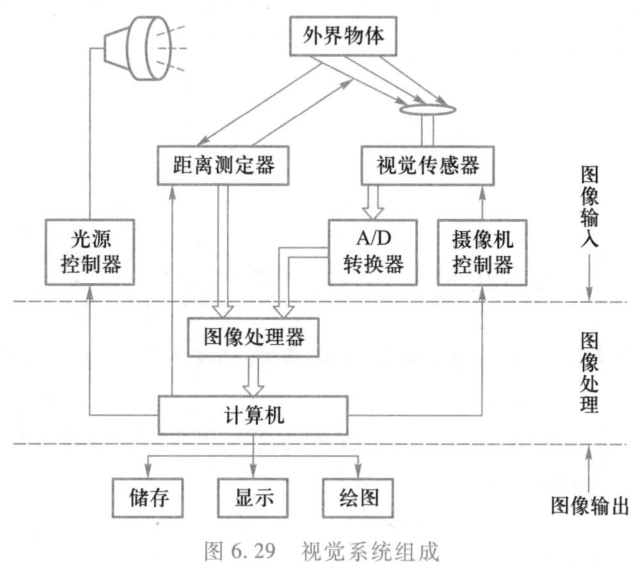

图 6.29 视觉系统组成

(1) 视觉传感器

视觉传感器(图像传感器):激光扫描器、线阵 CCD、面阵 CCD、TV 摄像机、CMOS 图像传感器等。

(2) 高速图像采集系统

由 A/D 转换器、专用视频解码器、图像缓冲器和接口电路组成。实时将图像传感器获取的模拟视频信号转换为数字图像信号,并传送给图像处理系统进行实时前端处理,或直接传送给计算机显示或处理。

(3) 图像处理器

由采集芯片(ASIC)、数字信号处理器(DSP)或 FPGA(Field Programmable Gate Array)等硬件组成。可以实时完成图像处理算法、数码图像压缩、显示及存储,以减轻计算机图像处理的负担,提高图像处理速度。

(4) 计算机及相关软件

计算机是机器人视觉系统的核心,完成图像的最终处理和输出。相关软件包括计算机系统软件和机器人图像处理算法,后者包括:图像预处理、分割、描述、识别和解释等算法。随着激光雷达、双目结构光等视觉传感器的应用普及,三维点云处理软件得到了快速发展。

2. 工作过程

(1) 图像输入

图像经光源滤波、图像感光和距离测定,经 A/D 转换成数字信号。

(2) 图像处理

对图像进行边缘检测、连接、光滑、轮廓编码。图像处理包括 4 个模块:预处理、分割、特征抽取、识别,见图6.30。

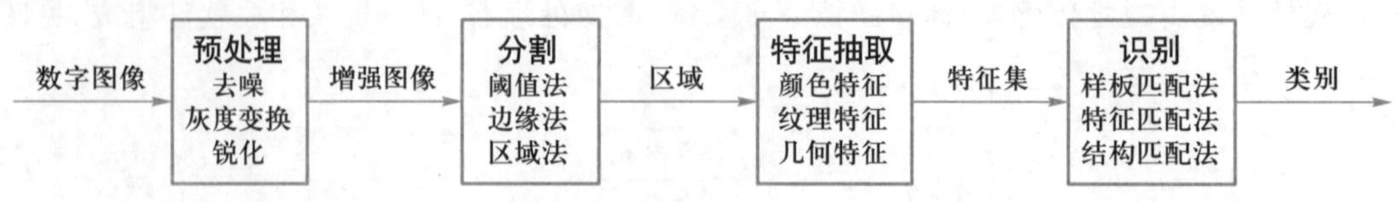

图6.30 图像处理过程和方法

(3) 图像存储

保存图像数据。

(4) 图像输出

将处理后的目标信息传送给机器人的控制系统,并显示。

3. 应用

视觉系统比较成熟的应用是电子、汽车、航空、食品和制药等行业。

(1) 视觉检测

机器人根据目标的特征和差异进行分拣或检验。可以安装在输送装置上,也可以安装在机器人腕部,跟随机械臂运动。

(2) 视觉引导

典型应用是焊接作业中的焊缝跟踪。根据焊接参数计算出焊缝轨迹和偏移量,实时检测焊缝变形、运动误差,对机器人运动轨迹自动进行控制和修正。见图6.31。

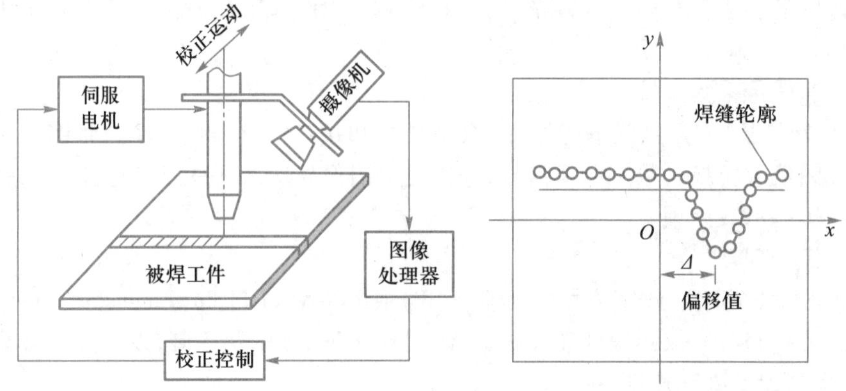

图6.31 视觉引导焊缝跟踪

(3) 过程控制

在机器人装配作业中,应用视觉系统可以对零件进行识别分类,确定零件的装配位置,据此对机械臂进行控制,进行零件的装配作业、装卸零件、对零件进行测量检查等。

6.7.4 触觉传感器

触觉传感器的主要类型包括:压觉传感器、滑觉传感器,主要作用是检测工件的存在,物体表面的硬度、障碍物、物体大致形状等。

开关式触觉传感器:未碰到物体输出“0”,碰到物体输出“1”。控制机器人的运动方向和范围,实现避障,比如扫地机器人的碰撞开关。

模拟式触觉传感器：触头因接触物体发生形状变化或移动，挠性元件上的应变计输出信号，与接触力成比例，可用于动态位置或动态压力检测。

阵列传感器：多个触觉传感器按一定形状组合。接触材料本身为敏感材料（导电橡胶、压电材料等），见图 6.32。例如，"人工皮肤"，特点是触点密度大，传感器体积小，测量精度较高。

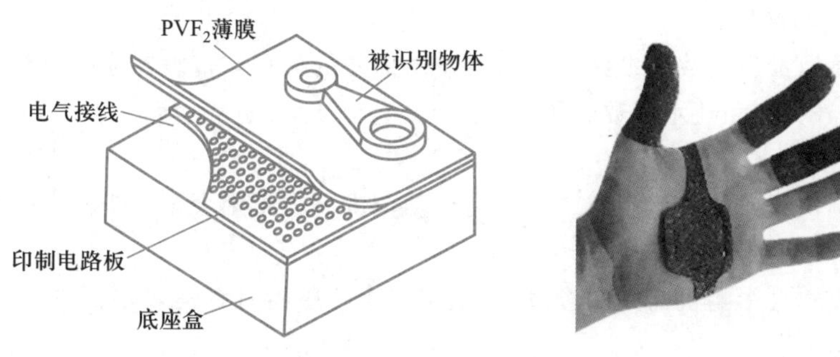

图 6.32　阵列传感器

触觉传感器一般不需要光源条件，可用于黑暗环境和无法使用摄像机的环境，虽然识别精度低，但信号处理简便，响应快。

6.7.5　其他传感器

1. 光电开关

类型：LED、光敏元件等。

工作方式：漫反射式、镜反射式、对射式。

2. 接近开关

有电磁式、超声波式、感应式、电容式、电涡流式、霍尔式等。

3. 测距传感器

有超声波式、红外式、激光式等。

上述传感器的原理和应用可参考《电工学》《电子技术》等教材。

6.7.6　机器人传感器技术要求

如何选择机器人传感器取决于机器人的工作要求和应用特点。

1. 量程

传感器最小与最大输出间的差值，即测量范围。

2. 分辨率

所能辨别的被测量的最小变化量，或不同被测量的个数。

3. 精度和重复精度

精度：输出值与实际值的接近程度。

重复精度：多次测量结果的变化范围，是随机的，不容易补偿。

4. 响应时间和灵敏度

输入信号开始变化到输出信号达到稳态值的时间，希望这个时间越短越好。

5. 线性度

反映输入量与输出量的关系。对于线性传感器,输入变化应产生相同的输出变化。对于非线性传感器,如果已知非线性度,可以通过建模或补偿方法克服非线性度。

6. 可靠性

传感器正常工作次数与总工作次数之比。

7. 输出类型和接口

一般按是模拟量还是数字量区分传感器输出信号的类型。传感器输出信号与其他设备连接时,要求信号类型和技术参数必须匹配。

8. 体积和重量

体积会影响机器人的操作空间或关节的运动范围。重量则会影响机器人的有效负载。

9. 成本

传感器的成本会影响机器人的经济性,使用多个传感器时更是如此。

10. 传感器标定

传感器安装在机器人本体上或者机器人工作环境中,采集得到的信号数值是相对于传感器自身坐标系$\{S\}$描述的,通常需要根据研究问题的需要,将信号变换到手腕坐标系$\{W\}$或者基坐标系$\{B\}$中。例如,利用第 5 章式(5.5.18)可以将力传感器自身坐标系$\{S\}$的 6 维力向量变换到工具坐标系$\{T\}$。力向量变换矩阵${}_B^A\boldsymbol{T}_f$的理论值和实际值之间必然存在偏差,因此,在工程实际中,必须要采用特定的标定方法才能求出变换矩阵的精确值。

对于视觉传感器,还需要设计传感器内部参数的标定方法。例如摄像头标定常采用"张正友标定法",通常需要一张标准棋盘图。固定摄像头,移动棋盘图,多次拍摄,得到若干个成像方程组,再利用最小二乘法求出待标定的相机参数,即像素坐标(u,v)与空间位置(x,y,z)的映射关系。

6.8 控制系统

机器人控制系统是基于机器人运动学、动力学和控制原理的多变量耦合的非线性控制系统。机器人控制系统发展较快,本节主要介绍机器人控制系统选型设计的基本知识和基本概念。

6.8.1 控制系统分类

早期的机器人控制系统由继电器、步进顺序控制器、凸轮、挡块、插销板、穿孔带、磁鼓等机电元件组成,通过示教再现方式进行控制。实际上,机器人技术是随着计算机技术发展起来的。从控制角度看,机器人是一个计算机控制系统。

1. 程序控制机器人

第一代机器人是程序控制机器人,系统组成见图 6.33。

输出向量$\boldsymbol{X}$的分量是机器人各自由度的坐标,输入$\boldsymbol{G}$是$\boldsymbol{X}$的给定值,通常是以程序形式给出的时间函数,程序可通过计算机器人的运动轨迹或示教法编制,通过控制向量$\boldsymbol{U}$控制机器人。

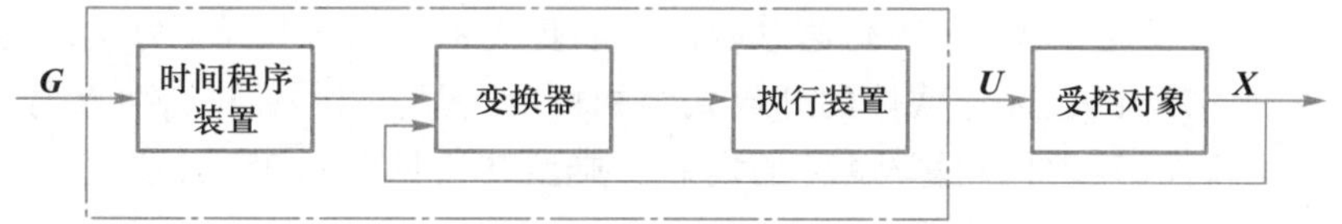

图 6.33 程序控制机器人的系统组成

2. 计算机控制机器人

当前的机器人控制系统一般由控制器(计算机)、伺服驱动和相关的控制硬件组成。控制器根据作业要求按照程序指令,并根据环境信息控制和协调机器人驱动系统的运动。

控制系统的典型部件包括:传感器、控制器、执行器。

传感器分为内部传感和外部传感两类。前者如电位计、光电码盘、感应同步器、行程开关、直流测速电机、加速度计、应变计等。后者如触觉、视觉、压觉、滑动觉传感器和测距装置等。

控制器:即计算机。进行逻辑或其他复杂算法运算,发出指令使执行器动作。

执行器:根据控制信号输出相应的平移和旋转运动。如步进电机、伺服电机、液压或气压驱动器。

机器人控制系统一般有 3 种结构:集中控制、主从控制和分布式控制。

单 CPU 集中控制:由一台计算机完成全部控制功能,工作速度较慢。

双 CPU 主从控制:上位机负责系统管理,进行运动学、动力学计算和轨迹规划运算,定时将运算结果发送到下位机;下位机由多个 CPU 组成,每个 CPU 控制一个关节。

多 CPU 分布式控制:一般为工业 PC+上、下位机的结构,主要特征是集中管理和分散控制,采用多层分级、合作自治的结构形式。下位机与上位机的数据通信是总线形式,使速度和性能明显提高。这种结构类似于主从控制,更多的体现为并行控制。

机器人控制器的几种形式:

(1) 基于专用运动控制芯片(ASIC)或专用处理器(ASIP)的运动控制卡。这类控制器结构简单,为开环控制,不能进行连续插补,仅见于早期的机器人。

(2) 基于通用芯片的运动控制卡。是基于 PC 总线的以 DSP、FPGA、ARM 等作为核心处理器的板卡式控制器,即"PC+运动控制器"的模式。这类控制器的计算和信息处理能力强,通用性好,能实现机器人的各种算法和控制功能。但 PC 的功能冗余,不相关的任务和进程占用资源较多,实时性差。典型结构为 PC+PMAC 运动控制卡,见图 6.34。

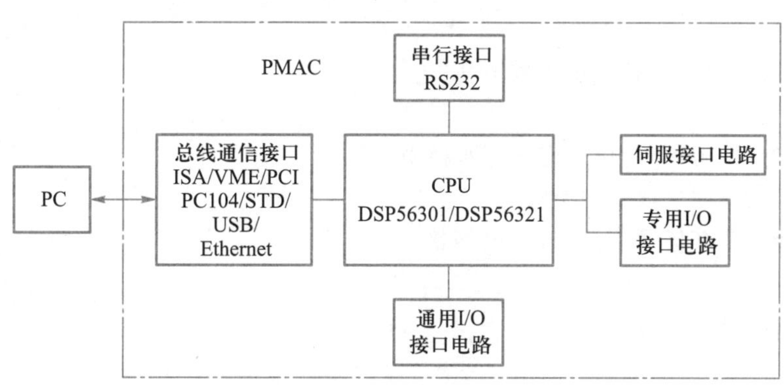

图 6.34 PC+PMAC 运动控制卡

(3) 基于PC+实时操作系统+高速总线的运动控制器。这种以PC为主体的结构可以跟随PC的发展不断升级,且纯软件的开放式结构可支持用户对上层软件(程序编辑、人机界面等)和底层软件(运动控制算法等)的定制。典型结构见图6.35,目前主要的工业机器人均采用类似的控制器结构形式。

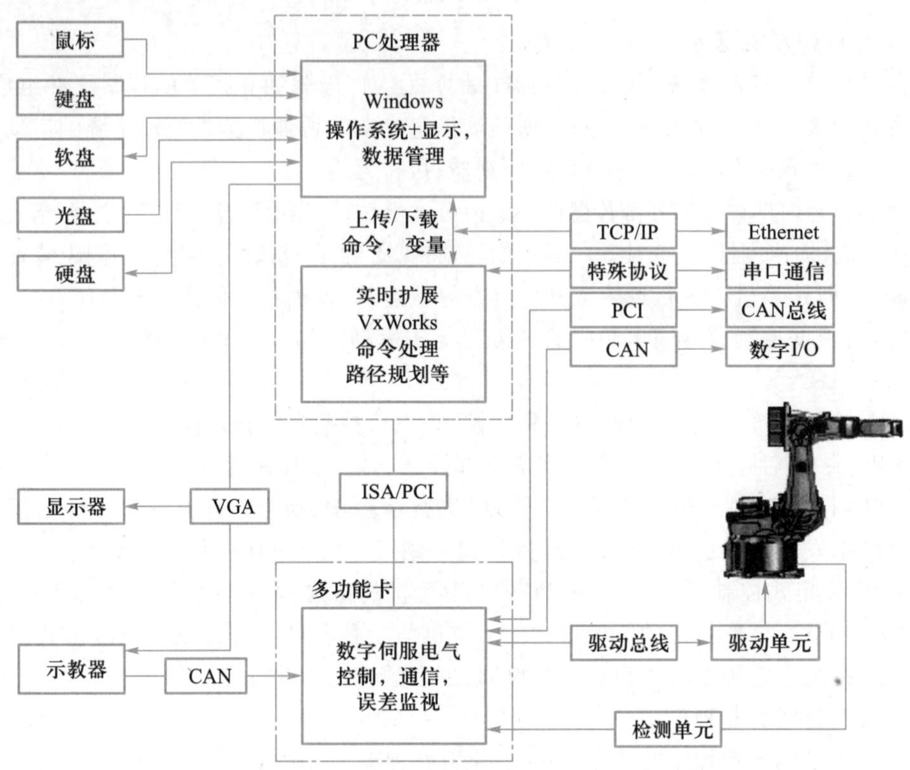

图6.35 基于PC+实时操作系统+高速总线的运动控制器

6.8.2 基本功能

1. 记忆

存储作业顺序、运动方式、运动参数、与生产工艺的有关信息。

2. 示教

在线示教,离线编程和间接示教。

3. 坐标设置

有关节、绝对、工具、用户自定义等4种坐标系。

4. 与外设的通信

传感器接口及其他通信接口(如网络接口)。

5. 人机接口

示教盒,操作面板,显示器。

6. 伺服控制

机器人多轴运动控制、多轴联动、速度和加速度控制、动态补偿等。

7. 故障检测和保护

状态监视、故障时的安全保护。

6.8.3 主要构成

控制系统包括：主控制模块、运动控制模块、驱动模块、通信模块、电源模块和辅助模块。其中，通信模块有：数字量和模拟量输入/输出接口、网络接口（Ethernet、现场总线等）、串行接口、其他接口等。辅助模块有：示教器、存储器件、操作面板等。

6.8.4 示教器

示教器是工业机器人的重要组成部分，是机器人的人机交互接口，机器人的大部分操作都可以通过示教器完成，如点动机器人，编写、测试和运行机器人程序，设定和查询机器人状态设置和当前位置等。它有独立的 CPU 及存储单元，与机器人控制器以 TCP/IP 等方式进行信息交互。示教器外观见图 6.36。

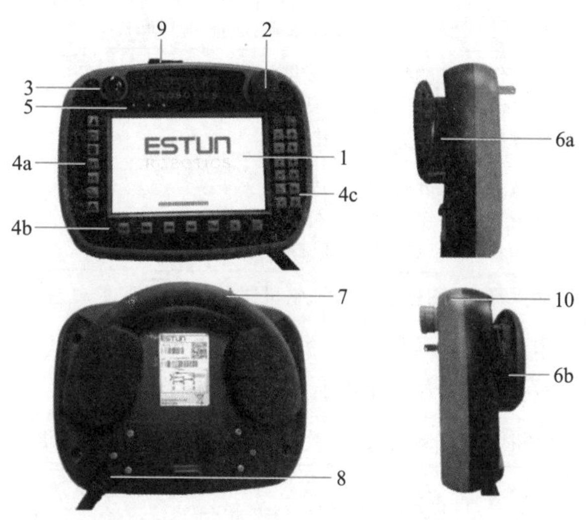

1—显示屏；2—紧急停止按钮；3—模式选择开关；4a、4b、4c—全局功能按键；5—状态指示灯；6a、6b—伺服使能开关；7—悬挂手柄；8—电缆接入区；9—USB 插槽；10—触摸笔

图 6.36 示教器外观

示教器采用开源操作系统，主要操作功能包括：

(1) 对机器人各轴进行正反向点动控制或连续运动控制，调整机器人工具端的运动方向和速度，以及通过急停按钮进行急停；

(2) 能对示教的坐标系进行调整，示教坐标系有：关节坐标系、直角坐标系、工具坐标系等；

(3) 能够进行语句编写、语句插入、语句删除、编辑、联合调试等；

(4) 运行与测试程序：作业程序编辑完成后，在示教模式下可进行程序的手动运行，能提示错误原因和自动报警；

(5) 选择控制模式：示教模式、再现/自动模式、远程/遥控模式；

(6) 设置和查看系统信息:设置运动参数,查看机器人状态信息等;

(7) 数据备份与恢复:对数据信息进行备份,需要时可恢复数据信息;

(8) 文件操作:文件的注册、建立、选择、删除、保存、复制、格式化等;

(9) 与机器人控制器通信:文件传输、获取机器人状态信息等;

(10) 错误提示:对操作者的操作错误和机器人的危险状态进行报警,防止损坏机器人或危害人身安全。

示教器按键功能说明见表6.4。

表6.4 示教器按键功能说明

按键名称	功能
急停键	通过切断伺服电源立刻停止机器人和外部轴操作 一旦按下,开关保持紧急停止状态;顺时针方向旋转解除紧急停止状态
安全开关	在操作时确保操作者的安全 只有安全开关被按到适中位置,伺服电源才能接通,机器人方可动作 一旦松开或按紧,切断伺服电源,机器人立即停止运动
坐标选择键	手动操作时,机器人的动作坐标选择键 可在关节、基、工具和用户等常见坐标系中选择 此键每按一次,坐标系变化一次
轴操作键/Jog键	对机器人各轴进行操作的键 只有按住轴操作键,机器人才可动作 可以按住两个或更多个键,操作多个轴同时动作
速度键	手动操作时,用这些键来调整机器人的运动速度
光标键	使用这些键在屏幕上按一定的方向移动光标
功能键	使用这些键可根据屏幕显示执行指定的功能和操作
模式选择	选择机器人控制模式(示教模式、再现/自动模式、远程/遥控模式等)

示教器使能开关(安全开关)状态见表6.5。

表6.5 示教器使能开关状态

状态	效果
全松	电机下电
半按	电机上电
全按	电机下电

机器人示教包括:机器人位姿示教;机器人动作顺序及与外设的协调动作的示教;工作时附加条件的示教。

机器人示教方式:

(1) 示教:操作者通过示教器按照机器人的操作任务(机器人的运动)手把手教给机器人,使机器人完成要求的动作,控制系统将机器人示教过程中的运动参数存储在存储器中,自动生成一个连续执行全部操作的程序。

（2）在线示教：机器人普遍采用的示教方式。通常采用示教器对工业机器人进行在线示教。要求操作者具有一定的专业知识和熟练的操作技能，示教过程烦琐、费时，对复杂运动的示教效果较差，适用于大批量生产中工作任务简单不变的程序编制。

（3）人工牵引示教：也称为直接示教，操作者牵引装有力传感器的机器人末端执行器，按照机器人的操作任务进行示教。该方式劳动强度大，对操作技能要求高，不易保证精度。协作机器人大多可以通过直接拖拽进行示教。

（4）再现：选择示教器上的再现/自动控制模式，执行启动命令，机器人控制器从存储器中读出已存储的各示教点的坐标值，生成运动轨迹，通过逆运动学转换成机器人各关节角度的时间序列，发送给关节控制器，使机器人再现示教过的运动。

（5）离线示教：即离线编程，通过 CAD 模型对机器人的运动进行仿真和编程。

习　题

6-1　已知：机器人用于对激光切割装置进行定位，对于一般的切割任务，机器人需要多少个自由度？

6-2　已知：习题 6-1 的机器人以任意角度切割 25 mm 厚、200 mm×200 mm 的金属板，试绘出该机器人的一种可能的关节位形。

6-3　已知：对于 6.2.1 节图 6.6 所示的极坐标机器人，如果关节 1 和关节 2 的转角没有限制，关节 3 的转角有下限 l 和上限 u，求该机器人末端点的结构长度指数 Q_L。

6-4　已知：图 T6.1 所示的 Stewart 机构的动平台{T}相对于基座{B}的位置，${}^{B}\boldsymbol{p}_i$ 是直线型驱动器与基座{B}连接的 3×1 矢量，${}^{T}\boldsymbol{q}_i$ 是直线型驱动器与动平台{T}连接的 3×1 的矢量，求该机构的广义逆运动学解，即关节角的位置变量 $d_1 \sim d_6$。

6-5　已知：对于 SCARA 机器人，要求杆 1 和杆 2 的长度之和为一常量，要使其操作度[见 3.8.3 节式(3.8.10)]最大，这两个杆的相对长度是多少？

6-6　已知：一个圆柱形零件，相对于自身轴线对称，把圆柱形零件放在平面上，操作臂需要多少个自由度？

6-7　已知：图 T6.2 所示的三指机械手抓取物体，每个手指有 3 个自由度，指尖与物体的接触为点接触，即该接触点的位置确定，但姿态可以是自由的，因此，对这个接触点进行分析时可以用 3 自由度的球关节代替，试应用 Grübler 公式计算三指机械手的自由度。

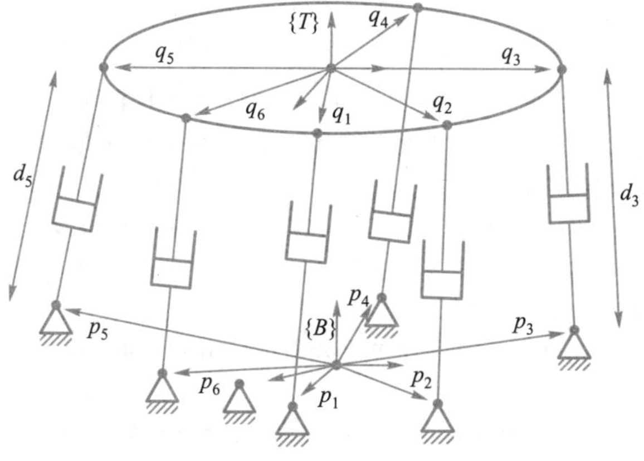

图 T6.1　Stewart 机构

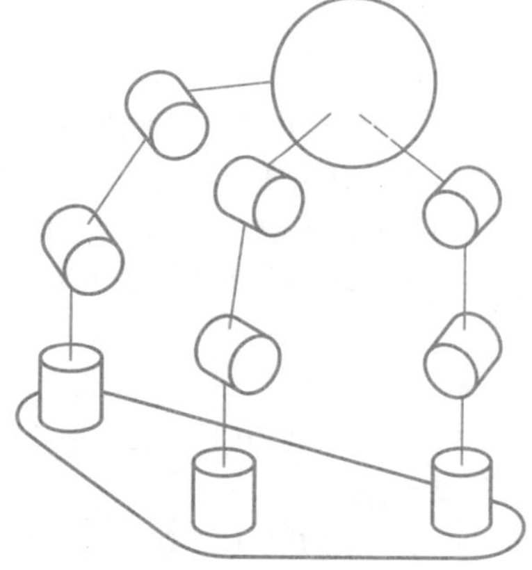

图 T6.2　每个手指有 3 个自由度的三指机械手通过点接触抓取物体

6-8 已知:6.4.2节图6.12所示的Stewart机构,将与基座相连的2自由度万向关节替换成3自由度的球关节,试利用Grübler公式计算其自由度。

6-9 已知:图T6.3所示,一个物体通过3个连杆与地面相连,每个连杆通过一个2自由度万向关节与物体相连,通过一个3自由度的球关节与地面相连,求该机构的自由度。

6-10 已知:图T6.4所示的平面闭链机构,求该机构的自由度。

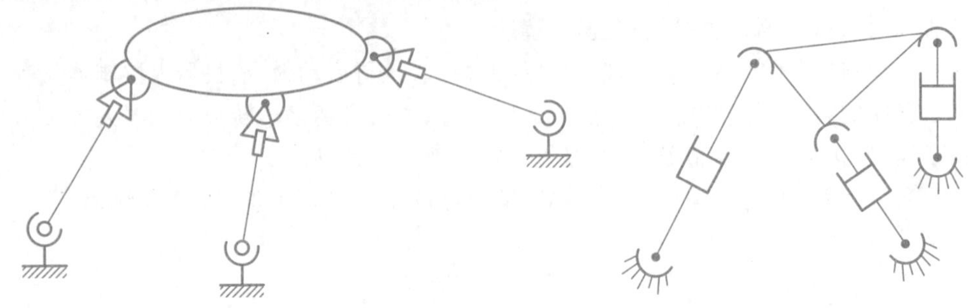

图T6.3 习题6-9的闭环机构　　图T6.4 平面闭链机构

6-11 已知:图T6.5所示的平面闭链机构,求该机构的自由度。

6-12 已知:减速器的输入轴为长30 cm、直径0.2 cm的钢轴,减速比$\eta=8$,输出轴为长30 cm、直径0.3 cm的钢轴,假设减速器齿轮没有柔性,求传动系统的总体刚度。

6-13 已知:齿轮减速器驱动一根长的30 cm钢轴,轴的一端固连一个连杆,见图T6.6,将该连杆和齿轮视为刚体,传动比η足够大,连杆视为10 kg的集中质量,距离钢轴轴线30 cm处,如果在连杆质心能产生2.0 g的重力加速度,且轴的动态偏转角在0.1 rad以内,求轴径。

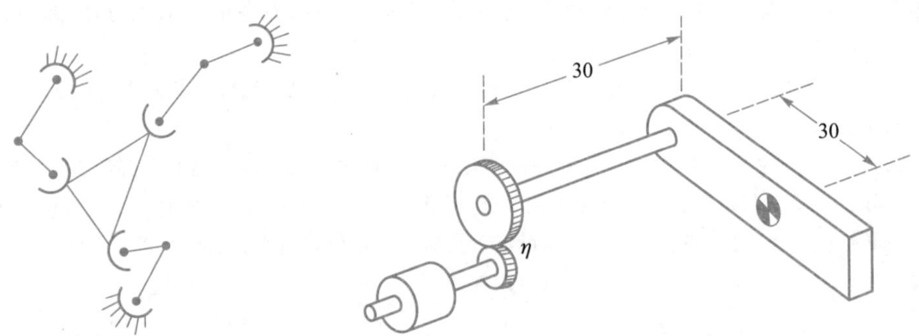

图T6.5 平面闭链机构　　图T6.6 经过齿轮减速后的轴驱动连杆(习题6-13)

6-14 已知:图T6.7所示为PUMA560机器人关节4的传动链示意图,两个联轴器的扭转刚度均是100 N·m/rad,轴的刚度是400 N·m/rad,每对齿轮的传动刚度是2 000 N·m/rad,两级齿轮的传动比均为6,假设结构和轴承的刚度足够大,求当电机轴锁定时的关节的刚度。

6-15 从传动类别、机构简图、中心距、特点和应用场合5个方面归纳整理出一个机器人常用的传动机构表。

6-16 写出7种以上类型的机器人用驱动件。

6-17 已知:某些3D打印机上使用了一种H-Bot型2自由度同步带传动机构,试画出该机构原理图,并写出传动表达式。

6-18 已知:滚珠丝杠传动广泛应用于精密传动场合,使用滚珠丝杠时都要附加外部导轨,如果采用圆形截面导轨,需要几根导轨?如果采用燕尾槽截面导轨,至少需要几根导轨?调研一种滚珠丝杠直线模组,它里面使用了什么形式的导轨?

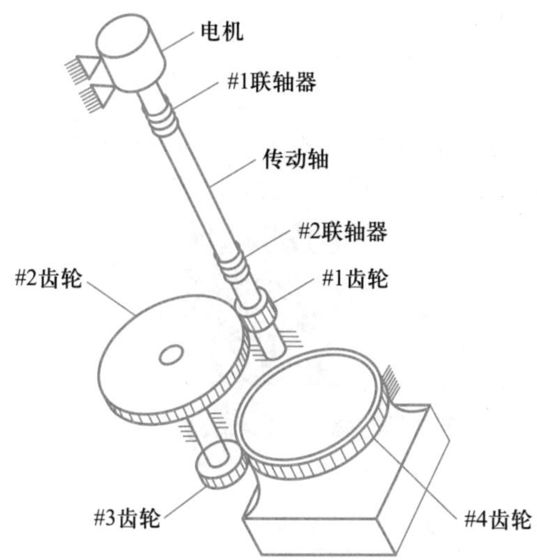

图 T6.7　PUMA560 机器人中关节 4 的传动链示意图

6-19　调研 SCARA 机器人第 3 个转动关节和最后一个移动关节,根据调研所得的图片和视频信息,画出传动原理图。(提示:用到了滚珠丝杠花键的传动装置)

6-20　已知:由于机器人的减速装置和传动装置之间存在一定间隙,因此关节电机反馈的转角(除以传动比)并非关节的实际输出转角,如果在关节输出端安装精密角位移传感器,采集关节的实际输出转角,应该选择何种传感器?这种传感器引入了位置全闭环,对控制系统设计有何影响?

6-21　已知:在机器人关节安装扭矩传感器或电流传感器,可以精确控制机器人与环境的作用力;在机器人末端安装多维力传感器,也可以精确控制机器人与环境的作用力,对比这两种方案的技术特点,它们各有何优缺点?

6-22　已知:工具在点${}^{W}\boldsymbol{P}=[0\quad 0\quad 100]^{\mathrm{T}}$ cm 处与工件接触,工具上安装力传感器,位于坐标系$\{W\}$的原点,参见 2.2.5 节图 2.25,在某个瞬时,机器人的位姿是${}^{B}_{W}\boldsymbol{T}=\begin{bmatrix}-0.712 & -0.0502 & 0.701 & 412.0\\ 0.449 & 0.734 & 0.509 & 243.0\\ -0.540 & 0.677 & -0.5 & 516.0\\ 0.0 & 0.0 & 0.0 & 1.0\end{bmatrix}$cm,在接触点处的力传感器的读数是${}^{W}\boldsymbol{f}_{W}=[-2\quad -3\quad -8]^{\mathrm{T}}$N,如果在工具上安装力矩传感器,读数应该是多少?此时工具在z_B方向施加在工件上的力是多少?

6-23　调研 3~4 种机器人 3D 视觉产品,从测量范围、测量精度、成本三个方面归纳整理,列出简表。

6-24　已知:PMAC 卡是一种在机器人领域广泛使用的开放式运动控制器,调研该控制器,画出它与伺服电机驱动器的接口电路。

6-25　调研 3 种机器人的实时操作系统,简要列出它们的技术特点。

6-26　调研 3 种主要用于伺服电机控制的总线通信协议,简要列出它们的技术特点。

编 程 练 习

已知:三杆机器人以不变的姿态沿直线运行 20 步,起始点为${}^{0}_{3}\boldsymbol{T}=\begin{bmatrix}0.25\\ 0.0\\ 0.0\end{bmatrix}$ m,终止点为 ${}^{0}_{3}\boldsymbol{T}=\begin{bmatrix}0.95\\ 0.0\\ 0.0\end{bmatrix}$ m,

步长为 0.05 m，针对下面两种情况：

（1）$l_1=l_2=0.5$ m；

（2）$l_1=0.625$ m，$l_2=0.375$ m，

求：1）对于每一步，计算机器人在该位形下的操作度，即雅可比矩阵的行列式［见 3.8.3 节式（3.8.10）］，以表格的形式列出机器人沿 x_0 方向运动时的操作度值；2）哪一种操作臂方案更好，并解释理由。

第 6 章　拓展阅读参考书对照表

第7章　机器人编程

【本章概述】

机器人操作臂与其他自动化装备的区别在于它是可编程的。不仅操作臂的运动可编程,而且可以通过传感器以及与其他自动化装备进行通信,使机器人能够适应任务进程中的各种变化。机器人编程就是建立机器人的工作程序,实现所需运动,完成预期任务。本书的第2~5章为机器人编程提供了基础知识、模型和算法,第6章为机器人编程提供了硬件系统。本章主要介绍机器人编程系统、编程语言和离线编程系统等概念和基本方法。

7.1　可编程机器人的发展历程

在计算机普及之前,机器人控制器一般采用控制专用的顺序控制器。当前的机器人控制器设计主要体现在计算机编程上。目前已经开发出多种类型的用于机器人编程的用户接口。

机器人工作站则是一个包括一个或更多的操作臂以及周边辅助设备的系统。工厂自动化是用中央控制计算机控制工厂的全部生产流程,包括机器人工作站,因此机器人的编程需要在更宽的范围与各种互联机器的编程统一考虑。

7.1.1　示教编程

早期的机器人都是基于顺序控制器通过示教的方法进行编程的。这种方法是移动机器人到一个目标点,并将这个位置记录在存储器中,顺序控制器可以在再现时读取这个位置。示教时,用户通过示教器交互方式来操纵机器人。示教器可以控制操作臂的每一个自由度。这种控制器的程序可以进行调试和分步执行,因此,能够输入包含逻辑功能的简单程序。图7.1所示为一个操作者正在使用示教器对点焊机器人进行编程。示教编程仍是工业机器人最主要的编程方式,是编制机器人动作级程序的主流方法。

图7.1　点焊机器人示教编程

7.1.2 操作级机器人编程语言

自从计算机出现以来,通过计算机语言编写程序的可编程机器人成为主流。针对机器人的计算机编程语言称为机器人编程语言(robot programming languages,RPL)。大多数机器人系统配备了机器人编程语言,但同时也保留了示教器接口。

机器人编程语言主要有三种类型:

(1)专用操作语言。如Unimation公司针对工业机器人开发的VAL语言,这种语言最初不支持浮点型数据和字符串,子程序不能传递变量;更新的版本是V-Ⅱ和V+。斯坦福大学开发的AL语言是一种用于机器人研发的语言,虽然这种语言已经过时了,但是如力控制、并联机构解算等功能仍然是这种语言独有的。

(2)计算机语言中的机器人数据库。这种机器人编程语言是基于Pascal语言开发的,并且提供了一个机器人子程序库。这样,用户只要写一段Pascal程序就可以根据需要方便地访问预定义的子程序包。例如,由NASA的喷气机推进实验室开发的JARS语言。此外,American Cimflex公司开发的AR-BASIC语言是基于标准BASIC开发的一种子程序库。

(3)通用语言的机器人数据库。由ABB机器人公司开发的RAPID语言、IBM公司开发的AML语言和GMF机器人公司开发的KAREL语言都是以通用语言作为编程基础,然后提供一个预定义的机器人专用的子程序库。

在当前的大多数机器人编程中必须进行初始化、逻辑测试、模块化以及制订通信协议等通用操作,因此机器人编程语言逐渐由专用语言向通用语言的方向发展。

7.1.3 任务级编程语言

任务级机器人编程系统拥有自动执行许多任务规划的能力,它是在操作级机器人编程语言的基础上发展起来的。这种语言允许用户直接给定期望任务的指令,而不是详细指定机器人的每一个动作细节。然而,目前机器人编程系统仍主要采用操作级编程语言,机器人的每一个动作都必须由编程人员编程。虽然目前出现了很多描述环境模型和自动执行若干任务规划的程序模块程序包,但是任务级编程系统至今尚处于研究发展阶段。

7.2 机器人编程中的关键问题

7.2.1 世界模型

机器人程序描述的是三维空间的移动物体,机器人编程语言最基本的要素就是一些具体的几何模型,如表示关节角、直角坐标位姿和坐标系的模型。在第2章2.2.5节中介绍的“基坐标系”可以作为一种世界模型。世界模型包含许多操作臂本身的信息和操作对象的信息。机器人的所有运动都可以按照工具坐标系相对于基坐标系运动,通过在工件几何模型上建立目标坐标系,抓取目标时,工具坐标系与目标坐标系重合。在机器人程序中,每一个坐标系均由坐标系类型的变量表示,如图7.2所示。

给定一种支持几何模型的机器人编程环境,就可以通过定义名义变量对机器人以及周

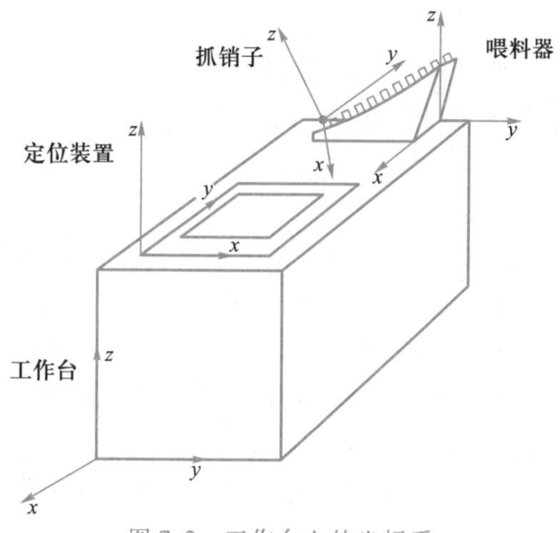

图 7.2　工作台上的坐标系

边设备(工件、夹具等)进行建模。

世界模型允许在名义物体之间进行关联性说明,即已知系统中有两个或更多的名义物体已经固联在一起,此时,如果用一条语句移动一个物体,那么任何附在其上的物体也要跟随一同运动。

7.2.2　运动描述

机器人编程语言最基本的功能就是可以描述机器人的期望运动。在编程语言中使用运动语句,用户可按照第 4 章中介绍的轨迹生成方法与路径规划器交互生成。运动语句允许用户指定路径点、目标点以及采用关节空间轨迹生成或者直角坐标空间轨迹生成实现直线运动等。此外,用户可以控制整个运动过程的速度或持续时间。

为了说明各种基本运动的语法,我们以下述操作臂的运动为例:1) 操作臂运动到“目标 1”的位置;2) 然后沿直线运动到“目标 2”的位置;3) 运动通过“路径点 1”到“目标 3”的位置停止。假设已经对所有这些路径点进行示教或逐句描述,这个程序段可写为

VAL II 语言:

```
move goal1
move goal2
move via1
move goal3
```

AL 语言(这里“garm”表示控制操作臂):

```
move garm to goal1;
move garm to goal2 linearly;
move garm to goal3 via1;
```

对于简单运动,大多数语言的语法相似。不同机器人编程语言之间基本运动语句的区别在于:

(1) 对坐标系、向量和旋转矩阵等结构模型进行描述和运算的能力;

(2) 以几种不同的便捷方法描述坐标系等几何实体的能力,同时具有不同描述方法互

换的能力；

(3) 限定运动的持续时间和速度的能力；

(4) 相对于不同坐标系确定目标位置的能力。

7.2.3 操作流程

良好的编程环境能够提高编程人员的工作效率。现在大多数机器人编程语言采用解释型语言，以便在程序开发和调试时每次只运行一条语句。有许多语句指令可使机器人执行短时运动。典型的编程系统还需要支持文本编辑器、调试器以及文件系统等。

机器人编程语言与计算机编程语言一样，通常在机器人编程语言中也有测试、分支、循环、访问子程序和中断等概念。

在自动化工序中，并行操作更为重要。在一个工序中经常应用两个或者更多的机器人同时工作以减少操作循环时间。

另外，经常需要用某种传感器去监测各种操作，然后通过中断或查询，使机器人能够根据传感器检测到的信号对某种事件做出响应。

7.2.4 传感器交互和传感器融合

机器人编程一个非常重要的问题就是与传感器的交互问题。例如，机器人控制软件中有通过专门语句进行力控制的接口，允许用户指定力控制策略。AL 语言中可以指定机器人腕部的刚度分量和偏置力，可以在运动单元中进行主动力控制。

没有任何一种传感器能够同时完成各种信息的获取，并满足性能和成本要求，因此处在动态环境下的机器人需要使用多种类型的传感器获取不同种类和不同状态的信息。信息融合是指将多种类型的传感器信息有效地结合起来，构成一个感知系统获取对环境信息的全面和一致性描述。各种传感器可以在功能、精度、稳定性以及成本方面进行互补。

多传感器信息融合的特点：

(1) 提高可靠性。当某个或几个传感器出现故障或信息不准确时，可以通过信息融合，得到正确的信息。

(2) 提高处理速度。可以采用并行采集和处理，提高获取信息的速度。

(3) 提高描述环境的能力。各种类型的传感器可以获取环境的多种信息，得到对环境尽可能全面的描述。

信息融合分为数据级融合、特征级融合和决策级融合三个层次。

数据级融合：对原始的或经过预处理的信息进行融合，特点是可以处理很多细节信息，但是难以进行信息的综合描述。

特征级融合：从原始传感信息中提取特征信息，如尺寸、轮廓、硬度等，通过信息融合对目标进行分类和解释。

决策级融合：根据各种传感器信息进行独立决策，然后对决策结果进行融合，对环境目标做出全面一致的描述和决策。该层次容错性较好，抽象层次较高。

信息融合方法：

(1) 加权平均法：多个传感器对同一特征量进行测量，得到属性相同的信息，然后根据先验知识进行加权平均。

（2）D-S 证据法：由登普斯特（Dempster）于 1976 年提出，后由谢弗（Shafer）改进的一种关于证据的理论，引入信任函数。当概率值已知时，D-S 法就变成了概率论。

（3）模糊理论和神经网络法：传感器信息都具有一定的不确定性，因此传感器信息融合实际上是一个不确定性的推理过程。模糊理论就是将信息的不确定性表示在推理过程中，形成一致性模糊推理。神经网络理论是通过调整网络连接权值进行信息融合。

此外还有贝叶斯法、产生式规则法、卡尔曼滤波法等，目前还没有通用的信息融合方法。

7.3 机器人编程语言的有关说明

7.3.1 实际环境与建模之间的误差

由于机器人的工作环境是变化的，机器人自身也存在制造装配误差和控制误差，因此实际环境与理论建模之间的误差是必然存在且不可忽视的。这种误差会造成机器人定位不准而影响操作，甚至会发生碰撞。

在编程或调试中，应始终保证程序中描述的状态与实际环境是一致的。有时需要借助于传感器来保证这个要求。在操作臂程序的调试中，需要经常对程序进行修改、备份以及反复调试。

7.3.2 程序前后的衔接问题

在编程中，一般先编写小的低级别的程序段，然后将这些程序段汇总成一个较大的程序段，最后得到一个完整的程序。然而，单独调试能够正常工作的小程序段，连接到大程序中往往不能正常运行。这种情况一般是程序前后的限定和约束条件不一致导致的，例如初始位置发生变化或标定不准确，尤其是在奇异位形附近容易发生。操作臂的位形还会影响操作力的精度。

在进行机器人程序调试时，一般是以低速运行，但转为高速运行时，则会产生较大的运动误差。

7.3.3 纠正错误

机器人在调试和运行中出现运行错误时，需要有检测和校正错误的能力，如检测位置差错的功能，检测操作力出现异常的功能。

程序中检测并校正运行错误的功能在逻辑上可能非常复杂，一般会远比正常运行程序的逻辑关系复杂得多，也会使程序占用更多的存储空间。并行操作的程序会使纠正错误的逻辑关系更加复杂。这些都需要编程者有更高的水平和更丰富的编程经验。

7.4 离线编程

示教编程和应用机器人语言编程都需要编程人员有一定的机器人理论基础和丰富的现

场调试经验，编程质量与编程人员的水平密切相关，这使得机器人的推广应用受到很大限制。通过非直接操作机器人运动对它进行编程，称为离线编程。**离线编程系统**（off-line programming，OLP）是基于计算机图形学建立机器人和工作环境的模型，然后应用机器人规划算法，通过对图形的控制和操作，在离线状态下进行机器人路径规划的一种编程方法。表7.1给出了示教编程方式和离线编程方式的比较。

表7.1 示教编程方式和离线编程方式的比较

机器人编程	
示教编程	离线编程
需要实际机器人系统和工作环境	需要机器人系统和工作环境的图形模型
编程时机器人停止工作	编程时不影响机器人工作
在实际系统上验证程序	通过仿真测试程序
编程的质量取决于编程者的经验	可用CAD方法，计算机辅助进行最佳路径规划
实现复杂的机器人运动路径费时费力	便于实现复杂运动路径的编程

最简单的离线编程系统只是机器人编程语言的图形扩展，编程人员可以在仿真环境下对图形方案进行选择，进行子任务编程，但是编程人员仍然需要反复对生成的子任务规划进行评判，由此可见离线编程系统是任务级编程系统的重要基础。

7.4.1 离线编程系统的功能模块

机器人离线编程是应用计算机图形学的成果，通过建立起机器人及其环境物的几何模型，按照机器人任务，生成机器人关节运动控制代码，然后对编程的结果进行三维图形动画仿真，以检验编程的正确性，最后将生成的机器人运动程序传送到机器人控制器，以控制机器人运动，完成期望任务。离线编程的主要优点：减少机器人下线时间，编程效率高，便于复杂路径的编程，便于CAD/CAM/Robot集成。

离线编程系统的主要技术特点：1）不占用机器人和生产设备，2）可以对各种机器人进行编程，3）可以进行CAD/CAM/Robot一体化设计，4）可以应用高级语言对复杂任务进行编程，5）便于进行程序修改，6）改善编程环境。

离线编程在适应柔性加工需求、缩短生产周期和降低劳动强度方面有着不可替代的优越性，成为机器人关键编程技术之一。但是，由于理想模型与实际模型必然存在误差，必须要消除计算机模型与真实物理环境之间的误差，因此，离线生成的机器人程序通常还需要在线校正后才能实际使用。

离线编程系统在设计过程中一般遵循“三化”原则，即模块化、通用化、可扩展化。模块化是离线编程系统设计与开发的首要原则，在软件架构设计中，将整个系统划分为若干独立的模块，便于开发人员协同设计与独立开发，大大缩短了系统软件的研发周期。同时，模块化的开发架构有利于降低各模块间的耦合，能够有效提高系统软件的稳定性。另外，在平台设计中采用了一定的插件机制，系统在运行时可以根据用户需求的不断变化，动态载入相关功能模块,使其在灵活性和运行效率方面得到了较大提升,而且便于各模块后续功能的扩展。

1. 用户接口

考虑到机器人的易操作性和灵活性,工业机器人一般提供两种接口。一种是适合编程人员通过编写机器人编程语言代码与机器人交互,以对机器人进行示教和程序调试;另一种是适合非编程人员使用示教器直接与机器人交互进行程序开发。

对于机器人编程语言,交互式语言比编译语言的效率高得多。

利用鼠标通过图形接口可以方便地在显示器上确定机器人和现场装备的位置和运动,确定工作模式,调用各种编程系统具备的操作功能,以及进行示教。

离线编程系统还应该可以把非编程人员示教的坐标系和动作顺序转换成机器人编程语言,然后由编程人员以机器人编程语言的形式加以改进。

2. 三维模型

离线编程系统中的一个基本功能是利用图形描述对机器人和工作站进行仿真。

离线编程系统应当有与外部 CAD 系统进行模型转换的接口,至少应当有简单的 CAD 工具,或者能够在 CAD 模型中加入与机器人相关的数据。

目前的显示技术大多是用面阵的方式表达。在自动碰撞检测中,物体三维实体模型的碰撞检测比较困难,而面阵模型的碰撞检测比较容易。

3. 运动仿真

离线编程系统应具有自动生成运动学正解和逆解的功能。对于运动学逆解,离线编程系统能够以两种不同的方式与机器人控制器交互。第一种方式是用离线编程系统替代机器人控制器的逆运动学模型,并不断将关节空间的机器人位置传送给控制器。第二种方式是将直角坐标位置传送给机器人控制器,使用制造商提供的逆运动学模型来求解机器人位姿。第二种方式是现成的,所以比较方便;如果采用第一种方式,离线编程系统的逆运动学算法应与控制器中的算法一致。

离线编程系统必须能够对任何一种算法进行仿真。对于多解情况应选择最接近的解。在进行仿真时,仿真器使用的算法必须与控制器相同。

另外,机器人控制器能够在给定直角坐标位置的情况下直接确定操作臂应当使用的可行解。

4. 路径规划仿真

离线编程系统除了能对操作臂的静态位置进行运动学仿真外,还应能对操作臂在空间运动的路径进行仿真。主要是离线编程系统应能利用机器人控制器中使用的算法进行仿真。

离线编程系统应具有轨迹生成器(参见第 4 章 4.3 节)中可达工作空间的计算和碰撞检测等功能。

(1) 可达工作空间计算

可达工作空间是机器人工作时所能达到的范围。主要有两种计算方法:解析法和数值法。解析法计算精度高,速度快,但是不直观,难以形成通用的计算机算法;数值法通用性强,直观,但计算量大,对于凹曲面可能会丢失合理数值。在离线编程系统中主要采用数值法,并用图形显示出来。求式(7.4.1)的极值,即可得出机器人的可达工作空间

$$\begin{cases} X=P_x=f_1(q_1,q_2,\cdots,q_n) \\ Y=P_y=f_2(q_1,q_2,\cdots,q_n) \\ Z=P_z=f_3(q_1,q_2,\cdots,q_n) \end{cases} \tag{7.4.1}$$

$$q_{i\min}\leqslant q_i\leqslant q_{i\max};\quad i=1,2,\cdots,n$$

（2）碰撞检测

1）直接检测法：根据计算机图形学，将碰撞检测转化为求几何体“交”的问题，通过图形集合运算，测试碰撞、干涉现象。缺点是如果采样间隔太大，会出现漏检问题；反之，则计算时间长。

2）扫描体积法：扫描体积指在实体构型中产生运动的几何体所扫描过的体积，碰撞检测可归结为扫描体积间的相交问题，但这种方法难以得出发生碰撞的准确时间和位置。

3）相交计算法：把几何体的点、线、面的轨迹描述为时间的函数，得出满足几何体相交条件的方程，通过求解方程，得出发生碰撞的准确时间和位置。但是把运动几何体描述成时间的函数比较困难。

4）J函数法：J函数是多面体距离的伪度量，如果两多面体间的J函数值为零，则表明二者发生了碰撞。由于J函数的计算仅与形成多面体的极点有关，便于计算机存储信息，计算量小，且可以不考虑碰撞的形式，因此J函数法可以方便地用于离线编程系统的碰撞检测。

5. 动力学仿真

在高速或重载情况下，需要考虑系统动力学特性对机器人轨迹跟踪误差的影响。建立用于机器人动力学实时仿真的方法有：数字法、符号法和解析（数字—符号）法。数字法是将所有变量都表示成实数，这种方法的计算量很大。符号法是将所有变量都表示成符号，可以在计算机上进行矩阵元素的符号运算，但是需要复杂的软件和占用较大内存。解析法把部分变量表示成实数，占用内存较少。解析模型算法可在计算机上自动生成动力学模型。

6. 多过程仿真

离线编程系统应能够对多个设备以及并行操作进行仿真。这种功能是一种多处理语言。这种编程环境能够为一个工序中的多个机器人单独编写控制程序进行仿真。

7. 传感器的仿真

离线编程系统应能够对装有传感器的机器人的误差进行仿真。传感器主要分为局部传感器和全局传感器，局部传感器有接近觉传感器、触觉传感器、力觉传感器等，全局传感器有视觉传感器。

接近觉传感器可以利用传感器几何模型间的干涉检查进行仿真。

触觉传感器可以通过检查触觉阵列的几何模型与物体间的干涉进行仿真。

力觉传感器可以根据相交物体的材料特性，通过计算相交部分的体积进行仿真。

目前，视觉传感器已有很多三维成像和建模软件，并可以提供仿真环境。

8. 工作站标定

根据工装的CAD图纸可以确定工件的加工名义位置，因此可以根据CAD图纸先确定工件的几个特征点,然后在仿真系统中参照特征点对所有加工位置进行标定。

9. 通信接口

通信接口可以把仿真系统生成的机器人程序转换成机器人控制器的代码。标准通信接口可以将仿真程序转换成各种机器人控制器可接受的格式,一般是应用一种语言翻译系统完成。

10. 误差校正

离线编程系统的仿真模型(理想模型)与实际的机器人模型总会存在各种误差。误差校正的方法主要有:1) 基准点法,在工作空间内选择几个位置精度较高的基准点(不少于三个点),由离线编程系统规划使机器人运动到这些基准点,通过测量两者间的差异形成误差补偿函数;2) 应用传感器反馈的现场信息,与离线编程系统的理论位置进行比较,得出误差模型。

7.4.2 离线编程系统实例

采用机器人对复杂曲面进行抛光加工时,机器人执行连续路径的接触作业,特别是生成的抛光路径必须要满足特定的工艺要求,比如抛光进给方向、抛光力法线方向、抛光路径重复的次数等。采用示教编程往往费时费力,编制的程序质量难以满足抛光质量要求。经过多年的科研实践证明,离线编程对于提高抛光加工质量具有重要意义。本书以某机器人抛光专用离线编程系统为例介绍机器人离线编程系统。本实例以 Qt 软件为平台开发框架,采用开源库 OpenCascade 和高级程序语言 C++进行机器人离线编程系统开发。

OCCT(Open CASCADE Technology)是一个开源的 CAD(computer aided design)/CAM(computer aided manufacturing)/CAE(computer aided engineering)软件开发平台,为本实例提供图形交互接口。OCCT 平台采取模块化的设计方式,具有较好的可拓展性。OCCT 平台包括七大核心库,如表 7.2 所示。

表 7.2 OCCT 七大核心库功能

类库名	功能
基础类库	定义内存分配、释放、句柄相关类
建模数据结构库	提供相关数据结构,用于表示 2D 和 3D 几何图元
建模算法库	包含各类几何和拓扑操作算法
网格处理库	提供网格模型的数据结构及处理算法
可视化库	提供复杂的机制以实现数据的图形化显示
数据交换库	提供多种常见 CAD 格式文件转换功能
应用程序开发框架	通过应用和文档的形式处理应用数据

在开发系统图形用户界面时,考虑到平台可移植性及扩展性所用的图形开发框架是 Qt。它是一种基于 GUI 图形开发框架的编程工具,支持 C++语言,能够为用户在 GUI 软件开发时提供较为齐全且友好的人机交互界面。其作为一种面向对象的开发框架,具有易扩

展的特点，符合当前主流的程序开发思想，因此得到了广泛的应用。

针对机器人抛光系统的编程需求，对机器人离线编程系统的设计进行模块化划分。抛光机器人离线编程系统的结构如图 7.3 所示，包括图形用户界面(GUI)、三维视图、自由曲面加工路径生成、数据存储、运动求解以及程序自动生成六个模块。通过各个模块之间的相互配合实现了数据的传输、交互、计算、存储和输出等功能。机器人抛光工作站的三维仿真模型如图 7.4 所示，双臂机器人抛光工作站实物如图 7.5 所示。

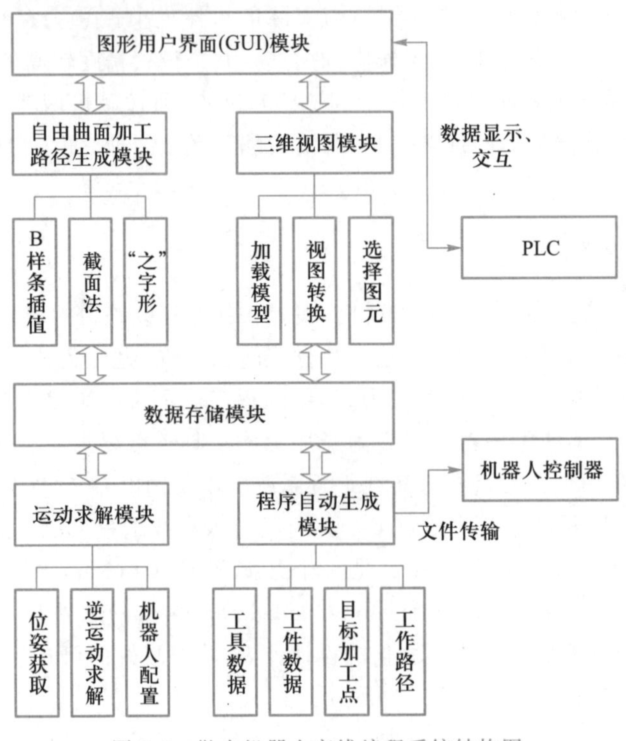

图 7.3 抛光机器人离线编程系统结构图

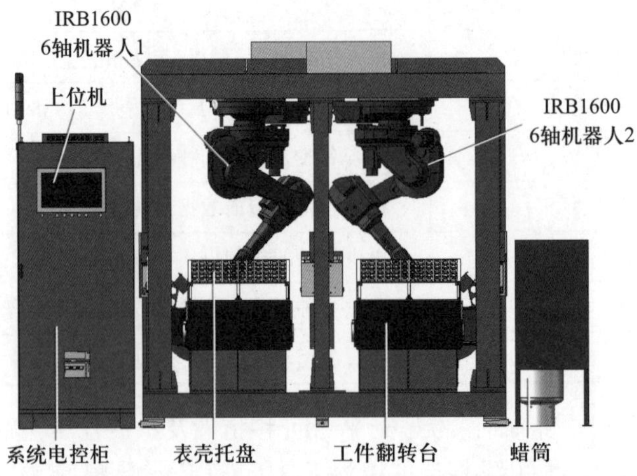

图 7.4 双臂机器人抛光工作站三维仿真模型

图 7.5　双臂机器人抛光工作站实物

7.4.3　功能模块设计

对图 7.6 和图 7.7 中抛光机器人离线编程系统中各个模块的设计及功能实现介绍如下。

1. 图形用户界面(GUI)模块

作为用户与软件交互的接口是本系统的基础模块,该模块提供了用户数据的输入与平台信息的输出功能。该模块在 Qt 软件框架下用 UI 界面进行设计,用高级编程语言 C++进行编写,用户可以通过界面操作实现人机交互。图形用户界面设置了接口,可以实现三维视图的显示、加工模型的导入、改变加工模型视图、自由曲面抛光路径的生成、机器人可行位型的选择、与 PLC 实现数据显示和交互以及机器人程序文件输出等功能,并将交互得到的数据通过数据存储模块进行存储,以便系统平台的使用和计算。图 7.6 所示是抛光机器人离线编程系统的软件主界面,图中介绍了主界面中各个按钮所对应的功能。

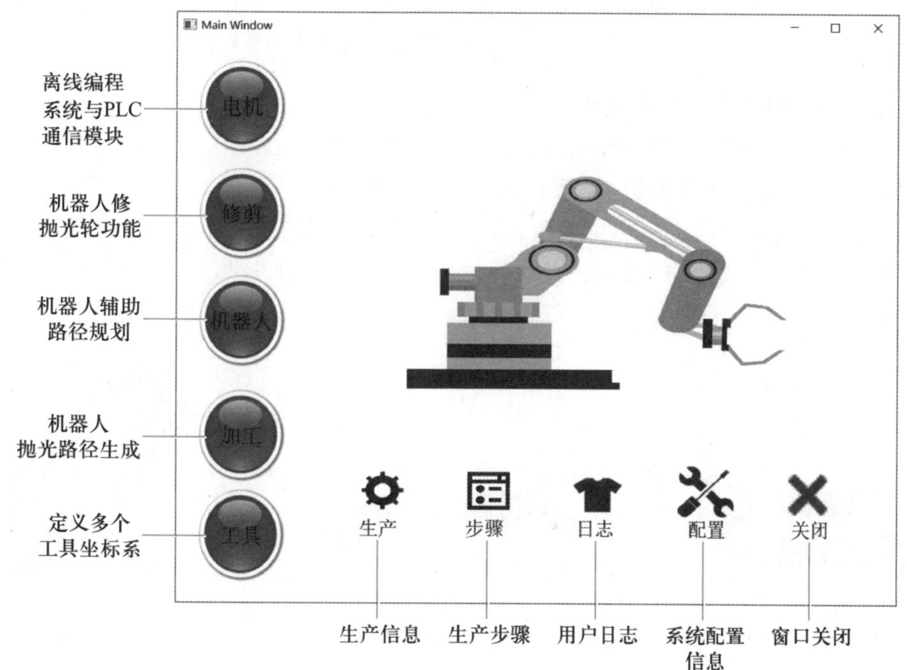

图 7.6　抛光机器人离线编程系统软件主界面

2. 三维视图模块

提供了三维工件模型加载、显示并操作的功能，是系统在自由曲面上生成加工路径模块的基础模块，其包括加载模型、视图转换、选择图元三部分。三维视图模块通过定义三维显示窗口，采用C++编程实现三维工件模型加载并显示，实现三维工件的视图转换。选择三维工件模型的图元，如选择体、面、线、点，并将选择的图元进行存储和拓扑操作。本模块不依赖于现有CAD软件开发，采用OCCT开源库进行开发以使软件体量小，运行速度快。图7.7是机器人离线编程系统三维视图模块，显示的是加载的三维工件模型。

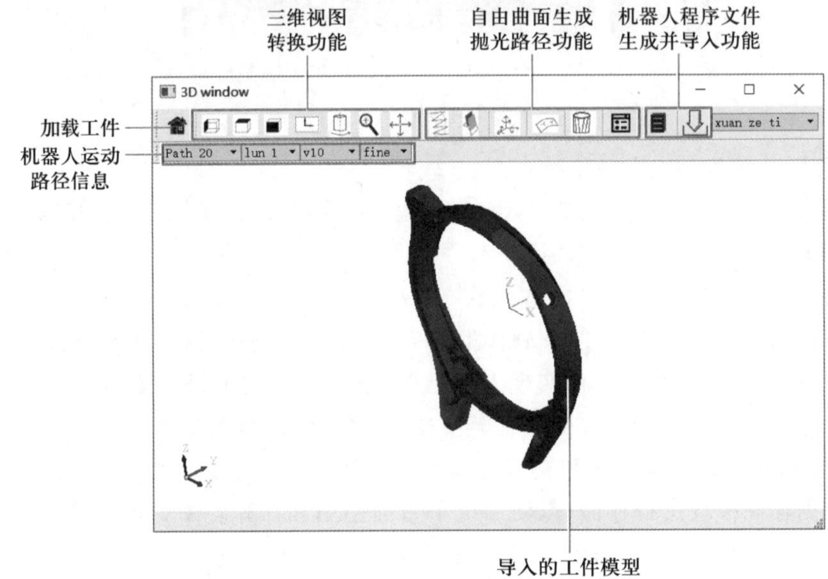

图7.7 机器人离线编程系统三维视图模块

3. 自由曲面加工路径生成模块

作为机器人运动路径的生成，是本系统的核心模块之一，也是区别于人工示教方式的一个重要特征，其包括B样条插值、截面法、“之”字形加工路径（往复摆动抛光路径）这三种路径生成方式。自由曲面加工路径生成模块在三维视图模块的基础上通过调用选择图元，进行拓扑计算并显示生成的加工路径，实现了用户通过图形界面选取图元并生成自由曲面加工路径的功能，如图7.8所示。

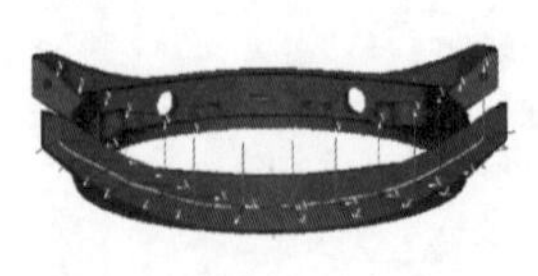

(a) B样条插值生成加工路径

(b) 截面法生成加工路径

(c) 生成“之”字形加工路径

图7.8 自由曲面加工路径生成

4. 数据存储模块

提供了离线编程系统中原始数据、中间过程数据及终期数据的存储功能,将各个模块间的数据进行存储和传递,实现了模块与模块之间信息的交互,为机器人系统运动求解提供了数据信息,以便后续机器人运动求解和计算,为机器人程序文件的输出提供了数据支持,是系统不可或缺的模块。

5. 运动求解模块

是系统的核心功能模块之一,包括位姿获取、逆运动求解、机器人位型。通过获取三维工件模型表面加工点的位置和姿态数据,通过逆运动求解模块得到机器人到达加工点处所有运动姿态。利用搜索路径算法,获得机器人运行整条加工路径时均可达的运动姿态,即可行的机器人位形。机器人位形窗口如图 7.9 所示,通过选取窗口左边的单选框中机器人可能的位形,在显示区域中相应地显示该机器人运动学逆解是否可行。在求解得到机器人的可行逆解后,生成机器人运行程序文件,导入机器人运动仿真软件来验证所生成的机器人可行解是否正确。运动求解模块是程序自动生成模块中机器人加工路径生成部分的主要内容。

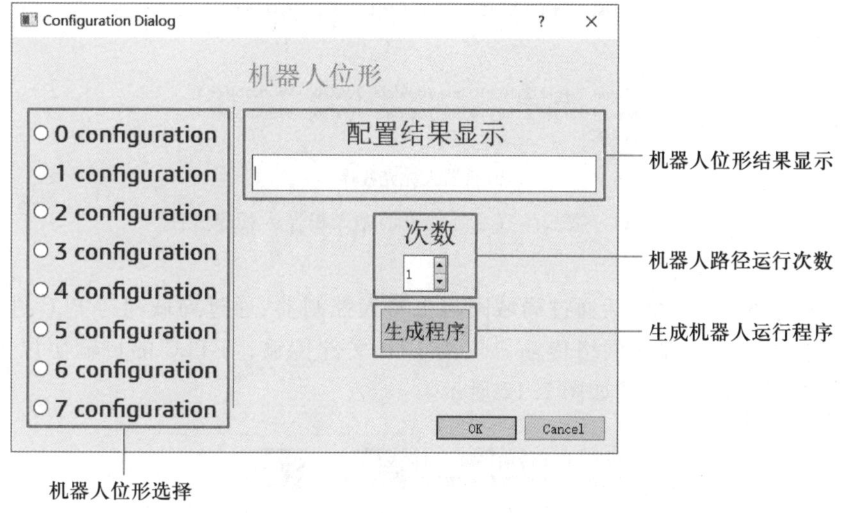

图 7.9 机器人位形窗口

6. 程序自动生成模块

根据用户的操作生成相应的机器人程序文件,包含四个方面,分别为工具数据、工件数据、目标加工点数据、工作路径,其中对于机器人程序而言,工具数据、工件数据、目标加工点数据属于数据段。工作路径需要定义机器人指令段,在整个机器人程序中需要添加注释段对程序进行解释和说明,其组成如图 7.10 所示。程序自动生成模块通过获取数据存储模块的数据,进行关于工具数据、工件数据以及目标加工点数据的输出。针对 IRB1600 型 6 关节通用机器人,使用运动求解模块的数据可以生成并输出加工路径,最终形成用 RAPID 语言编制的机器人程序文件,如图 7.11。程序自动生成模块自动生成机器人程序文件,文件格式为 mod 文件,并将程序文件传输到机器人控制器中。

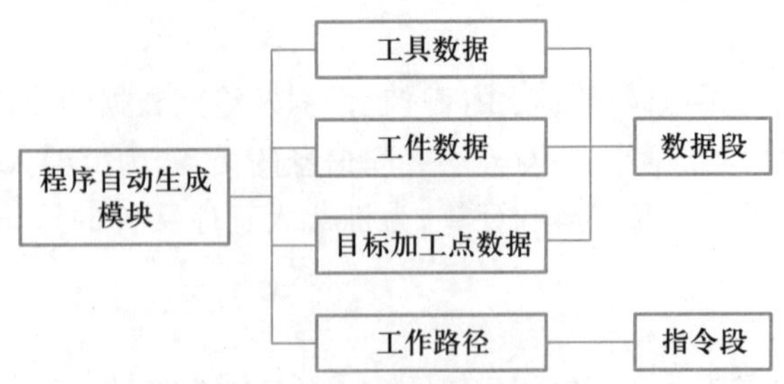

图 7.10 程序自动生成模块组成

```
CONST robtarget Target_2_1:=[[-15.0491,-7.30486,-23.3527],[0,0.853428,0,-0.521211],[-1,-1,-1,1],[9E+09,9E+09,9E+09,9E+09,9E+09,9E+09]];
CONST robtarget Target_2_2:=[[-17.4302,-5.14831,-18.591],[0,0.847602,0,-0.530633],[-1,-1,-1,1],[9E+09,9E+09,9E+09,9E+09,9E+09,9E+09]];
.
.
.
CONST robtarget Target_2_10:=[[-18.0161,-5.82571,17.3767],[0,-0.534096,0,0.845424],[-1,-1,-2,1],[9E+09,9E+09,9E+09,9E+09,9E+09,9E+09]];
CONST robtarget Target_2_11:=[[-15.3023,-6.9257,22.859],[0,-0.523364,0,0.852109],[-1,-1,-2,1],[9E+09,9E+09,9E+09,9E+09,9E+09,9E+09]];
```

(a) 写入文件中的抛光路径点数据

```
PROC Path_20()
    MoveJ Target_2_1,v10,fine,Tooldata_5\WObj:=Workobject_1;
    MoveL Target_2_2,v10,fine,Tooldata_5\WObj:=Workobject_1;
    .
    .
    .
    MoveL Target_2_10,v10,fine,Tooldata_5\WObj:=Workobject_1;
    MoveL Target_2_11,v10,fine,Tooldata_5\WObj:=Workobject_1;
ENDPROC
```

(b) 机器人抛光程序

图 7.11 离线编程系统生成的抛光机器人程序文件

7. 通信模块

离线编程系统的通信包括通过局域网与机器人控制器、通过局域网与 PLC 进行通信等两部分。与机器人控制器的网络传输协议为 FTP 文件传输，与 PLC 的传输协议为 UDP 数据传输，该系统通信的架构图如图 7.12 所示。

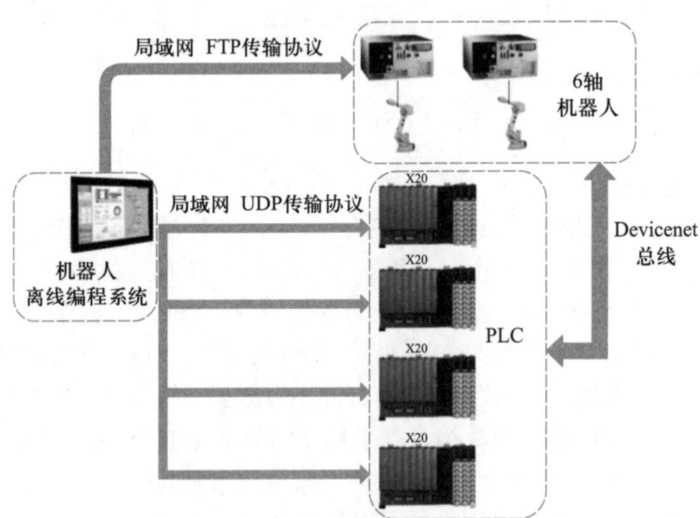

图 7.12 抛光机器人离线编程系统通信架构图

(1) 抛光机器人离线编程系统与机器人通信

抛光机器人离线编程系统通过 FTP 传输协议向机器人传输程序文件。FTP 协议主要用来实现计算机组之间的文件传输与资源共享。一般而言,文件传输需使用两个 TCP 进行连接,一个用于基本命令的传送,另一个用于主要数据的传输。它也可以看成一套完整的文件传输服务系统。作为文件传输的结点,它既可以对文件进行存储,也可以根据用户的 FTP 请求将存储文件及时抓取,并传输给用户,即用户可以通过 FTP 服务器实现文件的下载和使用。

(2) 抛光机器人离线编程系统与 PLC 通信

抛光机器人离线编程系统与 PLC 通信时传输的类型是数据包传输,离线编程系统与 PLC 通过 UDP 传输协议实现数据的交互,如图 7.13 所示。

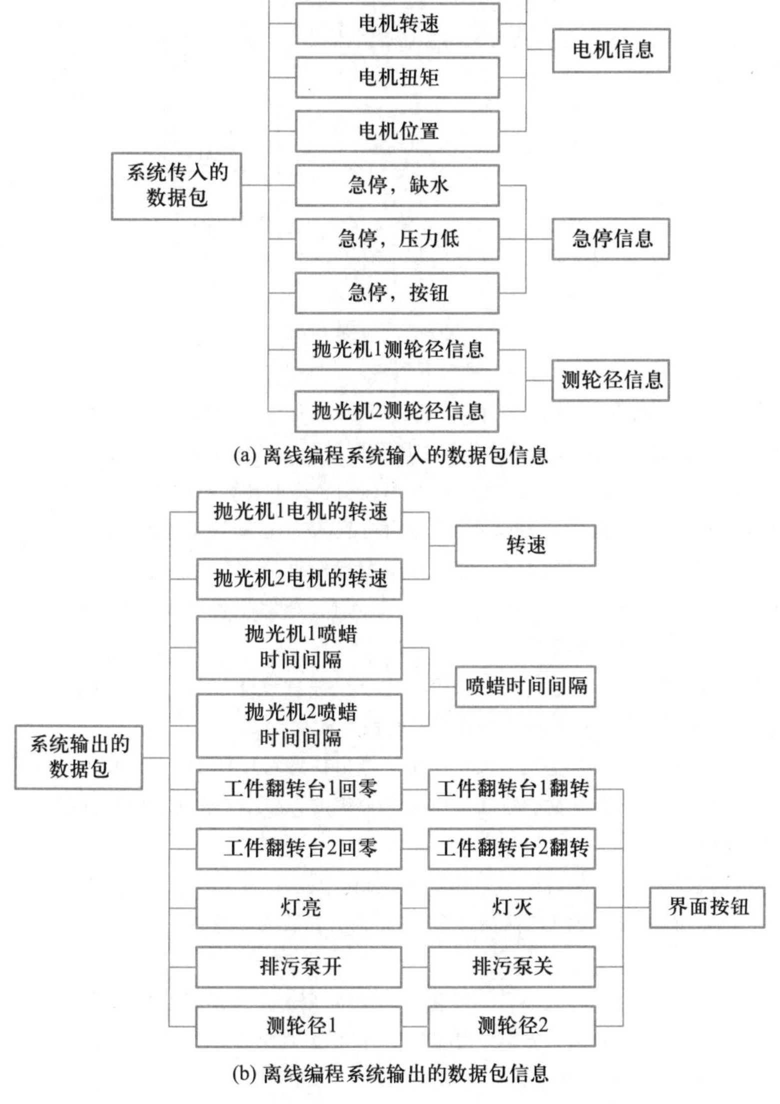

图 7.13 抛光机器人离线编程系统与 PLC 通信

8. 弹性误差补偿模块

抛光过程中,工件与抛光轮接触,机器人受到法向抛光力 F_n 和切向抛光力 F_t 的作用,同时自身重力在关节2和关节3产生扭矩 τ_{g2} 和 τ_{g3},抛光力和重力会导致机器人发生弹性变形。用“转子—扭簧”系统描述柔性关节模型。在求解机器人正运动学和雅可比矩阵基础上,建立机器人的关节刚度模型,使用最小二乘法设计关节刚度辨识算法,辨识机器人的关节刚度。考虑抛光原理、特点以及抛光效果的影响,建立抛光轮抛光过程的有限元模型,得到抛光力的预测值。

对重力和抛光力进行建模之后,可以确定机器人在某一期望位姿 $\boldsymbol{X}(\boldsymbol{q})$ 下由于关节弹性变形 $\Delta\boldsymbol{q}$,在名义关节角 $\boldsymbol{q}$ 的基础上进行补偿,使补偿后的位姿 $\boldsymbol{X}'(\boldsymbol{q})$ 更加接近期望位姿 $\boldsymbol{X}(\boldsymbol{q})$。图7.14为考虑机器人弹性变形的机器人轨迹误差补偿的原理图。

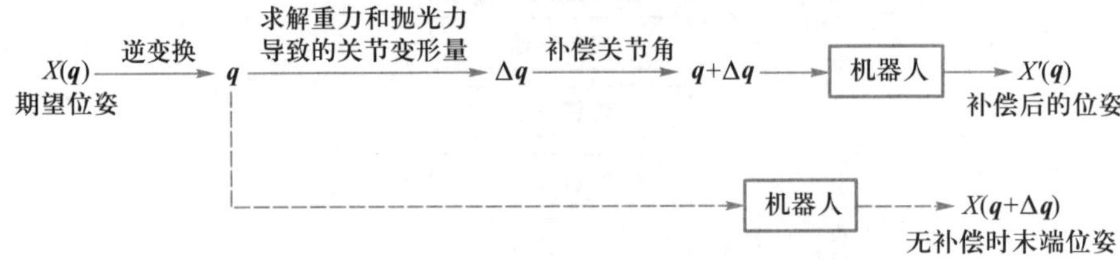

图7.14 机器人轨迹误差补偿原理图

习 题

7-1 写出一段机器人程序(自选一种语言),在位置 A 拾起一个质量块,并且将其放到位置 B。

7-2 用可能形成机器人编程语言的简单英语指令描述系鞋带这个过程。

7-3 设计一种机器人编程语言的语法,包括给出运动轨迹的持续时间和速度的方法、外围设备的I/O语句、给出控制夹持器的指令以及发出力检测的指令(即保证安全运动),不考虑力控制以及并行操作程序。

7-4 在习题7-3的基础上,附加力控制语法和并行操作语法。

7-5 试用一种商品化的机器人编程语言编写一段程序,能够执行7.2.2节中描述的操作过程,进行适当的I/O接口设计以及其他相关设计。

7-6 用任何一种机器人语言,编写一段程序用于拣出任意尺寸货盘上的零件。如果货盘是空的,这个程序应能根据货盘和示教器的信号对货盘序号进行跟踪检测。

7-7 用任何一种机器人语言,编写一段程序用于拣出任意尺寸源货盘上的零件,并且在任意尺寸的目标货盘中装入零件。如果源货盘是空的或目标货盘是满的,这个程序应能根据货盘和示教器的信号对货盘序号进行跟踪检测。

7-8 编写一段机器人程序,实现两个操作臂的控制。其中一个名为GARM,末端执行器可以抓持酒瓶;另一个名为BARM,末端执行器可以抓持一个酒杯,其上安装有一个腕力传感器,当酒杯斟满时它能够发出信号给GARM,使其停止倒酒。

7-9 使用任何一种机器人语言,编写一段通用子程序,用于从桌面抓取工件并放入夹具的操作,位置坐标由机器视觉提供。工件放置方向为朝上或者朝下,但是夹具只允许以一种姿态装夹工件。

7-10 简述碰撞检测、避障和避障路径规划的定义。

7-11 简述环境模型、路径规划仿真和动力学仿真的定义。

7-12　简述 RPL、TCP 和 OLP 的定义。

7-13　用图表说明近 10 年来计算机图形处理能力的发展情况(可以按照单位硬件成本、每秒钟可以处理图形矢量的数目来说明)。

7-14　列出离线编程的三个优点。

7-15　已知:STL(stereolithography)文件使用三角网格表达三维物体的表面,用作离线编程中三维建模的工件格式描述,如果要制定一项标准,工件格式中还需要包括哪些信息?

7-16　已知:7.4 节的离线编程实例,试列出一些在离线编程仿真中可能产生的误差来源。

第 8 章　机器人应用

【本章概述】

发明机器人的主要目的是让机器人能够替代人类去完成各种危险重复的工作。来自工业以及各种特殊作业的应用需求极大地推动了机器人技术的发展，反过来，机器人的广泛应用则极大地提高了生产率和安全性，降低了生产成本，改善了作业环境条件。本章从应用角度出发，基于前面介绍的机器人基本原理和机器人设计、编程的基本知识，对工业中最常见的机器人应用技术进行介绍，以初步建立机器人技术应用的认知和概念。

8.1　搬运机器人

搬运机器人可以替代人工完成物料的自动搬运和码放任务，是一种在工业场合广泛使用的机器人类型，如加工制造的上下料操作等。

作业特点：重复定位精度要求不高，但要求较快的运动速度或较快的工作循环。

优点：1）动作准确稳定；2）降低工人的劳动强度；3）代替人工在危险恶劣环境下作业；4）适应性强，可灵活改变作业方式；5）重载作业，生产效率高。

8.1.1　分类

1. 搬运方式

（1）物料在搬运过程中不做翻转运动，只做平移运动，如直角式坐标机器人［见图 8.1(a)］、4 轴码垛机器人［见图 8.1(e)］。

(2)可实现空间任意位置和姿态的搬运，如 6 轴搬运机器人，见图 8.1(c)。

2. 结构形式

（1）直角坐标式搬运机器人：框架式结构，承载能力大，一般运动是解耦的，编程操作简单，见图 8.1(a)。

（2）关节式搬运机器人：应用最广泛的机型，结构紧凑，占地空间小，相对工作空间大。

水平关节式：也称为 SCARA 式(selective compliance assembly robot arm)，一般由 4 个轴串联而成，速度快，重复定位精度高。主要应用于电子、医药和五金等轻工行业的搬运，见图 8.1(b)。

垂直关节式：多为 6 轴或 5 轴，速度快，运动灵活，工作范围较大，主要应用于上述行业以及机械加工、汽车、工程机械等行业的搬运，见图 8.1(c)。

并联式搬运机器人：多为 DELTA 并联机器人，往复运动速度和重复定位精度高于前两类机器人，但是工作空间远小于前两类机器人，主要应用于电子产品、医药和食品等行业的搬运,见图 8.1(d)。

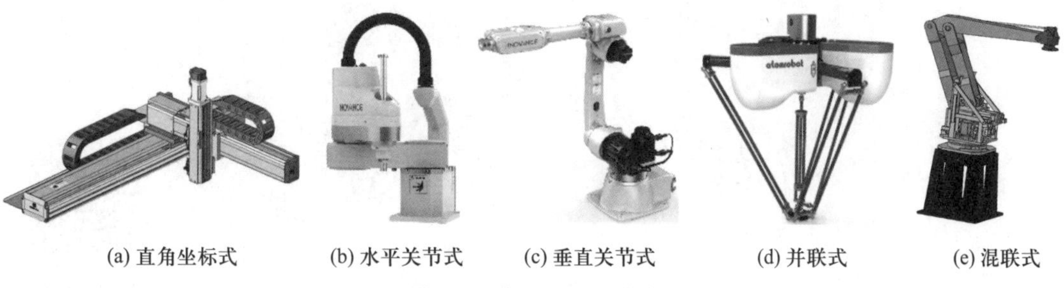

(a) 直角坐标式　(b) 水平关节式　(c) 垂直关节式　(d) 并联式　(e) 混联式

图 8.1　搬运机器人分类

8.1.2　系统组成

搬运机器人系统主要组成:

(1) 机器人系统:由操作臂(机械本体)、控制器、示教器组成,见第 1 章图 1.1。

(2) 系统的配套设备或装置:末端执行器、周边设备以及外部轴等。

如图 8.2(a)所示的并联机器人装箱系统,如图 8.2(b)所示的垂直 6 关节机器人上下料系统。

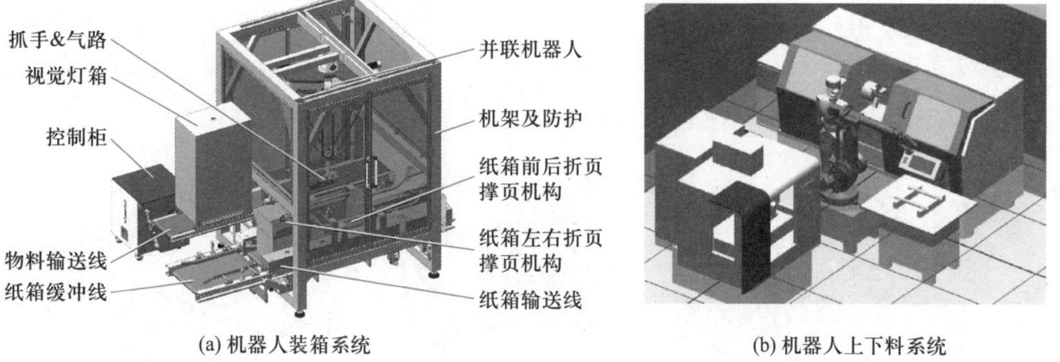

(a) 机器人装箱系统　(b) 机器人上下料系统

图 8.2　搬运机器人系统

末端执行器:反复搬运物体,直接决定了搬运机器人的作业可靠性和稳定性。常见的末端执行器主要有夹爪式(见图 8.3)、夹板式(见图 8.4)、蛤壳式(见图 8.5)、组合式(见图 8.6)、负压吸盘式(适用于平整的不透气表面,见图 8.7)、磁吸附式(适用于铁磁材料)、软体抓手(适用于易碎物品,见图 8.8)。

图 8.2 彩图

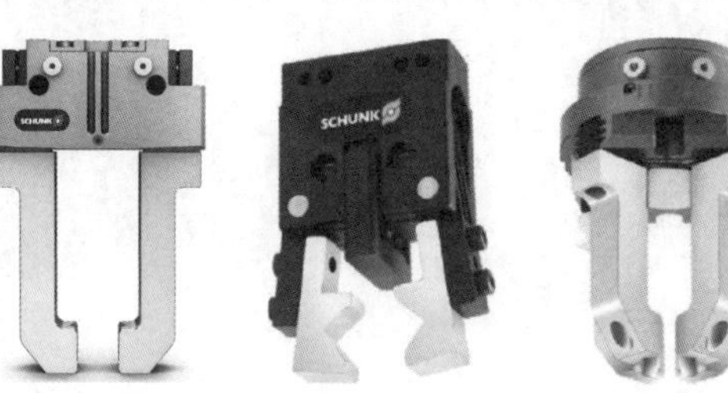

(a) 平动型　(b) 摆动型　(c) 多指型

图 8.3　夹爪式抓手(图片来源:雄克抓取系统)

图 8.4　夹板式抓手

图 8.5 蛤壳式抓手

图 8.6 负压吸盘式抓手

图 8.6 彩图

图 8.7 组合式抓手

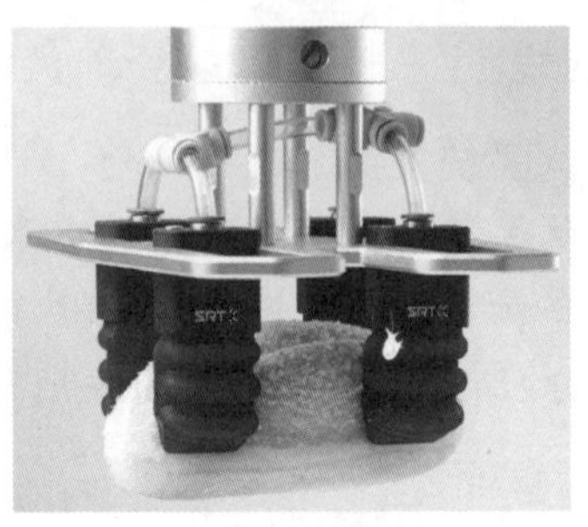

图 8.8 软体抓手

图 8.8 彩图

周边设备主要有：滚筒式输送机（见图 8.9）、带式输送机（见图 8.10），物料摆放装置或托盘，以及物料规整机构（见图 8.11）等。

(a) 90°弯道输送机

(b) 待码输送机

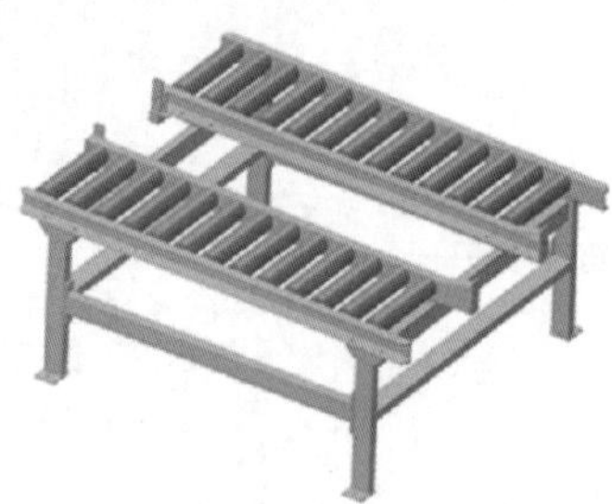

(c) 出垛位输送机

图 8.9 滚筒输送机

(a) 直线输送机

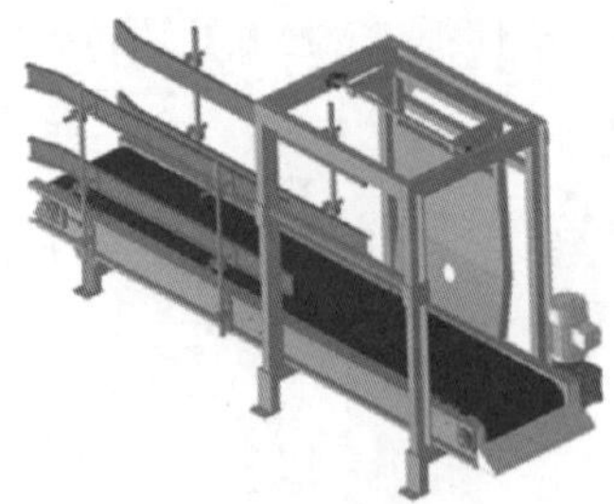

(b) 直角倒包输送机

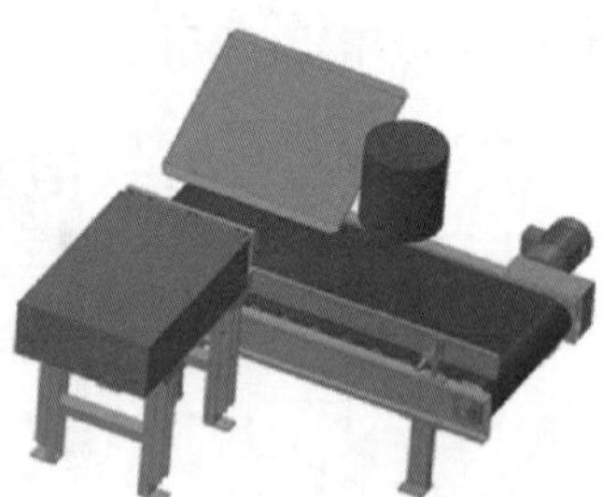

(c) 直线倒包输送机

图 8.10 带式输送机

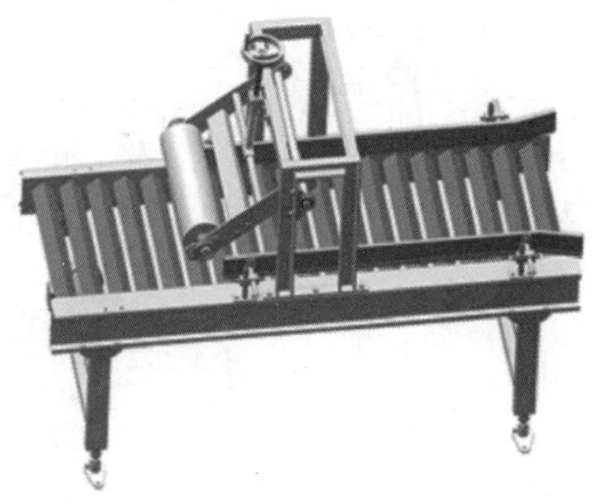

图 8.11 物料规整机构(压平整形输送机)

外部轴:当机器人的末端执行器无法达到指定的搬运位置或姿态时,可以通过加装移动平台或转台以增加机器人系统的自由度或工作范围。常见的外部轴有:提供 1 个平移自由度的直线运动单元、提供 1 ~ 3 个转动自由度的变位机等。

8.1.3 码垛机器人

码垛是应用最广泛一类搬运机器人。能够把相同(或不同)外形尺寸的包装货物整齐、自动地按规格尺寸码放在托盘上。码垛机器人通常具有 4 个轴,采用串联结构或混联结构,主要适用于带包装物料的批量码垛。

1. 适用包装形式

袋装物品(如粮食、饲料、糖、盐、水泥、化肥、化工原料等)的码垛,箱装物品(如家电、食品等)的码垛,膜包物品(瓶装、罐装产品)的码垛,周转箱的码垛,以及桶装物品的码垛。典型的袋装物料码垛机器人系统如图 8.12 所示,箱装物料码垛机器人系统如图 8.13 所示。

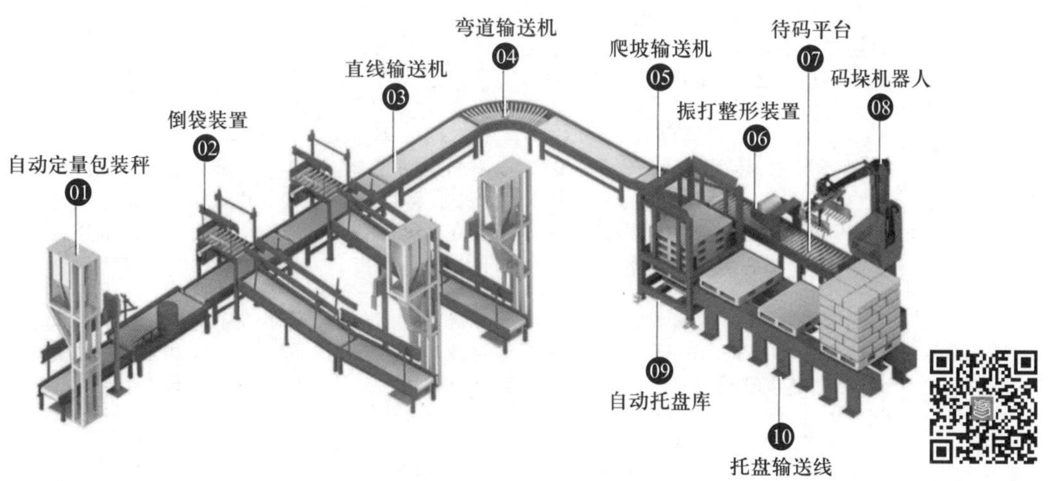

图 8.12 袋装物料码垛机器人系统

图 8.12 彩图

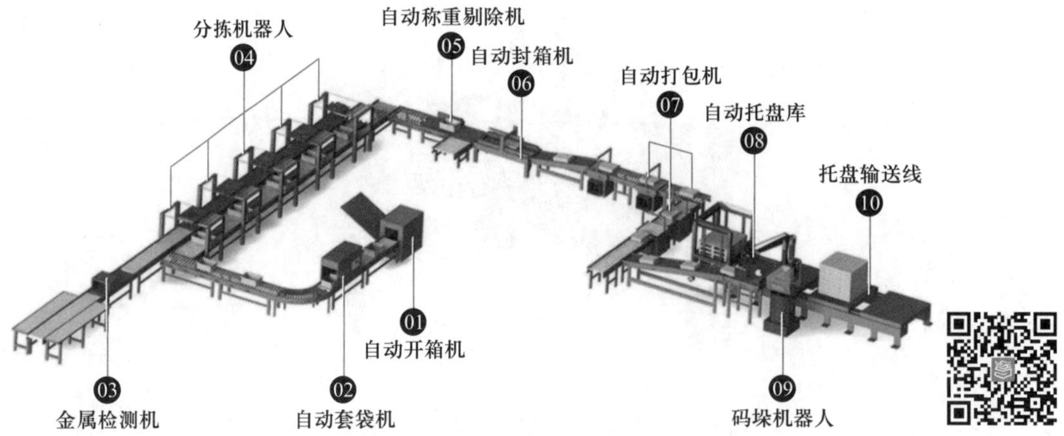

图 8.13 箱装物料码垛机器人系统

图 8.13 彩图

2. 码垛方式(垛型)

常见码垛方式有:重叠式、正反交错式、纵横交错式和旋转交错式,如图 8.14 所示。各种码垛方式的说明和特点见表 8.1。

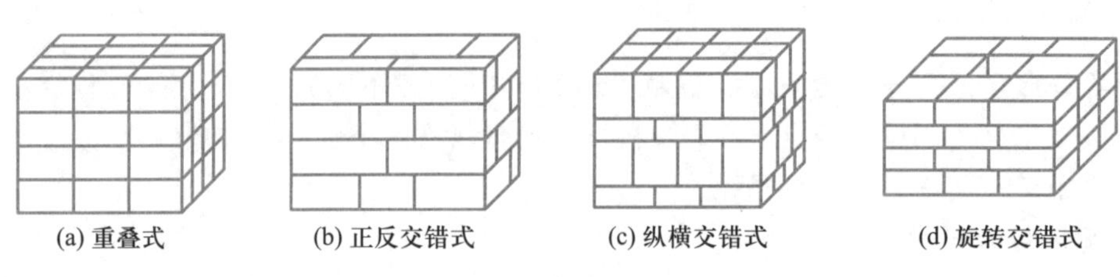

图 8.14 常见码垛方式

表 8.1 各种码垛方式的说明和特点

码垛方式	说明	优点	缺点
重叠式	各层码放方式相同,上下对应,各层之间不交错堆码,是机械作业的主要形式之一,适用于硬质整齐的物资包装	堆码简单,堆码时间短,承载能力大,托盘可以得到充分利用	不稳定,容易塌垛,堆码形式单一,美观程度低
正反交错式	同一层中,不同列的包装体以90°垂直码放,而相邻两层之间相差180°,这种方式类似于建筑上的砌砖方式,相邻层之间不重缝	不同层间咬合,稳定性高,不易塌垛,美观程度高,托盘可以得到充分利用	堆码相对复杂,堆码时间较长,包装体之间相互挤压,下部分容易压坏
纵横交错式	相邻两层货物的摆放旋转90°,一层成横向放置,另一层成纵向放置,纵横交错堆码	堆码简单,堆码时间相对较短,托盘可以得到充分利用	不稳定,容易塌垛,堆码形式相对单一,美观程度较低
旋转交错式	第一层中每两个相邻的包装体互为90°,相邻两层间码放又相差180°,这样相邻两层之间互相交叉咬合	稳定性高,不易塌垛,美观程度高	中间形成空穴,降低托盘利用率,堆码相对复杂,堆码时间较长

3. 针对袋装物品码垛的周边设备

倒袋(包)机:对输送线传送来的袋装物品进行倒袋和转位,并传送到下道工序,如图8.10(b)、(c)所示。

整形机:袋装物料经整形机的辊子压实、排除气体、整形,使袋内物料均匀散开,并传送到下道工序,如图8.11所示。

待码机:与夹持式末端执行器配套使用,用于抓取袋装物品,如图8.9(b)所示。

8.1.4 搬运机器人应用中的关键问题

(1) 搬运机器人往往置于一条连续的生产线中,在集成应用时要考虑与上下游工位之间的衔接关系,特别要考虑循环时间是否合理、工件是否需要翻面。

(2) 搬运机器人并非总是要选择6轴机器人,虽然6轴机器人的灵活性高于5轴或4轴机器人,但是搬运节拍往往低于后者。

(3) 在机床上下料中,末端执行器往往允许有两个装夹工件的位置,一个位置装载待加工工件,另一个位置取出成品工件。

(4) 在折弯机上下料中,搬运机器人需要跟随折弯机运动,此时搬运机器人要考虑连续路径运动。

(5) 在工件几何特征或抓取位置不确定的情况下,需要考虑采用外部机械定位系统或视觉定位系统。

(6) 在设计搬运机器人总体方案时,往往可以继承一个成熟的设计方案,再针对具体应用场景,进行改进设计。

8.1.5 码垛机器人的技术特点

在满足码垛负载要求的条件下,往往要求码垛机器人具有很高的工作节拍(循环时间),比如袋装物品码垛要求码垛机器人的工作节拍一般不超过3 s。为了尽量缩短码垛机器人的工作节拍,可以从几个方面进行优化:1) 提高码垛机器人的运动指标(运行速度和加速度),比如:考虑机器人本体结构刚度、关节电机的峰值扭矩、采用更优的PTP轨迹规划或机器人动力学轨迹规划方法;2) 优化周边设备的布局,比如:优化待码机(抓取点)和托盘(放置点)相对于机器人的位置,从而缩短码垛路径的长度;3) 优化垛型排序,缩短码垛往复路径长度;4) 采用正抓和反抓功能,减少手腕关节的旋转角度等。

8.2 焊接机器人

焊接是机器人最成功的应用领域之一,全球1/4的工业机器人应用于焊接作业。焊接机器人多为点焊机器人和弧焊机器人,主要应用于汽车、家电等板材和钢结构的焊接作业。越来越多的焊接机器人代替了人工焊接,机器人焊接的质量稳定,避免人体受到有害气体、射线和高热的伤害,可连续工作。

8.2.1 焊接机器人系统的组成

焊接机器人系统主要包括机器人、焊接设备以及变位机。以弧焊为例,焊接设备由焊接电源(包括其控制器)、焊枪、送丝机等部分组成。变位机的作用是在焊接时,使焊缝处在较好的位姿下进行焊接,提高机器人相对于焊缝位置的可达性,避免仰焊等不利条件。

焊接机器人机械本体的结构主要有两种形式:串联关节式结构和平行四边形结构。串联关节式结构的主要优点是工作空间大,几乎能达到一个球体内的各点。这种机器人还可以倒置悬挂,以节省占地面积,方便工件移动。平行四边形机器人的小臂(上臂)是通过一根拉杆驱动的,拉杆与大臂(下臂)组成一个平行四边形。这种机器人工作空间往往不及串联关节式机器人,且难以倒挂。在实际生产中,串联式6轴焊接机器人较为常见。

8.2.2 点焊机器人

点焊接机器人主要应用于箱体类钣金件的自动焊接,主要形式为点焊工作站或者复杂多点焊接的焊接线。主要优点:焊接速度高,能保证焊接的重复性和一致性。典型的点焊机器人及工作站如图8.15所示。

(a) 点焊机器人

(b) 点焊机器人工作站

图8.15 点焊机器人及工作站

1. 基本功能

点焊机器人的运动是点位(PTP)路径,定位精度要求不高,但点与点之间的运动速度要快,要平稳,以提高作业效率。

一般焊钳连同变压器为一体,以避免拖缆太长,电能损耗大,且拖缆频繁运动易损坏,因此点焊机器人的负载较大。点焊作业工况对机器人的重载高速性能要求较高。典型的点焊机器人的负载能力超过120 kg,平均每个焊点耗时1-2 s。

2. 焊接设备

由于点焊机器人采用一体化焊钳,变压器应尽量小型化。小型变压器可以采用50 Hz工频电源,对于容量较大的变压器,采用逆变技术将50 Hz工频变为600~700 Hz交流,以减小变压器的体积和重量。变压后可直接用交流焊接,也可整流后用直流焊接。焊接参数由定时器调节,定时器可与焊接机器人控制器直接通信。

焊钳开合一般是气动的,电极压力一旦调定后不能随意变化。典型的焊钳如图8.16所示。

管线包是给焊钳提供水、电、气、液的重要的部件。管线包安装在机器人本体的小臂上,但不能阻碍机器人的运动或者挡住待焊接的工件。管线包的工况恶劣,在焊接操作中由于运动扭曲容易遭受磨损。管线包的成本在点焊机器人总成本中所占比重较大。典型的机器人点焊管线包如图 8.17 所示。

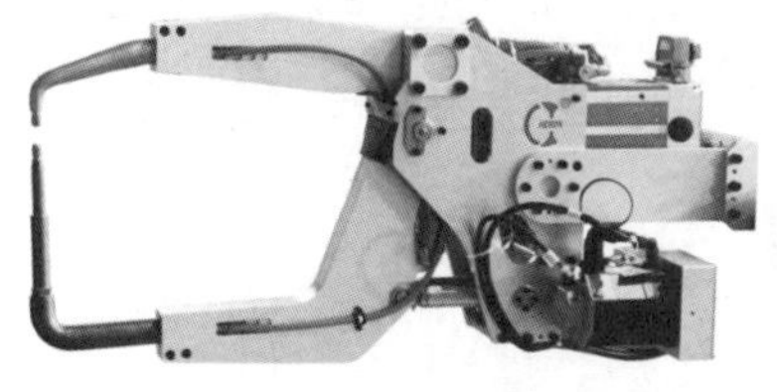

图 8.16　点焊钳

图 8.16 彩图

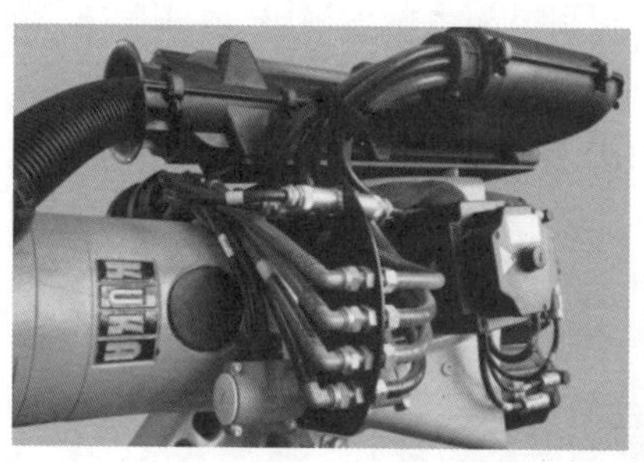
图 8.17　点焊管线包

图 8.17 彩图

8.2.3　弧焊机器人

弧焊机器人如图 8.18 所示,其优点与点焊机器人相同。对于具有很多短焊缝的工件,例如汽车座椅框架,机器人能在不同的焊缝之间快速移动,焊接不同形式的焊缝。对于大型工件,例如工程机械组件或箱式梁等大型构件,可采用双丝焊接,以提高焊接速度。对于大型容器的焊接,可以采用单面焊接双面成形技术,改善内壁面焊接条件和焊接质量。弧焊机器人系统的生产率一般是人工的 2 ~4 倍。

在弧焊作业中,一般待焊工件固定在夹具中,夹具安装在变位机上,以方便工件调整姿态,保证机器人夹持焊枪能够到达所有焊缝位置。

弧焊机器人通常还会集成焊接软件包,对焊接过程实现完全数字控制。

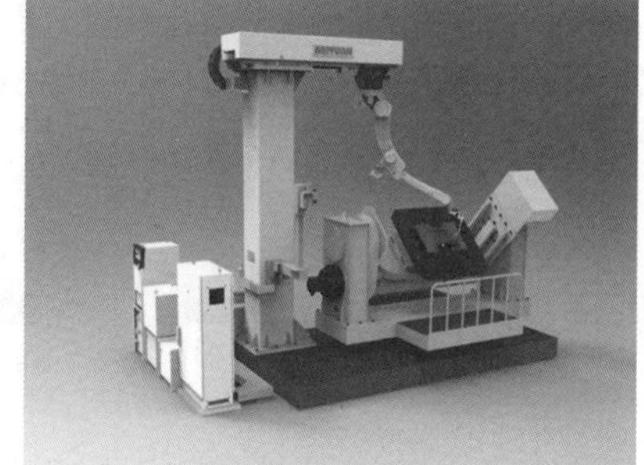

图 8.18　弧焊机器人(图片来源:开元焊接)

图 8.18 彩图

1. 焊接工艺

弧焊机器人的运动是连续路径(CP),要求对焊丝端头(即 TCP)的运动轨迹、焊枪姿态、焊接参数进行精确控制。在进行“之”字形拐角焊或小半径圆弧焊接时,除了应保持基本运动轨迹外,还需要进行摆动焊。此外,还应具有接触寻位、自动寻找焊缝起点、电弧跟踪及自动再引弧等功能。

MIG 焊(熔化极气体保护电弧焊)是利用连续送进的焊丝(也是电极)与工件之间燃烧的电弧作为热源,将焊丝熔化在焊缝里,由焊枪喷出的惰性气体(一般为氩气)保护焊缝进行焊接的。

MAG 焊(熔化极活性气体保护电弧焊)是采用在惰性气体中加入一定量的活性气体

(CO_2 等)作为保护气体的熔化极气体保护电弧焊。使用较多的是 MAG 焊,多用于碳钢焊接。

TIG 焊(惰性气体钨极保护焊)的热源为直流电弧,工作电压为 10～15 V,电流可达300 A。工件为正极,焊炬中的钨极为负极,惰性气体一般为氩气,一般称这种焊接工艺为氩弧焊。

TIG 焊与 MAG/MIG 焊的区别:

MAG/MIG 焊的焊丝即为电极,在焊接过程中电极将其熔融,边送丝边熔融,要求送丝机工作稳定。常用的 MAG/MIG 焊枪及电源如图 8.19 所示。常用的 CO_2 气体保护焊送丝机如图 8.20 所示。

图 8.19　MAG/MIG 焊枪及电源

图 8.19 彩图

图 8.20　气体保护焊送丝机

图 8.20 彩图

TIG 焊的电极是钨针,只产生电弧,不能被熔融,由送丝机专门送丝,通常叫作填料氩弧焊。与 MAG/MIG 焊的送丝机也不同,TIG 焊需要对焊丝预热(>300 ℃)。常用的 TIG 焊枪如图 8.21 所示。常用的埋弧焊自动小车如图 8.22 所示。TIG 焊电极自动交换装置用于钨极的连续自动更换。

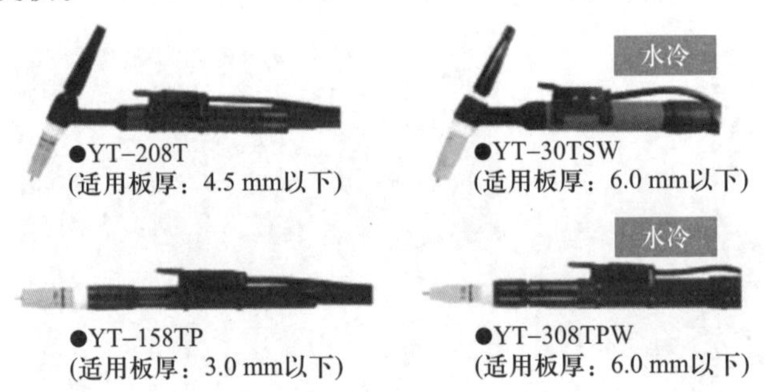

图 8.21　TIG 焊枪(图片来源:唐山松下机器人)

图 8.21 彩图

图 8.22　埋弧焊自动小车(图片来源:振康机器人)

图 8.22 彩图

2. 系统组成

弧焊机器人是具有焊接接口的 6 轴机器人,负载能力为 6 ~ 25 kg。

气体保护焊(MAG、MIG、TIG)的焊接电源有晶闸管式、逆变式、波形控制式、脉冲式或非脉冲式等。由于机器人一般采用数字控制,而焊接电源多为模拟量,所以在机器人和焊接电源之间要进行 A/D 转换。由于电弧时间占用工作周期的比例较大,因此应按持续率为 100% 确定电源容量。

送丝机一般安装在机器人的小臂上,以保持送丝的稳定性。

清枪装置的主要作用是清理枪口上的金属渣,剪短残丝,建立新的焊丝切口。

3. 基本功能

弧焊机器人的工艺要求比较复杂。弧焊机器人执行连续运动路径(CP 控制),此外,焊枪姿态、焊接参数都要随运动路径实时变化。对于一些特殊焊缝(轨迹),需要采用不同形式的摆动焊。

4. 焊缝跟踪

应用于弧焊。焊缝跟踪传感器常安装在焊枪上,以电弧(焊枪)相对于焊缝中心位置的偏差作为控制量,使焊枪在焊接过程中始终与焊缝对口。常用的传感器是电弧传感器(见图 8.23),还有接触传感器、超声波传感器、激光跟踪传感器(见图 8.24)等。

图 8.23 电弧传感器

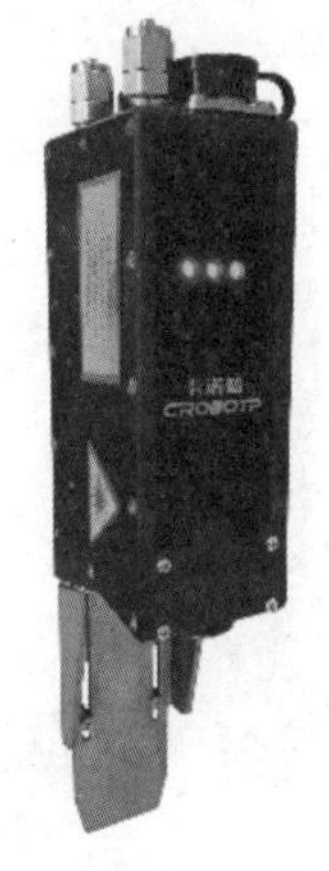

图 8.24 激光跟踪传感器
(图片来源:卡诺普机器人)

图 8.24 彩图

8.2.4 激光焊接机器人

1. 工作原理

激光辐射加热工件表面,表面热量通过热传导向内部扩散,控制激光脉冲的宽度、能量、峰值功率和重复频率等参数,使工件熔化,形成特定的熔池。

2. 激光焊接的特点

速度快、深度比大、变形小、热影响区小、无污染、焊接质量高。不受电磁场影响,能透过透明材料焊接。能对难熔(钛、石英)、异性材料(铜和钽)进行焊接。聚焦后可获得很小的光斑,能精密定位,进行精密焊接(如集成电路引线、钟表游丝等)。但是激光加工要求工件拼装必须精确，激光传输需要专用的机器人激光管线包，加工时需要在不透光的封闭环境中，因此激光焊接机器人的成本较高。

3. 系统组成

激光焊接机器人系统主要由机器人、控制器、激光焊接工艺系统和周边设备组成，如图 8.25 所示。激光焊接工艺系统一般由激光焊枪（见图 8.26）、激光发生器、传输光纤、冷却水循环装置、过滤器、供水机和激光功率传感器、送丝机等组成。

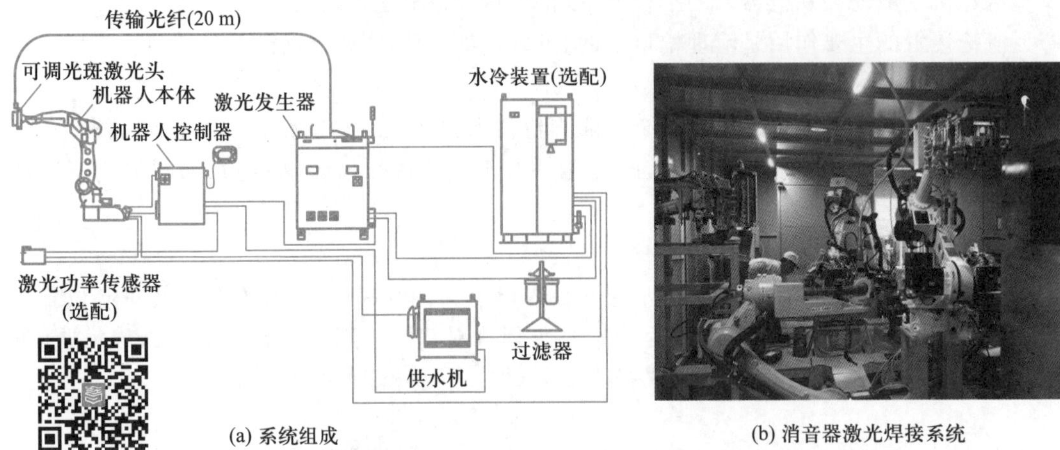

图 8.25 彩图

图 8.25 激光焊接机器人（图片来源：唐山松下机器人）

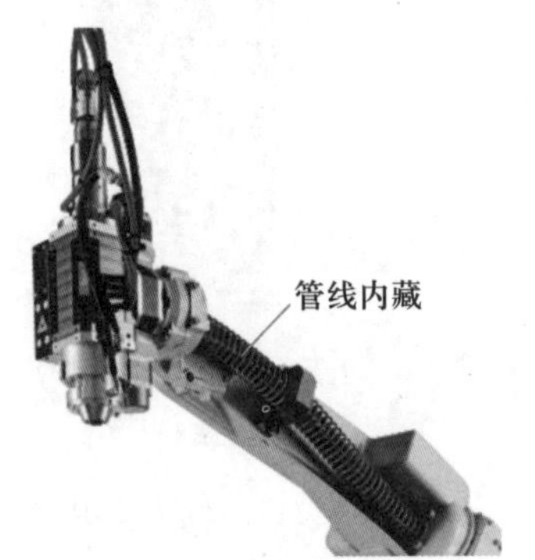

图 8.26 激光焊枪（图片来源：唐山松下机器人）

图 8.26 彩图

激光发生器能够将电能转化为光能，产生激光束，主要有 CO_2 气体激光发生器、YAG 固体激光发生器、半导体激光器。CO_2 气体激光发生器功率大，主要用于深熔焊接；YAG 固体激光发生器在汽车领域应用较广。激光发生器（激光加工头）如图 8.27 所示，其运动轨迹和加工参数是由机器人控制器控制的。

周边设备包括安全保护装置、机器人固定平台、输送装置和工件固定装置等。

在实际应用中，有时会采用激光—电弧复合焊接工艺。不同形式的激光热源（CO_2、YAG 激光等）通过旁轴或同轴方式相结合，对工件同一点进行焊接。熔深更大，焊接速度更快，焊接变形更小，焊接质量更好，见图 8.28。

图 8.27 激光加工头
(图片来源:唐山松下机器人)

图 8.27 彩图

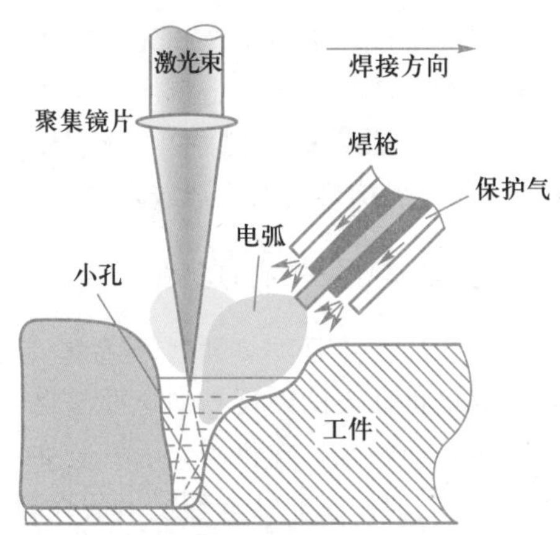

图 8.28 激光—电弧复合焊接原理

8.2.5 变位机和焊接机器人工作站

变位机是专用焊接辅助设备,适用于回转工作的焊接变位,以得到理想的加工位置和焊接速度,典型的焊接变位机如图 8.29 所示。变位机上需要安装工装和自动夹具,用于待焊件的定位和夹紧。焊接完成后,所有待焊件成为整体的焊接组件,设计工装和夹具时需要考虑焊接组件的拆卸和运输等问题。

变位机与焊接机器人和焊接设备组成焊接机器人工作站。变位机与机器人可以分别运动,也可以联动。变位机与机器人联动时,焊枪(机器人)相对于工件的运动既能满足焊缝轨迹、又能满足焊接速度和焊枪姿态的要求,这时变位机已成为机器人的组成部分。

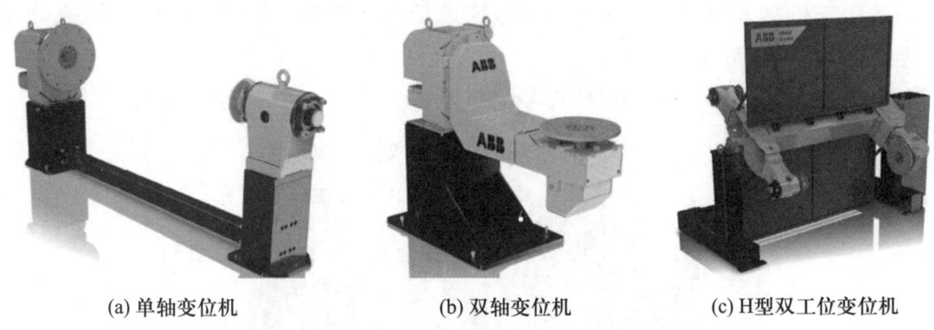

(a) 单轴变位机 (b) 双轴变位机 (c) H型双工位变位机

图 8.29 焊接变位机(图片来源:ABB 机器人)

8.2.6 焊接机器人生产线

简单的焊接机器人生产线是把若干个工作站连接起来组成一条生产线,这种生产线仍然保持单站各自的特点,不能随意改变被焊件。

柔性焊接机器人生产线,也是由多个站组成,不同的是被焊件安装在统一形式的托盘上,托盘可与生产线上任何一个变位机相配合并被自动夹紧。焊接机器人系统首先对托盘的编号或工件进行识别,然后自动执行相应的程序进行焊接,这样每个站无须做任何调整就可以焊接不同的工件。柔性生产线还可配备一台或多台轨道子母车,子母车可以自动取放工件。整条柔性生产线可由一台调度计算机对多个工作站进行协调控制。

焊接专机适合批量大、工艺简单、改型慢的产品;焊接机器人工作站适合中小批量、工艺复杂的生产;柔性焊接机器人生产线适合多品种、小批量的情况。

8.2.7 焊接机器人应用技术的发展

机器人作业的优点是重复性好,质量稳定性高,缺点是对外界环境变化和工艺波动适应性差。当前焊接机器人的发展方向主要是自主适应性和智能化水平。

(1) 焊缝自动跟踪。在机器人上安装如视觉、力觉等传感器,使机器人能根据工件和环境的变化,自动识别任意非结构环境下的焊缝,自动调整焊枪姿态和焊接参数,实时跟踪和修正焊接路径,自主进行路径规划和编程——在线自主编程,如图8.30所示。

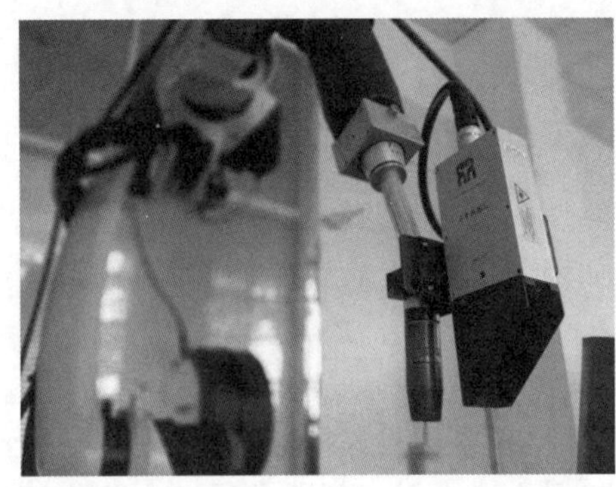

图8.30 弧焊机器人的焊缝跟踪(图片来源:睿牛机器人)

(2) 适用于机器人焊接的新工艺,如:精密电流波形控制、新型复合热源、激光等离子同轴复合焊接、旁弧热丝等离子弧焊等。

(3) 多机器人协作的丝材容积增材/等材/减材的融合三维制造技术,见图8.31。

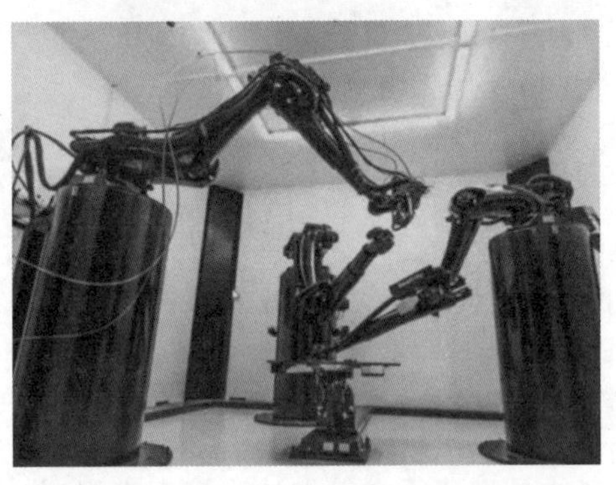

图8.31 多机器人协作增材/减材

(4) 开发功能更多、更强的机器人离线编程软件。该软件不仅能够缩短编程时间,实现多机器人协同焊接,而且还有利于机器人与制造信息系统集成,成为智能工厂和数字化车间(MES)转型升级的基础。

（5）人机共融焊接。共融:零件→环境→人和其他机器人。基于机器学习的智能推理，对人和机器的指令的权重进行协调,进行焊接。要点:人机互动→人机协同→人机融合,见图 8.32。

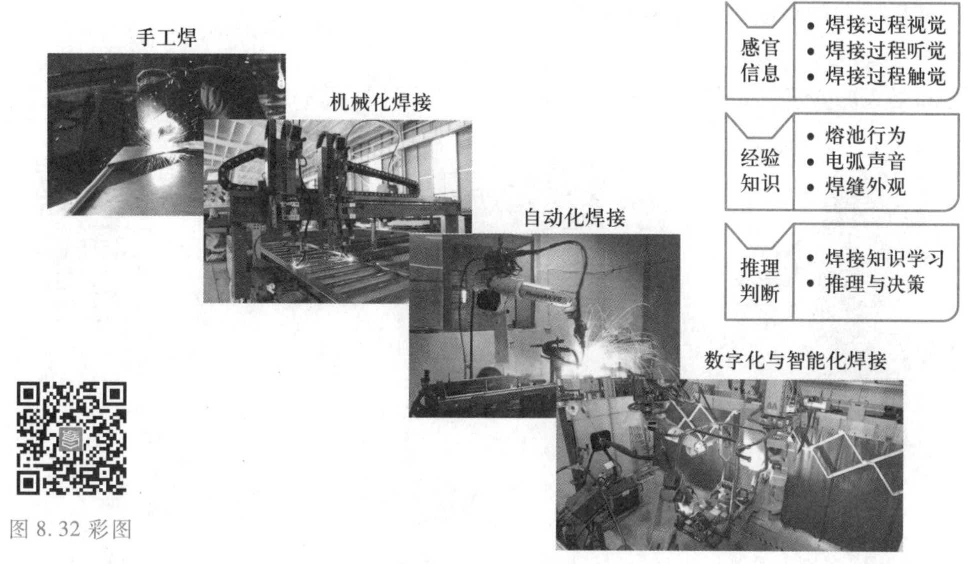

图 8.32 机器人焊接技术的发展

8.3 喷涂机器人

喷涂机器人是一种可进行自动喷漆或其他涂料的工业机器人。

第一台喷涂机器人于 1969 年由挪威 TRALLFA 公司（后与 ABB 公司合并）发明。喷涂机器人如图 8.33 所示。

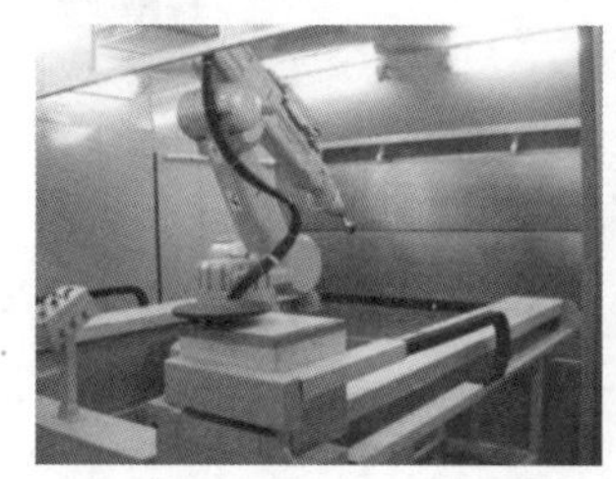  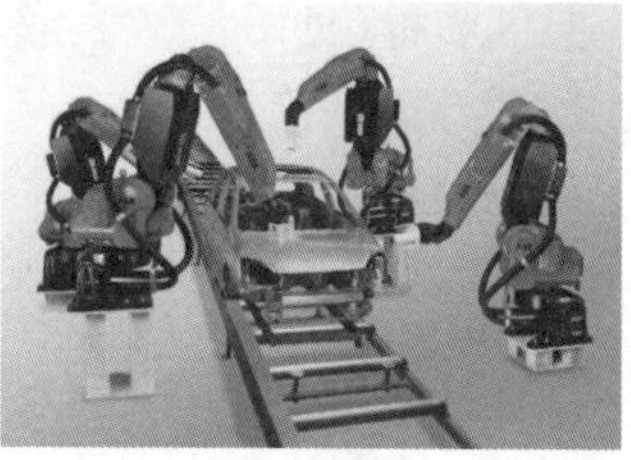

图 8.33 喷涂机器人（图片来源:ABB 机器人）

1. 主要特点

1）速度和精度要求不高;2）一般为 6 自由度机器人;3）在一些防爆要求较高的场合,机器人采用液压驱动而不是电机驱动。

图 8.33 彩图

2. 主要优点

1）喷涂膜厚均匀一致,质量稳定,可减少复杂形状的过喷;2）节约涂料;3）在易燃、易爆、有毒气体、粉尘影响严重的场合取代人工作业。

3. 主要应用领域

1）汽车整车及零部件、家电、家具、陶瓷制品等的自动喷涂作业;2）铸型涂料、耐火饰面材料和高层建筑墙壁的喷涂；3）涂胶、船舶保护层涂覆等。

4. 系统组成

与一般工业机器人基本相同，主要由操作臂、控制器、示教器、末端执行器、周边设备组成。液压驱动的喷涂机器人还包括液压站。

5. 机器人安装方式

机器人的安装方式有立装式（见图 8.34）、壁装式（见图 8.35）和倒装式（见图 8.36）等。

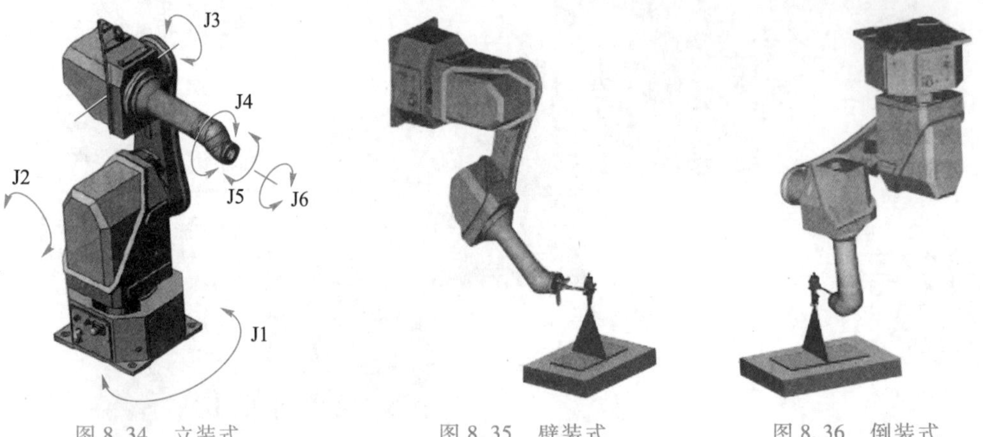

图 8.34　立装式　　图 8.35　壁装式　　图 8.36　倒装式

6. 喷涂机器人与一般工业机器人的区别

1）防爆设计；2）斜交/直线形非球型中空手腕结构，运动学特性优于正交球型手腕结构，管线可内藏于手腕中，防止管线缠绕和干涉，也可防止管路破裂的污染；3）净化装置可自动对机器人进行清理、防爆和防污染。

7. 喷涂机器人的末端执行器——喷具（喷枪）

1）空气喷枪（见图 8.37）：喷涂幅面较宽，空气用量大，雾化能力强，喷涂效率高。

图 8.37　空气喷枪

2）静电喷枪：被涂物需具有一定的导电性能。静电喷涂回路见图 8.38。

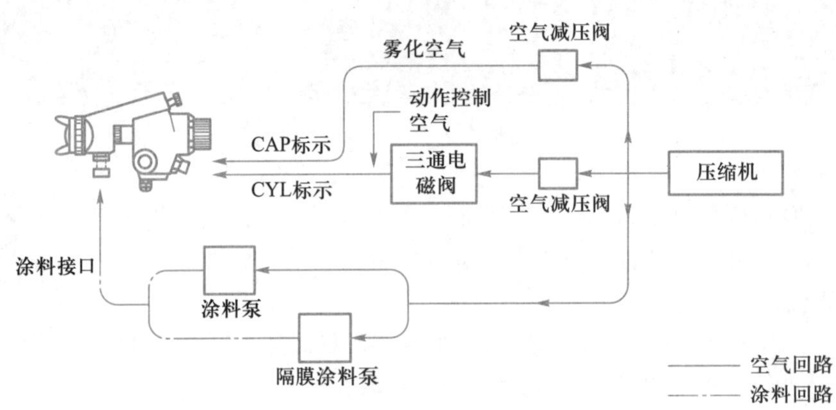

图 8.38　静电喷涂回路

3）旋杯喷枪（见图 8.39）：静电旋杯转速通过调节气压控制，喷涂幅面通过成形气压控制。

图 8.39 旋杯喷枪

图 8.39 彩图

前两种喷枪的油漆或涂料利用率不到 60%，后一种喷枪的利用率在 80% 左右。

8. 喷涂的主要工艺指标

1）喷涂厚度，一般为 10 ~ 12 μm；2）喷枪移动速度，一般为 600 ~ 1 000 mm/s；3）扇面喷幅宽度；4）重复喷涂次数与喷涂轨迹。

商用喷涂机器人一般自带喷涂控制单元模块和喷涂软件。通过喷涂软件进行机器人喷涂作业轨迹规划，设置喷涂工艺参数，如：涂料流量、雾化空气压力、扇幅空气压力等。多色种喷涂作业还需要机器人系统具有自动换色功能，在换色过程中，还需要对喷枪进行自动清洗和吹干。

9. 机器人自动喷涂线

结构示意图见图 8.40。

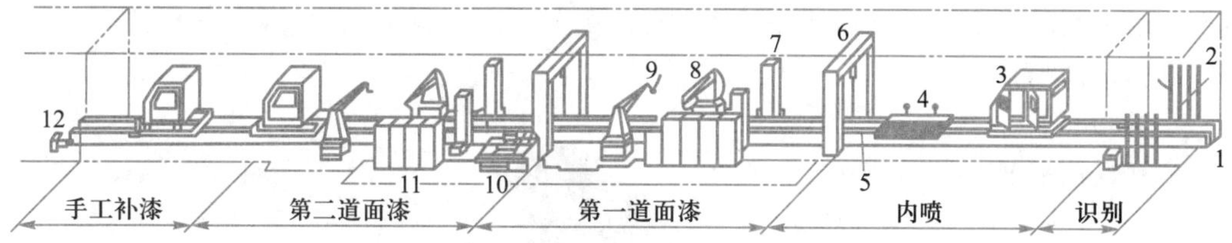

图 8.40 机器人自动喷涂线结构示意图

（1）通用型机器人自动线：适合复杂型面喷涂作业。

（2）机器人与喷涂机自动线（见图 8.41）：机器人用于喷涂圆弧面和复杂型面，喷涂机用于喷涂平面部分。主要用于大型箱体（汽车驾驶室、火车车厢等）的喷涂。

（3）仿形机器人自动线（见图 8.42）：简化的通用型机器人，有机械仿形、伺服仿形两种。

（4）组合式自动线（见图 8.43）：被涂件外表面用仿形机器人喷涂，被涂件内表面用通用型机器人喷涂。

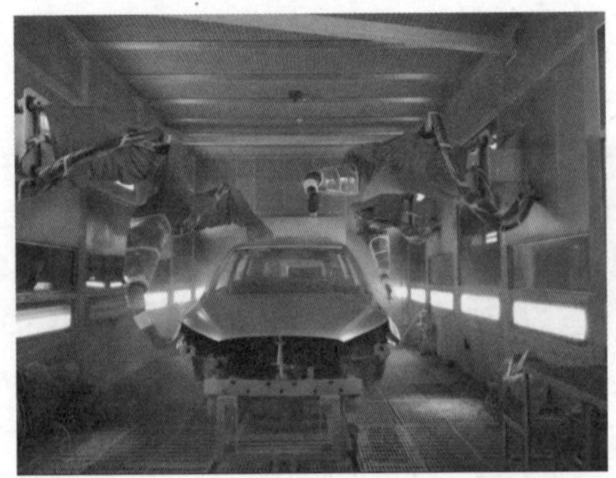

图8.41　机器人与喷涂机自动线

图8.42　仿形机器人自动线

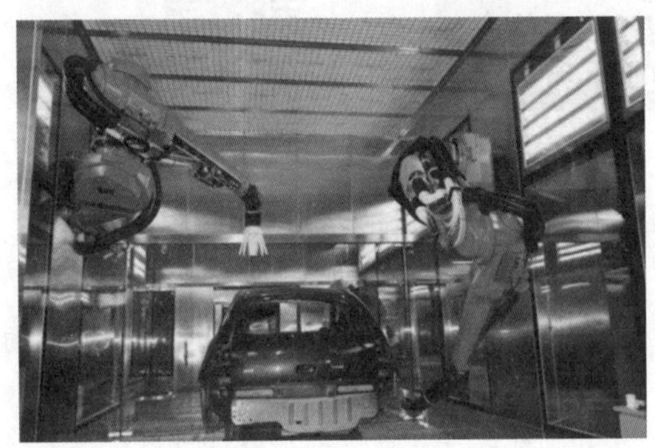

图8.43　组合式自动线

图8.41彩图

图8.42彩图

图8.43彩图

8.4　装配机器人

装配作业是一个日益增长的机器人应用领域,电子行业是它的主要用户。工业自动化生产中用于装配生产线上对零件或部件进行装配的工业机器人,是柔性自动化装配系统的核心设备,见图8.44。

1. 特点

重复定位精度高,柔顺性好,加速性能好,占地面积小,通过更换末端执行器可进行多种形式的装配作业。

2. 优点

可通过编程快速改变装配作业方式(柔顺性),提高装配作业效率和装配精度,减轻工人的劳动强度。

3. 主要用途

汽车、家电、机电产品的组件或零部件的装配。

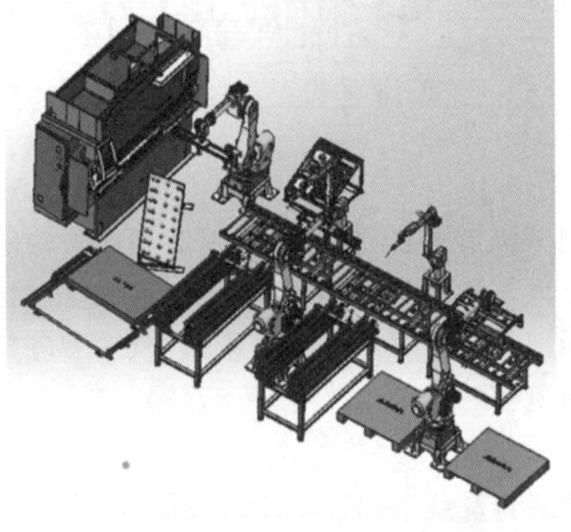

图8.44　机器人自动装配线结构图

图8.44彩图

4. 分类

与搬运机器人的结构形式基本相同,有直角坐标式、关节式(水平关节式、垂直关节式)、并联式,但一般不需增加外部轴。

SCARA 装配机器人是机器人装配行业应用最多的一种机型(见图 8.45);并联式机器人在机电、五金、玩具等产品装配中应用广泛,图 8.46 所示为用于键盘装配的并联式机器人。

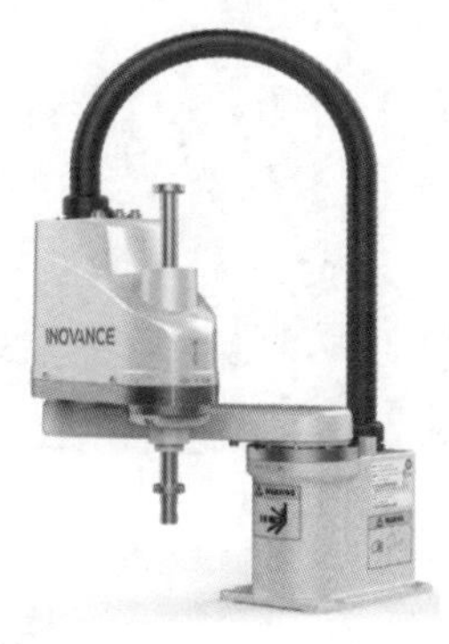

图 8.45 SCARA 装配机器人
(图片来源:汇川机器人)

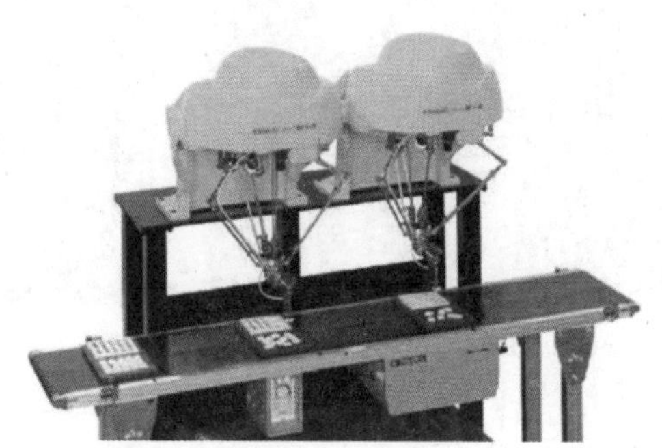

图 8.46 用于键盘装配的并联式机器人
(图片来源:发那科机器人)

图 8.46 彩图

5. 系统组成

与搬运机器人基本相同,主要由操作机、控制器、示教器、末端执行器、周边设备组成。

(1) 末端执行器除了夹持器和吸盘外,主要是各种装配工具、辅助定位装置等。

(2) 周边设备主要有输送装置、随行夹具、自动喂料器、托盘或周转箱(往往带有自动更换机构)。

8.5 磨削抛光机器人

1. 用途

工件的表面打磨、焊缝打磨、去毛刺、抛光等。广泛用于水暖卫浴五金件、3C、IT、汽车零部件、医疗器械、建材家居等行业的打磨抛光加工,如图 8.47 所示,磨削抛光机器人是机器人化加工的一种重要形式。

2. 优点

提高加工质量和一致性,作业效率高,改善劳动环境和环境污染,降低劳动强度。

3. 结构形式

一般采用 6 轴关节式机器人。对于大型工件的加工,如风电叶片、石油钻机吊环、磨矿机衬板等,可增加外部轴以增加机器人的工作范围或自由度。

4. 分类

根据末端执行器形式的不同,分为工件主动式和工具主动式两大类,见图 8.47。

(1) 工件主动式[见图 8.47(a)]:工件相对较小,机器人夹持工件,磨削机和抛光机(一般为多台)相对机器人底座固定。这种形式往往适用于小型复杂工件的磨抛加工,比如航空叶片、五金件、智能穿戴装备等。

(2) 工具主动式[见图 8.47(b)]:机器人夹持工具,用于加工大型或重型工件。工具的体积、重量和功率受限于机器人末端的负载能力;可通过工具快换装置实现工具更换;工具尺寸小,消耗快,更换频繁;可使用旋转锉或铣刀等工具加工小曲率外表面和内部表面。

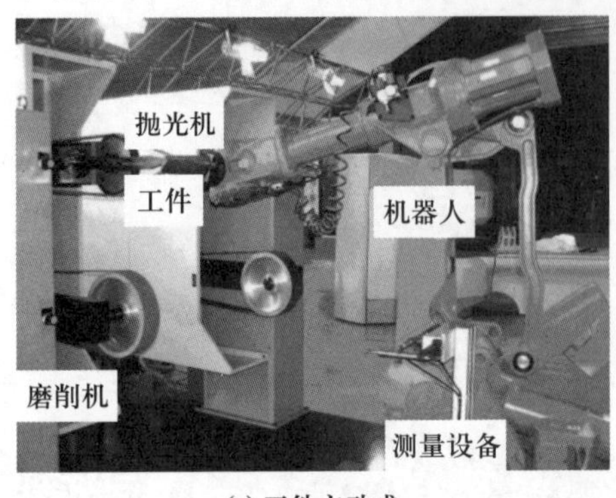

(a) 工件主动式

(b) 工具主动式

图 8.47 打磨机器人系统分类

图 8.47 彩图

5. 系统组成

磨抛机器人系统主要由操作机、控制器、示教器、工具快换装置、打磨抛光工具、测量系统、工件装夹子系统等组成。

一般磨抛机器人作业系统包括:

(1) 机器人夹持工件:机器人、磨削机、抛光机、尺寸测量装置等。

(2) 机器人夹持工具:机器人、打磨抛光动力头、工具快换装置等。

(3) 打磨抛光动力头(电主轴),见图 8.48。图 8.48a 为回转式动力头,其安装方式:一般动力头的轴线与机器人末端关节轴线垂直,垂直安装可增加打磨工具运动的灵活性。如果动力头轴线与末端关节轴线重合,则末端关节的旋转运动不能改变打磨工具的姿态,相当于减少了机器人的自由度。图 8.48b 为三角砂带式动力头,通过法兰盘与工业机器人末端机械连接,高速运动的砂带作为磨削工具,常用于大型工件表面的磨削抛光加工。通常工件被按压在接触轮处的砂带上磨削,接触轮具有一定的硬度,材料去除效率较高,也可采用自由边作为弹性抛光工具,提高工件的表面加工质量。砂带磨削具有高效、冷态和弹性三大优点,常用在机器人磨抛系统中。

(4) 工具快换装置(接口):在装卸工件或多任务作业时,可根据任务要求通过末端执行器的标准接口(见图 8.49)自动快速更换工件或工具。

6. 周边设备

包括机房、除尘系统、工具库和工件库以及相应的输送装置。

示例:某大型锻件机器人加工系统如图 8.50 所示,整套系统主要由机器人铣削/磨削/检测复合单元、工件夹具、除尘系统以及其他辅助配件所组成。机器人铣削/磨削/检测复合单元可以通过工具快换装置按照工艺要求更换末端执行器,以完成外形检测/铣削/磨削三种功能。当两台机器人同时工作时,可以提高加工效率。当一台机器人出现故障时,另一台机器人可以独立实现检测/铣削/磨削三种功能。

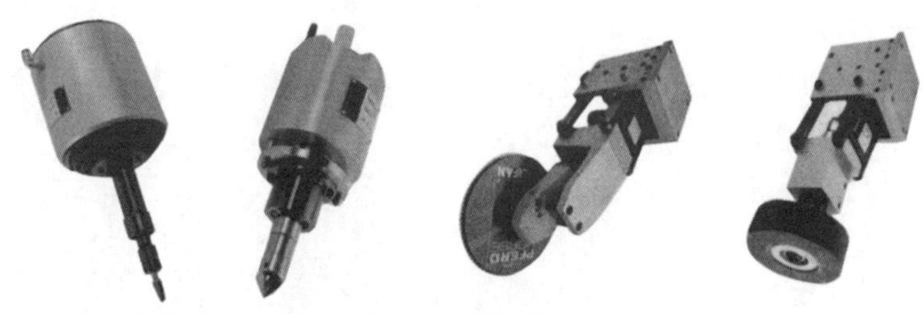

(a) 回转式

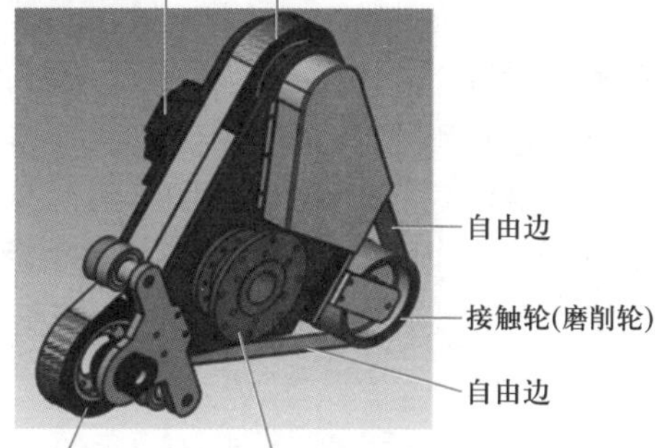

(b) 三角砂带式

图 8.48 打磨抛光动力头

图 8.48 彩图

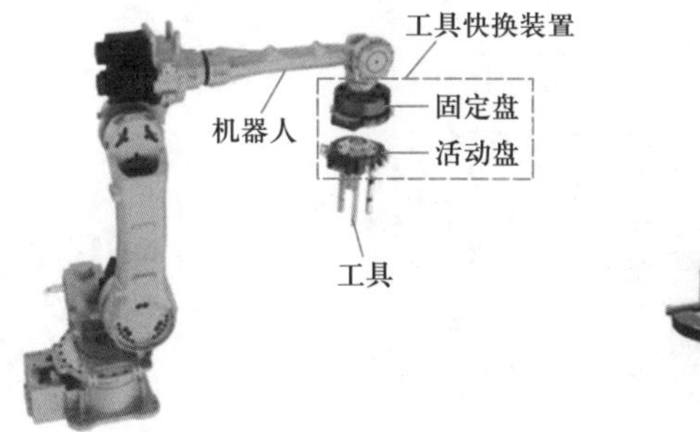

图 8.49 自动快换装置

图 8.49 彩图

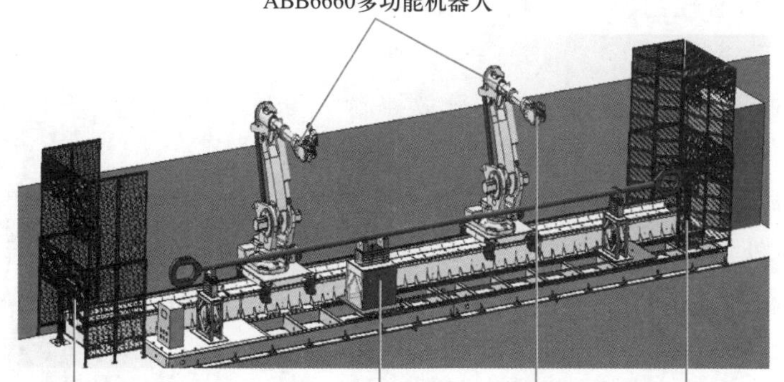

图 8.50 打磨机器人的系统组成

图 8.50 彩图

7. 打磨方式

(1) 刚性打磨:工具与工件刚性接触,工件被精确定位,机器人沿着确定路径移动刀具,刀具不带柔性。例如,发动机缸体在完成机械加工后去除加工表面或者孔口飞边的打磨作业。但这种方式因工件尺寸偏差或定位误差容易使加工超差造成废品,甚至损坏设备。

图 8.51 船用螺旋桨的铣削和磨削
(图片来源:ABB 机器人)

(2) 柔性打磨:工具与工件为弹性接触或法向浮动接触,能够消除不确定因素引起的冲击,增加接触面积,减少刚性打磨的弊端。应用中一般采用柔性打磨模式。以铸件打磨为例,图 8.51 所示为螺旋桨磨削和铣削。机器人打磨主要是消除铸件的不均匀、不确定的变形量和铸造缺陷等。这往往需要一些智能化处理方式,如识别铸件几何尺寸、缺陷的实际位置和缺陷类型等。

(3) 机器人磨削需要考虑刀具磨损,一般方法是定期更换刀具或者应用刀具磨损检查系统。

8. 控制和编程

(1) 控制:为了控制打磨质量,往往需要较为精确地控制接触力。顺应控制(依从控制、柔顺控制)是机器人末端执行器与环境接触后,在环境约束下的控制问题,见图 8.52。

图 8.52 顺应控制(机器人打磨风电叶片)

图 8.52 彩图

通常可采用力/位混合控制、被动柔顺控制、主动顺应控制、阻抗控制等方法(见第 5 章 5.5.3 节)。

需要指出的是,通用工业机器人一般不开放控制器接口,难以实现上述控制方法。因此,在实际应用中,往往在机器人末端或磨削工具侧安装力传感器(见第 6 章 6.7.2 节)和外部力控制末端执行器(见图 8.53),其能够根据工艺要求实时调节接触力的大小。

图 8.53 机器人力控制末端执行器

(2) 编程:机器人磨抛加工属于连续路径的接触作业。当工件的几何特征较为复杂时,磨抛机器人的运动路径也较为复杂,采用示教编程方法生成机器人运动程序往往费时费力。为了提高编程效率，往往采用离线编程方法，见第 7 章 7.4 节。

8.6　协作机器人

协作机器人是近些年发展出来的一种多关节轻型机器人，见图 8.54。

1. 特点

（1）协作机器人与工业机器人的应用领域不同。协作机器人的负载能力、运动速度等性能与工业机器人相比有明显劣势，难以适用于工业场景的作业要求，但是协作机器人具有小巧轻便、移动灵活、柔性程度高、成本低等特点，适合代替人工完成一些灵巧操作，因此能够填补通用工业机器人不便应用的空白领域，比如柔性要求很高的自动化装配、分拣作业等。

（2）协作机器人的操作使用门槛较低，编程简单，操作简洁、安全，能够实现人与机器人之间的直接协作，因此协作机器人在机器人教学、服务领域具有较好的应用前景，比如餐厅服务机器人、机器人按摩等。

2. 结构

协作机器人一般由 6 个或 7 个模块化的旋转关节串联构成，如图 8.54 所示，控制器一般集成在机器人本体上，其自重一般不超过 30 kg，负载能力范围是 3 ~ 16 kg。有些协作机器人的额定负载约等于自身重量。

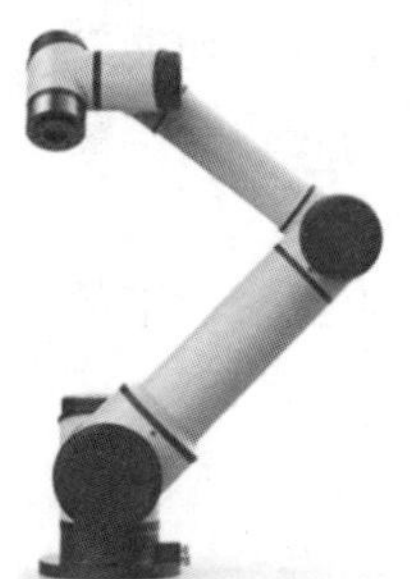
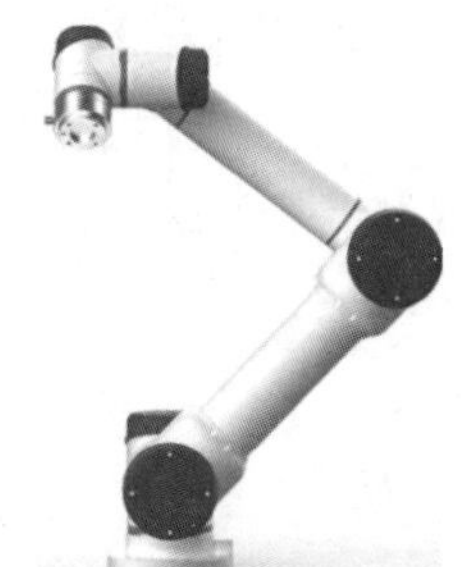

图 8.54　协作机器人（图片来源：遨博机器人）

图 8.54 彩图

3. 安全性

在与人共融的环境中，协作机器人的首要条件是满足安全性要求，往往需要配备手眼系统，如图 8.55 所示。机器人各轴均有关节力矩传感器和碰撞检测，可以进行精细的力/位控制。采用超声波、视觉、光电传感器检测人机的相对位置，判断人机的相对运动，评估危险指数，以采取相应的安全措施。

4. 人机协作方式的概念

（1）非物理交互：人和机器人独立完成各自的工作。按照 ISO10218/2011 规定的人机协作安全标准（速度、最小隔离距离）对机器人进行运动规划，既保证操作安全，又要兼顾机器人的工作效率。

（2）物理交互：人和机器人协同操作。需要感知操作者的运动进行实时规划。采用导纳控制建立人—机器人的力—运动关系，通过改变交互过程中的虚拟刚度、阻尼和惯量实现人机协同作业。

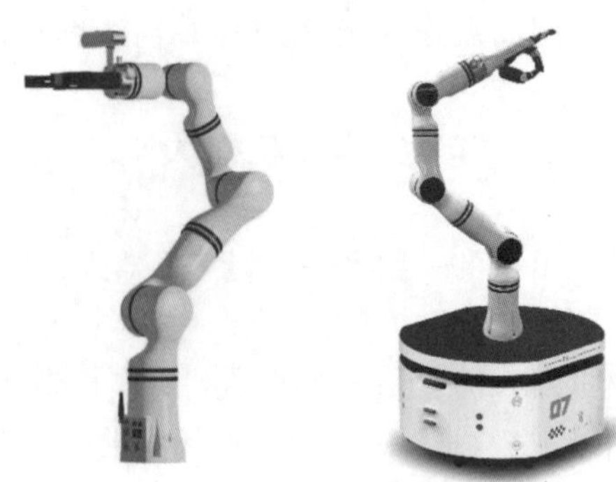

图 8.55 配备手眼系统的协作机器人(图片来源:睿尔曼智能)

8.7 移动机器人

移动机器人的研究始于20世纪60年代末期。斯坦福研究院(SRI)的尼尔斯·尼尔森(Nils Nilssen)和查尔斯·罗森(Charles Rosen)等人在1966年至1972年中研发出了Shakey自主移动机器人,目的是应用人工智能技术研究在复杂环境下机器人系统的自主推理、规划和控制问题。

智能移动机器人是一个集环境感知、动态决策与规划、行为控制与执行等多功能于一体的综合系统。它集中了传感器技术、信息处理、电子工程、计算机工程、自动化控制工程以及人工智能等多学科的研究成果,是目前机器人领域发展最活跃的领域之一。

严格说,移动机器人已经超出了机器人的定义,是在机器人技术基础上发展起来的一种自主运动机器。

1. 分类

(1) 按应用领域

1) 工业应用:自主引导小车(autonomous guided vehicle,AGV),用于工业输送,如图8.56所示;管道检测车,如图8.57所示。

图 8.56 自主引导小车
(图片来源:新松机器人)

图 8.57 管道检测车
(图片来源:韦林管道机器人)

图 8.56 彩图

图 8.57 彩图

2)服务类:医疗机器人(见图8.58),康复训练机器人,前台服务机器人(见图8.59)等。

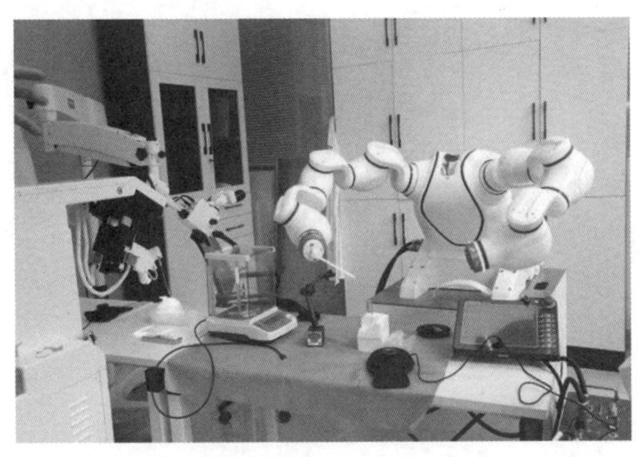

图 8.58　医疗机器人(图片来源:上海交通大学医疗机器人研究院)

图 8.58 彩图

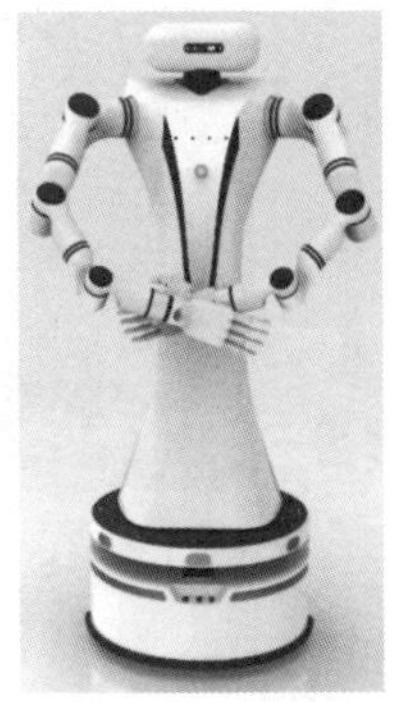

图 8.59　前台服务机器人(图片来源:睿尔曼智能)

3) 特殊场合:星球探测(见图 8.60),水下机器人(AUV)(见图 8.61),飞行机器人(见图 8.62)。

图 8.60　地面移动机器人(旅居者号火星车)(图片来源:NASA)

图 8.61　自主水下机器人

图 8.60 彩图

图 8.62　四旋翼飞行器(图片来源:大疆无人机)

图 8.61 彩图

(2) 按移动行走方式

1) 轮式:适于平坦的路面,运动速度较快,应用最广泛。两轮自平衡机器人如图 8.63 所示。Pioneer(先锋)是一种模块化轮式移动机器人,采用四驱动轮底盘结构,可以搭载夹具或者摄像头,被广泛应用于移动机器人教学中,如图 8.64 所示。Uranus 全向移动机器人采用四个麦克纳姆轮底盘结构,如图 8.65 所示。Shrimp 机器人采用六轮可变形底盘结构,具有较好的越障能力,如图 8.66 所示。

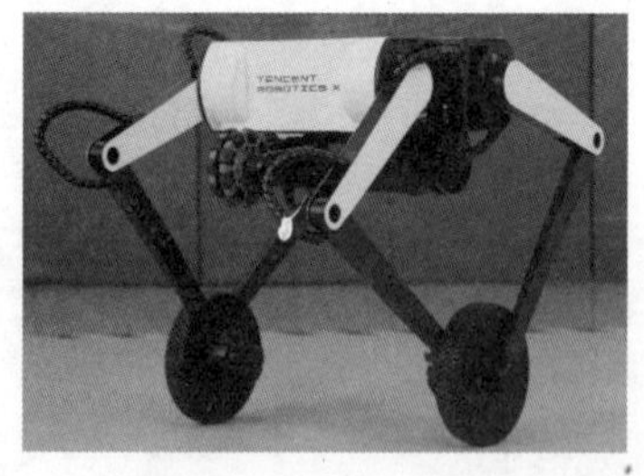

图 8.63 两轮自平衡机器人(图片来源:腾讯 Robotics X)

图 8.64 Pioneer 3-AT 小型移动机器人

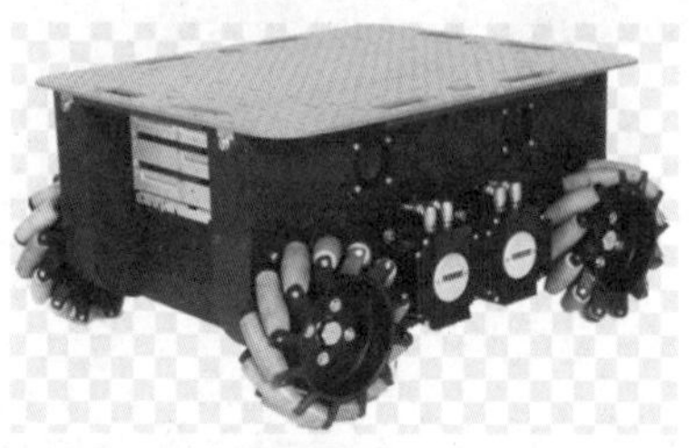

图 8.65 彩图

图 8.65 卡内基梅隆的 Uranus 机器人(具有 4 个带动力的 45°全向轮)

图 8.66 Shrimp 机器人

2) 腿式:适于崎路地面,运动速度较低。双腿仿人形机器人如图 8.67 所示。四腿仿生机器狗如图 8.68 所示;四腿机器人如图 8.69 所示。六腿机器人如图 8.70 所示。

图 8.67 双腿仿人形机器人
(图片来源:本田 ASIMO)

图 8.68 四腿仿生机器狗
(图片来源:索尼 AIBO)

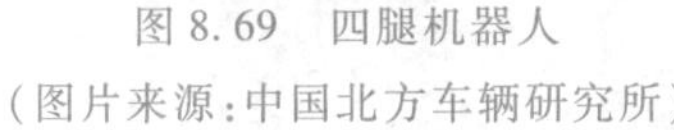

图 8.69　四腿机器人　图 8.69 彩图
（图片来源：中国北方车辆研究所）

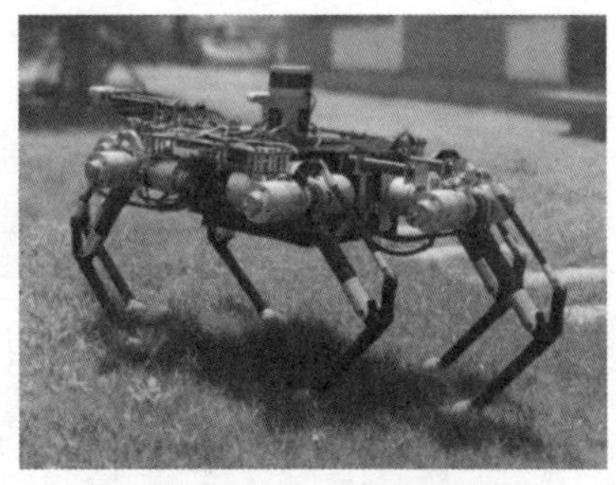

图 8.70　六腿机器人　图 8.70 彩图
（图片来源：上海交通大学）

3）轮腿复合式：兼有轮式和腿式的特点，主要用于星球探测等复杂地形中，如图 8.71 所示。

4）履带式：崎岖路面的适应性低于腿式，运动速度低于轮式，如图 8.72 所示。

(a) 嫦娥四号月球车

(b) 祝融号火星车

图 8.71　轮腿复合式移动机器人

图 8.72　履带式消防机器人（图片来源：开诚智能装备）

图 8.71 彩图

图 8.72 彩图

5）轮履复合式：兼顾硬地面快速移动和松软复杂地面移动的移动机器人，双臂手轮履复合式救援机器人如图 8.73 所示。

6）吸附式：有磁吸附式、负压吸附式、机械吸附式。磁轮机器人有高度的移动性，用于检测复杂形状的铁磁材料结构，如铁磁管道和透平机。磁控检测车如图 8.74 所示。

图 8.73　双臂手轮履复合式救援机器人(图片来源:江苏八达)

图 8.73 彩图

图 8.74　磁控检测车

图 8.74 彩图

7) 其他移动形式:轨道式巡检机器人(RGV)见图 8.75;蠕动爬行式机器人见图 8.76。

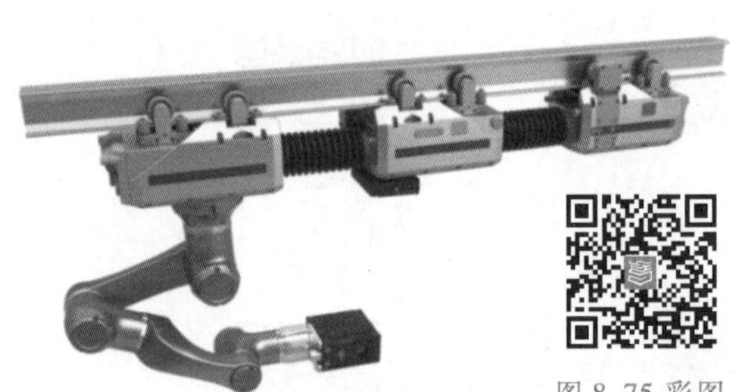

图 8.75 彩图

图 8.75　轨道式巡检机器人(RGV)

图 8.76　蠕动爬行式机器人(毛虫机器人)

2. 应用范围

工业、探索、服务、军事和极端环境。

(1) 广泛应用于工厂自动化、建筑、采矿、排险、军事、服务、农业等方面。

(2) 危险、恶劣和极端环境的作业,如宇宙探测、海洋开发和原子能等领域。

3. 系统组成

主要由机器人本体(包括移动行走装置)、控制器、传感和定位装置、辅助功能设备等组成。

4. 关键技术

移动机器人技术主要包括视觉传感技术、定位与建图(simultaneous localization and mapping,SLAM)技术、导航技术等。移动机器人的控制方式有遥控、监控、自治控制等,综合应用了机器视觉、问题求解、专家系统等人工智能等技术,从人工遥控向自治型移动机器人的方向发展。近年来,移动机器人技术发展迅速,多移动机器人协作、群体智能机器人等研究案例较多,本书不展开描述。感兴趣的读者可以阅读专门讨论移动机器人的教材,经典且实用的教材有:龚振邦主编的《机器人机械设计》(电子工业出版社,1995 年)的第 6 章机器人移动技术、第 7 章步行机分析与设计和第 8 章特殊表面移动机器人。

习　　题

8-1　已知:搬运机器人一般不是 6 轴机器人,分别指出 2~3 种搬运任务,适用于 4 轴机器人、5 轴机器人或 6 轴机器人。

8-2　已知:针对机床或压铸机供料任务,往往设计一种同时装夹两个工件的抓手,在一个位置喂送待加工工件,在另一个位置卸下加工完成的工件,采用这种抓手可以减少搬运机器人的往复运动,定量估算一下使用这种复合抓手比使用夹持单一工件的抓手缩短的循环时间(注:包括抓放运动时间)。

8-3　已知:4 轴码垛机器人常有保持末端矢量 $\boldsymbol{a}$(参见 2.2.1 节图 2.13)朝下的平行四边形机构,试画出该机构的运动简图。

8-4　调研三种不同材料、不同板厚的弧焊机器人的工艺参数,列出这些工艺参数并加以对比分析。

8-5　说明机器人激光焊缝跟踪的基本原理。

8-6　调研一种点焊机器人管线包,列出它的主要组成部分。

8-7　给出两种应用场景:(1) 变位机与焊接机器人分别独立运动;(2) 变位机与焊接机器人联动。

8-8　已知:水平关节机器人需要进行门型运动轨迹测试,试调研门型运动轨迹测试的主要内容,并画出某种水平关节机器人进行门型运动轨迹测试的运动曲线图。

8-9　采用机器人喷涂与手工喷涂相比有哪些优点?

8-10　已知:机器人磨削凹面或凸面工件时,往往需要选择不同的打磨工具,解释其原因。

8-11　举出应用协作机器人的例子,并简述它的系统组成和功能。

8-12　给出五种以上移动机器人的底盘结构,并画出它们的驱动轮布局。

8-13　通过调研,给出 1~2 种多机器人协作应用的案例,分析它们的优缺点。

第 8 章　拓展阅读参考书对照表

参 考 文 献

[1] John Craig. 机器人学导论[M]. 4 版. 负超,王伟,译. 北京:机械工业出版社,2018.

[2] 熊有伦. 机器人技术基础[M]. 武汉:华中科技大学出版社,2014.

[3] 熊有伦,李文龙,陈文斌,等. 机器人学:建模、控制与视觉[M]. 2 版. 武汉:华中科技大学出版社,2020.

[4] 樊炳辉. 机器人工程导论[M]. 北京:北京航空航天大学出版社,2018.

[5] 李瑞峰,葛连正. 工业机器人技术[M]. 北京:清华大学出版社,2019.

[6] 任岳华,曹玉华. 工业机器人工程导论[M]. 北京:机械工业出版社,2018.

[7] 张玫. 机器人技术[M]. 2 版. 北京:机械工业出版社,2016.

[8] Mike Wilson. 机器人系统实施:制造业中的机器人、自动化和系统集成[M]. 王伟,译. 北京:机械工业出版社,2016.

[9] Richard Murray,Zexiang Li,S. Shankar Sastry. 机器人操作的数学导论[M]. 徐卫良,钱瑞明,译. 北京:机械工业出版社,1998.

[10] 霍伟. 机器人动力学与控制[M]. 北京:高等教育出版社,2005.

[11] 陆震. 冗余自由度机器人原理及应用[M]. 北京:机械工业出版社,2017.

[12] 战强. 机器人学——机构、运动学、动力学及运动规划[M]. 北京:清华大学出版社,2019.

[13] 日本机器人学会. 机器人技术手册[M]. 宗光华,译. 北京:科学出版社,2007.

[14] Bruno Siciliano,Oussama Khatib. Springer Handbook of Robotics. Springer,2008.

[15] Roland Siegwart,Illah Nourbakhsh,Davide Scaramuzza. 自主移动机器人导论[M]. 2 版. 李人厚,译. 西安:西安交通大学出版社,2013.

[16] Mark Spong,Seth Hutchinson,M Vidyasagar. Robot Modeling and Control[M]. John Wiley & Sons Inc,2005.

[17] Peter Corke. 机器人学、机器视觉与控制[M]. 刘荣,译. 北京:电子工业出版社,2016.

[18] Luigi Biagiotti,Claudio Melchiorri. Trajectory Planning for Automatic Machines and Robots [M]. Springer-Verlag Berlin Heidelberg,2008.